国家科技重大专项课题"全球重点大区石油地质与油气分布规律研究（2011ZX05028）"资助

欧洲—北亚及北极地区若干沉积盆地构造-古地理（译文集）

原著 Peterson J A（美）\Nikishin A M（俄）\
Metelkin D V（俄）\Lobkovsky L I（俄）\
Mats V D（俄）\Kurchikov A R（俄）\
Heron D P L（英）\Kuzmichev A B（俄）\
García - Hidalgo J F（西班牙）\Basov V A（俄）\
Zachariah A - J（英）\Kontorovich A E（俄）\
Sommaruga A（挪威）\Langinen A E（俄）

译 冯晓宏 孙佳珺 刘苍宇 姜 涛
  李 薇 吴 尘 郑东孙 刘恩然
  李 瑾 郝 莎 李凌云 窦 洋
  王 林 孙 瑢

校 辛仁臣 杨 波 刘朋远

内容简介

本书从地球动力学特征、大地构造演化过程、岩相古地理时空演化规律、沉积盆地形成发育史、沉积盆地充填样式、层序地层及生物地层特征等方面对蕴藏着丰富油气资源和非能源矿产资源的欧洲—北亚及北极地区进行了详细的介绍。

本书可供从事相关地区地质矿产勘探研究工作的科技人员使用，也可作为大专院校相关专业师生的参考书。

图书在版编目(CIP)数据

欧洲—北亚及北极地区若干沉积盆地构造-古地理(译文集)/(美)彼得森等著；冯晓宏等译；辛仁臣等校—武汉：中国地质大学出版社，2014.10
ISBN 978-7-5625-3431-0

Ⅰ.欧…
Ⅱ.①彼…②冯…③辛…
Ⅲ.沉积盆地-构造盆地-世界-文集
Ⅳ.P531-53

中国版本图书馆 CIP 数据核字(2014)第 141427 号

欧洲—北亚及北极地区若干沉积盆地构造-古地理(译文集)

(美)彼得森 等著
冯晓宏 等译
辛仁臣 等校

| 责任编辑：王凤林 | 选题策划：毕克成 | 责任校对：周旭 |

出版发行：中国地质大学出版社(武汉市洪山区鲁磨路388号)　邮编：430074
电　　话：(027)67883511　　传　　真：(027)67883580　　E-mail:cbb@cug.edu.cn
经　　销：全国新华书店　　　　　　　　　　　　　　　　　Http://www.cugp.cug.edu.cn
开本：787毫米×1 092毫米　1/16　　　　　　　字数：500千字　印张：19.5
版次：2014年10月第1版　　　　　　　　　　　印次：2014年10月第1次印刷
印刷：武汉籍缘印刷厂
ISBN 978-7-5625-3431-0　　　　　　　　　　　　　　　　　定价：78.00元

如有印装质量问题请与印刷厂联系调换

前 言

本译文集由"大型油气田及煤层气开发"国家科技重大专项的"全球重点大区石油地质与油气分布规律研究"课题(课题编号2011ZX05028)资助出版。欧洲—北亚及北极地区蕴藏着丰富的油气、煤、煤层气资源,是世界上主要的油气、煤、煤层气产区,也是全球重点大区石油地质与油气分布规律研究的主要对象。沉积盆地构造-古地理研究是石油地质与油气分布规律研究的重要基础,为此,编译出版《欧洲—北亚及北极地区若干沉积盆地构造-古地理》(译文集)。欧洲—北亚及北极地区也蕴藏着丰富的非能源矿产资源,如金刚石、金属矿产资源,在欧洲—北亚地区发育有古老的波罗的地盾和西伯利亚地台,其地质演化历史漫长,记录了丰富的地球演化信息,因此,该译文集的出版更能为非能源矿产资源研究和地球演化历史研究提供参考。

译文集精选了15篇文献。

《伏尔加—乌拉尔油气区前寒武纪—二叠纪古地理演化》在构造演化分析的基础上,结合区域岩性岩相剖面图、不同时期区域地层等厚图、不同时期区域岩相古地理图,讨论了伏尔加—乌拉尔油气区前寒武纪(文德纪)、早泥盆世、中泥盆世(艾菲尔期)、晚泥盆世(弗拉斯期、法门期)、杜内期、维宪期、纳缪尔期、巴什基尔期、莫斯科期、晚石炭世、狼营期、伦纳德统、瓜达卢普期早期、瓜达卢普期晚期—奥霍期及中新生代的古地理演化。

《东欧克拉通前寒武纪晚期—三叠纪历史——沉积盆地演化的动力学特征》在讨论东欧克拉通的主要构造分区、主要沉积盆地及地层的分布、主要沉积盆地的沉降史的基础上,结合构造-古地理平面图论述了早里菲世、中里菲世、晚里菲世、文德纪、晚文德纪世—早寒武世、早寒武世晚期—早泥盆世、中泥盆世—石炭纪初、石炭纪—早二叠世、晚二叠世—三叠纪9个地质时期东欧克拉通的演化及其地球动力学背景。

《西伯利亚古大陆新元古代—中生代晚期的构造演化——古地磁记录和古构造恢复》介绍了西伯利亚克拉通地区及其褶皱格架古地磁资料,提出了西伯利亚大陆板块新元古代直到古生代末全新的视极移曲线。基于古地磁资料的一系列古构造恢复,展现了西伯利亚大陆近10亿年来的古地理位置,揭示了西伯利亚古陆边缘的构造演化,阐明了大型走滑运动在大陆板块所有演化阶段都起到了很重要的作用。

《前苏联张性盆地——构造、盆地形成机理和沉降史》总结了前苏联里菲纪—显生宙一些裂谷和张性盆地的构造及演化过程。解释了俄罗斯地台、维柳伊裂谷、西西伯利亚裂谷系、伯朝拉—科累马裂谷系和拉普捷夫海裂谷的多槽特点,指出这些裂谷盆地演化的很多特征与经典的伸展模型预测结果不相符,盆地沉降的发生通常没有明显伸展,且其时间尺度要比预测的大很多,裂陷和后裂谷盆地沉降的时间间隔在几十至数百百万年,裂谷盆地和地台沉降的时限与相邻洋盆张开和闭合事件相关联,并分析了盆地形成的机理。

《贝加尔湖盆地的沉积充填:裂陷时代和地球动力学意义》综合了露头及地下地质、地球物理资料,建立了贝加尔湖周缘露头、贝加尔湖内、贝加尔前渊的地层对比关系,识别出白垩纪—始新世、渐新世晚期—上新世、上新世—第四纪 3 个盆地演化阶段形成的构造-岩性地层复合体,并讨论了不同阶段的地球动力学背景。

《西西伯利亚白垩系贝里阿斯阶—阿普第阶下部地层和古地理》讲述了西西伯利亚下白垩统贝里阿斯阶—阿普第阶下部的地层演化,结合剖面展示的地层结构和倾斜结构地层模型,提出了地层细分层方案,在贝里阿斯阶—阿普第阶下部成藏组合识别出 4 个地层单元,利用大量地震资料,结合钻井资料,重建了贝里阿斯阶—阿普第阶下部成藏组合 4 个地层单元古地理。

《俄罗斯西西伯利亚盆地东南翼中生代河流沉积体系的演化》基于丰富的露头资料,分析了露头的地层学特征及其时代,描述并解释了岩性相、岩性相组合及其空间变化,总结了沉积模式及主控因素。指出西西伯利亚盆地东南翼马林斯克—克拉斯诺亚尔斯克地区出露下侏罗统为辫状河沉积,中-上侏罗统为曲流河沉积,泛滥平原的泥岩和煤层发育,白垩系由于构造隆升富砂河流沉积发育。

《新西伯利亚群岛斯托尔博沃伊岛上侏罗统和下白垩统沉积地层学及沉积环境研究新进展》描述了斯托尔博沃伊岛中生代陆源沉积剖面,并绘制了该岛南半部的最新地质图,认为这一沉积层序是晚侏罗世—早白垩世堆积于前陆盆地中的统一的浊积岩复合体。该岛南部存在逆冲断层,伏尔加阶上部岩石逆冲到纽康姆统下部岩石之上。将斯托尔博沃伊岛 Buchia 层与诺德维克半岛、Anyui 河盆地及北加州相应层位进行了对比,认为斯托尔博沃伊岛生物群和北太平洋古生物地理域之间具有密切的关系。

《西班牙伊比利亚盆地科尼亚克阶三级层序地层、沉积和动物区系关系》基于详细的露头剖面资料,讨论了伊比利亚盆地上白垩统科尼亚克阶地层序列、动物区系序列、沉积环境和地层叠置样式及其与生物组合的关系。揭示了伊比利亚盆地科尼亚克阶为一个三级层序,沉积环境为碳酸盐岩斜坡开阔台地。三级层序由海侵体系域和高位正常海退体系域构成,海侵体系域以游泳—底栖生物为主,高位正常海退体系域以底栖生物为主。

《巴伦支海陆架下-中侏罗统有孔虫和介形虫生物地层特征》根据露头和钻井资料,阐述了巴伦支海北缘及海上侏罗系和白垩系的地层特征,在此基础上详细讨论了有孔虫和介形虫分带序列,确定了巴伦支海下-中侏罗统地层层位。巴伦支海陆架和西伯利亚北部剖面下-中侏罗统岩性地层和微化石类型具有相似性,揭示了这两个地区早中侏罗世沉积作用和地质历史的相似性。

《挪威北海北维京地堑下中白垩统后裂谷早期深海沉积体系的演化和走向上的变化》利用大量钻井和地震资料,通过对北维京地堑后裂谷早期深水沉积体系的分析,确定其地层层位、几何形态和演化的控制因素,为类似体系研究提供了类比。

《西西伯利亚板块东部的一个文德纪剖面——基于沃斯托克-3 井的资料》和《西西伯利亚板块东部寒武纪剖面的一种新类型——基于沃斯托克-1 井的资料》两篇文章,结合地震资料,分别讨论了西西伯利亚东部沃斯托克-3 井、沃斯托克-1 井揭示的文德纪和寒武纪地层特征,为研究西西伯利亚板块的地质演化提供了宝贵的新资料。

《中挪威沿岸浅层侏罗纪盆地的几何形态和地质特征》通过对新采集的地震资料解释,在侏罗系识别出 3 个地震地层单元,讨论中挪威沿岸 Beitstadfjorden、Edøyfjorden、Frohavet 和 Griptarane 4 个盆地侏罗系各地层单元的几何形态和地质特征,提供了挪威近海侏罗纪盆地沉积-构造演化的信息。

《北冰洋罗蒙诺索夫海岭、马文山嘴及相邻盆地之间的对比——基于地震资料》基于地震资料，结合钻探成果，对北冰洋地区发育的地层进行划分、对比，讨论了马卡洛夫盆地、阿蒙森盆地、罗蒙诺索夫海岭、马文山嘴之间的关系，为北冰洋地质研究提供了宝贵的参考资料和认识。

该书所选文章均为公开发表的文献，在此向公开文献的原作者和出版机构表示感谢。由于时间仓促，加上编译者知识水平的限制，书中疏漏及错误之处在所难免，敬请读者批评指正。

目 录

伏尔加—乌拉尔油气区前寒武纪—二叠纪古地理演化 …………………………………… (1)
东欧克拉通前寒武纪晚期—三叠纪历史——沉积盆地演化的动力学特征 ……………… (35)
西伯利亚古大陆新元古代-中生代晚期的构造演化——古地磁记录和古构造恢复 …… (71)
前苏联张性盆地——构造、盆地形成机理和沉降史………………………………………… (84)
贝加尔湖盆地的沉积充填:裂陷时代和地球动力学意义………………………………… (113)
西西伯利亚白垩系贝里阿斯阶-阿普第阶下部地层和古地理……………………………… (134)
俄罗斯西西伯利亚盆地东南翼中生代河流沉积体系的演化……………………………… (147)
新西伯利亚群岛斯托尔博沃伊岛上侏罗统和下白垩统沉积地层学和沉积环境研究新进展 …
……………………………………………………………………………………………… (166)
西班牙伊比利亚盆地科尼亚克阶三级层序地层、沉积和动物区系关系 ………………… (186)
巴伦支海陆架下-中侏罗统有孔虫和介形虫生物地层特征 ……………………………… (205)
挪威北海北维京地堑下中白垩统后裂谷早期深海沉积体系的演化和走向上的变化…… (231)
西西伯利亚板块东部的一个文德纪剖面——基于沃斯托克-3井的资料 ………………… (252)
西西伯利亚板块东部寒武纪剖面的一种新类型——基于沃斯托克-1井的资料 ……… (261)
中挪威沿岸浅层侏罗纪盆地的几何形态和地质特征……………………………………… (271)
北冰洋罗蒙诺索夫海岭、马文山嘴及相邻盆地之间的对比——基于地震资料 ………… (286)
附录 英汉生僻名词对照……………………………………………………………………… (304)

伏尔加—乌拉尔油气区前寒武纪—二叠纪古地理演化

冯晓宏　孙佳珺　译，辛仁臣　杨波　校

摘要：伏尔加—乌拉尔油气区的范围与伏尔加—乌拉尔区域隆起大致相当，是俄罗斯（东欧）地台东中部一个宽阔的隆起区。中部的鞑靼（Tatar）隆起为该区大部分油田的分布区域。彼尔姆-巴什基尔（Perm-Bashkir）隆起处于东北部，兹古勒夫-奥伦堡（Zhigulevsko-Orenburg）隆起位于南部。

沉积盖层覆盖在太古界结晶基岩之上，由下列7个主要的沉积旋回构成：①里菲纪（Bavly群下部）由拗拉槽中的陆相砂岩、页岩和砾岩层构成，厚度500～5000m；②文德纪（Bavly群上部）陆相及海相页岩和砂岩，厚度可达3000m；③中泥盆世—早石炭世杜内阶形成了海侵沉积，下部为砂岩、粉砂岩和页岩，上部为碳酸盐岩，含大量生物礁，厚度300～1000m，上部碳酸盐岩部分为卡姆斯克—基涅利（Kamsko-Kinel）槽系充填物，深水槽狭窄、相互连通；④石炭纪维宪阶—纳缪尔阶—巴什基利阶（Visean-Namurian-Bashkirian）旋回，始于维宪阶碎屑岩沉积。维宪阶碎屑岩沉积前，有些地方遭受侵蚀。维宪阶碎屑岩披覆在上一个旋回的生物礁上。维宪阶碎屑岩之上为海相碳酸盐岩。该旋回厚度50～800m；⑤莫斯科阶早期—早二叠世的沉积物为陆源碎屑岩沉积和海相碳酸盐岩层，厚度1000～3000m；⑥早二叠世晚期—晚二叠世旋回，反映了乌拉尔山及相关的乌拉尔前渊的最大生长，蒸发岩最先沉积，然后是海相灰岩和白云岩，向东与来自乌拉尔山的碎屑沉积物呈指状交互；⑦三叠系陆相红层和侏罗系与白垩系陆相和海相碎屑岩层混合，发育于俄罗斯地台南部、西南部和北部边缘，一般在伏尔加—乌拉尔隆起区缺失。

关键词：伏尔加—乌拉尔油气区　前寒武纪—二叠纪　古地理

1　古地理与古构造概况

伏尔加—乌拉尔油气区处于俄罗斯（东欧）地台的东部，包括前苏联欧洲部分的大部分地方，从西边的波罗的延伸到东边的乌拉尔山（图1～图3）。地质上，伏尔加—乌拉尔油气区为古生代欧洲大陆克拉通的一部分，基底为前寒武系的结晶基岩。油气区面积$50×10^4 km^2$，从北部的卡马隆起延伸至西南部伏尔加河下游凹陷。古生代，俄罗斯地台东边为乌拉尔洋，接受了巨厚的深海-浅海相碎屑岩、火山岩、细粒硅质碳酸盐岩和孤立的生物礁沉积。南面为滨里

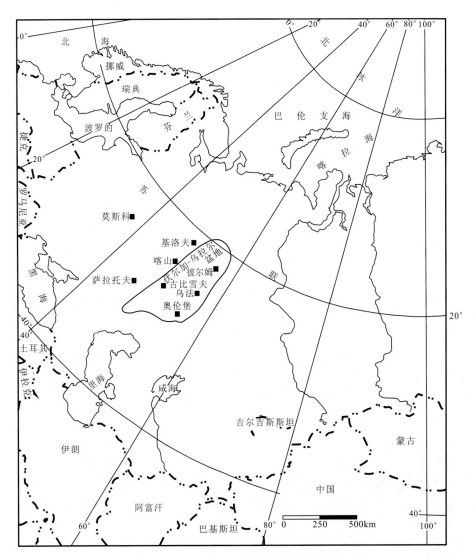

图1 伏尔加—乌拉尔油气区位置图

海凹陷,西面为莫斯科盆地,西北为波罗的地盾。波罗的地盾是古生代早期和中期陆源碎屑岩沉积的一个主要物源区。乌拉尔山隆升始于晚石炭世,是二叠系碎屑沉积物的主要物源。

俄罗斯地台在古生代早期长期出露以后,在古生代中期和晚期成为旋回性海侵—海退海相沉积作用的场所,形成了巨厚的含丰富化石的陆架相碳酸盐岩和滨浅海三角洲、间三角洲海相碎屑岩层序。海退阶段,陆相和滨岸碎屑岩沉积物向东扩散穿过地台与海相层呈指状交互。叠加在陆相地台或陆架区上的一些大型的正向或负向古构造,在古生代中期—晚期强烈影响了伏尔加-乌拉尔区的沉积相特征和分布。这些古构造单元的持续生长和相互间的关系,对该区沉积相的发育、储集体和烃源岩的分布,油气早期—晚期运移和圈闭样式具有重要的影响。

根据 Maksimov 等(1970)、Aranova 等(1962)及其他前苏联学者的研究成果,很多大型的古构造单元在元古代晚期开始发育,另外一些大型古构造在古生代早期出现。持续时间最长

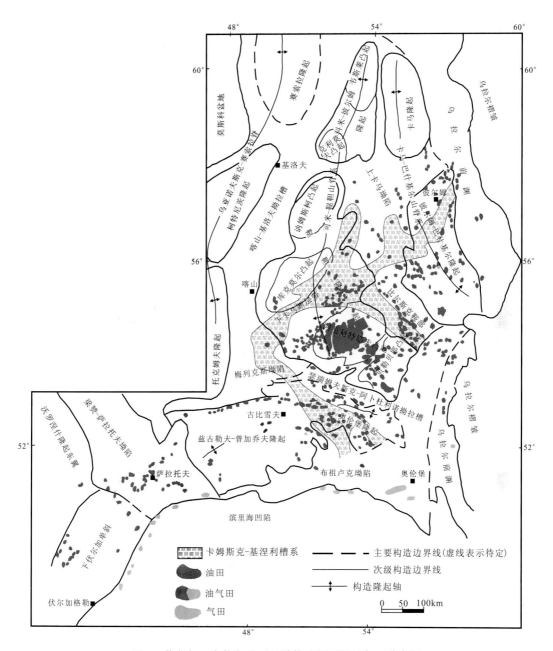

图 2 伏尔加—乌拉尔地区区域构造纲要及油气田分布图

的古构造单元为鞑靼(Tatar)隆起、彼尔姆-巴什基尔(Perm-Bashkir)隆起、兹古勒夫-奥伦堡(Zhigulev-Orenburg)隆起和比尔斯克(Birsk)鞍部(图2)。该区大多数油藏位于这些古构造上,科米-彼尔姆(Komi-Perm)隆起以及上卡马(Upper-Kama)、梅列克斯(Melekess)和布祖卢克(Buzuluk)坳陷也有油藏出现。处于该区边缘的古构造-古地理单元[包括:沃罗涅什(Voronezh)隆起结晶地块,托克姆夫(Tokmovo)、柯特尼茨(Kotel'nich)、赛索拉(Sysola)、奥尼格(Onega)和蒂曼(Timan)隆起,索里格里奇(Soligalich)、蒂曼(Timan)、伯朝拉(Pechora)

和滨里海(Peri-Caspian)凹陷],有的是当时的碎屑岩物源区,有的是沉积场所。梅津(Mezen)"台向斜"古生代早期沉降,接受了厚度巨大的下寒武统陆源沉积物,但在古生代中—晚期为出露的碎屑岩物源区。瑞阿赞-萨拉托夫(Riazan-Saratov)凹陷在古生代部分时期沉降强烈,泥盆系和下石炭统急剧变厚。下伏尔加单斜也有古生代中期—二叠纪岩石的变厚剖面,但在古生代的大多数时期,它可能与现今基底沉陷到 25 000m 以下的滨里海凹陷古构造单元紧密结合在一起。乌拉尔前渊地区,泥盆纪、石炭纪和早二叠世为深水和浅水陆架沉积作用的场所,形成包括生物礁和其他有机碳酸盐岩建造。但在二叠纪中-晚期乌拉尔山脉褶皱、冲断形成期间,遭受了活跃的隆升和断裂。关于这些古构造单元对伏尔加—乌拉尔地区沉积作用的影响下面将进行详细的讨论。

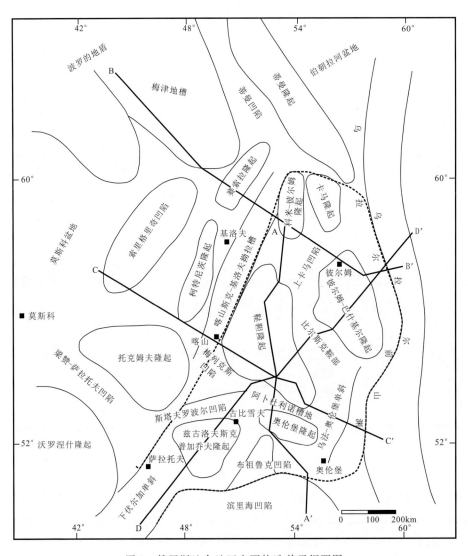

图 3 俄罗斯地台地区主要构造单元纲要图

2 构造演化

伏尔加—乌拉尔区油气盆地的构造认识主要根据区域地球物理资料综合,以及钻探和常规地质调查已经取得的基础成果。进行商业油气开发的地区,其构造认识十分详细;但其他地区,构造认识并不是很清楚。

基底的起伏与上覆沉积盖层的构造明显不同,沉积剖面中不同标志层的构造面貌也各不相同,并导致不同标志层之间的沉积作用各不相同。不同层系的构造变形程度和基本构造趋势也有变化。这些构造差异是划分下列 7 个构造阶段的基础:结晶基底、里菲系—文德系、艾菲尔期—弗拉斯阶、法门阶—杜内阶、石炭系—下二叠统、上二叠统和中新生界。地层综合柱状剖面见图 4。

各构造阶段和不整合面一起,还存在继承性的构造要素,但这里突出的是大型构造要素,一般与基底断层有关。

伏尔加—乌拉尔油气区总体上与伏尔加-乌拉尔区域隆起一致,是俄罗斯地台的一个广泛隆起区,东以乌拉尔前渊为界,西北和西边以莫斯科盆地为界,南以滨里海凹陷为界(图 1)。

伏尔加-乌拉尔区域隆起由拗拉槽分隔的隆起构成(图 2 和图 3,也可参见 Maksimov, 1970)。在前苏联的术语中,两个或多个隆起可并称为一个山脊系(ridge system)。隆起有两种主要构造类型:多边形地块和块间线-带状构造。多边形地块构造以沉积盖层的构造变形相对缓和及沉积单元相对薄为特征,块间线-带状构造的特点为构造变形较大和沉积物厚度较大。

拗拉槽和块间线-带状构造受基底深部断层的控制。这些基底断层的运动在某种程度上与当时东边的乌拉尔向斜和更远的西南边第聂伯-顿涅茨(Dnieper – Donets)凹陷沉降以及南边滨里海凹陷的下挠有关。断层带具有陡的重力或磁场梯度。

在伏尔加—乌拉尔油气区的 7 个构造阶段,基岩顶面的构造格局描述得最为详细,其主要构造要素在某种程度上影响到其他构造阶段。只有礁建造和有关的与欠补偿槽沉积相关的构造在基岩顶面的构造上没有反映。

2.1 基岩顶面

在构造凸起部位,基底深度为 1500～1550m。在拗拉槽中,4300m 深度钻遇到基底,在巴什基尔(Bashkiria)基底埋深超过 5000m。可见基岩顶面的起伏超过 3500m(图 5),倾角可达 10°,基底由太古界岩石构成。

伏尔加-乌拉尔区域隆起西北部相对窄的喀山-基洛夫(Kazansko – Kirov)地堑或拗拉槽(图 2)。该拗拉槽处于西边乌亚诺夫斯科-赛索拉(Ul'yanovsko – Sysola)山脊系和东边科米-鞑靼(Komi – Tatar)山脊系之间。在科米-鞑靼山脊系的东南部为东西向延伸的瑟瑞姆夫斯克-阿卜杜利诺(Sernovodsko – Abdulino)地堑或拗拉槽,南界为兹古勒夫-奥伦堡(Zhigulev – Orenburg)隆起。

乌亚诺夫斯科-赛索拉(Ul'yanovsko – Sysola)山脊系南北向延伸超过 700km,其宽度达

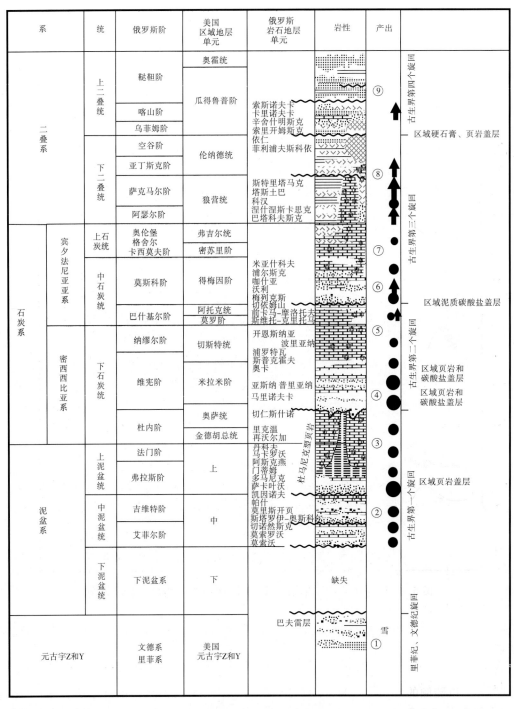

图 4 伏尔加—乌拉尔地区地层柱状图

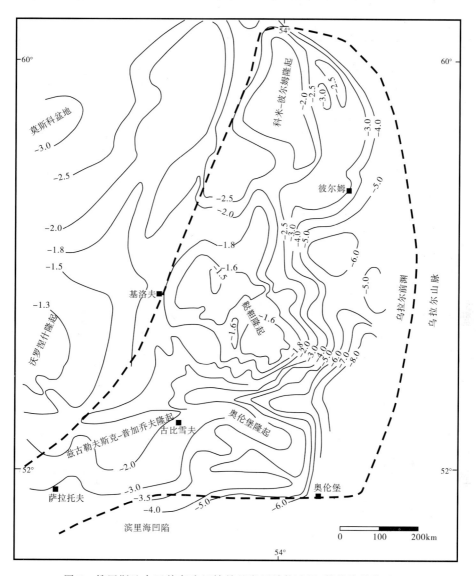

图5 俄罗斯地台区前寒武纪结晶基底区域构造图(等值线单位:km)

100～150km。其主要组成部分由北向南分别为赛索拉(Sysola)、柯特尼茨(Kotel'nich)和托克姆夫(Tokmovo)隆起。该山脊系西与莫斯科盆地相接。

喀山-基洛夫(Kazansko-Kirov)拗拉槽是一条很窄但很深的构造,长度至少480km,宽25～50km。以陡倾的断层为边界,并被喀山附近的鞍部分隔为北部和南部两部分。北部较深,其中保存有元古界巴夫雷(Bavly)期沉积物和较厚的泥盆系碎屑岩。南部较老的沉积物为弗拉斯阶(Frasnian)下部。拗拉槽向南过渡为梅列克斯(Melekess)凹陷。

科米-鞑靼(Komi-Tatar)山脊系(图2)长690km,宽约200km。北边科米-彼尔姆(Komi-Perm)隆起有两个凸起:韦斯莱(Veslyan)和克利莫夫(Klimkov)。南边鞑靼隆起有3个凸起:纳姆斯柯(Nemsk)、库克莫尔(Kukmor)和阿里曼特耶夫(Al'met'yev)。在鞑靼隆起上基岩顶面地势起伏为 200～300m(图 5)。阿里曼特耶夫(Al′met′yev)凸起东南的贝勒贝耶(Belebey)凸起发育了开始于泥盆系的碎屑岩剖面。

下卡马(Lower-Kama)断层带(图 2)在鞑靼隆起库克莫尔(Kukmor)凸起和阿里曼特耶夫(Al′met′yev)凸起之间呈北东向延伸。这是一条广泛的基底断裂带,整个沉积盖层都与卡马深大断层有关,由沃罗涅什(Voronezh)地块延伸到乌拉尔前渊。

伏尔加-乌拉尔区域隆起的南部构造线主要为东西向。

瑟瑞姆夫斯克-阿卜杜利诺(Sernovodsko-Abdulino)拗拉槽东西向延伸,东边张开,过渡为地台向东南倾斜的单斜翼部。西边与梅列克斯坳陷相连。该拗拉槽的东部保存了上元古界(巴夫雷)沉积物,但西部没有。

瑟瑞姆夫斯克-阿卜杜利诺(Sernovodsko-Abdulino)拗拉槽的南边为兹古勒夫-奥伦堡(Zhigulev-Orenburg)隆起,由兹古勒夫-普加乔夫(Zhigulev-Pugachev)隆升地块(raised blocks)和奥伦堡(Orenburg)隆升地块组成。

布祖卢克(Buzuluk)坳陷北边毗连兹古勒夫-奥伦堡(Zhigulev-Orenburg)隆起,向南过渡为滨里海凹陷。

梅列克斯(Melekess)坳陷是鞑靼隆起西南的一个三角形盆地,其规模是 300km×140km。其基岩顶面区域性向南倾斜,被多个分隔凹陷复杂化。在该坳陷的北部存在一些平缓的隆起。

西南为梁赞-萨拉托夫(Ryazano-Saratov)坳陷(或 Pachelm 拗拉槽),分隔伏尔加—乌拉尔区域隆起与沃罗涅什结晶地块(隆起)。其基岩顶面发育了一系列凹陷、沟槽和坳陷。

科米-鞑靼(Komi-Tatar)山脊系的东边为上卡马(Upper-Kama)坳陷。该构造的低地向南和南东延伸过渡为比尔斯克(Birsk)鞍部并最终并入乌拉尔前渊中。该区域构造低地以断层为界并充填巨厚的上元古界磨拉石沉积物和基性侵入岩。它也被叫做比尔斯克-上卡马(Birsko-Upper-Kama)拗拉槽。

在伏尔加-乌拉尔区域隆起的东北部为卡马-巴什基尔(Kama-Bashkir)山脊系(图 2)。该山脊系上构造高位为卡马(Kama)隆起和彼尔姆-巴什基尔(Perm-Bashkir)隆起。

比尔斯克(Birsk)鞍部是彼尔姆-巴什基尔隆起(Perm-Bashkir)和鞑靼隆起的阿里曼特耶夫(Al′met′yev)凸起之间的一个狭窄构造。

2.2 里菲系—文德系构造阶段

里菲系—文德系沉积物充填于基岩顶面上的深拗拉槽中,范围很大。它们充填喀山-基洛夫拗拉槽的北部,上卡马凹陷、比尔斯克鞍部、瑟瑞姆夫斯克-阿卜杜利诺拗拉槽的东部,布祖卢克坳陷和梁赞-萨拉托夫凹陷。在里菲系和文德系之间不整合面发育广泛,区分为两个独立的次级构造阶段。

断裂活动广泛,断层一般没有伸入到上覆的古生界沉积物中。

2.3 艾菲尔阶—弗拉斯阶构造阶段

古生界剖面中主要区域构造为较基底缓和的圆形台背斜隆起,被平展的盆地或槽分隔。大型构造要素的位置是不变的。

泥盆系碎屑岩层段的总体构造与下伏基岩顶面构造有很大的不同。这些碎屑岩层在某些凸起上较薄或完全缺失。鞑靼隆起的库克莫尔凸起上沉积变薄,导致阿里曼特耶夫凸起泥盆系岩层构造上比库克莫尔凸起更高;基岩顶面上这种关系正好是相反的。

喀山-基洛夫拗拉槽中巨厚的泥盆系碎屑岩的沉积导致该槽几乎完全充填,其构造起伏在275～350m之间。在槽的东缘弗拉斯阶下部发育火山熔岩,可能表明沿拗拉槽的边界断裂再次复活。

在艾菲尔阶—弗拉斯阶的顶面上,鞑靼隆起这一巨型构造的闭合度为160m;在基岩顶面上只有50～80m。在该构造阶段克利莫夫凸起尚未显现,也没有赛索拉隆起。托克姆夫和柯特尼茨隆起的东翼以平缓基岩顶面的形式出现。托克姆夫与沃罗涅什隆起合并。梅列克斯坳陷、上卡马凹陷、彼尔姆-巴什基尔隆起和比尔斯克鞍部保持很固定的状态。

在该构造阶段,瑟瑞姆夫斯克-阿卜杜利诺拗拉槽和奥伦堡地块成为地台东南翼单斜构造。

2.4 法门阶—杜内阶构造阶段

与前两个构造阶段地势起伏和构造运动起决定作用不同,在该构造阶段,沉积过程决定了沉积物的成分和厚度。出现在古生界剖面底面上的大多数主要构造在该构造阶段都得以保存。鞑靼和彼尔姆-巴什基尔隆起及其凸起、兹古勒夫-普加乔夫地块、喀山-基洛夫拗拉槽、梅列克斯和上卡马凹陷、比尔斯克鞍部和俄罗斯南和东南翼都显现得很好,卡姆斯克-基涅利槽系初现轮廓。该槽系延伸距离 900km,宽(20～40)～(80～90)km(图2、图6)。前 Mendym (Domanik 和更老)构造没反映出槽。例如,在 Aktanysh - Chishmin 槽地区(图6Ⅲ)的前 Mendym 沉积物由于后泥盆纪掀斜造成平缓的单斜层(Mkrtchyan,1965)。

卡姆斯克-基涅利槽系的槽中和边缘边部发育碳酸盐岩建造。其中一些建造平行于槽的边缘,而另外一些建造则与槽缘呈角度相交。在 Aktanysh - Chishmin 槽东北部外缘上的 Arlan - Dyurtyuli 礁是一个平行的礁,一样的礁还有处在凹陷中的 Karacha - Yelgin 礁(图6和图7)。Kueda 和 Mukhanovo 礁及其他礁与凹陷边界高角度相交(图6)。

在前 Mendym 沉积物中,平行凹陷边界的礁体之上的构造一般不显现披覆构造。而那些与槽相交礁体,在整个剖面上构造系统一般都有继承性;然而,与凹陷边界相交礁体发育的地方,由于礁体的生长,泥盆系顶面构造的闭合度急剧增大(Mkrtchyan,1965)。与槽边界相交高地的发育可能是由于基底沿着局部薄弱带再次活动所致。

法门阶—杜内阶构造阶段具有特殊性,由于槽中沉积较薄和槽缘礁建造,这一构造演化阶段的下部以较大构造起伏为特征,上部的特点是构造平缓平滑。所以,该阶段顶面的主要构造要素并非本阶段的而是较早的艾菲尔阶—弗拉斯阶的(Maksimov 等,1970)。这一阶段沉积史的详细讨论见地层和沉积相部分。厚度和沉积相分布表明,直到杜内阶末,槽的特征一直很明显(图8)。实际上,槽是在维宪阶期间充填的(图9),在随后的纳缪尔阶沉积,几乎很少或没有槽存在的标志(图10)。

2.5 石炭系—下二叠统构造阶段

这一构造阶段的主要构造要素重现了泥盆系碎屑岩和基岩顶面的构造要素,但趋向更为复杂。喀山-基洛夫拗拉槽及相邻隆起的翼部是个例外。在喀山-基洛夫拗拉槽的北部,发育线状 Vyat 隆起系(图2上没表示 Vyat 隆起),这些隆起比相邻平坦的较老隆起高出150～300m。

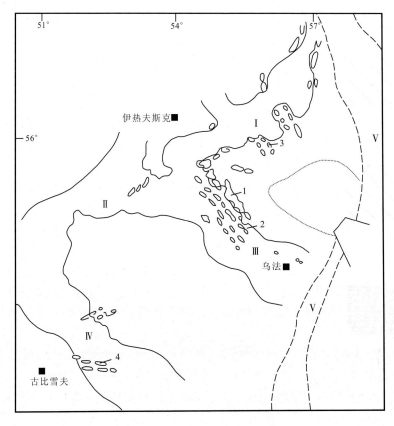

图 6 卡姆斯克-基涅利槽系分布(据 Mkrtchyan,1965)

槽：Ⅰ.Shalyxn；Ⅱ.Saraylin；Ⅲ.Aktanysh－Chishmin；Ⅳ.Mukhanovo－Yerokhov；Ⅴ.乌拉尔前渊；
礁体：1.Arlan－Dyurtyuli；2.Karacha－Yelgin；3.Kueda；4.Mukhanovo

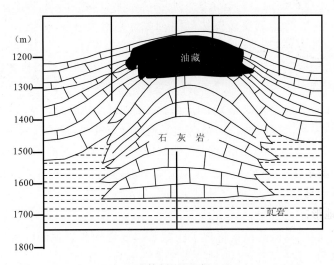

图 7 Karacha－Yelgin 礁体剖面图(据 Mkrtchyan,1965)

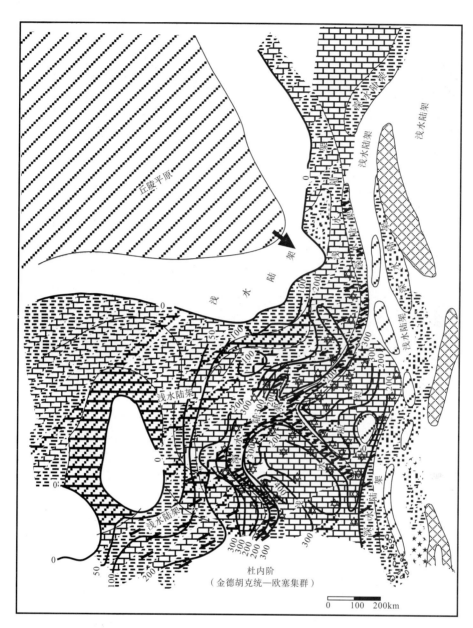

图 8 杜内阶(金德胡克统—欧塞集群)厚度(m)和沉积相图

彼尔姆-巴什基尔隆起的彼尔姆和巴什基尔凸起、鞑靼隆起的库克莫尔、阿里曼特耶夫和贝勒贝耶凸起、下卡马断层带和比尔斯克鞍部构造面貌不变。埋藏的奥伦堡地块的最高部位具有平坦构造阶地形态。兹古勒夫-普加乔夫地块的顶部、翼部和布祖卢克坳陷清晰显现。

2.6 上二叠统和中新生界构造阶段

中新生界时期沿彼尔姆-巴什基尔隆起的东翼发育一个很大的凸起带。该凸起带向西南延伸,通过比尔斯克鞍部和鞑靼隆起的 Belebey 凸起,然后向北西通过鞑靼隆起的阿里曼特耶

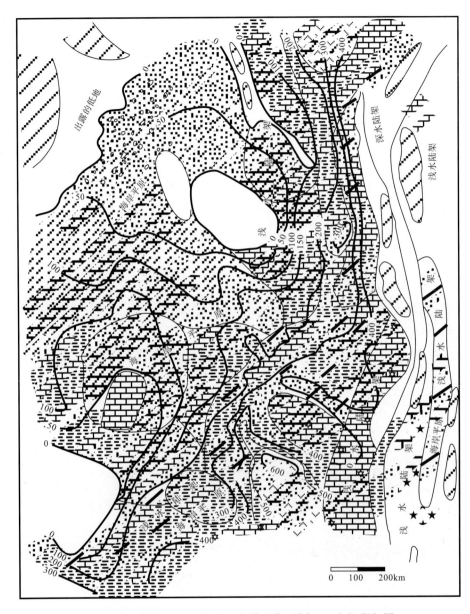

图 9 维宪阶(梅拉梅克期—契斯特早期)厚度(m)和沉积相图

夫和库克莫尔凸起和 Vyat 隆起。在整个弓形的凸起系内有上卡马凹陷,宽 260～280km。在柯特尼茨隆起上中新生界期间发育一个盆地。

布祖卢克坳陷持续发育,在三叠系、侏罗系和白垩系尤其明显。坳陷的平缓北界延伸到前面提到的弓形凸起系。坳陷西边以兹古勒夫-普加乔夫地块为界,为高幅度隆起,中石炭统已遭受剥蚀。

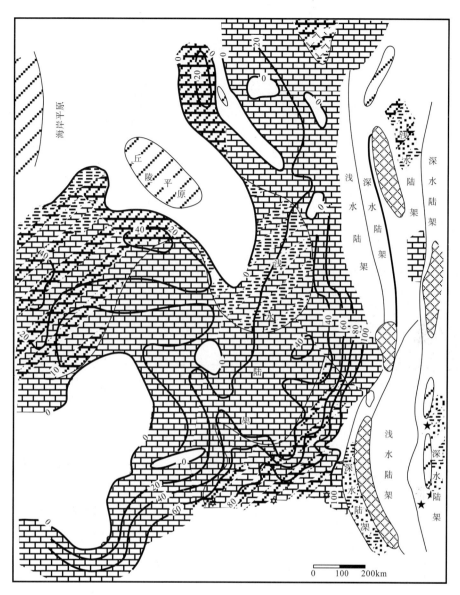

图 10 纳缪尔阶(契斯特晚期)厚度(m)和沉积相图

3 地层和沉积相

前苏联地质家把俄罗斯地台的地层剖面划分为系和阶的对比格架,与北美的划分有很大的差异(图4)。由前寒武系上部、泥盆系、石炭系、二叠系、中生界和新生界沉积岩层序构成俄罗斯地台的沉积盖层。寒武系—志留系岩石在伏尔加—乌拉尔地区未见报道,但在褶皱和断裂复杂的乌拉尔前渊东边不远处已经识别出奥陶系—志留系的岩层,在地台的西部分布有下寒武统碎屑岩(图11、图12)。中泥盆统—二叠系为一个大致连续的沉积层序,其间发育多个

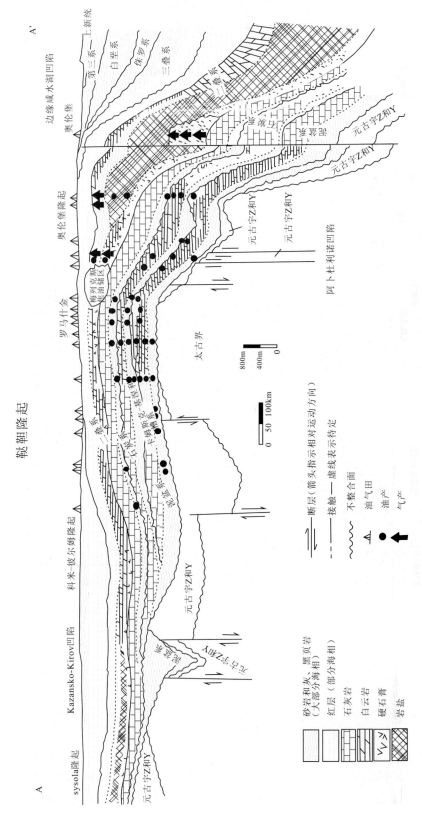

图 11 波罗的地盾东南翼—里海凹陷南北向简化构造地层横剖面 A—A′

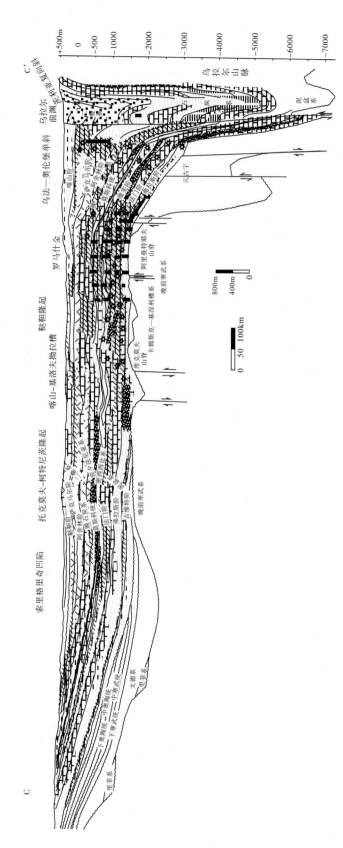

图 12 莫斯科盆地—乌拉尔山北西-南东向简化构造地层横剖面 C—C′（图例见图 11）

不整合面(图4、图11～图14)。该区大部分地表的露头为上二叠统岩石(图15),与滨里海凹陷相邻的南部边界例外,这里中生界岩石缺失。第三系岩石仅分布于西南部沿伏尔加河谷的一个狭窄地带,上新统陆相砾岩、砂岩和页岩层厚度约500m。古生代早期地台的大部分地方露出水面,中生界和新生界地层再次露出水面。

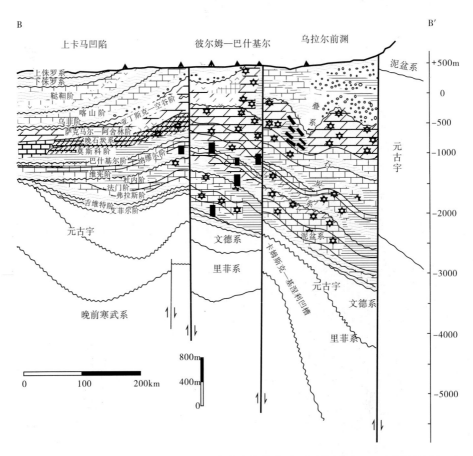

图13 科米-彼尔姆隆起—乌拉尔山北西-南东向简化构造地层横剖面B—B'(图例见图11)

伏尔加—乌拉尔地区和俄罗斯地台的区域地层及地质史已经被很多作者广泛讨论过,包括Maksimov等(1970)、Smirnov(1958)、Aranova等(1967)和Vasilyev等(1963)。Maksimov等(1970)识别出伏尔加—乌拉尔地区7个主要的沉积旋回。

(1)里菲系旋回主要为陆相陆源粗碎屑岩,直接堆积在结晶基底上,主要沉积于伸长状的地堑状凹陷(拗拉槽)中,上部有少量海相沉积(元古界晚期)。由砂岩、页岩和砾岩组成,厚度500～5000m。

(2)文德系旋回为陆相粗碎屑岩层、海相碎屑岩、碳酸盐岩层序(晚元古界),由页岩和砂岩组成,厚度3000m。

(3)中泥盆统—杜内阶旋回以海侵沉积为主,下部为陆源碎屑砂岩、粉砂岩和页岩(中泥盆统—上泥盆世下部),上部为碳酸盐岩,含大量生物礁(晚泥盆世晚期—杜内阶),厚度300～1000m。上部碳酸盐岩部分为卡姆斯克-基涅利槽系沉积。深水槽狭窄,且相互连通。

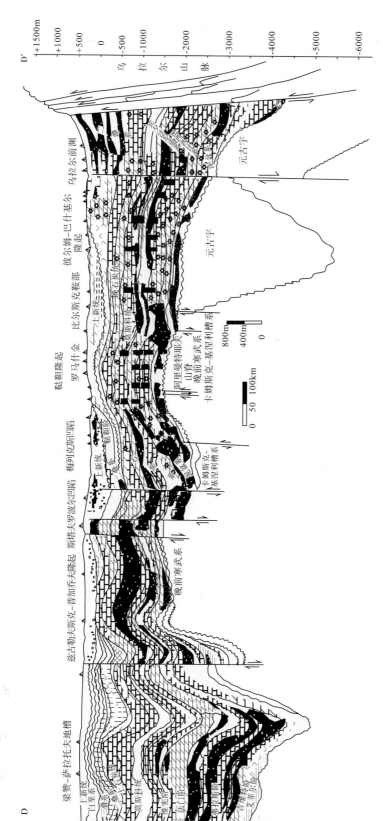

图 14 下伏尔加—乌拉尔山南西-北东向简化构造地层横剖面 D—D'（图例见图 11）

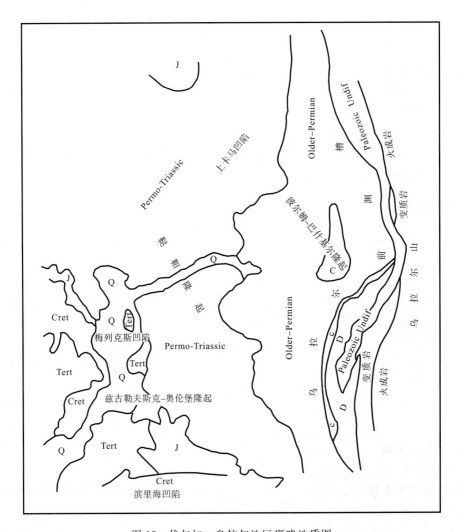

图 15 伏尔加—乌拉尔地区概略地质图

Q. 第四系;Ter. 第三系;Cret. 白垩系;J. 侏罗系;C. 石炭系;D. 泥盆系;Permo - Triassic. 二叠系—三叠系;Older - Permian. 晚二叠统;Paleozoic Undif. 古生界

(4)维宪阶—纳缪尔阶—巴什基利亚阶(Bashkirian)旋回,始于维宪阶碎屑岩沉积,披覆在上一个旋回的生物礁上,并充填上一个旋回在某些地方形成侵蚀洼陷。维宪阶碎屑岩之上为海相碳酸盐岩。该旋回厚度 50~800m。

(5)莫斯科阶旋回早期为陆源碎屑岩沉积,莫斯科阶晚期、晚石炭世和早二叠世地层为海相碳酸盐岩层,含丰富化石,厚度 1000~3000m。

(6)早二叠世晚期—晚二叠世旋回,反映了乌拉尔山及相关的乌拉尔前渊的形成,蒸发岩最先沉积,然后是海相灰岩和白云岩,向东与来自乌拉尔山的碎屑沉积物呈指状交互。

(7)阿尔卑斯期旋回,三叠系陆相红层和侏罗系、白垩系陆相、海相碎屑岩层混合,沉积于俄罗斯地台南部、西南部和北部边缘,在伏尔加—乌拉尔地区一般缺失。

这些旋回的地层位置如图 4 所示,根据多种俄文资料编制。为了方便起见,前苏联地质家所用的时代划分和美国相当时代划分进行了对比。区域地层沉积相横剖面图在俄文文献中不太容易得到,但古生界旋回的一般岩性特征、相变和厚度变化如图11～图14的区域横剖面图所示。剖面图由多种俄文资料、基础区域厚度和相图、局部地区地质分析和油田资料综合编绘而成。每个沉积旋回均与古生代的海侵—海退旋回有关,主要旋回被区域范围的不整合面分隔。每个旋回的下部主要由近滨海相砂岩和页岩构成;向上渐变为以海相碳酸盐岩层为主,常常含有礁体或生物丘建造。每个旋回中蒸发岩出现的量变化很大,在古生界第三旋回结束时尤其显著(空谷尔阶盐岩层)。在每个旋回的上部主要为陆相和海相红层、蒸发岩、白云岩和冲积砾岩层。所有沉积旋回都与构造阶段具有密切的关系,沉积过程受到该区古构造史的主要构造要素的强烈影响。

3.1 晚元古界

伏尔加—乌拉尔地区晚元古界岩石(Bavly岩层)沉积两个海侵—海退旋回,里菲纪(1600～675Ma)和文德纪(675～570Ma),其间发育一个区域性的不整合侵蚀面。早里菲世岩石(Kaltesin统)分布于该地区东部狭窄的槽状凹陷中,主要在南乌拉尔前渊(厚2000～5000m)、瑟瑞姆夫斯克-阿卜杜利诺拗拉槽(厚度可达900m左右)、比尔斯克鞍部和上卡马凹陷(厚度在650m以上)和喀山-基洛夫拗拉槽的北部。

这些岩层下部为覆盖在前寒武系结晶基底上的陆相粗碎屑岩和少量海相沉积,向上渐变为海相碳酸盐岩(白云岩和少量灰岩)、页岩和部分含海绿石砂岩(Kaltesin统上部)。Kaltesin统地层与上覆中里菲世Serafin统杂色和绿灰色以海相为主的砂岩、页岩呈整合接触关系,上部含少量碳酸盐岩层。里菲纪晚期发生区域性隆升,先前沉积的前寒武系岩层上部受到剥蚀(Maksimov,1970)。当时的沉积作用主要由陆相和少量海相碎屑岩(Leonldov统)构成,局限于主要拗拉槽(瑟瑞姆夫斯克-阿卜杜利诺、喀山-基洛夫、梁赞-萨拉托夫和蒂曼槽)、乌拉尔凹陷和滨里海凹陷中。在某些地区,区域性隆升伴有火山活动。

文德纪(巴夫雷上部岩层)沉积作用比里菲纪广泛得多。当时拗拉槽活跃的沉降减缓下来,俄罗斯地台的大部分地方遭受浅海海侵。伏尔加—乌拉尔地区中部露出水面,西、西南和东北为低洼的陆地区。文德系层序沉积于更平缓的斜坡和更宽阔的盆地中,与里菲系拗拉槽槽状凹陷相反。文德系下部岩层(Kanov统)底部由粗碎屑岩构成,与下伏里菲系不整合接触,在某些地方呈角度不整合接触。向上渐变为文德系上部(Shakpovo统)层序,主要为浅海相页岩和砂岩,含少量碳酸盐岩和磷块岩,在瑟瑞姆夫斯克-阿卜杜利诺拗拉槽和上卡马凹陷厚度达800m左右。

伏尔加—乌拉尔地区晚元古代沉积岩为正常海相和陆相砂岩、页岩、碳酸盐岩,一般未变质,厚度巨大(6000～12 000m),在很多地方埋藏深度并不是很深。有报道储集岩品质很好,烃源岩品质中等,据Yarullin和Romanov(1974报道),特别是沿着前乌拉尔带(乌拉尔前渊)的东部边界和乌拉尔山褶皱的西部,文德系和里菲系上部岩层具有很好的油气潜力。最有利的地区位于南乌拉尔前渊阿勒泰(Alatau)台背斜,尤其是其西部,断裂不太发育。在该地区其他地方里菲系上部和文德系也发育一些油气显示(Sulaymanov和Bazev,1974;Stankevich等,1977;Chizh,1977)。

伏尔加—乌拉尔地区一些古生代持久的古构造在元古界晚期是活跃的沉降区或隆起区,包括瑟瑞姆夫斯克-阿卜杜利诺、喀山-基洛夫、比尔斯克-上卡马和梁赞-萨拉托夫凹陷和鞍鞑、沃罗涅什、蒂曼、科米-彼尔姆、兹古勒夫-普加乔夫和波罗的隆起。这些古隆起区是元古代和古生代陆源碎屑沉积的持久碎屑物源区。文德纪末很多地区发生活跃的隆升和造山,冰碛岩的出现表明大陆冰川和山地冰川的存在,特别是斯堪的纳维亚(Scandinavia)和乌拉尔山区。区域性隆升始于文德纪末,持续到加里东(古生代早期)造山运动期,俄罗斯地台的大部分地方露出地表。伏尔加—乌拉尔地区缺失寒武系、奥陶系、志留系和下泥盆统,该时期以剥蚀和无沉积为主(Maksimov等,1970)。

3.2 古生界第一个旋回(中泥盆世—杜内期)

伏尔加—乌拉尔地区的中-上泥盆统岩石厚度在200m以上(图8、图16～图19),为一个大的海侵旋回(古生代第一个旋回或海西期第一个旋回)的一部分,由乌拉尔优地槽穿过俄罗

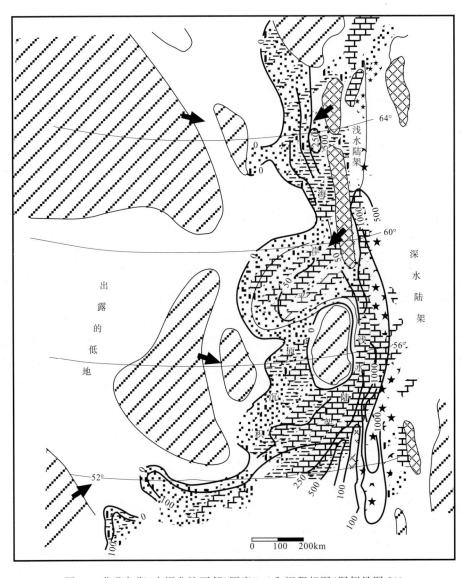

图16 艾菲尔期(中泥盆统下部)厚度(m)和沉积相图(图例见图20)

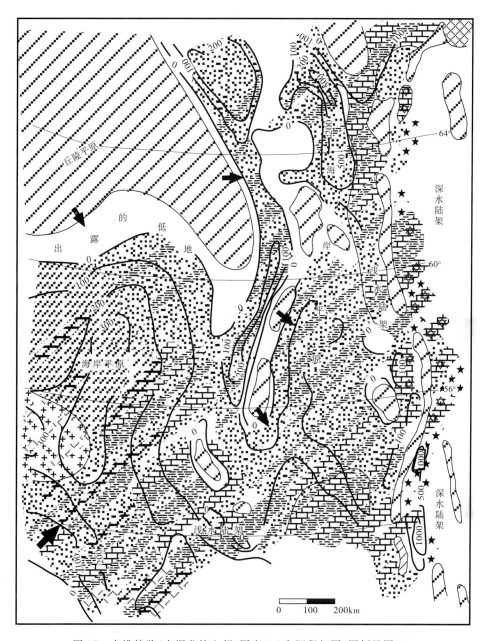

图 17　吉维特阶(中泥盆统上部)厚度(m)和沉积相图(图例见图 20)

斯地台向西扩散。中泥盆世和晚泥盆世初期的"碎屑岩泥盆系"岩层构成层序的下部(图 16、图 17)。向上变为碳酸盐岩层,晚泥盆世法门阶和早石炭世杜内阶达到最大厚度,生物礁和碳酸盐岩沉积在整个伏尔加—乌拉尔地区占主导(图 8、图 19)。早石炭世旋回结束,海水退却,地台露出水面,在下一个旋回维宪阶下部碎屑岩层沉积之前,碳酸盐岩地层遭受到侵蚀、喀斯特化,并可能有白云岩化。

关于俄罗斯地台和伏尔加—乌拉尔地区泥盆系已经发表了很多论文(如 Aranova 等,1967;Ovanesov 等,1972;Krebs 等,1972;Tikhy,1967;Rzhonsnilskaya,1967;Maksimov 等,1970)。

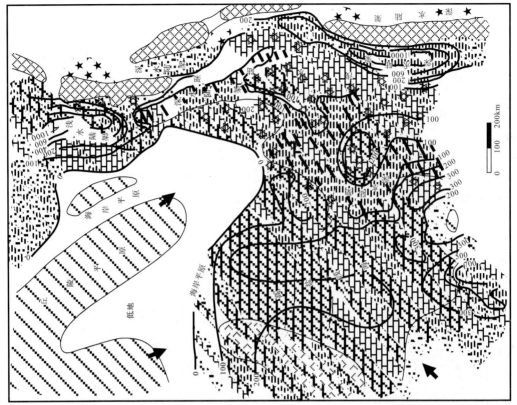

图 19　法门阶（上泥盆统上部）厚度（m）和沉积相图（图例见图 20）

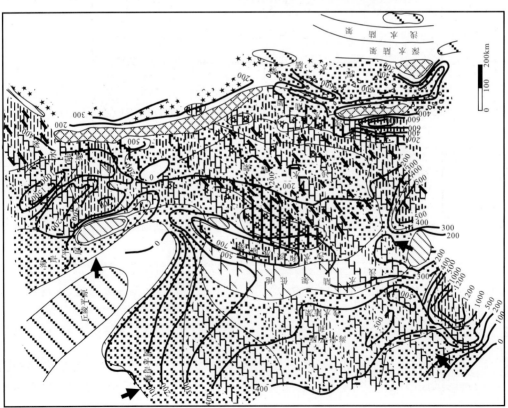

图 18　弗拉斯阶（上泥盆统下-中部）厚度（m）和沉积相图（图例见图 20）

3.2.1 早泥盆世

伏尔加-乌拉尔区域隆起上缺失早泥盆世岩石,中泥盆统砂岩和页岩层直接叠置于元古代晚期沉积岩或较老的前寒武系结晶岩石上。在该时期,古生代早期的海洋局限于乌拉尔优地槽,沉积了巨厚的下泥盆统水携火山岩、深水和浅水含燧石泥岩及厚层碳酸盐岩生物礁体(图20)。据 Kondiain 等(1967)的研究成果,南北向伸长状的乌拉尔地槽系中的一系列以横断层为边界的槽盆中,下泥盆统碎屑岩最大沉积厚度在 2000m 以上。早、中泥盆世生物礁厚度 1500m,主要生长在沿着横切槽盆边界的凸起断块上(Tikhy,1967;Varentsov 等,1976),也可能生长于火山锥的侧边(Shadrina,1977)。下泥盆统岩石可能分布于滨里海凹陷深部,在伏尔加河下游地区发育厚达 600m 左右的该时期的杂色岩层(Maksimov 等,1970)。

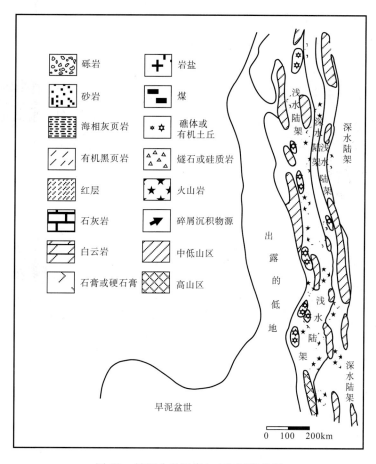

图 20 早泥盆世厚度(m)和沉积相图

3.2.2 中泥盆世(艾菲尔阶和吉维特阶)

艾菲尔阶(中泥盆统下部)岩石为近岸平原和浅海相砂岩、灰色页岩和碳酸盐岩,代表中泥盆世—杜内阶区域性海侵初期的沉积。在这一时期,地台的东部与西部被一系列露出水面的碎屑物源区分隔开，这些露出水面的物源区为沃罗涅什、托克姆夫、柯特尼茨、北鞑靼和赛索拉古隆起（图16、图17）。

古隆起带西边，艾菲尔阶由陆相岩层向上渐变为局限海相碎屑岩和蒸发岩（含少量盐岩），是宽阔的浅水盆地（前人称之为Soligalich凹陷）沉积。古隆起带东侧，艾菲尔阶海相碎屑岩由乌拉尔优地槽向西超覆，并在彼尔姆-巴什基尔隆起的边界和沿着鞑靼、兹古勒夫-奥伦堡和科米-彼尔姆隆起东侧尖灭。中泥盆统砂岩储层主要为三角洲和滨浅海相不连续石英砂岩体，主要物源为西北部的波罗的地盾区大陆，部分物源来自西侧紧邻的陆地区。沿着地台的东部和南部边界，艾菲尔阶地层中含大量暗灰色页岩层和含丰富化石的碳酸盐岩层，其中一些岩层含丰富的造礁生物化石（Aranova等，1967）。在地台的东南斜坡（图11、图16），这些岩层厚度最大（大于500m）。艾菲尔旋回结束，除东南斜坡维持被乌拉尔地槽海水淹没状态外，地台总体露出水面，下伏岩层受到侵蚀。

吉维特阶海侵比艾菲尔阶更加广泛，除大型正向古构造（沃罗涅什、托克姆夫、柯特尼茨-赛索拉、北鞑靼、科米-彼尔姆、兹古勒夫-奥伦堡和彼尔姆-巴什基尔隆起）外，海水大面积覆盖俄罗斯地台。

吉维特阶，地台东北部地层最厚（100~500m），由碎屑岩构成。地台南部斜坡以海相碳酸盐岩和暗灰色页岩层为主（图17），向北变为灰色页岩和粉砂岩，向更北和西北波罗的地盾碎屑物源区方向变为以砂岩和粉砂岩为主（Aranova等，1972；Maksimov等，1970）。红层和蒸发岩分布于莫斯科盆地的西侧。喀山-基洛夫拗拉槽再次开始沉降，接受了200m以上的海相陆源碎屑和碳酸盐岩沉积物。类似于艾菲尔阶，吉维特阶海相砂岩储层为三角洲和沿岸砂坝沉积，但石英含量更高，单个砂体更厚，侧向分布更广。

吉维特阶末期，地台的北边和南边有火山活动，除南部外，伏尔加—乌拉尔地区大多数地方总体上露出水面，并发生微弱的剥蚀（Maksimov等，1970）。

3.2.3 晚泥盆世（弗拉斯阶和法门阶）

弗拉斯阶早期沉积作用类似吉维特阶，但总体上弗拉斯阶海侵更加广泛。

在弗拉斯阶早期，柯特尼茨、彼尔姆-巴什基尔隆起和兹古勒夫-普加乔夫地块，部分保持露出水面。但到弗拉斯阶末，所有的正向构造单元或多或少都有一些弗拉斯阶的海相沉积物覆盖。地台西部主要为近岸平原和间夹滨海相沉积，更西变为陆相红层。地台东边沉积作用类似吉维特阶下部，浅海和泻湖相砂岩和暗色页岩层大量堆积，但弗拉斯阶下部的碎屑岩相对较薄，并且很快向上变为以含丰富化石的碳酸盐岩层为主的弗拉斯阶上部地层，在地台的很多浅水区域发育生物礁和生物碳酸盐岩丘建造（图18）。

弗拉斯阶中期，含沥青的多马尼克（Domanik）岩相开始成为卡姆斯克-基涅利槽系发育的先兆（图3、图6、图8），卡姆斯克-基涅利槽系由一组狭窄的相互连通的深水槽构成，持续到早石炭世。多马尼克岩相为相对深水局限海相暗灰色和黑色含沥青页岩、泥灰岩和泥质灰岩相，富含有机质，常常有硅质，含菊石、圆锥形和放射状的薄壁瓣鳃动物化石等（Aranova等，1967）。这些岩层被认为是伏尔加—乌拉尔地区含很多油藏的烃源岩。弗拉斯阶下部的多马尼克层序分布于喀山-基洛夫坳陷、梅列克斯坳陷和布祖卢克坳陷及台地的东南斜坡。弗拉斯阶中期，多马尼克相扩展到伏尔加—乌拉尔地区的大部分地方，在瑟瑞姆夫斯克-阿卜杜利诺坳陷和梅列克斯坳陷、上卡马凹陷和沿着地台的东部边界，厚度最大。Murchison等（1845）根据彼尔姆东边露头把这些岩层命名为多马尼克组。到弗拉斯阶晚期,由于沿着卡姆斯克-基涅利槽边界开始形成生物礁和生物丘灰岩,多马尼克相分布范围减少。随着碳酸盐岩沉积垂向生长和侧向扩张,深水槽更加狭窄,此时真正的卡姆斯克-基涅利槽形成并向北与彼尔姆-巴什基尔隆起北边的乌拉尔前渊合并。到弗拉斯阶结束时,在地台的很多高地,特别在鞑靼和彼尔姆-巴什基尔隆起上,及沿着卡姆斯克-基涅利槽边缘的一些地区,形成巨厚的碳酸盐岩沉积(图6)。地台东部一些主要的负向古构造(包括布祖卢克坳陷、梅列克斯坳陷和上卡马凹陷及比尔斯克鞍部)的构造沉降是形成卡姆斯克-基涅利槽系的基础(Maksimov等,1970)。

地台的另外一些古构造下陷区,包括喀山-基洛夫拗拉槽(1000m以上)、下伏尔加单斜(1200m以上)和南乌拉尔前渊(1500m以上),发生强烈的沉降和沉积作用,弗拉斯阶沉积物的厚度较大。

法门阶碳酸盐岩沉积显著增加,除深水的卡姆斯克-基涅利槽外,生物礁和生物丘覆盖伏尔加—乌拉尔地区的大部分区域。卡姆斯克-基涅利槽更加狭窄,因为生物礁碳酸盐岩不断向上生长并且侧向推进到槽的边界,穿过了先前沉积的生物礁的侧翼(图19)。极富含沥青的多马尼克相持续沉积于槽盆中,但与弗拉斯阶相比,一般较薄并且含少量粉砂。法门阶和弗拉斯阶上部相同,生物礁沉积主要由层孔虫和床板珊瑚格架、钙质绿藻、红藻和球形藻及海百合、有孔虫和其他有机骨架物质构成(Ovanesov等,1972)。生物礁岩石为很纯的碳酸盐岩(不可溶残余物1%或更低),在某些地方部分白云石化。

3.2.4 杜内期(金德胡克统—欧塞集群)

法门期以碳酸盐岩为特征的沉积作用持续到杜内期,无不整合的证据。岩体沿着卡姆斯克-基涅利槽边界继续发育碳酸盐岩生物丘建造,并穿过槽坡,推进到更远处。侧向上,碳酸盐岩建造扩展到地台东部的大部分地方,并且伴随充填,在某些地区向槽中心迁移。杜内阶生物碳酸盐岩建造主要由钙藻、有孔虫、笛管珊瑚和其他珊瑚、海百合、海绵骨架以及其他各种各样的骨骼碎屑构成,部分白云石化,最大厚度达400m。沿着卡姆斯克-基涅利槽的两侧发育生物建造,最显著的建造发育在彼尔姆-巴什基尔隆起、比尔斯克鞍部、鞑靼隆起的阿里曼特耶夫凸起的西翼。卡姆斯克-基涅利槽的范围窄,继承性发育多马尼克相,暗色含高有机质的碳酸盐岩和页岩层厚度在某些地区达到200m左右(图8)。

卡姆斯克-基涅利槽系独特的成因已经成为某些前苏联地质家讨论的一个主题。Uspenskaya等(1972)提出槽系形成于大型古隆起之间(Mirchink等,1965定义)并与基底的地块构造运动有关。基底活跃的沉降产生狭窄的较深水槽,发生欠补偿沉积作用,沿着槽边隆起地块形成礁体发育带。槽中断层和礁呈不同方向相交的地区发育孤立礁体和环礁。也有人认为,槽系主要是沉积过程的产物,起初生物礁体或丘体建造发育在大型古隆起上,接着碳酸盐岩建造向没有出现建造的欠补偿较深水凹陷区域中推进(Ovanesov等,1972),窄的较深水区域被生物碳酸盐岩建造包围形成槽系。法门阶—杜内阶该过程达到顶峰,海侵最大,陆架上普遍海水循环条件良好,有机质生长达到最高峰。地层和古构造证据表明,最终结果的形成,这两种过程可能都是重要的。槽系发育的早期阶段表现出与先存大型沉降区内多马尼克相的初步发育有关,先存大型沉降区可能跟较老的基底凹陷有关,但是随着相邻古构造凸起地貌上碳酸盐岩建造的发育,碳酸盐岩建造向凹陷中推进,形成狭窄的卡姆斯克-基涅利槽系的最终表现形式。

3.3 古生界第二个旋回(维宪期、纳缪尔期和巴什基尔期)

该旋回由维宪阶早期和中期陆源碎屑岩沉积,维宪阶晚期、纳缪尔阶和巴什基尔阶含丰富化石的海相碳酸盐岩构成,厚50～800m。维宪阶底部岩层为陆相和滨浅海相砂岩和页岩,代表沉积旋回海侵初期的沉积。这些沉积充填卡姆斯克-基涅利槽和下伏的杜内阶碳酸盐岩层水道化和喀斯特化不规则侵蚀面。维宪阶碎屑岩层向上变为海相碳酸盐岩和页岩,最后变为广泛分布的含丰富化石的纳缪尔阶和巴什基尔阶海相碳酸盐岩覆盖整个地台。

3.3.1 维宪期(梅拉梅克阶—下契斯特阶)

杜内阶生物礁和其他碳酸盐岩相沉积以后,俄罗斯地台总体上露出水面。下伏的碳酸盐岩发生风化、淋滤和部分白云石化。在某些地方,在杜内阶上部剖面中,报道有溶蚀喀斯特化(Dakhnov 和 Galimov,1960)。在卡姆斯克-基涅利槽及相邻的凸起地区,维宪阶早期河流体系深切到下伏的岩层中(Nikulin 和 Sharonov,1960)。维宪阶碎屑沉积物的沉积作用基本上完全充填了卡姆斯克-基涅利槽系,在槽的某些地区厚度达到400m左右(图19)。维宪阶以后,没发现卡姆斯克-基涅利槽系存在的证据(Maksimov 等,1970)。

在巴什基尔隆起的西侧发育一个错综复杂的河道砂岩网络,至少发育25个砂岩带,宽度在250～1000m,长度达80km(Tsotsur,1974)。地台的很多地区都发育类似的砂体(Voytovich 和 Shel'nova,1977;Baymukhametov,1976)。砂体一般呈南北向线状展布,厚度变化很大,较厚的砂岩很稳定,并且很少为透镜状,槽系中的河道砂岩除外,在峡谷状凹陷中其中一些河道砂岩深切到下面的岩层。自下而上,河流河道砂岩变为近滨海相和三角洲沉积,并与暗灰色的海侵海相页岩互层。维宪阶剖面中部含多个海相砂岩层段,表明有很小的岸线波动旋回,但维宪阶总体上向上变为以碳酸盐岩为主。维宪阶碎屑岩主要物源区为西北部的波罗的地盾,次要物源为沃罗涅什结晶地块的周缘。

布祖卢克坳陷中发育一些含膏盐夹层。在卡姆斯克-基涅利槽的近岸平原和浅海相沉积物中,以及沿着沃罗涅什凸起的北部和东部边界发育煤沉积。

3.3.2 纳缪尔期(上契斯特阶)

伏尔加—乌拉尔地区纳缪尔期(早石炭世最晚期)的岩石为海相灰岩和白云岩,北部和西部夹少量薄层灰色页岩层。纳缪尔期岩层在该地区构成一个相对较薄的碳酸盐岩楔状体,厚度由鞑靼隆起上20～40m到地台东南翼80～100m(图10)。在纳缪尔期沉积作用结束时,鞑靼隆起北部和南部的顶部、兹古勒夫-普加乔夫地块和巴什基尔凸起脊部短时露出水面,并有少量侵蚀(Maksimov 等,1970)。

3.3.3 巴什基尔期(莫罗旺阶—阿托坎阶)

伏尔加—乌拉尔地区巴什基尔阶岩石几乎完全为含化石的白云岩和灰岩,其中有的岩石孔隙度很好。在该地区东翼和南翼发育碳酸盐岩及海相灰色页岩互层,西边出现红色页岩和粉砂岩(图21)。下伏尔加河凹陷西南发育少量海相砂岩和页岩。巴什基尔阶碳酸盐岩含有大量化石,鲕粒灰岩和白云岩层含有大量介壳碎屑、有孔虫和藻类(Armishev 等,1976;Kaleda 和 Kotel'nikova,1974)。巴什基尔期沉积作用结束时,地台区域性露出水面,在某些地区,发

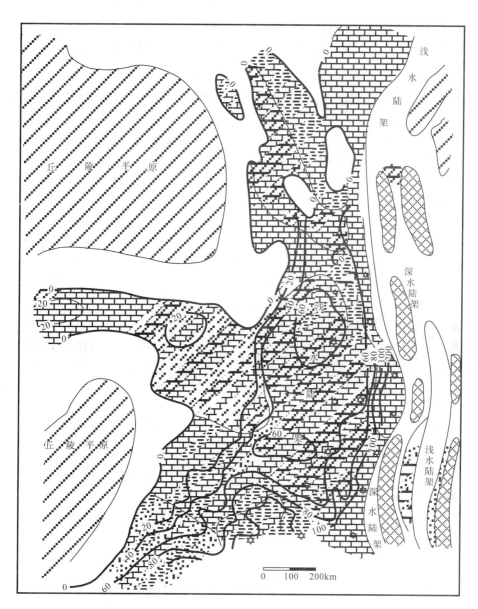

图 21 巴什基尔阶(莫罗旺期—阿托坎期)厚度(m)和沉积相图(图例见图 20)

育砾岩层,含有磨圆的碳酸盐岩碎屑。巴什基尔阶碳酸盐岩发生淋滤和喀斯特化,对于这些岩层中储层的发育十分重要(Dakhnov 和 Galinov,1960)。

3.4 古生界第三个旋回(莫斯科期—早二叠世)

该旋回由莫斯科阶早期陆源碎屑岩和莫斯科阶晚期、晚石炭世和早二叠世含化石的海相碳酸盐岩层构成。沉积岩总厚度在 1000m 以上。石炭系碳酸盐岩单元在陆架区很多地方含有生物丘,与上覆二叠系早期(阿舍林阶)的浅水碳酸盐岩呈整合接触。在地台东部、南部边界与深水的乌拉尔前渊和滨里海凹陷相邻地带,发育相对连续的二叠系生物礁(图 22)。随后,沿着该地带,生物礁持续生长,伏尔加—乌拉尔地区的主体部分被礁后碳酸盐岩、蒸发岩和细

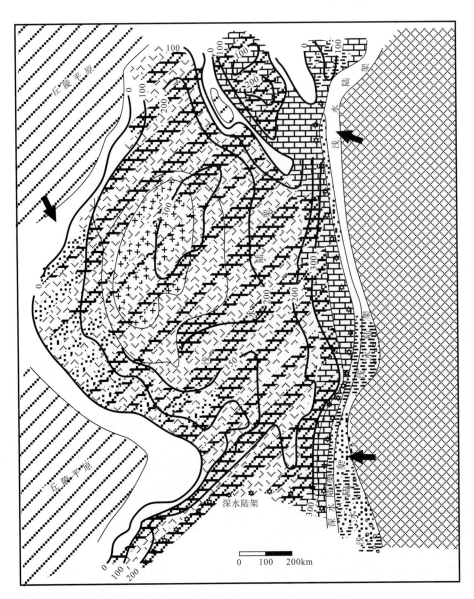

图 22 阿舍林阶—萨克马尔阶(下二叠统狼营阶)厚度(m)和沉积相图(图例见图 20)

粒碎屑岩层覆盖。

3.4.1 莫斯科期(迭莫阶)

地台东部,莫斯科阶地层序列的底部单元为海相砂岩、粉砂岩和灰色页岩。这些岩层与下伏的巴什基尔阶碳酸盐岩不整合接触,代表古生界第三个海侵—海退沉积旋回向西和向北扩张到该地台的初期沉积(图 23)。

在该时期的大部分时间,西部为陆相红层沉积,剖面上部与海相碳酸盐岩层呈指状交互。莫斯科阶碎屑岩的物源区基本上与维宪阶相同,但该时期,很多早先的物源区已经被碳酸盐岩和细粒泥质沉积覆盖,粗粒碎屑物质供应减少。莫斯科阶砂岩主要为海相成因,向伏尔加—乌

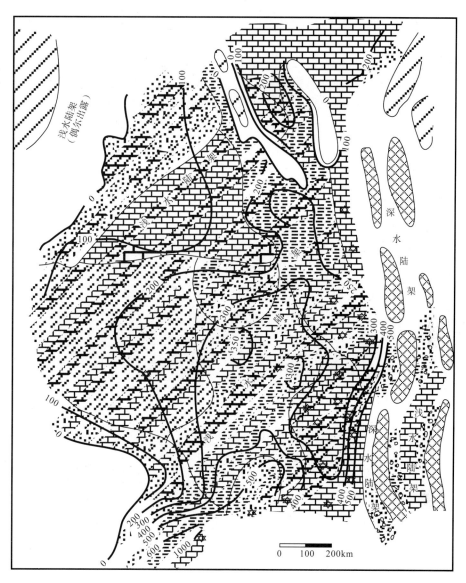

图 23 莫斯科阶(中石炭世)厚度(m)和沉积相图(图例见图 20)

拉尔地区的西和西北方向变为相对较窄的三角洲和间三角洲相带。砂体一般呈透镜状,在古隆起的脊部最发育,翼部变为粉砂和黏土(Ashirov 和 Kolesov,1974)。这种几何形态与充填卡姆斯科-基涅利槽维宪阶下部的砂体是不同的。莫斯科阶下部砂岩、页岩层序,向上转变为海相灰岩和白云岩层,与海相灰色页岩呈指状交互,有的地方发育生物丘建造。碳酸盐岩体孔隙发育(20%左右),在鞑靼隆起的顶部南边、彼尔姆-巴什基尔隆起、比尔斯克鞍部地区以及沿着地台的东翼,孔隙最发育(Potapov 和 Abashev,1974)。地震资料表明,莫斯科阶碳酸盐岩建造可能还分布于沿着滨里海凹陷的北部边缘(Borushko 和 Solov'yev,1974)。莫斯科阶碳酸盐岩层含有丰富的双壳类、刺毛虫属和其他珊瑚、小型有孔虫、海百合、海胆和钙藻(Strakhov,1962)。伏尔加-乌拉尔区域隆起大部分地区,莫斯科阶地层厚度为 250~300m,东翼和南翼变厚,达 500m 以上。

3.4.2 晚石炭世(密苏里阶和维尔吉尔阶)

俄罗斯地台的大部分地区晚石炭世地层为含化石的灰岩和白云岩层,西部为少量红层与海相碳酸盐岩呈指状交互。含膏沉积分布在北边的蒂曼凹陷和南边的布祖卢克坳陷剖面的上部。在伏尔加-乌拉尔区域隆起的大部分地区,上石炭统由席状碳酸盐岩构成,厚度150～200m(图24),代表了古生代第三旋回(海侵第三旋回)沉积作用的最大海侵阶段。在地层和地理位置上,它们很像第二旋回结束时的纳缪尔阶—巴什基尔阶碳酸盐岩层。

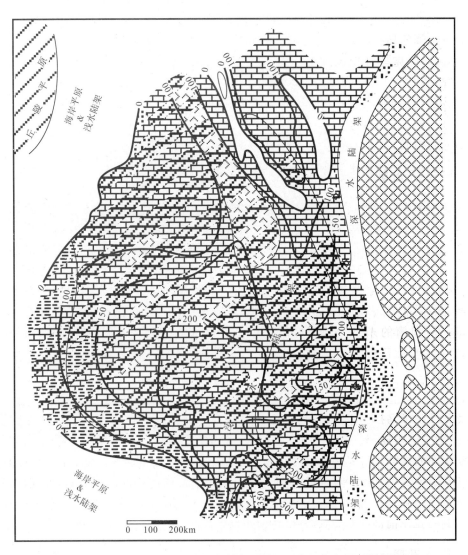

图 24　晚石炭世(密苏里阶和维尔吉尔阶)厚度(m)和沉积相图(图例见图20)

3.4.3 阿舍林期—萨克马尔期(狼营阶)

二叠系最早期(阿舍林阶)的岩石主要为浅水碳酸盐岩(白云岩夹少量灰岩),在地台的东部几乎到处都与下伏的上石炭统碳酸盐岩层整合接触。地台东部乌拉尔前渊沉降最大(Maksimov等,1970),堆积了巨厚的深水暗灰色泥质沉积(800～1000m)(Ruznetsov等,1976),有机碳含量3%～4%。向东,在隆升的乌拉尔山脉(晚石炭世开始上升)相邻的前渊东部,这些岩层变为浅水砾岩、砂岩和暗色页岩。早二叠世,生物礁沿着与乌拉尔前渊深水区相邻的地台东部边缘地带开始生长,生物礁生长地带是一个相对连续、狭窄的地带,南北向延伸(图21)。地震和钻井资料表明,沿着地台的最南部边缘,该生物礁带在滨里海凹陷(早二叠世也遭受了不断加大沉降)北缘持续向西延展(Benderovich等,1976;Svetlakova和Kopytchenko,1978)。

萨克马尔阶二叠系海水开始总体上退却,地台区海水盐度增加,地台区沉积蒸发岩(在Soligliach凹陷以石膏为主,少量盐岩)与细粒的结晶白云岩互层并含少量细粒碎屑岩。生物礁沿着持续沉降的乌拉尔前渊和滨里海凹陷北缘分界处继续生长。在地台东部的大部分地区,阿舍林阶—萨克马尔阶地层厚150～300m,生物礁带厚度在300m以上,乌拉尔前渊部分地区,厚度在2000m以上。生物礁体以灰岩为主,不同程度白云石化。一些礁体长而窄并且相互连通,另一些礁体呈孤立的不对称形态。礁体厚度可达数百米,孔隙度变化很大(Kuznetsov等,1976)。礁体由大量海百合、苔藓虫类、钙藻、水螅虫、少量珊瑚和其他化石物质的生物碎屑构成。

3.4.4 阿丁斯克期—空谷尔期(伦纳德统)

阿丁斯克—空谷尔期,地台东部总体上沉降加大,但西部地区露出水面并遭受到广泛侵蚀。该时期的岩石在地台南部厚度达1000m以上(图25),在乌拉尔前渊和里海凹陷部分地区厚度在3000m以上。阿丁斯克阶岩石构成古生代第三旋回的最上部沉积,与萨克马尔阶相类似,主要由石膏和细晶白云岩构成,生物礁沿地台东部边界部分地区生长。空谷尔期岩石以蒸发岩为主,地台主体上由石膏或硬石膏和少量白云岩构成,地台南部、滨里海凹陷以及乌拉尔前渊南部由厚层盐岩、石膏或硬石膏及少量白云岩构成(图11、图25)。厚层砾岩、砂岩和灰色页岩沉积于前渊槽的东部,源自早二叠世末开始急剧上升的乌拉尔山脉(Maksimov等,1970)。空谷尔期上部岩层标志着古生代第四旋回沉积作用开始。

3.5 古生代第四旋回(早二叠世末—晚二叠世)

该旋回反映了乌拉尔山及相关的乌拉尔前渊的最大生长。在空谷尔期末,古生代第三旋回结束,地台主体形成蒸发岩,由石膏或硬石膏和少量白云岩构成,滨里海凹陷和乌拉尔前渊南部堆积巨厚的岩盐沉积。随后海侵,在地台上沉积灰岩和白云岩夹少量石膏,向东与源自乌拉尔山的碎屑沉积物呈指状交互。其后,源自乌拉尔山脉的陆相粗粒碎屑沉积日益增多,占据主导并持续到二叠系末海相沉积条件完全消失。古生代第四旋回层序总厚度在鞑靼隆起上不足500m,到乌拉尔前渊南部和滨里海凹陷大于1500m。

3.5.1 乌非姆期—喀山期(瓜达卢普阶早期)

地台上保存乌非姆期—喀山期岩石厚度100～500m。乌非姆期岩层比阿丁斯克阶—空谷尔阶稍加广泛,反映该时期地台的地层上超和海侵。该时期的岩石以灰岩和白云岩为主,夹石膏或硬石膏,向东与源自乌拉尔山隆起的碎屑沉积物呈指状交互(图26)。

喀山阶岩石为复杂的海相、泻湖相和淡水成因,上覆来自乌拉尔山隆起的红层、砂岩和砾

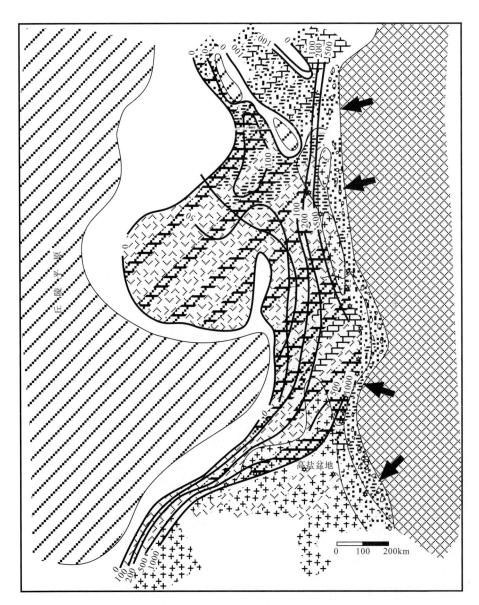

图25 阿丁斯克阶—空谷尔阶(下二叠统伦纳德阶)厚度(m)和沉积相图(图例见图20)

岩。到喀山期末,乌拉尔前渊主要充填河流沉积的碎屑和陆相岩层沉积,河流发源于乌拉尔山隆起,向西延伸并穿过地台,海相沉积区逐渐向南退却到滨里海凹陷。

3.5.2 鞑靼期(瓜达卢普阶晚期—奥霍阶)

二叠纪末期地台完全转变为陆相沉积条件。在鞑靼阶初期,以源自乌拉尔山隆起和西部高地的碎屑岩为主,少量碳酸盐岩和石膏层沉积。之后,发源于乌拉尔山隆起的河流向西流动,形成红色砂、粉砂、黏土及少量厚层砾岩构成的河流沉积(图27)。该时期地形反差可能达到最大。发育少量淡水介形和腹足类湖泊相灰岩、陆生脊椎动物化石陆相岩层。

二叠纪末,地台总体露出水面,遭受侵蚀和无沉积。该时期剥蚀量不得而知,但据一些前

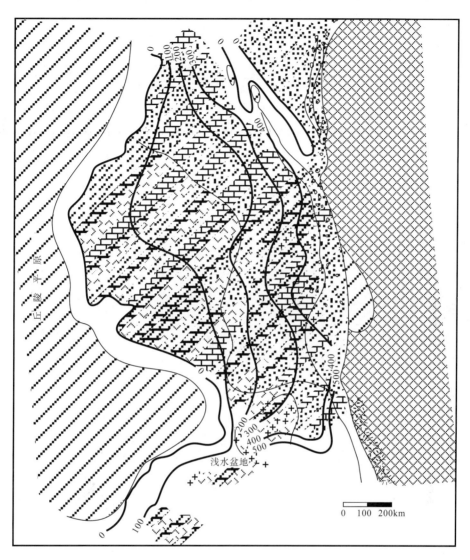

图 26　乌非姆期—喀山期(上二叠统瓜达卢普阶)厚度(m)和沉积相图(图例见图 20)

苏联专家的成果,只有很小的厚度剥蚀掉,主要位于地台的中部。

3.6　中生界

地台区大部分区域无中生界沉积岩分布,据一些前苏联专家的认识,可能没有沉积。在滨里海凹陷三叠系陆相红层和海相碎屑岩厚度达 1000m 左右。滨里海凹陷以及俄罗斯地台西部和北部中-上侏罗统海相砂岩和页岩层序厚度在 1000m 左右(图 11、图 12、图 14、图 15)。但是这些岩石在伏尔加—乌拉尔地区地台中部和东部缺失。相对完整的白垩系浅海相砂岩、页岩和灰岩也分布在大致相同的范围,稍微超过侏罗系岩层分布范围。白垩系在滨里海凹陷厚度至少 600~800m,在地台西部地区厚度 100~250m,但伏尔加—乌拉尔地区为侵蚀区(图 11、图 12、图 14)。

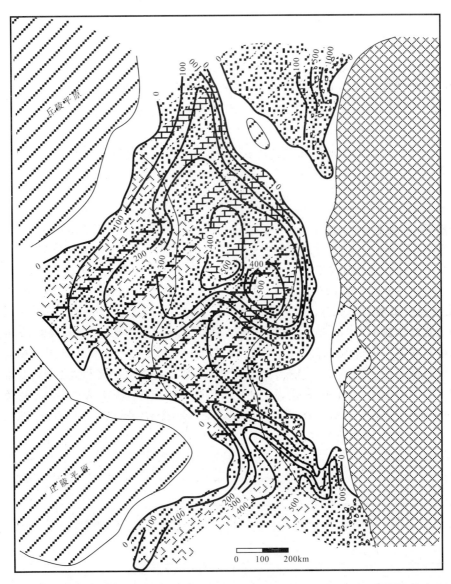

图 27 鞑靼阶(上二叠统瓜达卢普阶晚期—奥霍阶)厚度(m)和沉积相图(图例见图 20)

3.7 新生界

第三系下部和中部岩石在该地区未有报道,没证据表明曾经发生过沉积作用。但是,地台的中部和南部分布有上新统陆相岩层(砾岩、砂岩和页岩),厚度 100~500m(图 12、图 14)。

参考文献(略)

译自 Peterson J A,Clarke J W. Geology of the Volga-Ural Petroleum Province and detailed description of the Romashkino and Arlan oil fields[M]. United States Department of the Interior Geological Survey,Open-File Report,83-711.

东欧克拉通前寒武纪晚期—三叠纪历史
——沉积盆地演化的动力学特征

冯晓宏　刘苍宇　译，辛仁臣　杨波　校

摘要：东欧克拉通在里菲纪—古生代演化期间受到早、中和晚里菲世，早文德世，早古生代，早泥盆世和中-晚泥盆世裂谷阶段的影响，于石炭纪—二叠纪和二叠纪—三叠纪再次受到裂谷阶段的影响。这些主要裂谷旋回被早-中里菲世、中-晚里菲世、晚里菲世—文德纪、早寒武世中期的寒武纪—奥陶纪、志留纪—早泥盆世、早-中泥盆世、石炭纪—二叠纪和三叠纪—侏罗纪时期的板内挤压构造活动所分隔。动力学上，这些主要裂谷旋回与大陆地体从东欧克拉通边缘分离并与大西洋型古洋和/或弧后盆地张开有关。板内挤压时期发育张性盆地反转，与沿东欧克拉通边缘碰撞带的发育时间相符。东欧克拉通沉积盆地的成因和演化受区域应力场反复变化制约。应力场变化的时期与东欧克拉通板块的漂移方向和速度变化、旋转及其与毗邻板块的相互作用在时间上一致。板内岩浆活动受到应力场变化和地幔热点活动控制。从地球动力学角度上讲，不同类型的岩浆活动同时发生。

关键词：东欧克拉通　古构造　沉积盆地　古地理

1　前言

东欧克拉通(EEC)是研究克拉通内沉积盆地、板内构造活动现象并分析控制克拉通内沉积盆地和板内构造活动的动力学过程的经典地区。EEC 东以乌拉尔-新地岛-泰梅尔(Uralian - Novaya Zemlya - Taymyr)造山带为界，南为西徐亚(Scythian)和克里米亚-高加索(Crimean - Caucasus)造山带，西南为托恩奎斯特(Tornquist)缝合线，西北为斯堪的纳维亚(Scandinavian)加里东褶皱带，北为欧亚(Eurasian)盆地(图1)。EEC 的前寒武纪结晶基底出露于芬诺斯堪的纳维亚(波罗的)和乌克兰地盾、沃罗涅什地块；在其他地方，该基底上覆厚达 23km 的沉积物。很多研究者已经研究过 EEC 前寒武纪晚期和显生宙的演化，包括 Shatsky(1964)、Vinogradov(1969)、Bogdanov(1976)、Bronguleev(1978)、Bogdanov 和 Khain(1981)、Bronguleev(1985)、Milanovsky(1987)、Ziegler(1989、1990)以及 Khain 和 Seslavinsky(1991)。

本文在一系列古地理-古构造图解释并辅以盆地分析的基础上，仔细研究了 EEC 前寒武纪晚期和古生代的地质演化。在相邻板块相互作用所影响的克拉通边缘的背景下，分析了沉积盆地演化的动力学特征和过程。为读者展现了目前关于东欧地质和地球动力学的研究成果。

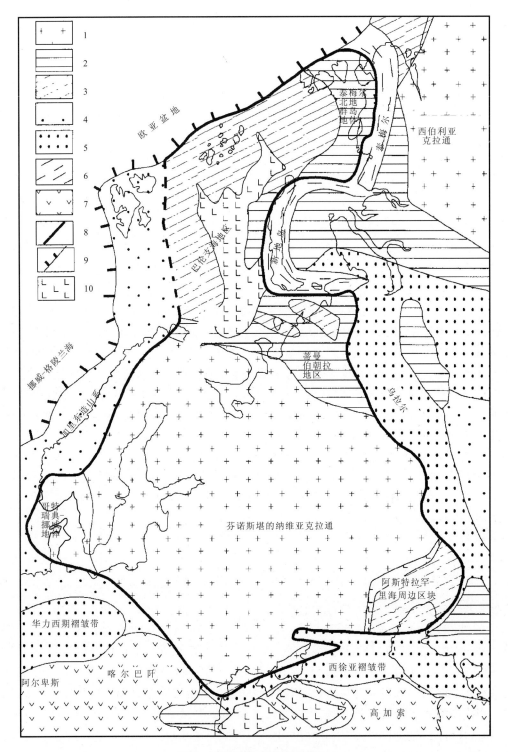

图 1 东欧克拉通的主要分区
1. 太古代和早元古代地体，未被切割；2.1.1～0.55Ga 地体；3. 前寒武纪地体，未被切割；4. 古生代早期褶皱带；5. 古生代晚期褶皱带；6. 中生代褶皱带；7. 阿尔卑斯褶皱带；8. 东欧克拉通轮廓；9. 主动大陆边缘；10. 陆壳或洋壳极薄地区

2 基底分区

EEC 前寒武系由多个不同固结时代的基底区构成(图 1)。主要为:前寒武纪早期芬诺萨尔玛提亚(Fennosarmatian)克拉通(Stille、Milanovsky,1987);达尔斯兰(Dalslandian)造山运动(1.2~0.9Ga;Gorbatchev 和 Bogdanova,1993)期间接合在芬诺萨尔玛提亚克拉通的哥特(Gothian)瑞典挪威(Sveconorwegian)地体(1.75~1.55Ga);前寒武纪晚期伯朝拉-巴伦支海(Pechora-Barents Sea)造山带,文德纪—早寒武世期间增生到芬诺萨尔玛提亚克拉通东北边缘;前寒武纪晚期泰梅尔-北地群岛(SevemayaZemlya)地体,可能在寒武纪末增生到 EEC 上(Dedeev 和 Zaporozhtseva,1985;Getsen,1987;Uflyand 等,1991;Zonenshain 等,1993);以及阿斯特拉罕-滨里海(Astrakhan-Peri-Caspian)(Nevolin,1988)和前多布罗加(Pre-Dobrogea)地块,可能是前寒武纪晚期形成的(Garetsky,1990)。古大陆拼合了所有这些早于早里菲世的块体,在这里称为波罗的古陆。芬诺萨尔玛提亚古陆是波罗的古陆的核心,随着时间的推移,波罗的古陆的轮廓变化很大。

芬诺萨尔玛提亚克拉通由太古代和元古代早期造山带组成(Bogdanov 和 Khain,1981;Bogdanova,1986;Milanovsky,1987;Park,1991;Nikishin,1992;Gorbatchev 和 Bogdanova,1993;Abbot 和 Nikishin,1996)。里菲纪之前,EEC 受到多期巨大造山运动旋回的影响,大陆地体拼合成一个巨型复合大陆克拉通;该过程以安第斯型(Andean-type)泛斯堪的纳维亚(Trans-Scandinavian)岩浆带发育而终结(1.82~1.65Ga;Park,1991;Gorbatchev 和 Bogdanova,1993)。造山运动和岩浆活动终结于里菲纪初期。泛斯堪的纳维亚(Trans-Scandinavian)岩浆岩带东边,于 1.65~1.55Ga 期间发育了大型的非造山期的奥长环斑花岗岩区(Gorbatchev 和 Bogdanova,1993)。乌克兰地盾的奥长环斑花岗岩比前者早 0.1~0.2Ga 年(Shcherbak,1991;Gorbatchev 和 Bogdanova,1993)。

对于伯朝拉-巴伦支海基底区了解不详。少数钻井钻遇的基底,时代为 1.0~0.55Ga (Dedeev 和 Zaporozhtseva,1985;Kogaro 等,1992;Senin,1993;Shipilov,1993;Puchkov,1993)。伯朝拉-巴伦支复合地体可能在前寒武纪末拼贴到芬诺萨尔玛提亚克拉通上(Dedeev 和 Zaporozhtseva,1985;Zonenshainetal,1993;Puchkov,1993)。

前寒武纪晚期泰梅尔北部-北地群岛地块发现寒武纪复理石遗迹,与上覆奥陶纪台地不整合接触(Milanovsky,1987)。该地区早古生代历史的复原是有问题的,不管怎样,泰梅尔北部-北地群岛地块可能是在寒武纪—奥陶纪时增生到伯朝拉-巴伦支地体上的。

阿斯特拉罕(Astrakhan)和前多布罗加(Pre-Dobrogea)地块可能是前寒武纪晚期的(达尔斯兰运动期间?),但尚无可靠的年代数据。

3 研究方法

EEC 的沉积盖层记录了其前寒武纪晚期和显生宙的演化过程(图 2)。地球物理和钻井资

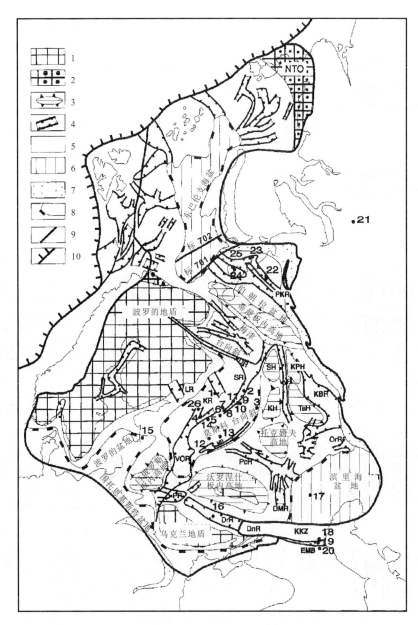

图 2 东欧克拉通主要沉积盆地和一维、二维模拟所用到的钻井及地震剖面位置图

1. 前寒武纪早期基底(地盾);2. 前寒武纪晚期基底(0.8~0.55Ga);3. 地台内高地;4. 裂谷盆地;5. 地台区;6. 很深的沉积盆地(深达 20~23km);7. 前陆盆地(前乌拉尔盆地、前蒂曼盆地、前喀尔巴阡盆地);8. 某些沉积盆地的边界;9. EEC 的边界;10. 大西洋—北冰洋的被动边缘。构造名称:DMR. 顿河-梅德韦季察河裂谷盆地;DnR. 顿涅茨裂谷盆地;DrR. 第聂伯裂谷盆地;EMB. 东马内奇(Manych)盆地;KBR. 卡马河-别拉亚河裂谷盆地;KDR. 坎达拉克沙-德维纳河裂谷盆地;KH. 科捷利尼奇凸起;KKZ. 卡尔巴斯基克列构造带;KPH. 科米-彼尔姆凸起;KR. 克列斯齐裂谷盆地;LR. 拉多加裂谷盆地;MR. 莫斯科裂谷盆地;NTO. 北泰梅尔造山带;OrR. 奥伦堡裂谷盆地;PcR. 帕切耳马裂谷盆地;PKR. 伯朝拉-科尔瓦裂谷盆地;PR. 皮亚季裂谷盆地;SH. 赛索拉(Sysola)高地;SR. 索利加利奇裂谷盆地;Tall. 鞑靼高地;VOR. 沃利亚-奥尔沙裂谷盆地;VyR. 维亚特卡裂谷盆地。标 701 和标 702 的实线为图 11 的剖面位置。黑点和数字为图 5 和图 6 沉降分析所用到的钻井位置

料提供了沉积盆地的几何形态和构造变形信息,并为分析沉积盆地的沉降、抬升史,以及制约盆地演化的动力学过程提供了条件。控制盆地沉降和破坏的不同构造运动事件的地质时间确定,完全取决于能否准确地确定不同沉积层序的时代。

里菲纪和文德纪沉积物记录了里菲纪—文德纪早期裂陷(拗拉槽)阶段和文德纪晚期—古生代早期台地阶段(Shatsky,1964;Bogdanov,1976;Milanovsky,1987)。虽然钻井为里菲纪沉积物厚度和岩性组成提供了详细资料,但是古生物方面的资料还很缺乏,并且常与现有的K/Ar定年相矛盾。由于盆地间的对比不很可靠,因此俄罗斯地台里菲纪沉积记录的地层柱状图(图3)只可参考。出于同样的原因,很难绘制整个克拉通里菲纪古地理-古构造图。相反,文德纪和古生代地层生物分带定层良好;因此,就对比盆地而言,图4所汇总的就较为可靠。前寒武纪采用Semikhatov等(1991)的地质年代表,显生宙采用Harland等(1990)的地质年代表。

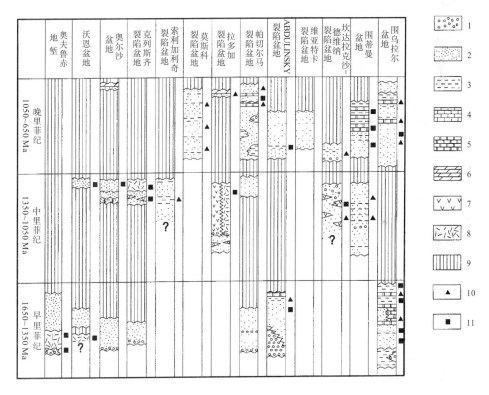

图3 里菲纪沉积物的地层示意图

1. 砾岩和砾质砂岩;2. 砂岩和粉砂岩;3. 泥岩;4. 灰岩;5. 白云岩;6. 泥灰岩;7. 玄武岩;8. 凝灰岩;9. 间断;10. 化石;11. 同位素测年

对于里菲纪—中生代早期,EEC演化的分析基于区域的地层和构造资料、岩浆活动记录和一系列地区性古地理-古构造图的阐释、编图和综合。特别注重依据盆地边缘的沉积与剥蚀、碎屑搬运方向、相邻的克拉通高地的隆升或造山带的隆起,以及盆地内同沉积构造运动和火山活动等方面,分析绘图层段的分布和相。采用常规的回剥方法(Watts,1992),根据钻井资料,计算构造沉降曲线,对挑选出来的盆地(图2)的演化进行分析;这类沉降曲线的例子见

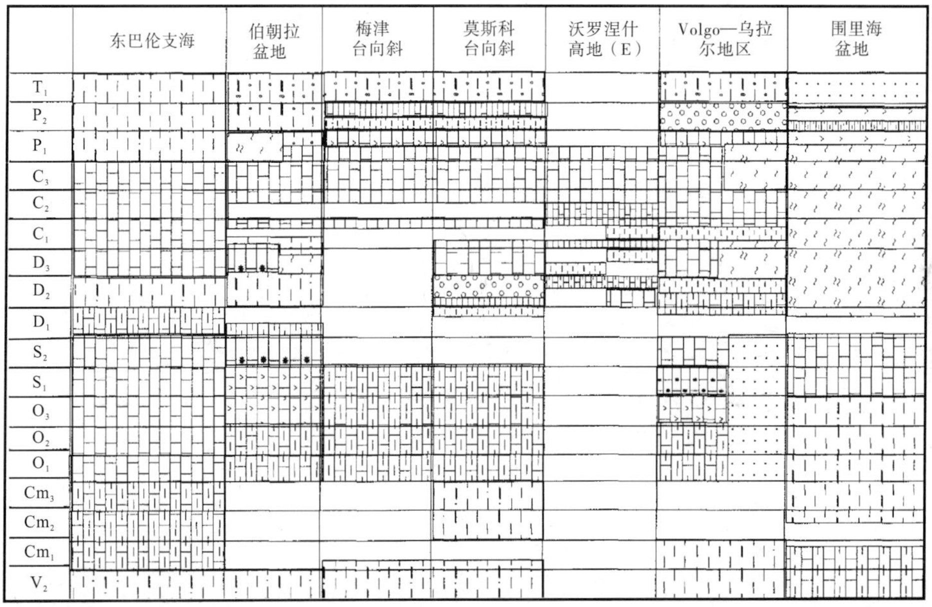

图 4 东欧克拉通晚文德世—古生代地层记录(图例见图 7)

图 5。沉降曲线转换为沉降和隆升速率图(图 6),为盆地对比提供了基础。选中盆地横剖面分析和空间恢复基于地震反射剖面(Nikishin 等,1995)。

古地理-古构造图由一系列时间切片构成,这些时间切片与克拉通演化的主要阶段相对应。这些时间切片时间跨度大且多变。这些图的初步版本以现今的地理为框架,标示出各个时段现今的沉积物分布以及假想的沉积盆地轮廓,如图 7 所示。这些图的所有方向标志都使用的是现今 EEC 的坐标。

4 EEC 的里菲纪—早三叠世演化

下面逐一讨论 EEC 的里菲纪—三叠纪演化。每个主要阶段用一张或多张简图加以说明。这里讨论的是研究中的主要结论和突出问题。

4.1 早里菲世(1650～1350Ma)

在前里菲纪时,EEC 受到一系列较大的造山运动旋回的影响,大陆地体和造山地体拼合成为一个大型的大陆克拉通称为"波罗的古陆"。

早里菲世以及在此之前,泛斯堪的纳维亚岩浆岩带的东边(图 7a)发育了一个大型的奥长环斑花岗岩区。20 多个深成侵入体侵入的同时,发生了其上的火山-构造坳陷沉降和主要的岩脉群注入。奥长环斑花岗岩深成侵入约在 1.5Ga 年前结束,时限跨度约 200Ma(Milanovsky,1987;Svetov 等,1990;Shcherbak,1991;Haapala 和 Ramo,1992;Gorbatchev 和 Bogdanova,1993)。

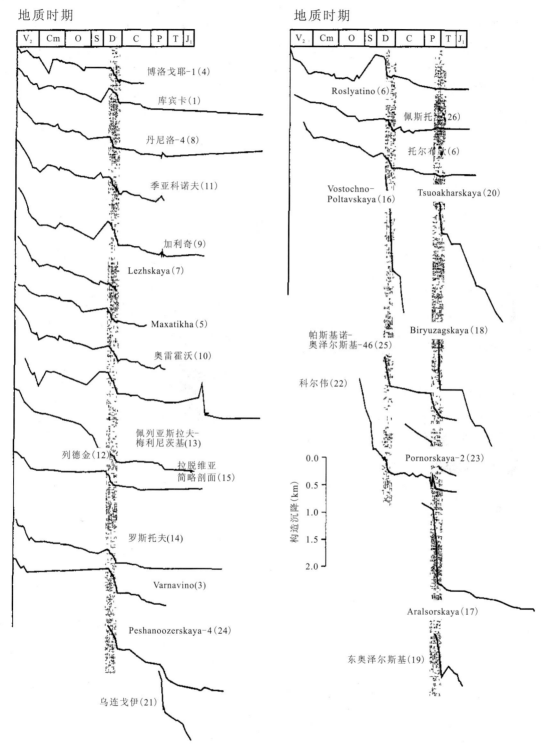

图 5　一些深井的构造沉降

井位如图 2 所示,时间尺度据 Harland 等(1990),海平面升降变化未予考虑

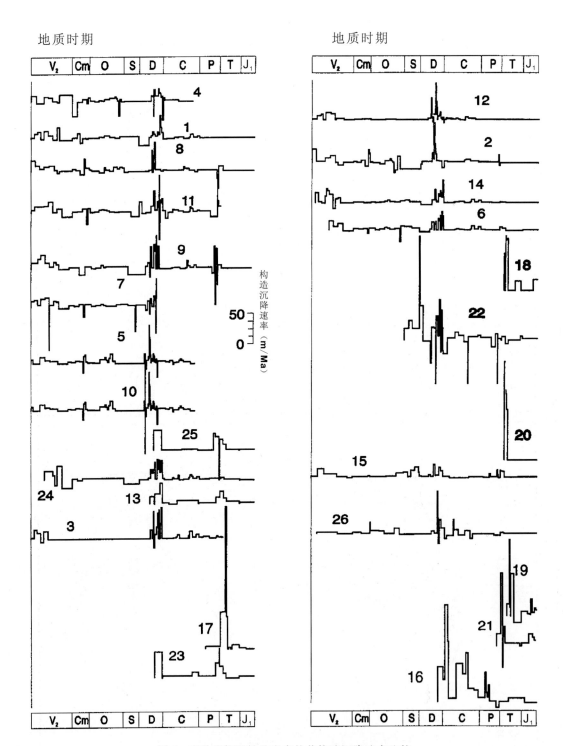

图 6 东欧克拉通挑选出来的井构造沉降速率比较

注意主要沉降阶段之间的对比关系,井位见图 2,井号列在图 5 上

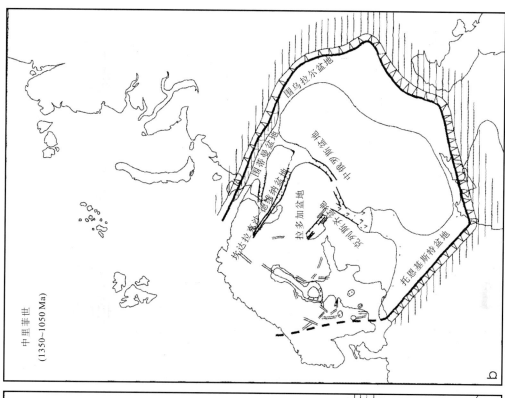

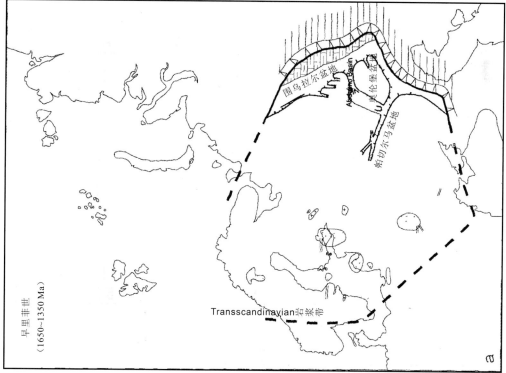

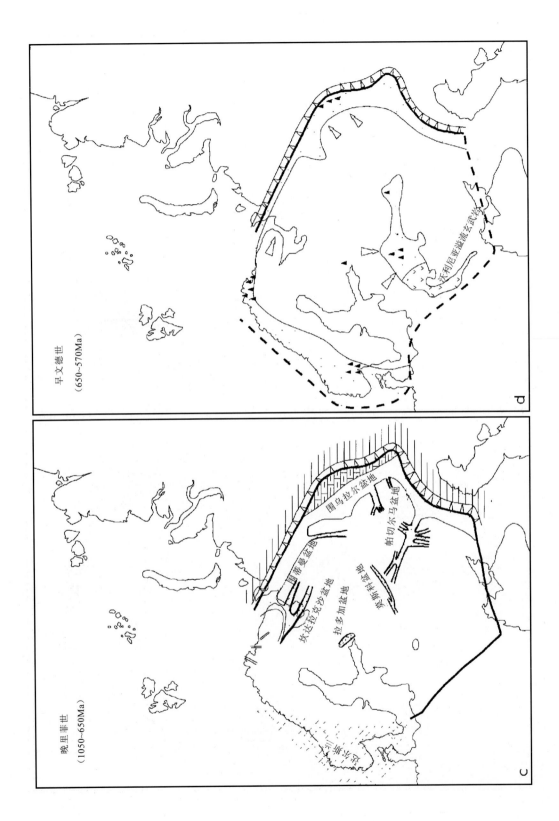

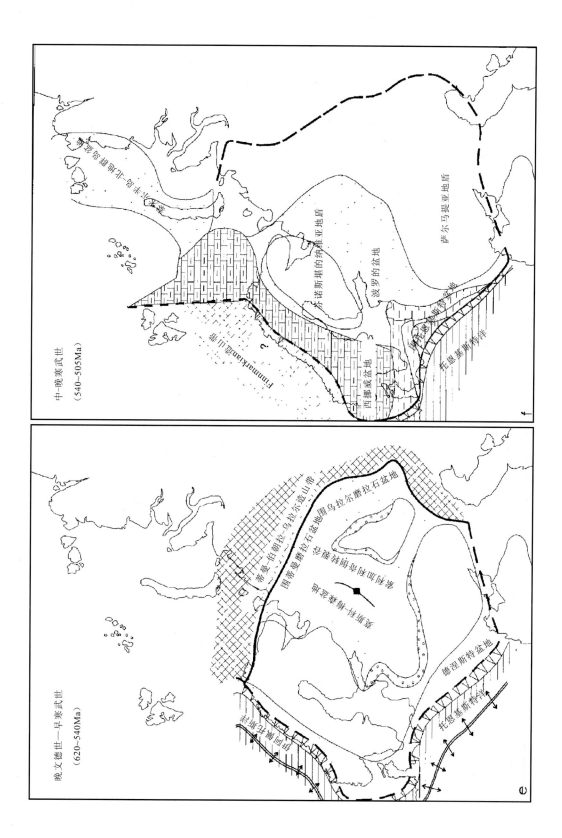

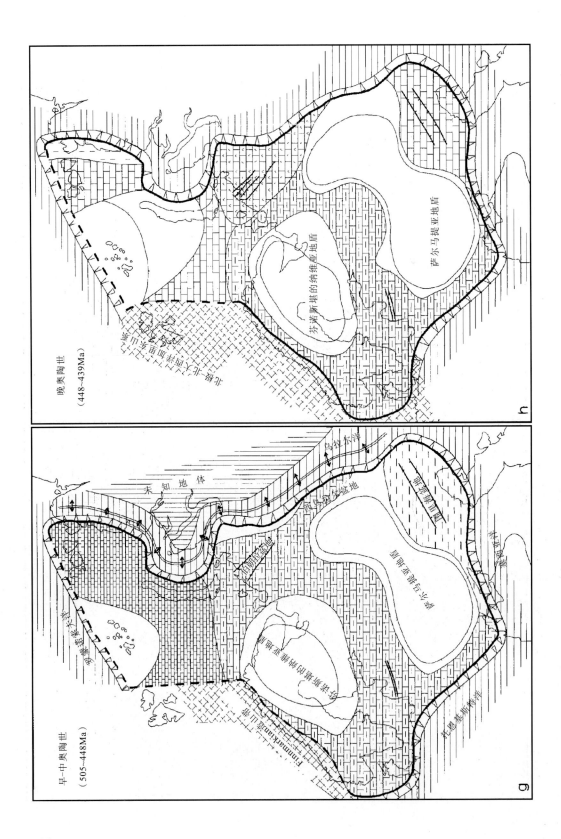

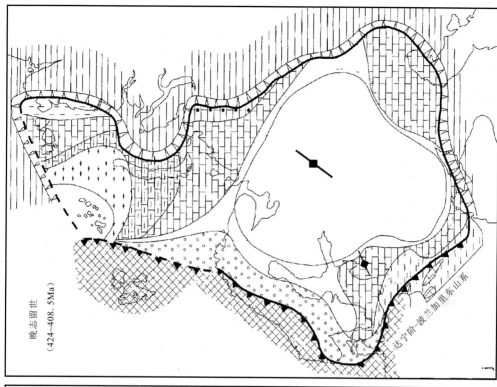

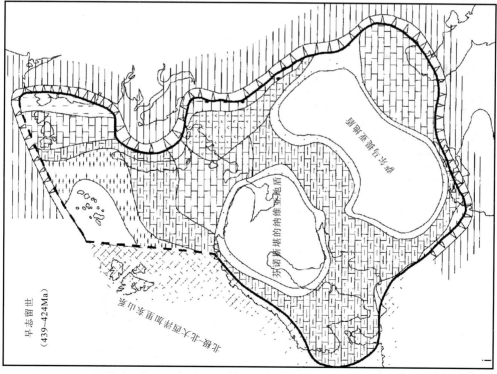

— 47 —

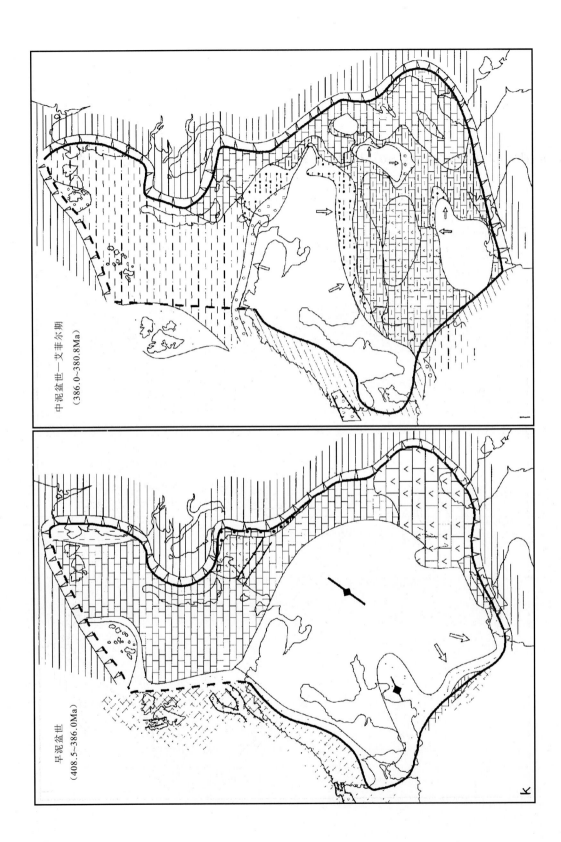

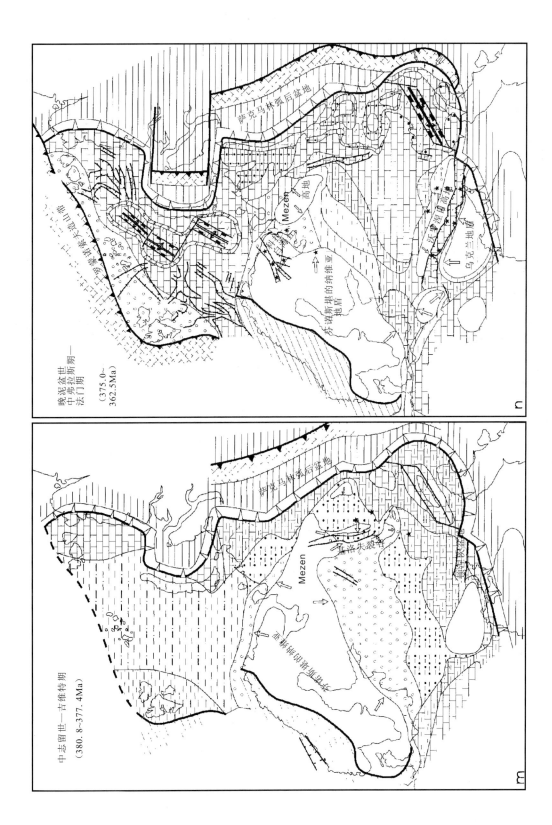

— 49 —

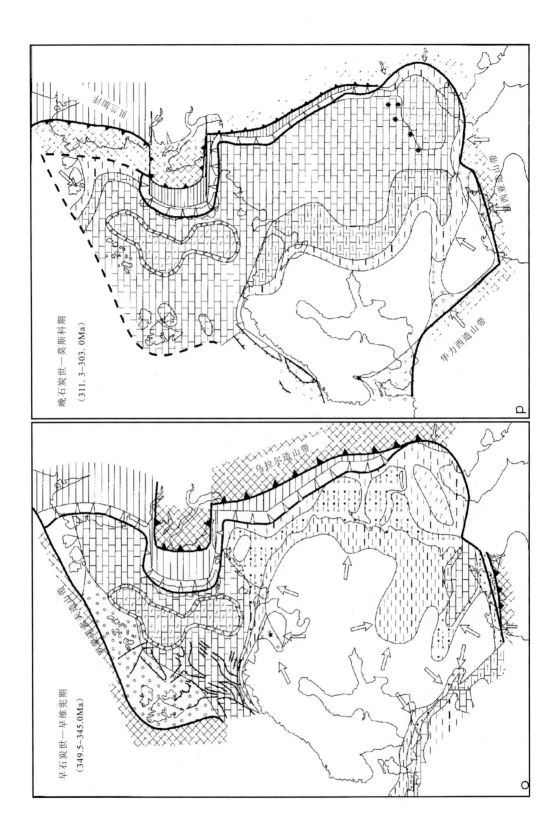

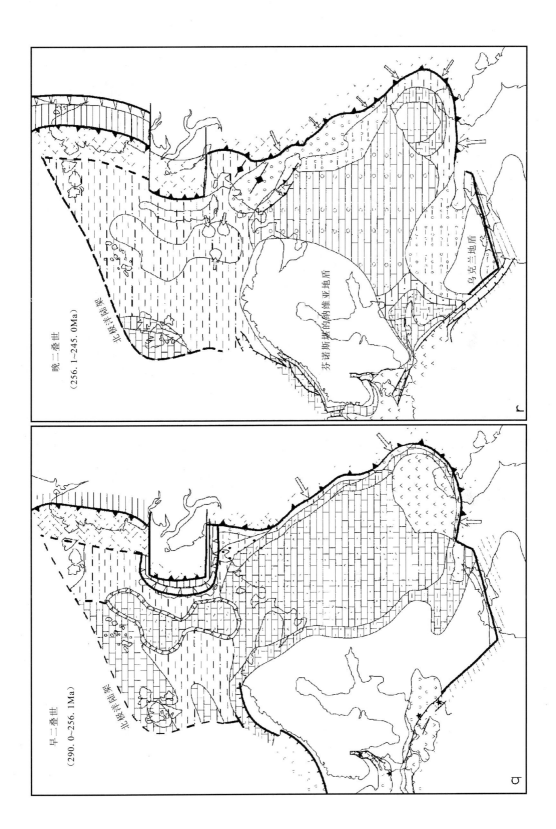

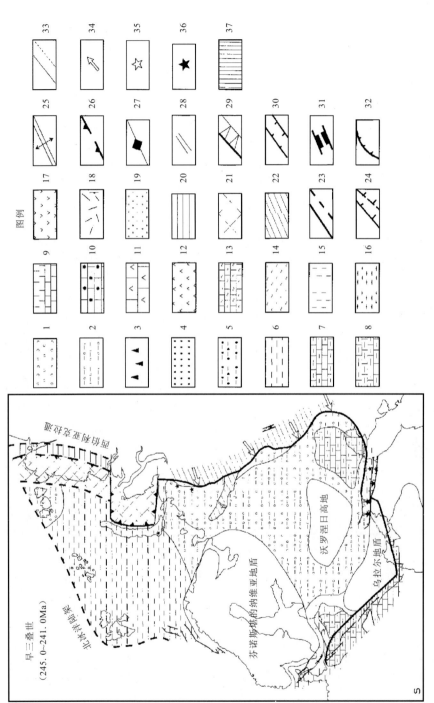

图 7 东欧克拉通古构造-古地理图

图例：1.陆相砂岩；2.陆相页岩；3.冰碛岩（早文德世）；4.冲积扇-三角洲和浅海相，以砂岩为主；5.冲积扇-三角洲和浅海相砂岩、页岩和碳酸盐岩；8.较深海相黏土岩和硅质页岩；8.浅海相碳酸盐岩；9.主要为页岩；10.碳酸盐岩以珊瑚和/或藻为主；11.碳酸盐岩和蒸发岩；12.以蒸发岩为主；13.较深海相碳酸盐岩、黏土岩和硅质页岩；14.较深海相黏土岩和硅质页岩；15.较深海相碎屑岩和/或碳酸盐岩；16.浊积岩；17.高原玄武岩；18.复理石；19.花岗岩侵入岩（早里菲世）；20.洋盆；21.活动褶皱带；22.不活动褶皱带；23.克拉通和主要构造单元界线；24.主要活动断层；25.扩张轴；26.沉降带；27.反转轴；28.岩脉系（前寒武）；29.大陆坡；30.裂谷；31.强烈伸展陆或洋壳；32.活动的大型逆冲；33.岩性带界线；34.碎屑输入方向；35.造山火山活动；36.玄武岩火山活动；37.不知名的大陆地体在早里菲世中期,波罗的古陆的东南部受大裂谷旋回的影响,但用放射性测量数据,裂谷旋回时代定年效果不佳。主要裂谷包括较深的滨乌拉尔(Peri-Ural)盆地及其次级盆地:帕切耳马(Pachelma)、奥伦堡(Orenburg)和阿卜杜利诺(Abdulino)盆地。沉积物厚度达到6km以上,在向克拉通一侧,以陆相碎屑岩相为主,横向上渐变为浅海相系列和碳酸盐岩。沉积作用伴有拉斑玄武岩浆的侵入和一次基性深成侵入活动(Mirchink,1977;Lagutenkova和Chepikova,1982;Lozin,1994)。由于这些裂谷的构造背景类似于大西洋型裂谷系的构造背景,因此早里菲世中期裂陷旋回结束时,极可能于大陆地体从波罗的古陆东南边缘分离,一个新洋盆张开。

里菲纪早期和中期间的区域性沉积间断(图3)表明,可能受西部和东部边缘的挤压构造变形的影响,早里菲世末整个克拉通隆升。在波兰东部、泛斯堪的纳维亚(Trans-Scandinavian)岩浆带和乌拉尔,都发现变质岩和花岗岩深成侵入地质事件,由放射性测年确定其发生的时间在1.4～1.2Ga(Pozaryski,1977;Semikhatov等,1991;Milanovsky等,1994)。

4.2 中里菲世(1350～1050Ma)

显然,中里菲世中期开始发育了一个新的裂陷旋回(图7b),引起了较深的托恩奎斯特(丹麦-波兰-多布罗加)[Tornquist(Denmark-Poland-Dobrogea)]和滨蒂曼-滨乌拉尔(Peri-Timan-Peri-Ural)裂谷分别沿着现今波罗的古陆西部和东部边缘沉降。同时,波罗的古陆陆内发育了中俄罗斯、坎达拉克沙-德维纳(Kandalaksha-Dvina)、波的尼亚湾(Gulf of Bothnia)拗拉槽系和拉多加(Ladoga)裂谷。环克拉通裂谷盆地的沉积物由陆相-浅海相陆源碎屑岩组成,横向上渐变为较厚的碳酸盐岩。相反,陆内裂谷以陆相沉积为特征。拉多加、坎达拉克沙(Kandalaksha)和克列斯齐(Krestets)盆地的沉降,伴有火山活动和深成侵入活动。在波罗的地盾上发育了多期岩脉群。滨乌拉尔(Peri-Uralian)盆地也发现了一些基性岩深成侵入的证据(Lagutenkova和Chepikova,1982)。

鉴于这些盆地的沉积记录,推测在中里菲世裂陷旋回期间,大陆碎块可能作为整个板块重组的一部分,由波罗的古陆西部和东部边缘分离出来,导致克拉通内裂谷的夭折发育了新的被动边缘。

中里菲世—晚里菲世,可能整个克拉通受到区域性挤压作用,导致中里菲世裂谷反转和达尔斯兰(Dalslandian)造山带沿着波罗的古陆西部边缘发育。这反映波罗的古陆巨型构造背景中一次巨大的变化。在挪威西部、瑞典南部还有多布罗加(Dobrogea)都发现了达尔斯兰造山运动的痕迹(Garetsky,1990)。中、晚里菲世之间的角度不整合面还在已发现的乌拉尔(Uralian)地区的低级变质岩和深成侵入岩中得到证实(Keller和Chumakov,1983;Semikhatov等,1991)。此外,陆内裂谷中发现,中、晚里菲世分界处发育一巨大的沉积间断(图3)。

这些构造变形说明了波罗的古陆巨型构造背景下的显著变化。达尔斯兰造山运动旋回的时间跨度1.2～0.9Ga,时间上相当于北美格伦维尔(Grenvillian)造山运动时期(Gorbatschev,1985;Gorbatchev和Bogdanova,1993),波罗的古陆沿格伦维尔-达尔斯兰(Grenvillian-Dalslandian)缝合线西拼劳伦-格陵兰(Laurentia-Greenland)古大陆,南接到亚马逊(Amazonia)古大陆,至此晚里菲世融合成泛大陆(Hoffman,1991;Dalziel等,1992)。

4.3 晚里菲世(1050～650Ma)

后格伦维尔期(Grenvillian)泛大陆的不稳定性在波罗的古陆上的反映就是晚里菲世裂陷旋回,主要影响到 EEC 的东部边缘和中东部。该裂谷系主要由克拉通边缘滨蒂曼(Peri-Timan)和滨乌拉尔(Peri-Ural)盆地和陆内帕切耳马(Pachelma)拗拉槽、莫斯科裂谷带和坎达拉克沙(Kandalaksha)拗拉槽(图7c)组成。波罗的地盾上发育同时代的岩脉群(Svetov等,1990;Scheglov 等,1993)。重要的是,里菲纪早期阿布杜利诺(Abdulino)和帕切耳马(Pachelma)和中里菲世坎达拉克沙(Kandalaksha)和拉多加(Ladoga)拗拉槽,在晚里菲世裂陷旋回期间重新拉张,而其他较老的裂谷保持静止。

因为滨蒂曼和滨乌拉尔盆地具有被动边缘裂谷的特征,有人推测晚里菲世期间还有另外地块从波罗的古陆东部边缘分离出来。而陆内裂谷主要以陆相沉积物为特征,克拉通边缘裂谷以海相地层为特征,主要是碳酸盐岩(Getsen,1991;Milanovsky 等,1994)。

前文德纪区域性不整合面在整个波罗的古陆上明显可见(图3)。因为这次里菲纪末的间断与挤压变形和岩浆活动没有关系,可能是海平面波动造成的,与文德纪早期冰川活动有关。

图8概括了 EEC 里菲纪构造活动史和漂移样式。里菲纪拗拉槽含有大量火山岩,发育很多里菲纪岩脉群(Milanovsky 等,1994;Grachev 等,1994)。地球化学资料表明里菲纪裂谷中的火山岩为玄武岩,趋向于碱性玄武岩,为典型的板内岩浆活动(Grachev 等,1994)。

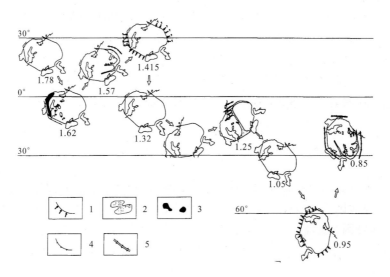

图8 波罗的古陆里菲纪漂移样式(据 Posenen 等,1989)和古构造环境重建
1.造山带;2.克拉通内盆地;3.奥长环斑花岗岩和泛斯堪的纳维亚岩浆带;4.沉降带;5.扩张带

4.4 文德纪(650～540Ma)

文德纪,波罗的古陆西部和西南部边缘裂陷活动,证实晚里菲世泛大陆的愈加不稳定(Hoffman,1991;Andreasson,1994)。

EEC 上,文德纪的下部细分为拉普兰期(Laplandian)冰川阶段和沃利尼亚(Volyn)溢流玄武岩阶段。文德纪上部为广泛的陆相和浅海相沉积物。这些沉积物覆盖克拉通的大部分地区，成为延续到寒武纪初期的单一沉积层序的组成部分。

在波罗的古陆的大部分地方，最老的文德纪沉积物沉积于拉普兰期，与一次大的全球性冰川活动一致(Hambrey 和 Harland，1981)。拉普兰期冰川覆盖波罗的古陆的大部分地区，如沿其边缘和内陆可以见到冰川沉积残余(图7d)。这些沉积通常达到可观的厚度(Hambrey 和 Harland，1981)，证实了巨大冰川的侵蚀作用可能达到数百米，最厚可达1km。在波罗的古陆陆内，冰川侵蚀深切到里菲系，也可能是文德系初期沉积的沉积物。关于这点，值得注意的是，在波罗的古陆的挪威边缘，早于拉普兰期冰碛岩，为巨厚的文德系陆相、浅海相沉积，甚至，部分明显是沉积于张扭性盆地中的浊积沉积物(Nystuen 和 Siedlika，1988；Winchester，1988)。

拉普兰期沉积物主要覆盖EEC西南部和滨乌拉尔盆地里菲纪裂谷盆地。这些文德系下统盆地的轮廓与里菲纪拗拉槽的轮廓有较大的差异。波罗的古陆内陆文德纪早期裂陷的证据在瑞典南部(Winchester，1988)发现；裂谷可能大范围控制了内陆盆地的分布，但是，根据已有资料很难证实。

在沃利尼亚(Volyn)期间，沿EEC西南边缘发育了巨型沃利尼亚期溢流玄武岩区(Volovnin，1975；Znamenskaya 等，1990；Garetsky 和 Zinovenko，1994)。这些地表溢流玄武岩最大厚度可达500m。在玄武岩与断层带接触的地方，缺乏凝灰岩，同时，向盆地边缘方向，火成碎屑沉积占主导(Bronguleev，1985；Garetsky 和 Zinovenko，1994)。大量熔岩流由玄武岩组成，次为安山岩和英安岩。

沃利尼亚玄武岩区的构造背景可能类似于中生代南美洲巴拉那—埃藤迪卡(Parana-Etendeka)和南非卡鲁(Karoo)干旱台地高原和古近纪德干高原溢流玄武岩。这表明沃利尼亚溢流玄武岩区发育于裂陷阶段，早于托恩奎斯特洋张开之前。该种认识与北极—北大西洋域同时代的裂陷和岩浆活动是一致的(Winchester，1988；Andrrasson，1994)。文德纪早期裂谷盆地，由碱性橄榄岩和粗面玄武岩组成，沿波罗的古陆东部边缘乌拉尔中段发育(Maslov 和 Ivanov，1995)。

4.5 晚文德纪世—早寒武世(620～530Ma)

上、下文德统之间的界线具有巨大的意义，因为它标志着区域性海侵的开始，海侵导致了覆盖波罗的古陆很大区域的巨型陆架盆地的形成(图7e)。这反映了一次巨大的区域性沉降的重组，可能是多种因素造成的。文德纪晚期和寒武纪时期全球海平面上升(Vail 等，1977)，从一定程度上反映了冰川消融，以及里菲纪晚期—文德纪早期的泛大陆裂解期间的新洋盆张开。

文德纪晚期—早寒武世期间，了解甚少的伯朝拉-巴伦支-乌拉尔造山地体开始与波罗的古陆的东部边缘发生碰撞[图7e；贝加尔(Baikalian)造山运动]。相反，文德纪晚期开始到寒武纪结束，北大西洋-中欧区域裂陷加剧，波罗的古陆从里菲纪泛大陆分离，亚皮特斯(Iapetus)海和托恩奎斯特洋张开(Winchester，1988；Kamo 等，1989；Hoffman，1991)。

波罗的古陆文德纪晚期—早寒武世的四个主要沉积盆地是西挪威、德涅斯特(利沃夫-基什尼奥夫)[Dniestr(Lvov-Kishinev)]、莫斯科-梅津(Moscow-Mezen)和滨蒂曼-滨乌拉尔(Peri-Timan-Peri-Ural)盆地(图7e)。由于莫斯科-梅津盆地西北边缘和挪威盆地东部边缘都是剥蚀性边缘，不排除芬诺斯堪的纳维亚(Fennoscandian)地盾的大部分地区在文德纪晚期—早寒武世时期受到海侵这种情况。该观点得到了博特尼亚(Botnia)湾文德纪晚期侵蚀残痕的支持。

德涅斯特和西挪威裂谷盆地,以区域性海侵为特征,在早寒武世期间发展为被动大陆边缘。在挪威,浅海相碎屑岩侧向上渐变为碳酸盐岩。在德涅斯特盆地,浅海相碎屑岩覆盖沃利尼亚期溢流玄武岩。

莫斯科-梅津盆地发育在中俄罗斯-坎达拉克沙-德维纳(Mid-Russian-Kandalaksha-Dvina)里菲纪裂谷系上,具有宽阔后裂谷坳陷的构型。但是,中里菲世裂陷结束和后裂谷沉降开始之间存在很长的时间间断。除非现有的里菲系层序测年是错误的,其年代太久远了,以致测年错误,否则解释为同裂谷和后裂谷沉积作用之间明显的时间间断,还需考虑其他的因素。莫斯科-梅津盆地的充填物为沉积在寒冷的气候条件下的浅海相和陆相碎屑岩(Bronguleev,1985;Sokolov 和 Fedonkin,1985)。

滨蒂曼-滨乌拉尔盆地是一个典型的前陆盆地,发育在蒂曼-伯朝拉-乌拉尔碰撞造山带前。它覆盖在晚里菲世—文德纪早期被动边缘沉积层序上。文德纪晚期的薄凝灰岩层,分布于莫斯科-梅津和滨蒂曼盆地中(Sokolov 和 Fedonkin,1985;Yakobson 和 Nikulin,1985),可能与伯朝拉-乌拉尔褶皱带演化过程中的火山活动有关。

文德纪晚期—早寒武世沉积旋回结束,伴随着早寒武世中期波罗的古陆隆升和中俄罗斯拗拉槽带索利加利奇(Soligalich)拗拉槽微弱反转(Milanovsky,1987;Garetsky,1990;Kuzmenko 等,1991)。隆升首先影响到波罗的古陆的东部(Milanovsky,1987),然而,更西部盆地轮廓和构造却发生了变化(Garetsky,1990)。这就是所谓的索利加利奇(Soligalich)事件,伴有一次区域性的海退(图4、图6),随蒂曼-伯朝拉-乌拉尔褶皱带(伯朝拉-巴伦支陆块缝合到波罗的上;Puchkov,1995)造山活动达到顶峰,并可能与托恩奎斯特洋斜向张开期间沿托恩奎斯特构造带张扭性构造变形一致。

4.6 早寒武世晚期—早泥盆世(530～386Ma)

寒武纪期间,当然还有奥陶纪—志留纪末期间,波罗的古陆是一个分离的板块。但是,继早寒武世托恩奎斯特和亚皮特斯海张开后,波罗的古陆的漂移样式就发生了变化,中晚寒武世期间它开始聚敛,志留纪末沿北极—北大西洋的加里东褶皱带缝合到劳伦—格陵兰克拉通上。于是,波罗的融入劳俄巨型大陆中(Ziegler,1989;Torsvik 等,1992)。

与文德纪晚期—寒武纪初期的盆地分布相比,早寒武世晚期—早泥盆世的盆地样式再次发生了根本变化,这可能与基本的板内重组有关(图7e～k)。沿波罗的古陆的东部边缘,贝加尔(Baikalian)造山活动终止,取而代之的是地壳拉张作用。相反,沿波罗的西部边缘,晚寒武世期间开始发育加里东造山带并持续到泥盆纪初期(Gee 和 Sturt,1985;Harris 和 Fettes,1988;Andreasson,1994)。

早寒武世晚期—早泥盆世,波罗的古陆主要沉积盆地有:沿其西部边缘的波罗的-滨托恩奎斯特(Baltic-Peri-Tornquist)、西挪威和巴伦支海盆地;沿其东部边缘的泰梅尔-塞尔维纳亚岛(Taymyr-Severnaya Zemlya)、西乌拉尔和滨里海盆地。海平面上升导致盆地边缘逐渐后退,以至于到晚奥陶世—早志留世时只有萨尔玛提亚(Sarmatian)中部,可能还有芬诺斯堪的纳维亚(Fennoscandian)地盾还是陆地(图7h、i)。

4.6.1 波罗的古陆的西部边缘

波罗的古陆的西部边缘早-中寒武世的演化受到亚皮特斯和托恩奎斯特洋逐渐张开的控制。但是,在中晚寒武世期间,这些洋盆开始再次闭合。加里东造山运动旋回,跨越晚寒武世—泥盆纪初,最终,沿北极-北大西洋加里东褶皱带劳伦-格陵兰和波罗的古陆缝合,以及源于冈瓦纳的地体增生到波罗的古陆的西南边缘,这些地体卷入在北德国—波兰和中欧加里东褶皱带中(Ziegler,1988、1989、1990)。在加里东造山运动过程中,波罗的古陆的西部和西南部的被动边缘遭受破坏,志留纪期间前陆盆地叠置在它们的近端部位(图7j)。相应地,现有的地层学信息局限于这些先前巨大的陆架和前陆盆地的构造及侵蚀残余。

在滨托恩奎斯特-波罗的盆地中,早寒武世晚期—晚寒武世再次发生沉积作用,海侵浅海相砂岩被页岩覆盖,反映水体深度加深(Garetsky,1981、1990)。波罗的古陆形成了一个巨大的海湾,向北东延续,通过白海进入巴伦支海。在奥陶纪和早志留世(图7g~i),陆架以碳酸盐岩发育为主,侧向上过渡为较深水的笔石相页岩。同沉积构造运动的证据很少。例如,早奥陶世微弱的张性构造活动可能控制了波罗的盆地的线状沉积中心的发育(Myannil,1965;Kaplan 和 Suveizis,1970;Rotenfeld 等,1974;Geodekyan 等,1978;Floden,1980;Suveizis,1982)。前陆盆地中沉积了晚志留世复理石岩系,物源来自隆升的加里东褶皱带。在波兰,前陆盆地为浅海,直到早泥盆世中期最终成为陆相盆地,而挪威南部,晚志留世(图7j)发育一套陆相红层相(Garetsky,1990;Ziegler,1990)。

在挪威和瑞典西部,加里东造山运动旋回的主要阶段包括中寒武世—早奥陶统芬马克亚(Finnmarkian)和志留纪斯堪的纳维亚造山运动脉动,这种脉动导致大型推覆体体系被推到波罗的古陆的边缘上(Gee 和 Sturt,1985;Andrrasson,1994)。晚二叠世—中生代早期,斯堪的纳维亚加里东造山带的前陆盆地受到侵蚀破坏。加里东造山带向北延续到西巴伦支海地区得到了地震勘探深部反射地震资料的证实(Gundlaugsson 等,1987)。最近,地表地质研究结果表明,加里东构造变形前沿位于斯匹茨卑根群岛(Spitsbergen Archipelago)的东边(Gee 和 Page,1994;Gee 等,1995)。对于西巴伦支海,图7f~k 是推测的,因为事实上几乎没有得到有关寒武纪—泥盆纪初的地层信息。

4.6.2 波罗的古陆的东部边缘

与波罗的古陆西部边缘碰撞背景相反,其东部边缘的演化受到张性构造活动的控制。这些张性的构造活动只有在有限的地区才得以揭示。

寒武系复理石被奥陶系碳酸盐岩台地不整合覆盖,见于泰梅尔—塞尔维纳亚岛—新地岛地区的研究成果中(Uflyand 等,1991;Kogaro 等,1992)。该复理石盆地的构造位置和成因不得而知。有人推测寒武纪—奥陶纪交界时,伯朝拉-巴伦支和北泰梅尔-塞尔维纳亚岛地体之间的碰撞已经结束。该碰撞带的位置不清楚,其与同时代的斯堪的纳维亚和芬马克亚(Finnmarkian)造山带的关系一直是一个待解决的问题。因此,推测北泰梅尔-塞尔维纳亚岛地区自奥陶纪开始就是伯朝拉-巴伦支海地区的一个组成部分。

在新地岛上,寒武系—早泥盆世地层由浅海—深海沉积物构成,沉积于裂谷盆地中(Kogaro 等,1992)。这些盆地融合成为乌拉尔古洋的被动边缘(Zonenshain 等,1993)。

地表地质资料表明,晚寒武世沿北极乌拉尔和派霍伊带(Pay-Khoy)发生裂陷事件(Belyaev,1994)。在大致相同的时间,薄的沉积物堆积在伯朝拉盆地中(Dmitrovskaya,1990)。这些沉积物被奥陶系和志留系沉积覆盖,主要为浅海碳酸盐岩(Borisov,1986;Beliakov,1994;Kostyuchenko,1994)。早奥陶世伯朝拉-科尔瓦(Pechora-Kolva)盆地发生裂陷得到证实。在北极乌拉尔-派霍伊带,裂陷持续到特马道克期—早阿伦尼格期(Tremadoc-early Arenig),在阿伦尼格期(Arenig)晚期达到顶峰,一个大陆地体从波罗的古陆分离,海底扩张开始,乌拉尔洋张开(Belyaev,1994;Savelieva和Nesbitt,1996)。因此,伯朝拉盆地是以碳酸盐岩为主的被动边缘的一部分。在早泥盆世期间[洛霍考夫阶(Lochkovian)],一个新的裂陷阶段开始发育,奥陶纪伯朝拉-科尔瓦古裂谷再次活动,成为一个张扭性盆地(图6;Dedeev等,1995;Malyshev,1995)。在中泥盆世之前,伯朝拉盆地发生低幅度隆起,并遭受剥蚀,伴有很小的挤压构造变形作用(Beliakov,1994;Dedeev等,1995)。

不清楚东巴伦支海是否也受到早古生代裂陷事件的影响,但是,根据伯朝拉盆地深钻井和反射地震资料推断,其早古生代发生了沉降(Senin,1993;Shipilov,1993;Johansen等,1993)。

在西乌拉尔盆地、伯朝拉盆地南部和滨里海盆地的北部,有明显的证据说明寒武纪末—阿伦尼格阶早期发生裂陷活动,伴有裂谷边隆起,提供碎屑物源(Puchkov,1995;Maslov和Ivanov,1995)。阿伦尼格阶晚期海底扩张开始(Maslov和Ivanov,1995),可能承袭了陆壳碎块从波罗的古陆分离出来的方式。导致奥陶纪—志留纪被动边缘陆架明显很窄(Puchkov,1995;图7h~j)。在中泥盆世前,该陆架遭受到轻微的隆起和剥蚀(Akhmetiev等,1993)。

在滨里海盆地,仅沿其北边和西边,少数深井钻遇到奥陶系、志留系和早泥盆世沉积物。这套地层底部由粉砂岩和砂岩构成,砂岩向上变为碳酸盐岩(Milanovsky,1987;Nevolin,1988;Dmitrovskaya,1990;Akhmetiev等,1993;Chibrikova和Olli,1993)。该地区缺乏与构造背景相关的信息,它可能是波罗的古陆东部边缘晚寒武世—早奥陶世裂谷系的组成部分。

4.6.3 前中泥盆世间断(402~388Ma)

在波罗的古陆上,一个区域性的侵蚀不整合面反映了早寒武世—早泥盆世沉积旋回的终结,与全球海平面低位期一致(House,1983;Johnson等,1985)。此外,该沉积作用间断似乎与广泛的岩石圈变形和俄罗斯中部拗拉槽带某些裂谷和波罗的盆地构造反转有关。这些构造变形作用发生在志留纪末并延续到中泥盆世(Chaikin,1986;Milanovsky,1987;Kuzmenko等,1991)。来自莫斯科盆地的资料表明,主要隆起事件发生在洛霍考夫阶中期和埃姆斯阶中期(Alekseev等,1996),因而与伯朝拉盆地隆起和张扭性变形一致(Dedeev等,1995;Malyshev,1995)。

据有限的资料推测,早泥盆世期间,现今巴伦支海为一个宽阔的碳酸盐岩陆架,其西部边缘主要为来自加里东造山带的碎屑岩(图7k)。蒂曼-伯朝拉被动大陆边缘和乌拉尔陆架也是类似的碳酸盐岩,而滨里海地区普遍为碳酸盐岩和蒸发岩。EEC中部和西部的大面积隆升,可能反映了受加里东造山运动结束阶段的影响,岩石圈挤压应力逐渐变高,与前陆、北极-北大西洋和北德国-波兰之间加里东造山带碰撞拼合相对应。挪威-瑞典加里东造山带的前陆盆地,大部分在晚二叠世—中生代早期遭到破坏,如图7k所示。

加里东旋回进行了一次基本的板块重组,劳伦-格陵兰古陆缝合到波罗的古陆。在此期间,北极-北大西洋俯冲系废弃,并且在乌拉尔洋发育新的俯冲体系。而且,北极-北大西洋与北德国-波兰地块在泥盆纪初拼合后,接着,沿北极-北大西洋巨型剪切带发生了以左旋为主的移动,同时,在中欧加里东造山带发生区域裂陷,导致在相当于古特提斯俯冲带的弧后的华力西期"地槽系"盆地发生沉降(Ziegler,1989、1990)。

4.7 中泥盆世—石炭纪初(386～350Ma)

中泥盆世—石炭纪初,波罗的古陆和劳伦-格陵兰古陆沿北极-北大西洋巨型剪切带持续左旋平移。同时,北极大陆地体,包括现今的楚科奇(Chukotka)和新西伯利亚群岛,沿因纽特(Inuitian)造山带缝合到劳伦-格陵兰古陆的北部边缘。晚泥盆世期间,巴伦支海陆架的北部被动边缘与北极碰撞,形成罗蒙诺索夫(Lomonosov)褶皱带(Ziegler,1989、1990),并导致来源于北部物源区的三角洲复合体推进到巴伦支海陆架碳酸盐岩台地(图7l～n)。沿着波罗的古陆的南部边缘,间歇性的弧后裂陷和挤压作用控制着华力西期"地槽系"的演化。乌拉尔洋的马格尼托哥尔斯克(Magnitogorsk)弧沟体系平行于波罗的古陆的东部边缘(Ziegler,1989;Zonenshain等,1993)。

中晚泥盆世周期性海平面上升导致波罗的古陆海侵,并在莫斯科地台上和东巴伦支海中形成了以碳酸盐岩为主的宽阔大陆架(图7l～n)。中晚泥盆世沉积盆地的分布与寒武纪—泥盆纪初有很大的不同。整个泥盆纪,芬诺斯堪的纳维亚(Fennoscandian)地盾可能一直保持露出水面。

吉维特期,波罗的古陆的东部和东南部发育新的裂谷系,晚泥盆世裂陷活动影响到EEC的整个东部,从南边皮亚季-第聂伯-顿涅茨裂谷(Pripyat - Dniepr - Donets)到东巴伦支海(图7m、n;Milanovsky,1987;Gavrish,1989;Garetsky,1990;Nikishin等,1993)。图9和图10展示了EEC古生代晚期裂谷构造活动的概况,但是,考虑到现有的地层和古生物资料的准确度,不同事件的年代仅仅是推断的。

EEC的泥盆纪裂谷通常切割里菲纪裂谷沉积,但在某些地方造成里菲纪裂谷重新活动。详细的沉降分析表明,吉维特期晚期,弗拉斯期早、中和晚期及法门期早期发生了或多或少不连续的间歇性裂陷活动(图6)。主要裂谷阶段是弗拉斯期早期,伴有大规模的深成岩浆活动,其中一部分为金伯利岩岩浆。不同裂谷的构造背景、火山活动级别、岩石圈伸展的程度和其间隆起的幅度变化相当大。不排除在裂谷带之外的岩浆活动(图9、图10)。

4.7.1 与EEC南部边缘有关的裂谷

泥盆纪—早石炭世沿着波罗的古陆南部边缘的裂谷系成为华力西期"地槽系"的弧后盆地,由长约1500km的皮亚季-第聂伯-顿涅茨-顿巴斯-卡平斯基(Pripyat - Dniepr - Donets - Donbas - Karpinsky)裂谷(PDD)和滨里海裂谷系组成(图9)。证据表明,PDD和滨里海裂谷系的发育类似于华力西期的"地槽系",与北倾的古特提斯俯冲带控制的弧后伸展有关(Ziegler,1989、1990)。

沿滨里海盆地的北部和西部边缘,中晚泥盆世发育的裂谷构造复杂体系保存良好(图9)。穿过滨里海盆地边缘的反射地震剖面,发现很多中晚泥盆世的正断层(Kiryukhin等,1993),说明地壳伸展导致该盆地发生沉降。现今厚23km的沉积物和薄的高速地壳说明滨里海盆地边缘泥盆纪裂陷可能促使地壳分离和一个有限洋盆的张开(Nevolin,1988;Zonenshain,1993)。无证据表明滨里海盆地边缘地区发生了很大的同裂谷隆起(Milanovsky,1987)。

中泥盆世晚期和晚泥盆世PDD的演化表现为裂谷向西北方向迁移,可能中心在滨里海地

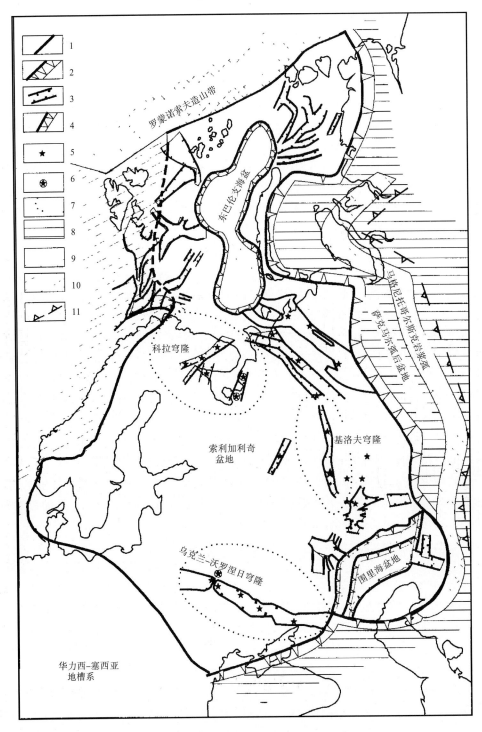

图 9 东欧克拉通中-晚泥盆世—早石炭世裂谷盆地

1.EEC 的轮廓;2.被动边缘;3.裂谷;4.具有很薄的陆壳或洋壳的地区;5.板内火山活动;6.金伯利岩;7.同裂谷丘的轮廓;8.洋盆;9.活动褶皱带;10.不活动褶皱带;11.俯冲带

区(Gavrish,1989)。在地壳伸展之前,乌克兰地盾和沃罗涅什凸起部分被海相的中泥盆统沉积物覆盖(Alekseev 等,1996)。在地壳伸展开始不久或同时,伴随着裂谷翼部宽阔的岩石圈成穹作用,发生了巨量岩浆活动。弗拉斯阶—法门阶为裂陷主要阶段,石炭纪初为安静期,维宪阶以后发生适度复活(Stovba 等,1996;图 6)。PDD 的卡平斯基(Karpinsky)段和顿巴斯(Donbas)段沉积后发生强烈反转。PDD 的沉积充填厚度从顿涅茨地区的 19km 到皮亚季槽减少到约 2.5km,同时,裂谷宽度和地壳伸展幅度减小(Gavrish,1989;Garetsky,1990;Chekunov 等,1992;Stephenson 等,1993;Kivshik 等,1993;Kuzsnir 等,1996;Stovba 等,1996;VanWees 等,1996)。

PDD 中岩浆活动的级别不能单用地壳伸展进行解释,因为其中涉及地幔热点活动(Wilson,1993;Scheglov 等,1993;Lukjanova 等,1994;Lyashkevich,1994;Kuzsnir 等,1996;Wilson 和 Lyashkevich,1996)。但是,因为 PDD 的岩石圈成穹作用主要阶段发生在地壳伸展开始以后,如图 10 所示,估计可能是"被动"和"主动"裂陷联合作用控制其演化。

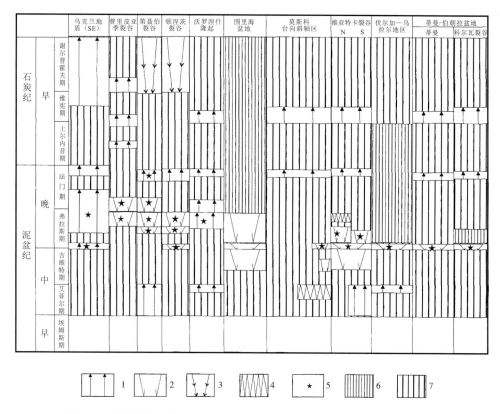

图 10 东欧克拉通中泥盆世—早石炭世构造活动和岩浆活动事件对比图
1. 隆升幕;2. 裂陷阶段;3. 同挤压快速沉降阶段;4. 反转事件;5. 火山活动;6. 非补偿沉降;7. 补偿沉降

4.7.2 与波罗的东部边缘有关的裂谷

泥盆纪裂谷宽约 1000km、长达 4500km,平行于早奥陶世裂陷旋回结束时已经发育的波罗的古陆东部被动大陆边缘。中泥盆世裂陷再次活动,并持续到早石炭世。从北到南,该裂谷系主要由巴伦支海、喀拉海、科尔瓦、蒂曼、维亚特卡(Vyatka)和索利加利奇(Soligalich)裂谷构成(图9)。

巴伦支海包括多个长期活动的裂谷化构造。西巴伦支海的裂谷盆地与北极-北大西洋巨型剪切有关(Ziegler,1988、1989)。这些盆地的特点是沉积厚度超过10km。通过钻井标定的地震剖面揭示主要裂陷活动发生在早-中石炭世,但不能排除晚泥盆世的裂陷(Johansen等,1993;Shipilov,1993;Nottvedt等,1993)。

地震反射资料表明,在巴伦支海的东部存在一个复杂的裂谷盆地系,含有厚达18～20km的沉积物(Johansen等,1993;Senin,1993;Shipilov,1993;Verba,1993)。深部钻井资料不足,阻碍了主要裂陷阶段的确定,但是,通过与蒂曼-伯朝拉陆上、海上地区以及喀拉半岛对比(Milanovsky,1987;Kogaro等,1992;Scheglov等,1993),推测中泥盆世东巴伦支海再次发生裂陷活动,并持续到早石炭世(Alsgaard,1993;Junov,1993a,b;Nikishin等,1993)。该观点得到了在新地岛上发现的中晚泥盆世伸展构造的证实,这种伸展构造与弗拉斯阶切割奥陶系的拉斑玄武岩和粗面玄武岩有关(Kogaro等,1992)。地震反射资料(Shipilov,1993;Johansen等,1993;Ignatenko和Cheredeev,1993;Alekhin,1993;Popova和Krylov,1993;Junov,1993a、b)表明,在中泥盆世—晚石炭世期间,东巴伦支海为深水盆地,只在晚二叠世期间发生充填(图11;Nikishin等,1995)。该盆地以薄的高速地壳为特征,可能为洋壳(图2;Senin,1993;Shipilov,1993),因中泥盆世—早石炭世地壳伸展导致了沉降。

蒂曼和科尔瓦裂谷(图6),晚泥盆世以火山活动为特征,其中没有发现任何翼部隆起的同裂谷隆升的证据(Milanovsky,1987;Ehlakov等,1991;Belyaeva,1992;Dedeev等,1995)。伯朝拉-科尔瓦裂谷晚泥盆世玄武岩具典型的弧后环境地球化学特征。

相反,科尔瓦-白海区域隆起区在晚泥盆世伴随碱性和金伯利岩岩浆活动发生了较弱的伸展构造(图9;Kramm等,1993),但地层资料甚少;科尔瓦-白海岩浆区的岩石成因指示了热点活动(Scheglov等,1993;Kramm等,1993;Lukjanova等,1994)。

中泥盆世维亚特卡(Vyatka)裂谷的沉降与广泛的岩石圈隆升有关(Kuzmenko等,1991),而索利加利奇裂谷没有发现这样的成穹作用的证据(图9)。

泥盆纪与波罗的古陆东部边缘有关的裂谷可以解释为一个大型弧后伸展体系的组成部分,与推测的西倾俯冲带相关的大洋内马格尼托格尔斯克(Magnitogorsk)弧沟体系有关(Ziegler,1989;Khain和Seslavinsky,1991;Zonenshain等,1993;Nikishin等,1993;Zonenshain和Matveenkov,1994;Sengör等,1993)。虽然,泥盆纪乌拉尔体系古构造的恢复很大程度是推测的,尽管有争议,但是现有的所有资料都支持乌拉尔洋中晚泥盆世俯冲体系模型。Ziegler(1989)、Zonenshain等(1993)和Sengör等(1993)推断存在一个西倾的俯冲带,而Iudin(1990)和Puchkov(1993)却赞成东倾俯冲体系,后者的弧后裂谷模型不适于波罗的东部边缘的裂谷系。

向西俯冲到滨乌拉尔裂谷带之下的模式与下列观察是一致的。①尽管古生代早期蛇绿岩复合体可以在整个乌拉尔造山带进行追踪,但南乌拉尔木格迪加里(Mugodjary)带西边也发现中泥盆世蛇绿岩,后者解释为弧后洋盆的残余(Korinevsky,1989;Puchkov,1993;Zonenshain和Matveenkov,1994)。两个蛇绿岩带都处于与泥盆系岛弧有关的岩浆带的西边。②根据地球化学标志,乌拉尔造山带中的岩浆岩表明,伯朝拉盆地在早-中泥盆世分界线处转变为与俯冲有关的岩浆活动(Bochkarev,1990),同样表明当时俯冲极性的变化。③牙形石地层

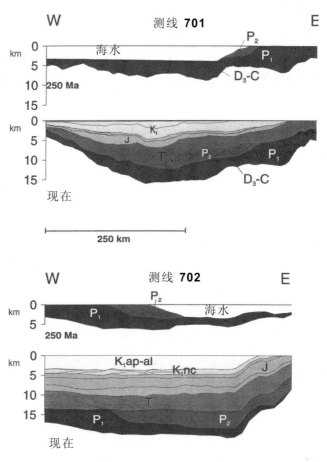

图11 基于地震剖面701和702的东巴伦支海盆地演化(未去沉积物压实)(剖面位置见图2)

(Puchkov,1993;Savelieva和Nesbitt,1996;Maslov等,1995)表明在乌拉尔体系中部,中泥盆世岛弧火山岩覆盖在志留纪—早泥盆世的沉积物之上,这表明岛弧活动与西倾俯冲带发育有关,开始时间不早于中泥盆世。

南乌拉尔的观察数据发现西木格迪加里(Mugodjari)地区弧后扩张发生在艾菲尔阶晚期,中艾菲尔期—弗拉斯阶早期与俯冲相关的火山活动及西倾俯冲系有关。此外,在弗拉斯阶—法门阶,在兹莱尔-马格尼托格尔斯克(Zilair - Magnitogorsk)盆地复理石沉积中发现造山活动加剧的证据,复理石源自东部物源区,覆盖在深海相沉积系列之上,伴有萨克马尔(Sakmarian)弧后盆地挤压构造变形(Korinevsky,1989;Milanovsky,1989;Zonenshain和Matveenkov,1994)。因此,弧后伸展可能已经再次活动。然而,在杜内阶晚期—维宪阶早期,西倾俯冲结束,乌拉尔造山运动开始,萨克马尔弧后盆地闭合并俯冲到哈萨克斯坦地体东缘的下面(图7o)。

因此,EEC东部边缘泥盆纪—早石炭世裂陷可能与间歇性弧后伸展有关。显然,必须更准确地比较克拉通内和乌拉尔造山带中构造活动和岩浆事件,才能验证这个假说。

4.7.3 中泥盆世—石炭纪初裂陷的动力学特征

中泥盆世—石炭纪初,上述的弧后伸展和热点活动有关的过程在波罗的南部及东部裂陷中起了重要作用。它们处于同时代,证明了它们之间可能的成因关系。虽然热点活动似乎不是岩石圈伸展的基本驱动机制(Hill 等,1992),但它可能减薄岩石圈而就地形成裂谷(Wilson,1993)。目前尚不清楚这类热地幔过程在多大程度上造成了前中泥盆世 EEP 上的区域性不整合(图10)。

志留纪末劳伦-格陵兰古陆和波罗的古陆在加里东运动缝合以后,全球范围变化的板块相互作用,控制着中泥盆世阿瓦隆尼板块(Avalonia)增生到劳俄板块上,并加剧了后者与北极之间的碰撞拼合,明显伴随着古特提斯和乌拉尔俯冲体系的变化。所有这些导致多次弧后伸展和波罗的古陆之下地幔上涌。相反,同时代的劳伦-格陵兰古陆的演化以挤压应力为主,与安特勒(Antler)和因纽特(Inuitian)造山带分别沿其西部和北部边缘发育有关(Ziegler,1989)。"被动"和"主动"裂陷过程的变化导致了波罗的古陆晚古生代裂谷的发育。在北极—北大西洋域、伯朝拉-巴伦支海和沿蒂曼-瓦朗格尔(Varanger)带的走滑运动是重要的。

4.8 石炭纪—早二叠世(365~256Ma)

在西地中海中,法门阶期间冈瓦纳古陆和劳俄板块之间首次发生碰撞接触。随着它们的碰撞拼合,冈瓦纳板块顺时针旋转运动,在石炭纪华力西期和石炭纪—二叠纪阿莱干尼(Alleghenian)造山运动旋回期间,劳俄板块与冈瓦纳古陆逐渐缝合的过程中也发生顺时针转动。在石炭纪末和早二叠世,冈瓦纳古陆和波罗的古陆之间右旋运动的共轭平移断层切割了华力西(Variscan)褶皱带和其北部前陆体系,导致华力西造山带坍塌(Ziegler,1989、1990)。

沿因纽特(Inuitian)-罗蒙诺索夫造山带的北极板块与劳俄大陆北缘的缝合完成于石炭纪初期(图7o)。在早石炭世,沿着北极-北大西洋巨型剪切带的左旋运动逐渐停止,晚石炭世地壳伸展(图7p)。石炭纪劳俄板块旋转运动,伴随着哈萨克斯坦和西伯利亚克拉通相互间的碰撞和马格尼托哥尔斯克(Magnitogorsk)弧沟体系、东倾俯冲带的发育和萨科马林(Sakmarian)洋弧后盆地的逐渐闭合。巴什基尔阶期间,东部乌拉尔造山带与南部波罗的古陆被动边缘的碰撞,随着时间的推移,逐渐向北扩展(Ziegler,1989、1990;Zonenshain 等,1993;Puchkov,1995)。

板块相互作用和运动的这些基本变化对于波罗的古陆次级板块的演化有巨大的影响。此外,冰川—海平面强烈波动,加之构造活动,造成盆地形态发生重大变化(图7o~q;Vail 等,1977;Ross 和 Ross,1987)。虽然波罗的古陆构造环境在石炭纪初期仍然类似于晚泥盆世,但是华力西和乌拉尔造山运动的演化导致晚石炭世及早二叠世重大古地理变化。相应地,控制 EEC 上克拉通内盆地沉降的应力系统发生改变。盆地分析表明,它们的演化以多次加速、减速沉降和隆升为特征(图6)。在石炭纪—二叠纪期间,波罗的古陆的东部主要为碳酸盐岩和蒸发岩陆架,这其中以沉积饥饿的深水环境下的滨里海和东巴伦支海盆地尤为突出。在晚石炭世和二叠纪期间,巴伦支海成为包括加拿大北极群岛和新西伯利亚群岛在内广泛的北极大陆架的组成部分。在此期内,芬诺斯堪的纳维亚地盾成为一个相对低缓的腹地(Ziegler,1989)。

在华力西"地槽系"构造域,间歇性弧后伸展到维宪阶中期停止,接着,区域性弧后挤压控制了华力西期碰撞造山带的发育,以大型推覆体、广泛高压-低温变质作用和深成侵入活动为特征。在纳缪尔阶和威斯特法利亚阶期间发育了华力西期前陆盆地,部分受威斯特法利亚阶华力西期造山运动结束阶段的薄皮逆冲破坏(Ziegler,1990;图7p)。

华力西造山带东翼与 EEC 南部边缘的塞西亚(Scythian)造山带相连;在塞西亚造山带地壳缩短持续到二叠纪。皮亚季-第聂伯-顿涅茨-顿巴斯-卡平斯基裂谷系,泥盆纪末主要的地壳伸展阶段停止。维宪阶晚期——瑟普可夫阶(Serpukovian)后裂谷阶段早期发生快速沉降(图7g;Stovba 等,1996;Van-Wees 等,1996)。与塞西亚造山带发育及碰撞有关的挤压应力,可能利于该现象的形成。古近纪和新近纪北海盆地演化中(Cloetingh 和 Kooi,1992;Ziegler 等,1995)以及波兰槽晚白垩世前反转阶段(Dadlez 等,1995)见到类似的同挤压的沉降加速。

在乌拉尔南部,发育一条东倾的俯冲带,可能与维宪阶哈萨克斯坦地块和乌拉尔弧沟系碰撞有关。沿这条新俯冲体系的构造活动控制着萨科马林弧后盆地的逐渐闭合(Bocharova 和 Scotese,1993;Zonenshain 和 Matveenkov,1994;Koroteev 等,1995)。正如典型的前陆盆地发育的那样(Puchkov,1995),乌拉尔造山带构造域与 EEC 被动边缘东南部的碰撞发生在瑟普科夫期——巴什基尔期。在晚石炭世和早二叠世期间,该碰撞前沿向北传播,影响到乌拉尔的北部地区(图7q)。EEC 上中晚石炭世的快速沉降事件(图6)与来自乌拉尔碰撞前沿的应力作用在 EEC 上有关。在阿舍林阶——阿尔丁斯克阶期间,因负载着前进推覆体系,乌拉尔前渊沉降很快,空谷尔阶时期,乌拉尔造山运动最剧烈。此时形成的围绕着波罗的古陆的东部边缘的喜马拉雅型乌拉尔山系呈穗状(Zonenshain 等,1993)。

乌拉尔造山运动的早二叠世阶段,泥盆纪——早石炭世的蒂曼和伯朝拉-科尔瓦地堑部分反转(图12)。皮亚季-第聂伯-顿涅茨裂谷系中顿巴斯-卡平斯基裂谷的反转与塞西亚造山带的演化有关(Milanovsky,1987、1989)。南乌拉尔和卡平斯基隆升逆冲负荷导致阿舍林阶——阿尔丁斯克阶期间滨里海盆地两边快速沉降,巨大的三角洲复合体推进到较深水中(Zamarenov,1970;Kiryukhin 等,1993)。在空谷尔阶期间,残余盆地被巨厚的盐岩沉积充填(Milanovsky,1987)。

然而,石炭纪末和早二叠世期间乌拉尔发生强烈的地壳缩短,这时,维宪阶不活动的褶皱带和其北部的前陆记录下了张扭性和压扭性的构造活动,伴有广泛的玄武岩和流纹岩火山活动。该变形阶段可能与阿巴拉契亚的阿莱干尼造山运动期间冈瓦纳古陆相对于波罗的古陆左旋平移有关。同时,北极-北大西洋域持续裂陷活动(Ziegler,1989、1990)。

4.9 晚二叠世——三叠纪(256~208Ma)

晚二叠世期间,冈瓦纳和劳俄之间的华力西-阿巴拉契亚缝合,一起成为二叠纪——三叠纪泛大陆的核心,保持稳定。但是,派霍伊、新地岛和泰梅尔的地壳缩短持续到三叠纪——早侏罗世,而乌拉尔的中部和南部构造上已经保持稳定(Milanovsky,1989)。另一方面,北极-北大西洋裂谷系以及特提斯域持续地壳伸展(Ziegler,1989、1990)。

在晚二叠世期间,巴伦支海为一个巨大的以页岩为主的盆地,其中处于新地岛前陆的东巴伦支海深水盆地最为突出(Johansen 等,1993)。一个海湾沿北极大陆架延伸贯穿北极-北大西洋裂谷,终止于西欧和中欧的蔡希斯坦(Zechstein)统蒸发岩盆地(Milanovsky,1987;Ziegler,1989)。被碳酸盐岩广泛覆盖波罗的古陆东南部,晚二叠世期间变为碎屑岩(图7r)。在 PDD 盆地中,后裂谷持续沉降。晚二叠世以全球海平面旋回性下降为特征,海平面在二叠

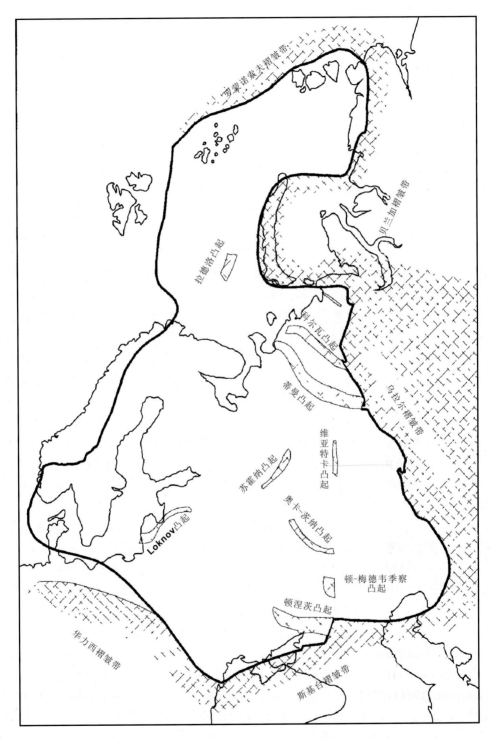

图 12　东欧克拉通晚古生代—中生代早期的反转构造

纪—三叠纪分界处下降到最低(Ross和Ross,1987)。

由于乌拉尔-派霍伊-新地岛造山带地壳缩短结束的时间不同,因此相应地区相关的前陆盆地的晚二叠世历史差异巨大。乌拉尔二叠纪逆冲结束,派霍伊-新地岛-泰梅尔带晚二叠世和三叠纪持续逆冲,到侏罗纪时逆冲结束(Milanovsky,1989;Kogaro等,1992)。

在晚二叠世期间,乌拉尔前渊、滨里海和莫斯科-梅津-伏尔加-乌拉尔盆地由碎屑岩充填,物源主要来自于乌拉尔山。滨里海盆地持续快速沉降,碎屑岩和碳酸盐岩的沉积速率与沉降速率相当(Milanovsky,1987)。

在晚二叠世处,东巴伦支海-派霍伊-新地岛盆地相当于一个深水槽。但是,在晚二叠世期间巨大的三角洲复合体由东、东南和西南推进到该盆地中(Junov,1993a,b;Popova和Krylov,1993;Ignatenko和Cheredeev,1993;图7r,图11)。派霍伊—新地岛地区构成这些碎屑岩的物质来源于造山带(Kogaro等,1992)。在伯朝拉盆地,堆积了陆相-浅海相磨拉石型沉积物,并且明显沿该前陆盆地的轴部推进到巴伦支海(Popova和Krylov,1993)。三角洲由喀拉半岛推进到巴伦支海表明芬诺斯堪的纳维亚地盾同时代隆起,这与来自瑞典南部和中部(Zeck等,1988;Gee,1996)的裂变径迹资料相匹配,裂变径迹资料表明芬诺斯堪的纳维亚地盾西部和斯堪的纳维亚加里东褶皱带的隆起发生在晚二叠世并持续到中生代早期,可能受北极-北大西洋裂谷带大范围成穹作用的影响(Ziegler,1988、1990)。

虽然派霍伊-新地岛-泰梅尔造山带与巴伦支海被动边缘碰撞的时限不清楚,但是分隔它们的洋盆闭合不晚于晚二叠世早期。因此,东巴伦支海融入到乌拉尔-新地岛-泰梅尔前陆盆地中。东巴伦支海晚二叠世和晚三叠世巨大的三角洲楔形复合体(Kerusov,1993)被早三叠世熔岩溢流事件分隔,证实了新地岛造山运动的两个阶段,其中早三叠世前陆盆地快速加深大概相当于快速逆冲负载时期(图11)。

二叠纪末和三叠纪期间,裂陷活动的加剧,表明泛大陆核心的愈加不稳定。在早三叠世期间,北极-北大西洋裂谷体系向南到达北海地区和大不列颠群岛西边。三叠纪期间特提斯域裂陷也愈演愈烈并开始向西传播。演化中的特提斯裂谷系的一支可见于波兰槽(Dadlez等,1995),叠置在前寒武纪EEC西南边缘的托恩奎斯特构造带上。到晚三叠世,特提斯和北极-北大西洋裂谷系在北大西洋域中相互干扰(Ziegler,1988、1990)。

在EEC上,三叠纪盆地的分布与晚二叠世相类似,但是沉积盆地所占的面积明显逐渐减少(图7r,s)。虽然海平面上升,但到三叠纪末,东欧地台的大部分地区沉积作用停止,造成了区域性间断的发育(Milanovsky,1987)。控制这个宽阔隆起的动力条件尚不清楚。另一方面,在巴伦支海陆架上、西欧和中欧、北极-北大西洋和特提斯域裂谷有关的盆地中沉积作用持续进行(Ziegler,1988、1990)。

滨里海盆地、俄罗斯地台、西西伯利亚盆地和塞西亚地台沉降曲线反映了二叠纪—三叠纪的分界处都有相似的快速沉降事件发生,沉积作用速率加大,在东巴伦支海和中波兰槽也看到这种情况(Dadlez等,1995)。乌拉尔造山带内和沿乌拉尔造山带及沿塞西亚带(马内奇裂谷系;Nikishin等,1994),同时代裂陷活动明显,控制了地堑的沉降和玄武岩的喷发(如车里雅宾斯克地堑;Milanovsky,1989)。玄武岩分布于极地乌拉尔-派霍伊前陆盆地中(Andreichev,1992),可能是构成西西伯利亚盆地裂谷有关的火山岩系的组成部分(Surkov和Zhero,1981;Peterson和Clarke,1991)。

侏罗纪时,派霍伊-新地岛-南泰梅尔造山系受到最后一次、但却是巨大的地壳缩短和花岗岩深成侵入活动主要阶段的影响(Milanovsky,1987;Uflyand 等,1991;Kogaro 等,1992;Zonenshain 等,1993)。东巴伦支海前陆逆冲(Komaritsky,1993)与蒂曼-伯朝拉地区泥盆纪裂谷深度反转并行发生(图6,图12),且乌拉尔造山带中发现了三叠纪末挤压变形的证据(Milanovsky,1989;Sokolov,1992)。

沿 EEC 的南部边缘,伴随着卡尔平斯基克列构造带进一步反转,晚三叠世碰撞事件影响到了高加索—塞西亚地区(图12;Nazarevich 等,1986;Kazmin 和 Sborschikov,1989;Nikishin 等,1994)。

5 克拉通边界演化和板内应力

前寒武纪 EEC 上沉积盆地轮廓和沉降(裂陷、后裂谷坳陷盆地、前陆盆地等)的机理的往复变化反映了影响克拉通应力系统和热—机械性质的变化。板内应力状态的变化主要受影响板块边界的过程的控制(Zoback,1992;Zoback 等,1993),随着时间的推移,板内应力状态与 EEC 的边缘一致且多次重复。但是,不同的板块边界过程影响着同时期的对向克拉通边缘,如,在文德纪晚期—早寒武世期间和晚石炭世—早二叠世期间的克拉通边缘。因此,板内古应力状态通常很复杂,并且难以恢复。

在这方面,比较 EEC 的漂移样式及其与相邻板块的相互作用、以及其板内应力史是特别有意义的。图8和图13概括了波罗的里菲纪和古生代复杂的漂移样式,它们的方向、速度和旋转运动反复变化。板块运动时限和克拉通上沉积盆地的演化,表明 EEC 的应力史受控于全球板块运动、板块相互作用以及随着时间的推移的板块间作用。根据古地磁资料(Posenen 等,1989;Gurnis 和 Torsvik,1994),主要的板块重组时期可以跟 EEC 上沉积盆地演化记录下的(图8,图13)下列有意义的事件进行比较:

(1)早里菲世末(±1350Ma)和中里菲世末(±1050Ma)盆地反转阶段,虽然年代地层限定很差,但似乎与板块运动的巨大变化一致(Milanovsky 等,1994)。

(2)晚里菲世沿着 EEC 的东部边缘裂陷(±1050~650Ma)与波罗的古陆向南运动加剧同时发生。

(3)达尔斯兰运动期间波罗的古陆融入里菲纪泛大陆,于0.9Ga 结束,接着漂移样式突然改变。

(4)晚文德世—寒武纪初期(±620~530Ma),以波罗的古陆漂移样式和区域沉降旋回明显变化为标志,在亚皮特斯海和托恩奎斯特洋张开时,沿 EEC 的西部边缘裂陷到达顶峰,因而波罗的古陆从里菲纪泛大陆中分离出来。

(5)早寒武世中期(±540Ma)克拉通内反转构造活动(索利加利奇变形阶段)、巴伦支地体缝合到 EEC 的东北边缘与后者的隆升和其漂移样式突然变化一致。

(6)寒武纪—奥陶纪(±510Ma)转折时期,北泰梅尔-萨维尔纳亚群岛地体与 EEC 碰撞及北斯堪的纳维亚加里东带的芬马克亚(Finnmarkian)造山运动与波罗的古陆漂移速度改变一致。

(7)早奥陶世期间(±510~475Ma)纬向板块速度最小,裂陷影响到 EEC 的东部边缘,在古乌拉尔洋张开时达到顶峰。

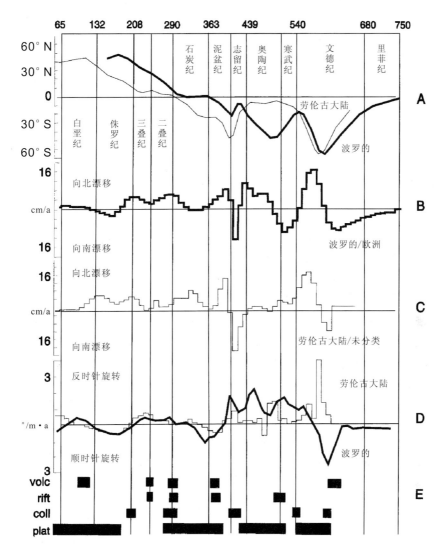

图 13 A. 自里菲纪以来波罗的(参考位置 60°N,10°E)和劳伦(参考位置 40°N,270°E)的纬向漂移速度(时间尺度据 Harland 等,1990;文德纪—寒武纪界线除外);B、C. 波罗的和劳伦向南分离及向北运动的纬向漂移速率;D. 波罗的和劳伦角度顺时针和反时针旋转速率(据 Gurnis 和 Torsvik,1994);E. 波罗的主要构造活动和岩浆活动事件

volc. 溢流玄武岩火山活动;rift. 主要裂陷角度;coll. 主要碰撞事件;plat. 克拉通内区域性地台沉降时期

(8)晚志留世(±425～410Ma)波罗的古陆和劳伦-格陵兰古陆碰撞并且它们沿北极-北大西洋加里东褶皱带缝合,板块运动突然改变。

(9)中泥盆世—石炭纪初期(±385～362Ma)裂陷和可能的地幔柱活动旋回,并伴随有波罗的古陆的运动减速。

(10)维宪阶内(±345Ma)华力西—萨克马琳造山运动主要阶段的开始与乌拉尔洋中东倾俯冲带的发育一致。

(11)石炭纪—二叠纪分界(±290Ma)乌拉尔造山运动的顶峰与波罗的古陆逆时针旋转的开始一致,此时,波罗的古陆成为泛大陆的组成部分。

(12)二叠纪—三叠纪分界(±245Ma)板块运动的变慢与EEC西部、南部和东部边缘伸展构造活动和板内岩浆活动以及派霍伊-新地岛体系的造山活动一致。

全球应力图表明,现今板内应力与板块运动的方向有关(Zoback,1992;Zoback等,1993;Cloetingh等,1994)。如果这也能应用于过去的话,那么板块运动的变化应当与板内应力状态的变化是相关的,因EEC现有的资料得以进一步评价该概念。

6 结论

前寒武纪EEC,由在太古代、元古代早期和里菲纪时期的一系列造山运动旋回期间的陆块和岛弧有关的地体汇聚、拼贴而成。晚里菲世和文德纪期间,波罗的古陆成为泛大陆型超级大陆的组成部分,在文德纪末再次从泛大陆中分离出来。在寒武纪—晚志留世期间,波罗的古陆起到独立板块的作用。加里东期缝合到劳伦-格陵兰古陆上,它成为劳俄板块的组成部分,在华力西-阿巴拉契亚和乌拉尔造山运动旋回期间,整合成为二叠纪—三叠纪泛大陆。

EEC的沉积盖层由不同时代和成因的盆地叠置镶嵌而成。盆地发育与重复裂陷旋回有关,其间被热沉降期和碰撞阶段分隔,发育挠曲的前陆盆地和板内挤压应力控制了先存张性盆地的反转。

绝对海平面变化和构造活动影响的相对海平面波动,控制着EEC上的沉积作用和侵蚀作用,为与其他克拉通进行进一步的分析和比较提供了条件。

EEC记录多次不同成因的板内岩浆活动,包括地幔柱、克拉通内和弧后"被动"裂陷和后造山岩浆活动,均与造山带岩石圈拆沉(slabdetachment)和塌陷有关。由于地球化学、同位素和微量元素资料不多,目前不可能区分出不同岩浆期次的类型,难以建立造成已发现的克拉通内岩浆活动旋回发育的动力学过程。

EEC中晚泥盆世裂陷旋回可能与乌拉尔期和古特提斯弧沟体系的俯冲状态变化有关,可能控制着弧后伸展过程,同时代的地幔柱活动是其标志。

随着时间的推移,克拉通应力史、其沉积盆地演化和岩石圈板块运动之间的初步对比分析表明,板块间相互作用的运动学特征控制着克拉通内沉积盆地的成因和发展演化过程。

参考文献(略)

译自 Nikishin A M,Ziegler P A,Stephenson R A,et al. Late Precambrian to Triassic history of the East European Craton: dynamics of sedimentary basin evolution[J]. Tectonophysics,1996,268(1-4):23-63.

西伯利亚古大陆新元古代—中生代晚期的构造演化
——古地磁记录和古构造恢复

冯晓宏　姜涛　译,辛仁臣　杨波　校

摘要:本文介绍了近15年来获得的西伯利亚克拉通地区及其褶皱体系的古地磁资料研究成果,提出西伯利亚大陆板块从中元古代—新元古代分界直到古生代末的全新的视极移曲线,重建的轨迹构成西伯利亚古大陆及周边古大洋构造新概念的基础。基于古地磁资料的一系列古构造恢复不仅展现了西伯利亚大陆近10亿年来的古地理位置,而且还揭示了其边缘的构造演化。特别是,阐明了大型走滑运动在大陆板块所有演化阶段的构造状态中都起了很重要的作用。

关键词:西伯利亚古大陆　古地磁极　古构造恢复　走滑运动

1　前言

西伯利亚作为最古老的大陆块之一,其古地理研究与洞察地球和构造历史的重建有密切关系。克拉通与其他岩石圈板块的相对位置和相互关系,以及其漂移的运动学特征唤起人们对构建全球和区域再造的兴趣的日益增加。高品质古地磁资料在解决这些问题中是很重要的,因为它可以定量地验证现有板块的理论标绘位置和抽象假说正确与否。现在对西伯利亚古地磁兴趣的日益增加还与十多年以前该区在这方面实际上处于"空白"状态有很大关系。特别是前寒武纪和中生代古地磁资料完全是一片空白。近十多年来获得的西伯利亚不同岩石复合体的古地磁研究成果有效地验证了克拉通本身以及微型大陆、岛弧和其他构成其褶皱构造的地体的古地理位置。同时确定了大型走滑运动在大陆板块整个发育阶段的构造状态中起到了很重要的作用。本研究试图对与西伯利亚古大陆中元古代—中生代晚期演化有关的构造和古地磁研究成果进行总结和归纳。

2　所采用的古地磁资料的简要描述

重建的基础是我们已经建立并发表了以西伯利亚古大陆为中心,涵盖中-新元古代分界到中生代末漫长地质历史时期的各种模型(Kazansky,2002;Metelkin等,2005b、2007a、2009、

2010b；Vernikovsky 等，2009）。通过分析现今获得的古地磁资料，恢复西伯利亚板块的古地理位置的连续变化并恢复近十亿年来其边缘发展演化过程中的主要地球动力特性是可能的。即便前面提到的地质时期的某些时间段，古地磁信息的数量和品质并非完全充分，并且不能以相同的方法来恰当描述地壳演化的规律，但地球总体发展趋势是具有明显特征的。

现在西伯利亚古生代视极移曲线（APWP）是最有根据的。现在古生代 APW（Apparent Polar Wander）曲线不少于 5 个版本（Cocks 和 Torsvik，2007；Khramov，1991；Pechersky 和 Didenko，1995；Smethurst 等，1998）。之所以出现不同版本是由于现有资料在选择方法、时间尺度上资料分布不均匀和制作 APWP 时的"平滑"程序不同造成的。尽管如此，虽然这些版本在细节上有所不同，但古生代视极漂移曲线的总体特征是一致的，说明西伯利亚板块自赤道地区向北漂移到北半球高纬度地区，并具有明显的顺时针旋转特征（Cocks 和 Torsvik，2007；Khramov，1991；Pechersky 和 Didenko，1995；Smethurst 等，1998）。估计最大漂移速度 5～12cm/a，这主要取决于视极移曲线的计算方式和地磁旋转幅度大约为 1°/m·a。在我们的西伯利亚 APWP 版本中（图 1），古生代时间段完全是借用并基于 Pechersky 和 Didenko（1995）给出的分析结果。

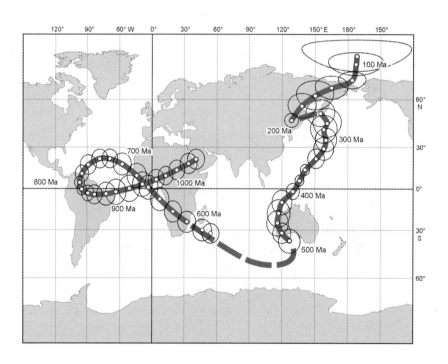

图 1　西伯利亚的视极漂移路径之下
（虚线表示资料差、不确定的、需要验证的 APWP）

新元古代时间段的 APW 曲线基于前寒武纪磁极校正后的认识取得的（Metelkin 等，2007a），古地磁极是基于近年来西伯利亚克拉通地区关键的古地磁极数据得到的[可靠指数（Van der Voo，1990）大于 3]（表 1）。

表1 西伯利亚新元古代和中生代APW路径所用到的已有的古地磁极性

研究对象	年代(Ma)	极性 (°N)	极性 (°E)	A_{95}	参考文献
1050～640Ma					
Uchur-Maya地区,Malga组	1045±20	25.4	50.4	2.6	Gallet等,2000
Uchur-Maya地区,Lakhanda群	1030～1000	13.3	23.2	10.7	Pavlov等,2000
±Uchur-Maya地区Uya群(包括岩床)	1000～950	4.9	357.7	4.3	Pavlov等,2000
前萨彦岭海槽Karagas群	800～740	4.2	292.1	6.2	Metelkin等,2010a
前萨彦岭海槽Nersa复合体	7415±4[1]	22.7	309.8	9.6	Metelkin等,2010a
叶涅塞山脉Predivinsk复合体	6375±5.7[2]	-8.2	7.7	4.7	Metelkin等,2010a
600～530Ma					
叶涅塞山脉Aleshino组	600～550	-28.3	24.3	7.7	Shatsillo,2006
伊加尔卡地区碳酸盐岩	560～530	-33.4	45.6	12.7	Kazansky,2002
勒纳—阿那巴尔地区碳酸盐岩	560～530	-28.0	66.5	8.2	Kazansky,2002
前萨彦岭地区Aisin组	600～545	-39.9	75.1	12.1	Shatsillo等,2006
叶涅塞山脉Taseevo群	600～545	-32.9	75.1	6.1	Shatsillo等,2006
叶涅塞山脉Taseevo群	600～545	-41.0	91.0	15.4	Pavlov和Petrov,1997
横贯贝加尔湖,Ushakovka组	600～545	-31.6	63.8	9.8	(Shatsillo等,2005)[3]
前萨彦岭地区和叶涅塞山脉沉积岩	560～530	-29.5	74.1	4.5	(Shatsillo等,2006)[3]
横贯贝加尔湖,Kurtun组	560～530	-25.3	54.5	12.0	(Shatsillo等,2005)[3]
横贯贝加尔湖,伊尔库茨克组	560～530	-36.1	71.6	3.2	(Shatsillo等,2005)[3]
横贯贝加尔湖,Minua组	560～530	-33.7	37.2	11.2	Kravchinsky等,2001
横贯贝加尔湖,Shaman组	560～530	-32.0	71.1	9.8	Kravchinsky等,2001
平均	～560	-33.9	62.2	8.9	
200～80Ma					
勒纳河沉积岩	245～175	47.0	129.0	9.0	(Pisarevsky,1982)[4]
横穿贝加尔湖,Tugnui凹陷玄武岩	200～180	43.3	131.4	23.0	Cogné等,2005
维尔霍扬斯克海槽沉积岩	170～160	59.3	139.2	5.7	Metelkin等,2008
横穿贝加尔湖,Badin组	160～150	64.4	161.0	7.0	Kravchinsky等,2002
横穿贝加尔湖,Ichetui组	160～150	63.6	166.8	8.5	Metelkin等,2007b
维尔霍扬斯克海槽沉积岩	140～120	67.2	183.8	7.8	Metelkin等,2008
横穿贝加尔湖,Khilok组	130～110	72.3	186.4	6.0	Metelkin等,2004b
Minusa海槽,侵入岩	82～74	82.8	188.5	6.1	Metelkin等,2007c

注:[1]年代据Gladkochub等,2006;[2]年代据Vernikovsky等,1999;[3]"异常"(非偶极)场据资料作者的观点;[4]来自IAGA的#4417极性(http://www.ngu.no/geodynamics/gpmdb)。

我们进行了特别的分析(Metelkin 等,2005b、2007a),调整了西伯利亚磁极(从印度洋方向)"向东漂移",在此过程中新元古代形成一个极具特征的曲线,这个曲线可以跟著名的劳伦古大陆 APWP"格林维尔曲线"相其媲美(McElhinny 和 McFadden,2000)。西伯利亚和劳伦古大陆 APW 曲线的相似性不仅说明在新元古代超级大陆框架下克拉通的构造联系,并且使得恢复其大陆分离的动力学因素非常有把握(Metelkin 等,2007a;Vernikovsky 等,2009)。虽然如此,"西伯利亚曲线"的形成受两个因素主导(Metelkin 等,2005a、2010a)。即使这些磁极的可靠指数很高,做其他解释并得出另外的古构造模型在技术上是可能的,首先也是最重要的不确定性是由于磁化形成时期真实的磁场极性的测定。以前南东向磁偏角和正磁倾角的方向传统认为是正极性(Pavlov 等,2000;Smethurst 等,1998)。在这样的解释中,这些磁极的位置将对应古生代早期的西伯利亚 APWP,与新元古代磁化时代有冲突,成为一个独立的问题。我们在一系列论著里讨论过所有的这类问题及一些另外的模型,说明现有地质和古地磁资料吻合最好假定。在地磁场主要的反向极性时期,已识别出的磁化是原生的(Metelkin 等,2005a、b,2007a,2010a)。因此,新元古代的正极性方向应该包括北西向磁偏角和负磁偏角方向。在这种情况下西伯利亚的 APWP 就能说明这种特殊的新元古代轨迹,解决了西伯利亚-劳伦古陆在罗迪尼亚大陆构造中的关系十分模糊的问题。

尽管新元古代 APW 路径相比之下较复杂和深奥,其环状轨迹实际上反映西伯利亚板块颇为简单的运动。新元古代早期,西伯利亚板块由赤道地区向南漂移到南半球温带地区,伴有逆时针旋转。在新元古代中期,西伯利亚板块以反向向赤道漂移为特征,伴有顺时针旋转。计算的漂移速度不超过 10cm/a,旋转幅度小于 1°/m·a,是十分真实的。大陆板块漂移方向逐渐变化的原因毫无疑问与深部地球动力机制有关,并且反映地幔对流的方向受超级地幔柱和俯冲带位置的控制。

APWP 的文德纪(埃迪卡拉阶—约 600～540Ma)时间段把前面讨论过的时间上含糊不清的新元古代和古生代连接起来(图1,表2)。在制作 APWP 的过程中,560Ma 的极性采用的是马达加斯加岛附近的一组极性数据的平均值(表1)。这段时期内,极点可能在靠近南极海岸的更靠南的位置(Shatsillo 等,2005、2006)。虽然西伯利亚前寒武纪晚期的研究取得了很大的进步,获得了大量的古地磁测定值,但文德纪古地磁和文德纪极性的很多关键性问题远未得到很好的解决。到目前为止,已经提出了多个假说来讨论那时古地磁极在这段时间的非稳定、非偶极状态或异常高的板块漂移速度及其他问题(Kazansky,2002;Kirschvink 等,1997;Kravchinsky 等,2001;Meert,1999;Pavlov 等,2004;Shatsillo 等,2005、2006)。其中一个很重要的问题如果解决,就能回答现在岩石绝对年龄测定和保存在岩石中的磁化不一致的大多数问题。尽管存在这些困难,我们还是识别出文德纪—早寒武世时间段的极性主要沿推断的趋势分布。

另外,由于缺乏可靠的中三叠世和晚三叠世数据,中生代早期的 APWP 尚未得到明确的证实。古生代和中生代晚期曲线(图1,表2)连接起来的 APWP 上显示一个明显的尖点(视极漂移方向突变段)。该尖点的出现基本上与构造因素无关,而是因为时间段上数据选择的平滑处理过程中 APWP 计算方法所致。

表 2 西伯利亚计算的 APWP

中生代				古生代				元古代			
时间(Ma)	PLat	PLong	A_{95}	时间(Ma)	PLat	PLong	A_{95}	时间(Ma)	PLat	PLong	A_{95}
80	81.3	188.2	6.7	240	52	155	8	560	−32.2	54.3	6.7
100	77.8	187.4	5.2	260	46	161	9	580	−30.0	46.7	7.4
120	70.2	183.9	4.2	280	42	158	9	600	−24.1	32.5	7.5
140	66.3	165.2	6.0	300	35	160	8	620	−16.7	19.6	7.7
160	62.1	150.3	7.8	320	29	158	8	640	−7.6	7.2	8.6
180	56.3	138.3	7.1	340	22	151	7	660	1.0	356.8	8.9
200	47.7	128.8	4.3	360	14	141	4	680	9.7	345.9	8.9
				380	6	136	4	700	18.0	332.4	7.9
				400	−2	130	6	720	22.0	320.9	6.7
				420	−10	120	9	740	21.9	311.7	6.7
				440	−18	117	10	760	17.6	301.2	7.1
				460	−25	116	9	780	11.2	295.3	6.1
				480	−32	120	7	800	4.6	293.2	4.7
				500	−36	129	8	820	−0.4	295.1	4.3
								840	−3.3	300.8	5.8
								860	−4.2	306.9	7.1
								880	3.7	317.5	8.5
								900	−2.3	326.5	9.4
								920	0.2	339.0	9.8
								940	3.2	351.2	9.1
								960	6.8	3.9	7.4
								980	9.6	12.7	6.8
								1000	13.8	23.2	7.2
								1020	18.4	34.0	7.3
								1040	21.5	40.8	7.2

注:古生代时间段,据 Pechersky 和 Didenko,1995;中生代和新元古代时间段,据表1所列极性计算而得。数据采用三次曲线平滑处理(Enns,1986;Torsvik 和 Smethurst,1999),然后用连续均质重新计算(窗口长度 50Ma,极性贯穿 20Ma)(Besse 和 Courtillot,2002;Irving 和 Irving,1982);PLat、PLong 为古地磁极性的维度和精度;A_{95} 为 95% 可靠度椭圆的半径

中生代晚期时间段 APW 曲线,是基于维尔霍扬斯克海槽地区和西伯利亚地台西南边获得的古地磁数据的归纳(Metelkin 等,2010b)。西伯利亚中生代晚期极性与欧洲参考极性有一个系统的偏差(Besse 和 Courtillot,2002)。侏罗纪,西伯利亚和欧洲极性位置的角度差达 45°;到白垩纪末,逐渐减少(Metelkin 等,2008)。差异的原因是由于西伯利亚和欧洲构造域之间的走滑运动,估计运动的幅度为数百千米。区域内构造不均一,但可以将一个刚性的岩石圈块体的区域当作一个"构造域"。构造域的刚性是由于缺乏能够导致块体内部构造的共同运动或巨大旋转的重大构造变形活动。通过 APWP 判断,侏罗纪欧亚板块框架内的西伯利亚域,同时处于北半球的高纬度,总体向南漂移(最大速度 10~12cm/a),并伴有逐渐顺时针旋转(2.5°/m·a)。到侏罗纪—白垩纪分界,西伯利亚达到其现在的坐标位置,并且后来经历了持续顺时针旋转,旋转速度不超过 1°/m·a(Metelkin 等,2010b)。

3 古构造恢复

3.1 新元古代阶段

该阶段与西伯利亚大陆板块或古大陆开始的历史自罗迪尼亚泛大陆裂解开始算起。构造史的新元古代阶段与该事件相对应(Li 等,2008)。已有的地质和古地磁资料总体上表明在中-新元古代界面西伯利亚克拉通是罗迪尼亚泛大陆的一部分,可能为超级大陆东北部地区的一个"巨型的半岛"(Metelkin 等,2007a;Pisarevsky 等,2008)。在现代,西伯利亚是北边劳伦古陆的一个延续部分,西伯利亚西部边缘是劳伦古陆西部边缘的延续部分(图 2)。西伯利亚克拉通边缘中元古界晚期—新元古界早期复合体构造位置、组成和时代地质信息的总结表明,该阶段其他地质特征主要为几乎整个大陆边缘都是大陆架条件(Khabarov,2011;Kheraskova 等,2010;Pisarevsky 和 Natapov,2003;Pisarevsky 等,2008;Vernikovsky 等,2009)。目前西伯利亚的西北边缘和西部及东部边缘(Petrov 和 Semikhatov,2001;Semikhatov 等,2000)是一个具有典型的沉积岩复合体的被动大陆边缘(Pisarevsky 和 Natapov,2003)。活跃的构造状态可能仅出现在南部边缘(Gladkochub 等,2007;Metelkin 等,2007a;Pavlov 等,2002;Rainbird 等,1998;Yarmolyuk 等,2005)。在这里,在该时期形成的一系列岩石复合体,可以看作陆内裂陷状态或大洋发育活跃阶段(图 2)。克拉通东南 Uchur-Maya 地区的沉积层序,在那些可能包括 1000~950Ma 的中央海岭玄武岩型(MORB-type)岩床和岩脉的侵入之中(Pavlov 等,2002;Rainbird 等,1998)。在 1050~850Ma 间发育洋盆导致贝加尔-Muya 增生棱柱体不同地球动力环境沉积复合体的形成并构成 Gargan 地块(Gordienko,2006;Khain 等,2003;Kuzmichev 等,2001;Parfenov 等,1996)。

根据古地层资料的汇总,我们推测西伯利亚南部边缘分离过程自东向西(西伯利亚地理坐标)持续 200Ma 以上,同时伴有由于克拉通旋转造成的走滑偏移(Metelkin 等,2007a)。这样的观点之前已被提出(Yarmolyuk 和 Kovalenko,2001)。但是,我们推测,早在 950Ma 前存在一个窄长的红海型盆地,由贝加尔湖延伸到西伯利亚克拉通的 Uchur-Maya 边缘(图 2)。近贝加尔湖边缘海洋-大陆过渡带主要构造的关系可能类似于雅库特东部新生代构造背景,

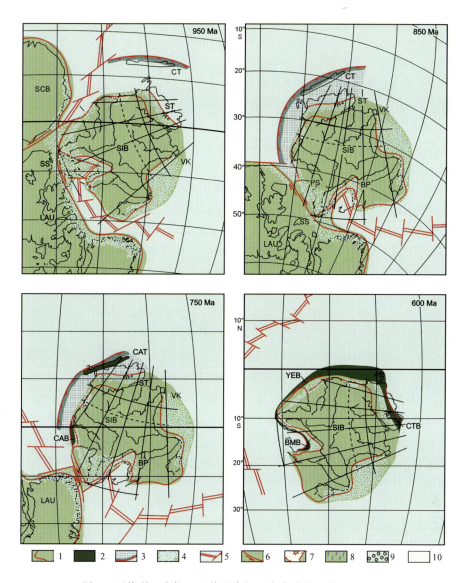

图 2 西伯利亚克拉通及其边缘新元古代演化的古构造恢复

1. 大陆块体和最重要的轮廓；2. 相应时代的增生构造、造山带；3. 俯冲体系，包括火山带和弧后盆地；4. 被动大陆边缘的边缘海、陆架盆地；5. 推测的扩张带位置；6. 主要走向转换-剪切带及其运动方式；7. 西西伯利亚地堑-裂谷系边界大陆地壳减薄区域示意；8. 西伯利亚二叠纪—三叠纪捕获的高原玄武岩位置示意；9. 具亚洋壳的沉积盆地；10. 西西伯利亚盆地中新生代沉积位置示意

图中缩写字母：大陆块体：SIB. 西伯利亚；EUR. 东欧；KAR. 喀拉海；KAZ. 哈萨克斯坦；LAU. 劳伦大陆；NCB. 华北地块；TAR. 塔里木；SCB. 南华北地块。被动大陆边缘盆地、边缘海：VK. 维尔霍扬斯克；BP. 贝加尔—帕托姆；PS. 前萨彦岭；SS. 南西伯利亚（假想的）；ST. 南泰梅尔。造山带：ABO. 阿尔泰-贝加尔造山带；BMB. 贝加尔-Muya 造山带；VCB. 维尔霍扬斯克-楚科塔造山带；MOB. 蒙古-鄂霍次克造山带；YEB. 叶涅塞造山带；TSO. 泰梅尔-北地岛造山带；URB. 乌拉尔造山带；CAB. 中安加拉造山带；CASB. 中亚（晚古生代）造山带；CAT. 中安加拉地体；CTB. 中泰梅尔造山带。岛弧地体，活跃大陆边缘碎片和火山侵入带：BT. Bateni；GA. Gorny 阿尔泰；ER. Eravna；ZK. Zolotoi Kitat；KI. 基亚；KT. Kurtushiba；NS. 北萨彦岭；TS. Tersa；CT. 中泰梅尔；OCVB. 鄂霍次克海-楚科塔火山侵入岩带。其他构造：CPD. 里海坳陷；WSB. 西西伯利亚盆地

Gakkel山脊的离散构造受到一条大型的转换断层的"削截",同时大陆上形成大量较小的裂谷凹陷(拗拉槽),其走向对应于古缝合带(Parfenov和Kuz'min,2001)。就Akitkan缝合带而言,呈现为一个重要的新元古代张扭构造。我们认为整个贝加尔湖边缘为一个裂谷成因的裂解地区,其上形成一个巨大的大陆边缘沉积盆地。

另外有一些也十分符合已有的古地磁资料,如果我们可以提供Pisarevsky和Natapov的模型,西伯利亚南部边缘和劳伦北部边缘之间恢复出来的间距为20°(>2000km)(Pisarevsky和Natapov,2003)。根据作者的解释,该间距对应于一个古大洋,暗示西伯利亚克拉通具有与罗迪尼亚超大陆无关的构造史,早在10亿年前就是一个隔离的古大陆。但是,在该假说的框架下,西伯利亚和劳伦古陆新元古代APW曲线相似性的理由是很不清楚的。为什么相互不相关的被大洋分隔开的大陆板块数百年来经历一致的运动过程,而这些都被相当复杂的古地磁痕迹记录下来?什么样的构造状态在大洋分隔的盆地中起作用?

最后,在采用相同作者观点发表的构造恢复中(Li等,2008;Pisarevsky等,2008),该大洋间隔被一个未知的大陆块体"充填",假想代表推测的北冰洋次大陆块体,其残余现在处于北极地区。它们包括喀拉海区块、新西伯利亚区块(新西伯利亚岛和相邻的大陆架)、北阿拉斯加(布鲁克斯山以北)和楚科特、还有格陵兰北面Innuit褶皱带的小碎片(Peary地、Ellesemere北部和Axel Heiberg岛)和可能斯瓦尔巴尔特板块的构造(斯比茨卑根群岛弗朗士约瑟夫地、新地岛)(Kuznetsov等,2010;Zonenshain和Natapov,1987)。根据我们的构造恢复,这样变换是可以接受的。用来比较古地磁数据和现今克拉通的轮廓,必须进行一定的欧拉极性校正。但是,这些对于西伯利亚劳伦提亚体系碎块的假设模型不会产生明显的改变。唯一的差异是恢复的构造边界将西伯利亚南部边缘和处于劳伦北部周缘的北冰洋块体连接在一起。

根据该模型得出的结论是在750Ma西伯利亚沿劳伦北部边缘位移距离2000km,其西南边界靠近格陵兰的北部边缘(图2)。在该时期,西伯利亚西边、北边(Vernikovsky等,2003)、可能还有南边(Khain等,2003;Kheraskova等,2010;Kuzmichev和Larionov,2011;Zorin等,2009)被动大陆边缘转换为活跃边缘,新元古代晚期岛弧体系发育。活跃岛弧岩浆活动带可能与大陆边缘被一个相当宽的盆地分隔开,西伯利亚西部和北西部边缘几乎随处可见主要为稳定状态的大陆架(Pisarevsky和Natapov,2003)。

新元古代岛弧增生到西伯利亚大陆阶段,中泰梅尔、叶涅塞和贝加尔-Muya火山岛弧带的发育发生在文德纪初期(图2)(Dobretsov等,2003;Kheraskova等,2010;Kuzmichev等,2001;Pease等,2001;Vernikovsky等,2004;Zorin等,2009)。这一发生在西伯利亚西部和北部的地质事件年代已经得到了复杂地球化学同位素数据的证明(Vernikovsky和Vernikovskaya,2001、2006)。在西伯利亚的南部贝加尔湖地区这类资料现在还很匮乏,但是文德纪—寒武纪大陆边缘成因的陆源碎屑岩-碳酸盐岩层序底面构造不整合面下伏新元古代岛弧的变质火山成因的地层,明确表明前文德纪或文德纪早期挤压变形阶段(Zorin等,2009)。这可能是贝加尔湖边缘地区一个特殊的构造历史。新元古代岛弧体系可能发育在远不止所关注的地区(Kuzmichev等,2001)。因此大型超地体混合发育过程在海洋中进行,包括蛇绿岩、岛弧和克拉通地体。文德纪之前其构造完整性受到扰乱。对应于贝加尔湖-Muya增生带的滑脱部分之一,位移并增生到西伯利亚克拉通上(Belichenko等,2006;Kuzmichev等,2001)。作为超级地体裂解的产物,除贝加尔湖-Muya地块外,图瓦-蒙古、Dzhabkhan和中蒙古地块可能已经分离(Kuzmichev等,2001)。这些地块都包括在西伯利亚克拉通西南部架构加里东造山带构造中。

新元古代晚期西伯利亚克拉通北部架构中的中泰梅尔增生构造带也被文德纪—古生代被动大陆边缘复合体不整合覆盖,具有典型的地台发育特征(Vernikovsky,1996)。相同的地球动力状态在文德纪—寒武纪时期西伯利亚古大陆西部叶涅塞边缘地区是典型的(Sovetov 等,2000;Vernikovsky 和 Vernikovskaya,2006;Vernikovsky 等,2009)。在中部和南部泰梅尔交界浅海相碳酸盐岩和碳酸盐岩—页岩沉积堆积的同时,于文德纪早期形成一个深水盆地,具明显的线状伸长凹陷的特征,推测(Khain,2001)与东部雨维尔霍扬斯克体系的内部区域类似的凹陷相连通。该深水槽的轴向处于中泰梅尔增生带和大陆之间的缝合带的南部,大型的 Pyasina - Faddey 逆冲带的前缘带,使我们有理由认为其发展成为一个前渊(Vernikovsky,1996)。文德纪早期造山阶段结束时,处于这样一种状态,大陆-边缘裂陷和相关的岩浆活动广布西伯利亚古大陆的西南部(Vernikovsky 等,2008)。

3.2 古生代阶段

新元古代西伯利亚周围洋盆发育时的转换/走滑运动持续到古生代(图3)。走滑错位在古生代增生-碰撞事件过程中起重要作用。自新元古代末一直到中生代,西伯利亚克拉通演化成为大洋和大陆板块之间一个独立的相互作用的系统。在该时期,克拉通经历了由寒武纪末南半球近赤道纬度(约 10°S)主要向北漂移到古生代末北半球高纬度(约 50°N)(Cocks 和 Torsvik,2007;Pechersky 和 Didenko,1995)。根据古地磁资料,大陆板块逐渐顺时针旋转约 180°,到三叠纪末,西伯利亚北部边缘指向向西(图3)。

文德纪初较短时间后,西伯利亚古大陆西南部(地理坐标)活跃大陆边缘状态重新开始(Dobretsov,2011;Dobretsov 等,2003)。与中亚阿尔泰—贝加尔地区加里东运动早期有关的最老的俯冲岩石是570Ma,但是,岛弧岩浆主要活动阶段无疑发生在540~520Ma(Khain 等,2003)。根据已有的古地磁资料(Metelkin 等,2009),该区恢复文德纪—寒武纪岛弧是沿西伯利亚大陆整个西部边缘(地理坐标)的一个单一的、明显伸长状的俯冲带的片段,类似现在的欧亚板块的太平洋分界(图3)。寒武纪晚期—奥陶纪增生到克拉通阶段该岛弧系统的构造变形是由于西伯利亚古大陆的顺时针旋转。这种在大陆—大洋分界处挤压背景下的运动导致大陆周边走滑带发育,并因此在文德纪晚期—寒武纪早期形成岛弧系的构造变形。这一体系的破碎运动沿走滑断层发育,处在俯冲带后面和沿着倾斜的俯冲带(图3)。由于大陆周边"拖在后面的"构造旋转和错移,形成分离的构造岩片,通过相互作用经历了复杂的漂移过程(Berzin,1995;Kungurtsev 等,2001;Metelkin 等,2009)。

在寒武纪晚期—奥陶纪岛弧增生以后,西伯利亚西—西南部(地理坐标)的构造格架已接近现今状态。西伯利亚和阿尔泰—贝加尔地区地体的古地磁极性十分接近,虽然它们尚未完全拼合(Metelkin 等,2009)。极性位置的很小差异说明古岛弧体系和弧后盆地强烈的以走滑为主的构造变形始于寒武纪,并在整个古生代持续作用(Buslov,2011;Buslov 等,2003;Fedorovsky 等,2010;Filippova 等,2001;Korobkin 和 Buslov,2011)。

在西伯利亚的北部,早古生代(文德纪—泥盆纪)时期以阿纳巴尔地块隆升及其四周大型向斜发育为特征,向斜被陆表海所占据,主要形成碳酸盐岩沉积(Bogdanov 等,1998)。此外,沿中泰梅尔带逆冲前缘前渊的位置前寒武纪末形成的深水槽持续发育。泰梅尔边缘构造状态的改变发生在石炭纪时期,碰撞造山带开始形成,伴随有花岗闪长岩岩浆活动和区域变质作

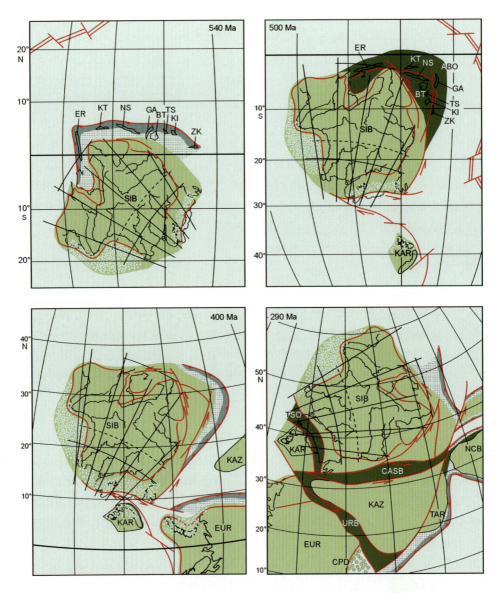

图 3　西伯利亚克拉通及其边缘古生代演化的古构造恢复(图例及缩写字母含义同图 2)

用,碳酸盐岩的沉积作用被陆源碎屑岩取代(Shipilov 和 Vernikovsky,2010;Vernikovsky, 1996;Vernikovsky 等,1995)。沉积作用类型改变通过新的沉积物源区的出现记录下来。我们采用古地磁资料进行古构造分析表明,该事件发生的条件是,西伯利亚边缘与喀拉微型陆块以斜交碰撞的方式相互作用开始,走滑位移起到前导的作用(Metelkin 等,2005c)。"连接"西伯利亚和波罗的北极边缘的转换带对古生代喀拉地块的构造上具有一定的重要性。它们决定了喀拉微型板块由南半球亚热带向北走滑运动,朝向北半球的亚赤道带,同时逆时针旋转。走滑构造完全奠定了晚石炭世—二叠纪碰撞事件期间西伯利亚北部古生代边缘的构造变形样式条件(Metelkin 等,2005c;Vernikovsky,1996),并发生在西伯利亚和喀拉陆块反向旋转的背景下,与总体大地构造格架十分吻合(图 3)。如果西伯利亚和喀拉海微型大陆之间存在洋壳间隔的话,有一个明显的问题就是缺乏古生代的俯冲复合体,可能应该出现在泰梅尔主缝合带。根据建议模型,说明了硅铝质块体之间的很柔缓的相互作用对在倾斜变形地区和随后碰撞环境中的走滑断层起决定作用。二叠纪—三叠纪交界造山运动发育的结束阶段,在褶皱构造的前缘前面形成大型的拉张带并预定了该地带大型凹陷——叶涅塞-哈坦加盆地的形成。

3.3 中生代阶段

在二叠纪—三叠纪分界西西伯利亚板块主要呈现大陆裂陷(图4)。泰梅尔—北地岛地区褶皱逆冲构造并非中生代初形成的唯一构造。由于前寒武纪—早古生代大洋的闭合,导致欧亚板块的框架内中亚造山带构造主体形成、西伯利亚和东欧克拉通陆陆缝合,进而形成泛大陆劳亚古陆部分的主要构造。西伯利亚构造史中这一关键时刻的标志是巨大规模的岩浆活动(trap magmatism)是由一个最大的地幔柱造成的(Dobretsov,1997)。在西伯利亚地台,高原玄武岩集中在通古斯台向斜,并扩展到叶涅塞-哈坦加盆地包括南泰梅尔南部。向西,已经在西西伯利亚板块乃至东乌拉尔盆地的中新生代沉积盖层下面发现玄武岩岩体,它们与Koltogory-乌连戈伊(Urengoy)地堑裂谷带有关,而且已被其间的钻井所揭示。高原玄武岩的分布区向北扩展到很远的地方,覆盖了喀拉海和巴伦支海的海底(Dobretsov,2005;Dobretsov和Vernikovsky,2001)。西伯利亚玄武岩在新西伯利亚岛也有记录(Kuzmichev和Pease,2007)。库兹涅茨海槽构造是以西伯利亚玄武岩的最南部伴生体命名的(Buslov等,2010;Dobretsov,2005,Kazansky等,2005)。已有的古地磁和地质年代资料对比表明,西伯利亚玄武岩省的形成特别快。不同区域强烈岩浆活动的时限为5~1Ma(Buslov等,2010;Dobretsov,2005;Kazansky等,2005),并在南部(库兹涅茨海槽),可能还有西部(西西伯利亚)和北部(叶涅塞-哈坦加海槽)受到大幅度走滑断层的控制(图4)。通过对二叠纪—三叠纪交界的古地磁分析可以推断,由于欧亚板块西伯利亚构造域的顺时针旋转,板内走滑构造变形是西西伯利亚基底地

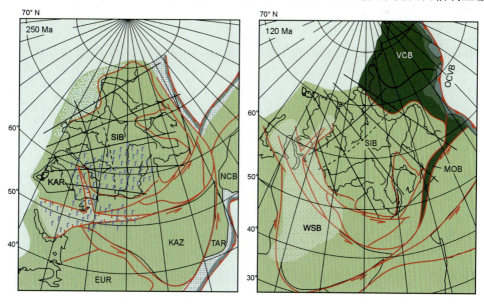

图4 西伯利亚地区中生代演化的古构造恢复
(图例及缩写字母含义见图2)

堑构造体系形成的主要原因，从而也形成了一个大的中新生代沉积盆地（Bazhenov 和 Mossakovsky，1986；Voronov，1997）。该走滑体系的东支导致西西伯利亚裂陷的形成，是与南泰梅尔前缘逆冲有关的张性构造。叶涅塞-哈坦加盆地的轴向地堑和同时期的 Koltogory - Urengoy 系的地堑—裂谷（Aplonov，1989；Khain，2001）构成一个三维样式，很好地吻合了走滑模型。

我们相信欧亚板块西伯利亚构造域相对于欧亚构造域的旋转是西伯利亚西南部阿尔泰-萨彦岭褶皱区内中生代出现挤压作用和构造变形的原因（Bazhenov 和 Mossakovsky，1986；Metelkin 等，2009、2010b）。欧亚大陆内这种走滑运动的动力学条件一直持续到中生代末，得到了西伯利亚和东欧中生代极性系统发散的证实（Metelkin 等，2008、2010b）。我们建立的模型（图 4）表明，在欧亚板块总体上顺时针旋转期间，中亚地壳的构造变形与其组成构造（西伯利亚、欧洲和哈萨克斯坦构造域）沿系列大型左旋走滑带的分离运动有关（Metelkin 等，2010b）。欧亚板块蒙古—中国区域的构造变形也与系列走滑带的作用有关，沿走滑带发生地壳层叠。这发生在分隔欧亚西伯利亚边缘和蒙古-中国古生代拼合地体的古太平洋蒙古-鄂霍次克海湾逐渐自西向东（地理坐标）迁移闭合的背景下，这种地质推理与前人提出的观点是一致的（Bazhenov 和 Mossakovsky，1986；Natal′in 和 Sengör，2005；Van der Voo 等，2006；Voronov，1997）。西伯利亚构造域顺时针旋转走滑运动造成中亚区（西伯利亚克拉通的西南部）主要构造边界呈稳定挤压状态，相反，西西伯利亚区最北端处于拉张背景。同时，这种运动的间歇性，表现为恢复的主造山运动世代具多阶段性（Buslov 等，2008；De Grave 等，2007），与走滑和其他构造形成有关，扰乱了西西伯利亚中生代沉积复合体特定时间界面的初始完整性（Belyakov 等，2000；Filippovich，2001；Koronovsky 等，2009）。

4 讨论和结论

西伯利亚新元古代、古生代和中生代的构造演化可以从全球的角度与两大超级大陆：罗迪尼亚和泛大陆的拼合及裂解过程相比较。西伯利亚边缘构造事件相互转化取决于走滑位移的强度和规模。

在新元古代西伯利亚克拉通开始时，西伯利亚为罗迪尼亚超大陆构造域的一部分，北侧与北美克拉通相连，因此其西部边缘（地理坐标）是劳伦古大陆西部边缘的延续部分。该时期西伯利亚处于赤道低纬度地区，西伯利亚边缘沉积作用主要发生在大陆架环境中，克拉通是一个巨型的半岛。

到成冰纪（Cryogenian）初期，克拉通仍为罗迪尼亚超大陆构造域的一部分，向南部高纬度偏移。同时，受克拉通逆时针旋转控制，也就是说，受转换走滑的控制，沿西伯利亚的南部边缘裂陷作用占主导。由于走滑的结果，西伯利亚和劳伦大陆块体分离，沿西伯利亚南部边缘（地理坐标）发生自东向西洋盆逐渐张开。克拉通的压缩是由于东南部的扩张加上反向的西北部边缘上的俯冲作用。同时与俯冲有关的火山带与克拉通分离开来，其间为宽阔的大陆边缘盆地。

我们认为成冰纪中期界面（约 750Ma）为西伯利亚从劳伦大陆块体完全分离的时间。西伯利亚古大陆的古地理再次回到近赤道纬度带。中亚造山带的形成也是该时期一个重要的事件。随着西伯利亚大陆北部和西部边缘上的中泰梅尔和叶涅塞带发育，"早期"岛弧增生的主要阶段是在成冰纪——埃迪卡拉纪交界时期。

在埃迪卡拉纪,被海洋环绕着的西伯利亚大陆位于南半球的近赤道区域,西伯利亚大陆以这种方式转动以至于西部边缘(地理坐标)有低纬度走向,并向北倾斜。

到古生代早期,沿北半球近赤道地区的该边缘形成一条很长的岛弧体系。奥陶纪增生体与在西伯利亚板块顺时针旋转背景下活跃边缘构造的转换与地壳裂解和沿系列左旋走滑位移运动的碎片的拖拽有关。晚寒武世——奥陶纪,大陆的古地理仍处于南半球亚赤道带。但是,其空间方位发生了改变,以至于西部边缘(地理坐标)的走向亚经度的阿尔泰-贝加尔造山带向东附加增生较大。

到古生代中期,西伯利亚古大陆与波罗的大陆已位移到北半球的热带纬度,期间存在一系列贯通的大洋,但它们的北部边缘(地理坐标)相连。这些大幅度的走滑体系形成很早,可能早在古生代开始,导致喀拉微陆块朝西伯利亚漂移。该时期西南部边缘(地理坐标)的地球动力背景与哈萨克斯坦超级地体和波罗的大陆间古大洋闭合活跃的阶段有关。

古生代—中生代分界泛大陆的形成与西伯利亚和周围的陆块体拼合有关。西伯利亚的古地理位置处于北半球温纬度,其西部边缘(地理坐标)再次回到亚经度走向,但是朝向泛大陆主要陆块体存在的地方,即倾向向南。在泛大陆内,西伯利亚克拉通周边的构造情况就像罗迪尼亚的一样。大陆的维尔霍扬斯克地区保持向大洋张开。中亚的构造格局发生在走滑构造运动的条件下将西伯利亚克拉通缝合到泛大陆的欧亚部位。特别是,泰梅尔造山带褶皱逆冲构造的发育是在喀拉微型大陆和西伯利亚之间"轻柔的"相互作用条件下斜交聚敛和碰撞,相互作用的板块反向旋转的结果。

中生代早期西伯利亚大陆演化的主要事件是由于巨大的西伯利亚地幔柱的影响造成的大规模岩浆活动。我们推测二叠纪—三叠纪之交,板块内部形成裂谷,并伴随着受走滑断层控制的西西伯利亚的地幔柱的岩浆作用。走滑断层与晚古生代缝合带重新活动有关,晚古生代缝合带是西伯利亚大陆板块遭受自古生代以来顺时针旋转的结果。

直到中生代末,中亚的构造仍然不稳定。根据古地磁资料,板内左旋走滑运动是由于欧亚板块的西伯利亚部分的旋转一直持续到晚白垩世。此外,走滑环境中发生了古太平洋的蒙古-鄂霍次克湾逐渐由西向东闭合,决定了现今中亚造山带该部位的构造。到中生代末欧亚板块构造中的西伯利亚克拉通处于北半球的高纬度地区,与现今位置接近。为了和现今的位置相一致,必须做顺时针旋转。这允许我们推断自中生代构造运动继承下来的走滑运动持续到新生代,尽管走滑的规模显著变小了。

总之,走滑构造运动过程发生在西伯利亚板块整个地质史的每一个阶段。在海洋发展早期阶段和已形成的洋壳活跃的时期,毫无疑义,还有增生—碰撞和最近的板块发展阶段,它们决定了西伯利亚地区的结构和大地构造演化形式。其特征是恢复的走滑带具有很大的长度,并且,通常与大型构造元素的边界有关。也就是说它们表现为一个区域性的作用,并且常常是全球尺度的。

参考文献(略)

译自 Metelkin D V, Vernikovsky V A, Kazansky A Y. Tectonic evolution of the Siberian paleocontinent from the Neoproterozoic to the Late Mesozoic: paleomagnetic record and reconstructions[J]. Russian Geology and Geophysics, 2012, 53(7): 675 - 688.

前苏联张性盆地——构造、盆地形成机理和沉降史

冯晓宏 李薇 译,辛仁臣 杨波 校

摘要:本文总结了前苏联里菲纪—显生宙一些裂谷和张性盆地的构造演化过程。坚固地壳及地壳下岩石圈层中地垒和地堑的形成可以解释在俄罗斯地台、维柳伊裂谷、西西伯利亚裂谷系、伯朝拉-科尔瓦裂谷系和拉普捷夫海裂谷所见到的裂谷系的多槽特点。在这些裂谷盆地演化中,很多特征与经典的伸展模型预测结果是不相符的。盆地沉降通常没有任何明显的伸展,而且,时间尺度上比根据热沉降模型预测的大很多。其他的现象包括裂谷和随后裂谷后盆地开始沉降的时间间隔达几十至数百百万年,以及裂谷盆地和地台沉降阶段与相邻洋盆张开及闭合事件的时限可对比。这些现象在形成机理方面表明一个重要的作用,如岩石圈内或下面榴辉岩形成,以及板内挤压和应力诱导岩石圈挠曲。

关键词:张性盆地 沉降模拟 岩石圈构造 流变学 应力场

1 前言

近十年来,大量研究集中到与岩石圈拉张和盆地演化有关的过程模拟上(如 Ziegler,1992、1996)。大多数模型试图以岩石圈伸展的观点解释大陆裂谷带和裂谷化大陆边缘的构造演化,它是由远程水平力作用到岩石圈或深部地幔隆起及其随后的水平流动所引起的(Turcotte 和 Emerman,1983)。大量实际观察到的岩石圈伸展的运动样式已促使均匀伸展或纯剪切模式(McKenzie,1978)不断修正和发展。这些模型引出与非均匀或不连续的深度相关的伸展模型(Royden 和 Keen,1980;Beaumont 等,1982)、连续深度相关的伸展模型(Rowley 和 Sahagian,1986)、简单剪切模型(Wernicke,1985;Davis 等,1986)、联动构造模型(Gibbs,1987)以及简单和纯剪切组合模型(Kusznir 等,1987;Kusznir 和 Park,1987;Reston,1990;Van Wees 等,1992;Kusznir 和 Ziegler,1992)。虽然这些模型成功地解释了大型盆地演化的一些一级特征,但是,像伸展模型这样的模型存在大量根本性缺陷。众所周知的是陆壳伸展和变薄的观测值(如 Moretti 和 Pinet,1987;Sibuet 等,1990)及裂谷侧翼隆起的出现(Moretti 和 Froidevaux,1986;Braun 和 Beaumont,1989;Kooi 和 Cloetingh,1992;Van der Beck 等,1994)之间的差异不能用简单伸展模型进行解释。越来越多的证据有力地说明,在裂后阶段裂谷边缘和克拉通内盆地演化中,非热沉降是一个重要的组成部分(Stephenson 等,1989;Ziegler,1990;Artyushkov 和 Baer,1990;Leighton 和 Kolata,1990;Cloetingh 和 Kooi,1992b)。

大量裂谷和沉积盆地的不同地球物理及地质资料的分析表明,没有哪个模型能够成功地解释观察到的所有特征(Sibuet 等,1990;Cloetingh 等,1993,1994)。很可能裂谷带和沉积盆地演化的某些特征可以用一些已知的机理相结合加以描述,如地壳中简单剪切、地幔中纯剪切和深度相关模型的结合。另一方面,也出现沉降记录的时限和特征的主要方面受别的未知过程的制约(如 Ziegler,1992、1996)。

本文总结了前苏联境内大量里菲纪—显生宙裂谷盆地的构造和演化。重点是裂陷期间岩石圈构造变形的方式和裂后沉降的持续时间及沉降量。本研究说明必须更多地收集钻井、地震剖面和露头资料来约束各种不同的模型(如 Roure 等,1996;Cloetingh 和 Lobkovsky,1996)。

2 构造样式和几何形态约束裂陷

前苏联境内在不同时代和构造背景下形成大量裂谷盆地,每个盆地都具有特征的构造和演化过程,这里根据深部钻井和超深井获得的地层资料对其进行研究(图 1)。下面我们考察前苏联裂谷时空分布的构造和几何形态特征[图 2(a)～(e)],讨论不同时代的一些裂谷的岩石圈伸展的可能的运动学和机理模型。

2.1 构造背景和凹陷间的间距

不同时间段形成的伸展盆地的构造图[图 2(a)～(e)]说明前苏联一些大型裂谷盆地具有多槽特点,近平行的裂谷凹陷被构造隆起分隔开,例如东西伯利亚维柳伊裂谷带[图 2(c)]、西西伯利亚裂谷系[图 2(d)]、伯朝拉-科尔瓦裂谷系[图 2(c)]、图兰裂谷系[图 2(d)]以及泛贝加尔湖地区的盆地[图 2(d)]和拉普捷夫海裂谷[图 2(e)]。在这些多槽裂谷系中单个裂谷或盆地之间的间距在几十到数百千米级别。拉普捷夫海裂谷系以 100km 间距为特征[图 2(e)],而维柳伊裂谷系观察到的间距达 200km[图 2(c)]。已有报道欧洲西北部凯尔特海西部近海地区类似裂谷构造,间距 80km(Ziegler,1990;Sibuet 等,1990)。

晚新生代贝加尔湖裂谷带[图 2(e)]是一个单一裂谷系的突出例子。该裂谷由东萨彦岭西南端到柯达山东北端,延伸距离在 1500km 以上(Logatchev 和 Zorin,1992;Mats,1993)。该裂谷由宽度 30～80km、沉积物厚度达 6～8km 的系列半地堑构成(Sherman,1992;Hutchinson 等,1992;Burov 等,1994)。贝加尔湖盆地本身一般作为一个典型的半地堑[图 3(a)],仅西部边界为正断层。Kazmin 和 Golmshtok(1995)最近详细解释的地震剖面表明,渐新世晚期—上新世早期是典型的不对称地堑,随后,其东边也发育正断层。上新世中期,构造活动体制发生显著变化,垂向运动速率加剧(Logatchev 和 Zorin,1987),并且应力状态发生改变(Delvaux 等,1996)。上新世中期构造活动状态的改变还使地堑形成的运动学发生变化。自上新世中期以后,盆地演化为比较对称的地堑,两边都为正断层。

泥盆纪普利皮亚季-第聂伯-顿涅茨(PDD)裂谷位于欧洲地台的南部[图 2(c)]。很多作者(如 Milanovsky,1987;Ljashkevich,1987;Gavrish,1989;Garetsky 和 Klushin,1989;Chekunov 等,1992;Stephenson 等,1993)指出的一个显著特征是其不同寻常的巨大宽度(100～

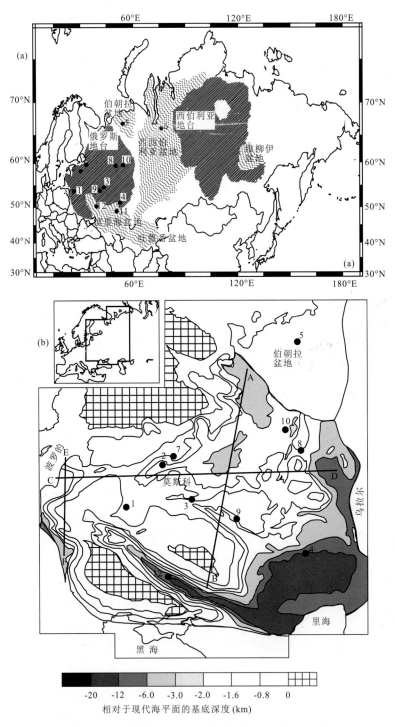

图 1 (a)前苏联本文研究过的单个沉积盆地和地台的位置图;(b)东欧地台基底地形图
(a)中的数字为沉降分析所用到的深井位置:1. 奥尔沙井;2. Valday 井;3. 巴甫洛夫斯基井;4. Utvinskaya 井;
5. Kolvinskaya 井;6. 秋明井;7. Pestovskaya 井;8. Glazovskaya 井;9. Issinskaya 井;10. Oparinskaya 井;11. 滨里海中部井;12. Vostochno - Poltavskaya 井;(b)表示了本文分析过的深井和横剖面的位置,见图18和图19

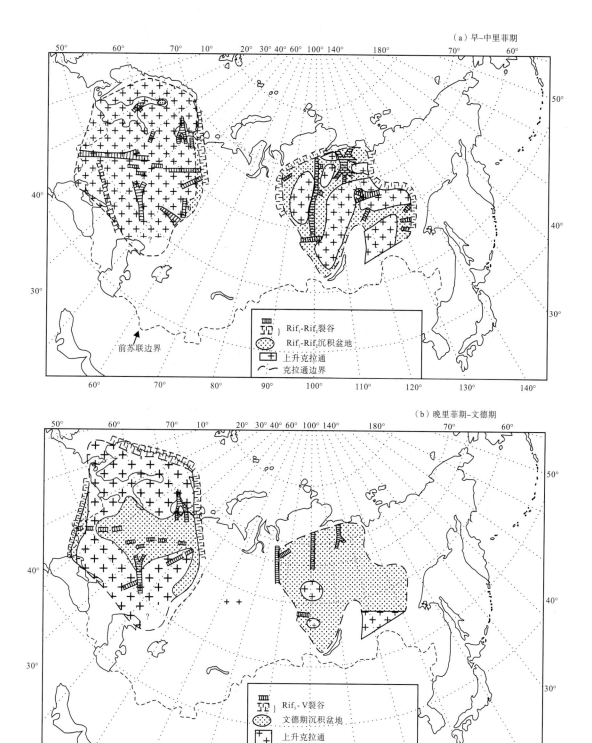

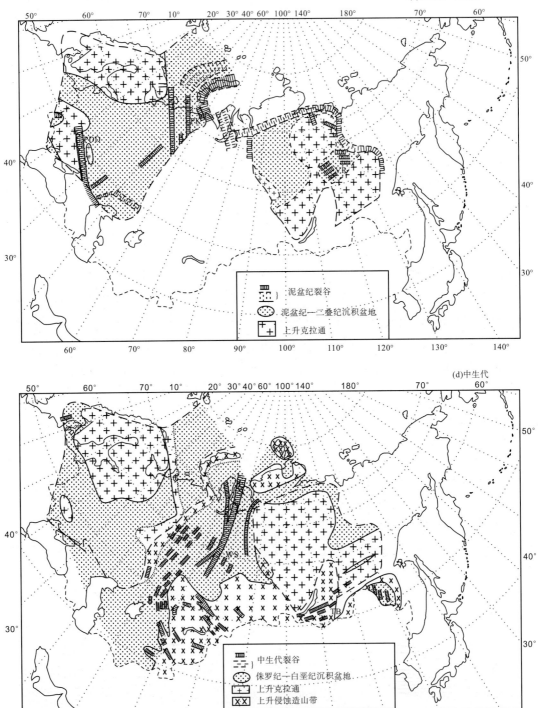

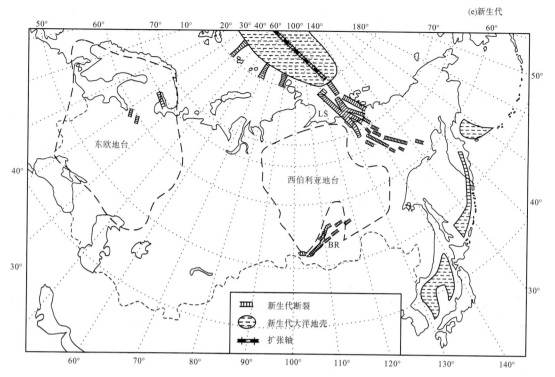

图 2　前苏联前寒武纪晚期和显生宙裂谷盆地（据 Milanovsky,1992）

(a)里菲纪早期—中期(1.6～1.0Ga)时间段；(b)晚里菲期—文德期(1.0～0.57Ga)时间段；(c)泥盆纪—二叠纪时间段(PDD. 皮亚季伯-第聂伯-顿涅茨裂谷；VR. 维柳伊裂谷；PK. 伯朝拉-科尔瓦裂谷系；TB. 通古斯盆地)；(d)中生代时间段(WS. 西西伯利亚裂谷系；TBS. 泛贝加尔湖裂谷系；TR. 图兰裂谷系)；(e)新生代时间段(BR. 贝加尔湖裂谷；LS. 拉普捷夫海裂谷系)

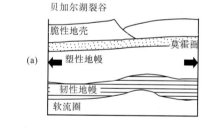

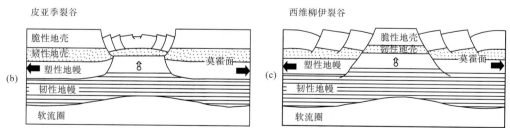

图 3　厚和中等岩石圈的三种裂陷类型

(a)半地堑；(b)对称地堑形成；(c)岩石圈中央地垒块的形成

150km)。Garetsky 和 Klushin(1989)展示了普利皮亚季盆地西部边界为一系列深部犁形断层[图3(b)]。普利皮亚季地堑长200km,西边突然中止。东边边界为横向的布莱金隆起。地堑的伸展不超过百分之几(Garetsky 和 Klushin,1989)。和贝加尔湖裂谷相似,裂陷期间,40~60km 宽的半地堑成为主要的构造建筑块(图4)。

早泥盆世—晚泥盆世弗拉斯阶早期,伯朝拉-科尔瓦裂谷系(Belyakov,1994)由多个窄(10~40km)的地堑构成(图5)。该裂谷系由乌拉尔山延伸到巴伦支海地区,长1000km,横穿蒂曼-伯朝拉盆地[图2(c)]。同裂谷层序由浅水沉积物夹玄武质侵入岩和火山岩构成,厚度达2~3.5km。

泥盆纪维柳伊裂谷系位于西伯利亚地台的东部[图2(c)]。该裂谷系(Gaiduk,1988)由弗拉斯阶(D_3)—杜内阶(C_1)的多个凹陷构成,被纵向和横向的隆起所分隔。观察到存在500km宽的岩墙带,表明裂谷演化是在大致对称的纯剪切前裂谷伸展体制下。孙塔尔地堑宽度70~90km,遭受约2km的同裂谷隆升[图3(c)和图6]。地垒的规模说明受整个岩石圈控制[图3(c)]。Kempendyai、Ygattin 和 Sarsan 盆地为深而不对称的半地堑,十分类似于诸如贝加尔湖、坦噶尼喀和马拉维裂谷这样的新生代晚期裂谷的构造(Ebinger,1989;Burov 等,1994;Van Wees 和 Cloetingh,1994;Van der Beek,1995)。其弧形的边界断层还与普利皮亚季(Stephenson 等,1993)、贝加尔(Hutchinson 等,1992)和东非裂谷(Rosendahl,1987)所见的构造相似。普利皮亚季裂谷最初形成在厚(100km以上)且冷的岩石圈上,上地壳很厚(Stephenson 等,1993),下地壳韧性层变薄,有助于整个地壳断层的形成(图4)。

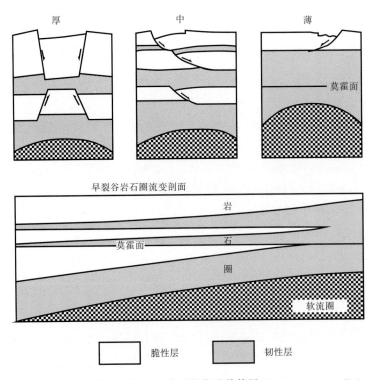

图4 厚、中等和薄岩石圈流变分层变化及其伸展(据 Nikishin,1987 修改)

2.2 岩石圈总的热-机械特征的作用

前面讨论过的前苏联裂谷盆地的几何形态显然反映受岩石圈脆性-韧性层的突然变化的流变学特征的控制(Kirby,1983;Ranalli 和 Murphy,1987),而不是解释为黏性的软流圈流变长波长变化的响应(Moretti 和 Froidevaux,1986)。Bott(1976)把 Vening Meinesz(1950)的楔形沉降概念应用到脆性的上地壳层上。该模型被 Lobkovsky(1989)修改,把脆性下地壳与韧性下地壳、下岩石圈和软流圈中出现的补偿流动结合起来。一个破裂弹性层的伸展模型预测出地垒/地堑楔形体的宽度在 $\pi\alpha/4$ 和 $\pi\alpha/2$ 之间(Bott,1976)。这里 α 表示层的弯曲参数。$\alpha^4 = ET_e^3/3g(\rho_a - \rho_c)(1-v^2)$。岩石圈有效弹性厚度($T_e$)40km,采用杨氏模量 $E=10$GPa,泊松比 $v=0.25$,重力加速度 $g=10$m/s^2,软流圈和地壳之间的密度差 $(\rho_a - \rho_c) = 0.5$g/cm^3,根据模型预测地垒/地堑楔形体的宽度在 90~175km 之间(图 4)。40km 有效弹性厚度符合冷的大陆岩石圈中脆性下地壳层的厚度(如 Cloetingh 和 Banda,1992;Burov 和 Diament,1995)。对于较薄和较热的岩石圈来讲,脆性下地壳层的厚度在 10km 级别(Cloetingh 和 Banda,1992),暗示地垒/地堑楔形体的宽度在 60~125km 之间。如潘诺盆地所证明的那样(Cloetingh 等,1995;Horvath 和 Cloetingh,1996)。在极薄和热的岩石圈情况下,脆性下地壳层通常缺失。在这种情况下,用 30~60km 级别的沉降楔形体特征宽度,预测上地壳层中地垒/地堑构造(图 4)。

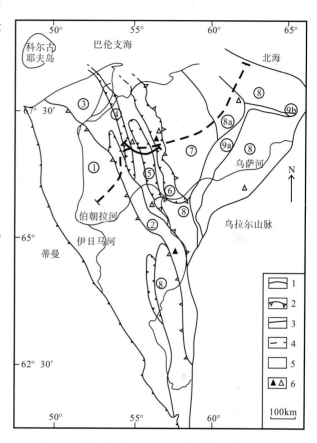

图 5 蒂曼-伯朝拉盆地主要构造单元分布图

1. 构造单元之间的边界;2. 伯朝拉-科尔瓦拗拉槽的边界;3. 地震剖面(图 13)剖面线;4. 地质恢复剖面线(图 15);5. 泥盆纪地堑—裂谷的分布范围;6. 井:a. 已钻的;b. NEDRA 公司计划钻的。构造单元:①伊日马-伯朝拉坳陷;②伯朝拉-Kozhva 巨型隆起;③马来亚岛(Malaya Zemlya)单斜;④Shapkina - Yuryakhinsk 隆起;⑤拉亚(Laya)隆起;⑥科尔瓦隆起;⑦Khoreiversk 坳陷;⑧乌拉尔前渊坳陷;⑧a Varandej - Adzvinsk 构造带;⑨山脊(a. 切尔尼谢夫;b. 切尔诺夫)

脆性下地壳层地垒/地堑形成模型与裂谷、裂后盆地的侧向间距特征,以及这里讨论的前苏联大多数例子中的裂谷构造在构成特征上的突然变化是相符的。根据该模型,在受到施加的张性力的影响下,一个向上变窄的脆性下地壳岩石圈楔形体发生均衡隆升,挤压韧性下地壳的黏性物质离开裂谷轴。相应地,将会导致地壳变薄(岩颈形成)并导致上部脆性地壳伸展均衡沉降(图 4)。在这一机理中,物质流动导致韧性下地壳变薄,不是由于作用在地壳上的外部张力,而是由于上升的地幔楔形块体的挤压效应(Lobkovsky,1989;Lobkovsky 和 Kerchman,1991)。这一概念能够为实测和计算上地壳伸展量之间的差异提供一种解释,实测上地壳伸展量是由测量地震反射资料绘制的断裂带隆起得到的,计算上地壳伸展量是根据沉降分析和地壳构型确定的伸展因子估算出的(Artyushkov 和 Sobolev,1982;Ziegler,1990)。该模型强调上地壳两个坚固层与下地壳具韧性层的脆性岩石圈、下部黏性岩石圈,以及地幔软流圈之间的相互作用。此外,裂谷深凹带沉积负载沉降和裂谷肩部的隆升剥蚀可以导致低黏度下地壳的流动。这种由盆地中心向外的流动,可能有利于裂谷肩部的隆升,影响到常规的回剥模型的推断预测结果(Burov 和 Cloetingh,1996)。

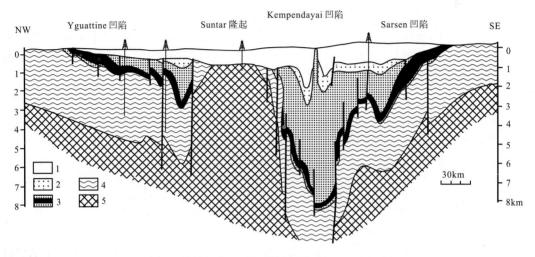

图 6　维柳伊盆地西部横剖面图(据 Gaiduk,1988)

1. 侏罗系—下白垩统裂后盖层;2. 裂谷复合体;3. 弗拉斯阶早期玄武岩;4. 前裂谷沉积物(下古生界);5. 前寒武纪基底

下地壳坚固岩石圈层中地垒/地堑形成模型与深部地震剖面上观察到的地幔反射是相符的(Matthews 和 BIRPS group,1987),有时解释为地幔断层或剪切带向上拆离到地壳的底面(Klemperer,1988;Reston,1990;Blundell,1990)。

在岩石圈中等 $P-T$ 状态下,通常采用黏弹性岩石圈流变(Vilotte 等,1987;Chery 等,1990),不能预测下地壳岩石圈中以断层状窄剪切带只切割岩石圈的构造变形位置,例如,陡倾面。但是,如果采用更复杂的地幔岩石的非相关塑性流动法则(Nikitin 和 Ryzhak,1977;Nikolaevskii,1983)或考虑到地幔超塑性的软化效应(Ranalli 和 Murphy,1987;Bassi 等,1993),这样的现象就可能解释。

前苏联的裂谷,处于岩石圈中,具有不同的热-构造时代,近表层构造样式和较深部岩石圈的总体流变特征之间有明显的关系(全面的讨论见 Cloetingh 等,1995)。现今贝加尔裂谷、泥盆纪东欧裂谷和西伯利亚地台裂谷系(如维柳伊),是裂陷出现在厚的冷岩石圈中的例子(图3、图4)。形成于薄而热的岩石圈上的中生代裂谷系的例子见于西伯利亚地台南部。这里古生代晚期和中生代早期形成一个碰撞褶皱带,深成花岗岩岩浆活动广泛。随后的晚侏罗世和早白垩世伸展阶段,在较薄和热的岩石圈中,导致泛贝加尔湖裂谷系的形成,该裂谷系由一系列 10～30km 宽度的裂谷盆地构成[图 2(d);Milanovsky,1989]。最近的研究(Ernikov,

1994;Delvaux 等,1995)表明,该地区晚古生代和中生代构造活动与蒙古-鄂霍次克洋的逐渐闭合有关。

第一阶段(三叠纪—侏罗纪)发生在张性背景下,可能与变质核杂岩体的发育有关,接着早白垩世中蒙地块与西伯利亚板块碰撞,在南北向挤压作用下导致盆地反转。近年野外研究也发现这些盆地演化中挤压作用的一些重要组分,可将其类比为天山盆地群(Cobbold 等,1993;Burov 等,1993;Nikishin 等,1993)。

下面我们总结前苏联一些伸展盆地的裂后沉降史,重点是一些基础问题:①在裂陷阶段,岩石圈断层形成的方式和裂后沉降特征之间有何关系?②在冷和热的岩石圈上形成的裂谷带的裂后历史是否相似?③拉伸模型能否恰当地描述裂后盆地演化?④其他的构造活动机制对于裂后盆地沉降和盆地构造变形起什么样的作用?

在很多情况下,在厚的岩石圈中形成的裂谷带经历重大的裂后沉降。在薄的岩石圈中形成的裂谷带往往遭受裂后挤压作用和总体隆升,正如在泛贝加尔湖裂谷系观察到的大部分现象。这种差异有时可以解释为岩石圈变薄、强度减小,导致与区域挤压更为显著的响应——逆冲和隆升(如 Stephenson 等,1990;Nikishin 等,1993;Burov 等,1993)。厚而冷的岩石圈中的裂谷在很多情况下,在裂陷终止以后反转数十百万年,如北非 Ougarta 槽(Ziegler,1989;Ziegler 等,1995)。

3 前苏联一些伸展盆地的裂后沉降史

前苏联境内上面提到的裂谷带大多数与大型沉积盆地有关。近 20 年来在这些盆地中已经钻探了一些超深井(图 1)。从这些井中获得的新资料在某种程度上允许重新解释已有的资料,致使更好地限定盆地构造和演化模型。

下面讨论根据一些超深井资料的定量沉降分析成果,表明裂后沉降可以划分为前寒武纪晚期、早古生代、晚古生代、中生代和新生代几个主要阶段。这些阶段是继里菲纪—文德纪、泥盆纪、三叠纪和古近纪长时间大陆裂陷阶段以后的时期。

回剥分析(如 Bond 和 Kominz,1984)从基底沉降中消除掉沉积负载沉降的影响,因此,能够定量化反映基底纯构造沉降。采用每个层具体岩性孔隙度/深度的经验关系计算除去压实作用的量(Bond 和 Kominz,1984),并假定岩石圈具有局部均衡的特点。这影响到我们所推断的构造沉降的幅度,但并不影响沉降的方式。

下面对前苏联一些经过科学钻探过的伸展盆地的裂后沉降史做一个总结,特别强调的是构造和演化的新资料。所要讨论的盆地可以划分为两大主要类型:第一类是克拉通内裂谷盆地,属于东欧和东西伯利亚古地台;第二类由处于年轻地台上的(西西伯利亚)或古代地台边缘地区内的(蒂曼-伯朝拉和滨里海盆地)盆地构成。

4 克拉通内盆地

4.1 前寒武纪晚期东欧地台盆地

前寒武纪晚期(1600～570Ma)东欧地台经历了四个主要的裂陷幕[图2(a)、(b)]：早里菲世(1600～1350Ma)、中里菲世(1350～1000Ma)、晚里菲世(1000～680Ma)和早文德世(680～630Ma)(Milanovsky,1987)。盆地的裂后阶段开始于晚文德世(约630Ma)以后[图2(b)]。这表现出裂陷阶段以后，并不总是紧接裂后沉降阶段(Nikishin等,1996)。某些里菲纪裂谷反转，导致裂后沉降缺失(Milanovsky,1992)。仅第四个裂陷阶段(早文德世)以后，裂后沉降阶段才开始。该阶段与分别处于地台西侧和东侧的伊阿珀托斯(Iapetus)洋和中亚洋的张开同时发生。裂后沉降在空间上和时间上是不规律的。在中里菲世(1000Ma)消亡的裂谷带中发生了大规模的沉降，而晚里菲世—早文德世(680～630Ma)终止的裂谷沉降很小。晚志留世—早泥盆世裂后沉降结束与西欧加里东造山运动是同时发生的。东欧地台里菲纪—文德纪沉积盆地的时间历史说明，拉伸紧接着裂后热沉降这一沉积盆地形成的简单模式(McKenzie,1978)需要做必要的修正。

4.2 前寒武纪晚期东西伯利亚地台盆地

里菲纪东西伯利亚地台上至少出现三个裂陷阶段[图2(a)、(b)]：里菲纪早期(1600～1350Ma)、里菲纪中期(1350～1000Ma)和里菲纪晚期(1000～800Ma)(Milanovsky,1987; Shpunt,1988)。前两个裂陷阶段与叶尼赛山脉附近和泛贝加尔湖地区的洋盆张开阶段一致；第三个裂陷阶段的出现与萨彦岭地区的洋盆张开早期阶段同时。这三个裂陷阶段后都可能接着发生裂后沉降阶段。但是，东西伯利亚地台的里菲纪地层厘定得不是很好，不能满足恢复裂谷盆地的演化。几乎整个东西伯利亚地台被文德纪—斯图尔特纪(800～570Ma)的海相沉积物覆盖，局部被玄武岩覆盖(Milanovsky,1987)。该地台沉降阶段对应于阿尔泰—萨彦岭地区洋盆形成阶段(Zonenshain等,1990)。晚志留世—早泥盆世地台沉降结束，与阿尔泰-萨彦岭地区加里东晚期造山运动同时(Milanovsky,1987)。

4.3 泥盆纪—晚古生代东欧地台盆地

在泥盆纪，东欧地台大陆裂谷变得很显著[图2(c)]。皮亚季-第聂伯-顿涅茨裂谷和平行于乌拉尔—新地岛的裂谷带就是在该时间段形成的。皮亚季-第聂伯-顿涅茨裂谷演化可以划分为多个阶段(Bronguleev,1981; Milanovsky,1987; Gavrish,1989; Garetsky,1990; Stephenson等,1993)。在泥盆纪中期时，形成一个浅的皮亚季-第聂伯-顿涅茨大陆裂谷，堆积陆相和浅海相沉积物，厚100～200m，可能伴有很小的火山活动。皮亚季-第聂伯-顿涅茨裂谷可能是北里海洋(古特提斯)扩张脊裂谷传播形成的。古生代，北里海洋处于东欧地台南部。晚泥盆世(弗拉斯阶和法门阶)是断裂和裂陷的主要阶段，皮亚季地堑中沉积了达3～4km的沉积物，第聂伯和顿涅茨地堑中沉积物分别为3～4km和6km以上(图7)。裂陷伴随多期高原玄武岩火山活动和成穹作用。石炭纪—早二叠世裂后沉降阶段伴有浅海相和陆相沉积,皮亚季地堑裂后沉降不足1km,第聂伯地堑沉降约4km,顿涅茨盆地沉降12～15km(图7)。在顿巴斯地区可以观察到沉积物负载对热沉降的显著放大。正如Nikishin等(1996)指出,维宪阶晚期—早二叠世,裂后沉降的加速可能受到高加索-多布罗加(Dobrogea)造山带碰撞构造活动诱导的挤压应力的控制。但是,顿涅茨盆地二叠纪中期反转,没影响到皮亚季和第聂伯盆地,它们继续沉降。晚二叠世—新生代,皮亚季和第聂伯盆地发生了缓慢沉降,沉降幅度达1.6～1.8km。

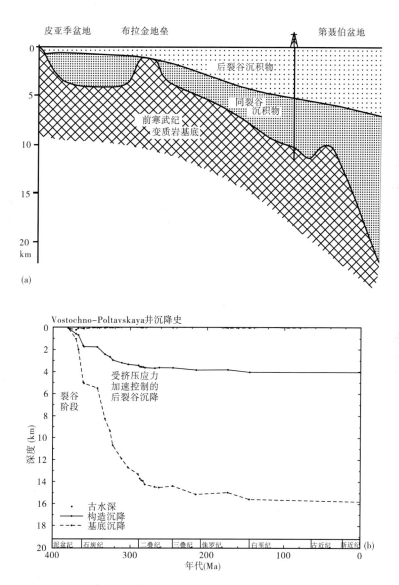

图7 (a)皮亚季-第聂伯-顿涅茨裂谷剖面图(标有Vostochno-Poltavskaya井的位置);(b)第聂伯盆地中部Vostochno-Poltavskaya井(图1中的第12号井)的沉降史,主要裂陷阶段是晚泥盆世,裂后沉降阶段很长,石炭纪—中生代—新生代都是裂后沉降阶段

晚泥盆纪中期东欧地台东部也受到裂陷的影响(Milanovsky,1987)。它开始于吉维特阶(维亚特和顿河-梅德韦季察河古裂谷),持续到晚泥盆世,形成新的窄地堑系[图2(c)]。与第聂伯-顿涅茨裂谷相比,这些裂谷并没有区域成穹的证据(Milanovsky,1987)。弗拉斯阶中期,伏尔加—乌拉尔地区经历了数百米的快速沉降,沉积了含沥青的页岩。巴什基尔阶—二叠纪时期,伏尔加—乌拉尔地区经历前陆沉降和沉积充填阶段。伏尔加—乌拉尔盆地,与快速沉降、过量沉积有关的地区地壳厚度约35km,据报道,周围地区地壳厚度40km(Bronguleev,1978、1981)。

4.4 泥盆纪—晚古生代/中生代东西伯利亚地台盆地

维柳伊盆地是西伯利亚地台古生代中晚期最大的沉积盆地[图2(c)]。泥盆纪裂谷下伏在维柳伊盆地之下(图6)。出现三大近平行的裂谷是这个500km宽的裂谷系的特征。在东部,裂谷系与维尔霍扬斯克中生代褶皱带(Milanovsky,1987)相接。维柳伊裂谷系可能形成于泥盆纪维尔霍扬斯克—科尔瓦地区大洋扩张带的延续时期。大量地质和地球物理资料,包括钻井资料、地震剖面和露头资料表明(Gaiduk,1988),裂谷系的发育可以划分为以下阶段:①中泥盆世(艾菲尔阶和吉维特阶)形成一个宽的沉积盆地,陆相沉积物厚度达数百米;②晚泥盆世(弗拉斯阶和法门阶)裂陷主要阶段,伴有高原玄武岩侵入,侧翼隆升和同裂谷沉积物堆积,厚度达2～7km;③石炭纪—中侏罗世,特征是裂后沉降不足1km和宽阔地区发生沉积作用,向东朝着被动边缘沉降幅度增大;④晚侏罗世—白垩世阶段,特征为在维尔霍扬斯克造山带前缘维柳伊盆地东部形成一个前陆盆地,沉积物堆积厚度达4～5km。

5 年轻地台和克拉通周缘上的盆地

5.1 滨里海盆地

滨里海盆地构成一个椭圆形的坳陷,直径600～900km,沉积物厚度达20～22km[图1(b)]。20世纪60～70年代钻探了两口超深井(Aralsorskaya井和Biikjalskaya井),80年代,深度7km的另外三口超深井(Derculskaya井、Utvinskaya井和Koskulskaya井)在滨里海盆地开钻,以便直接揭示深层盐下沉积复合体和基底[图1(b)和图8]。令人遗憾的是,Utvinskaya井和Derculskaya井在深度约4.5km就终止了(Khakheav,1993)。结果,盆地内部盐下沉积层的构造只能通过地震资料进行评价,导致滨里海坳陷中部盐下层的时代和构成存在很多不确定性。SDP区域剖面网络地震地层分析(Volozh,1991)已得出滨里海盐下复合体大致的年代地层图(图9)。盐下剖面中可以识别出四个地震地质层系:里菲系、下古生界、泥盆系—下石炭统和中石炭统—下二叠统。这些剖面层系被不同时限的区域性地层间断分隔开,边缘地区伴有侵蚀不整合面发育。不整合面对应于反射标志层,整个坳陷都可以追踪对比(图9)。

图10是一条通过滨里海盆地的地震地质剖面,说明反射地震确定的沉积层序的关系,用来恢复其晚古生代的历史(图11)。可以划分出下列主要阶段:①前寒武纪晚期裂陷阶段;②古生代早期阶段(寒武纪—奥陶纪),沉积物沉积在一个较深水的环境中,接着晚奥陶世—早

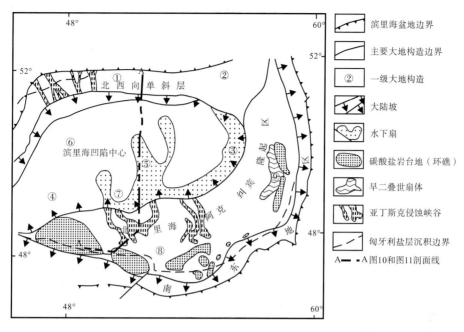

图 8 滨里海盆地盐下沉积地质分带
①Pugachov 隆起；②Sol-Ilek 突起；③Uil 突起；④Sarpin 槽；⑤Khobdin 槽；⑥Aralsor 隆起；
⑦Mezdurechensk 阶地；⑧东滨里海隆起；⑨西滨里海隆起

泥盆世时期为浅水沉积环境；③中泥盆世—早石炭世期间伴随着快速沉降，在滨里海盆地内部形成深水槽，水体深度在 2.5km 以上；④中石炭世—早二叠世深水槽主要充填阶段，以碎屑沉积物为主；⑤空谷尔期盐岩沉积作用；⑥晚二叠世—新生代浅水沉积物和陆相沉积作用。滨里海盆地北部 Utvinskaya 井的沉降史分析表明中三叠世以后的总体沉降趋势[图 12(a)]。中里海地区的沉降史分析是在探井资料和地震剖面的基础上进行的，说明自奥陶纪以后的总体沉降趋势[图 12(b)]。

滨里海盆地成因机制和演化存在很多不同的解释(Zonenshain 等,1990;Volozh,1991;Artyushkov,1993)。下面的现象可以为提出的模型提供重要的限定。如图 12(b)所示，盆地经历长期快速沉降的四个主要阶段，这四个阶段发生在里菲纪—文德纪、中寒武世—奥陶纪、中泥盆世—早石炭世和中石炭世—三叠纪。中寒武世—奥陶纪沉降阶段的时限与乌拉尔古大洋张开的初始阶段一致，而随后的中泥盆世—早石炭世沉降阶段发生在乌拉尔古大洋弧后盆地形成时。中石炭世—三叠纪沉降阶段与乌拉尔造山带和卡尔平斯基(Karpinsky)隆起构造碰撞活动的出现相符(Zonenshain 等,1990;Nikishin 等,1996)。以上表明滨里海盆地受到里菲纪、早古生代和中泥盆世—早石炭世拉张活动的影响。Zonenshain 等(1990)提出泥盆纪裂谷阶段逐渐变为小洋盆张开，宽度可达 100km。另外一种解释认为，古生代沉降是由于下地壳(Artyushkov,1993)或裂陷期变薄的岩石圈底部(Lobkovsky 等,1993)的玄武岩转变为榴辉岩。中石炭世—三叠纪快速沉降阶段可能是挤压构造活动、乌拉尔和卡尔平斯基隆起造山带的负载和碎屑沉积物大量供应的结果(Nikishin 等,1996)。伴随的区域应力场水平的增加也可能促进岩石圈内相态变化的有效性(Cloetingh 和 Kooi,1992a)。二叠纪—三叠纪界线出现的快速沉降事件可能与区域性拉张事件有关系。

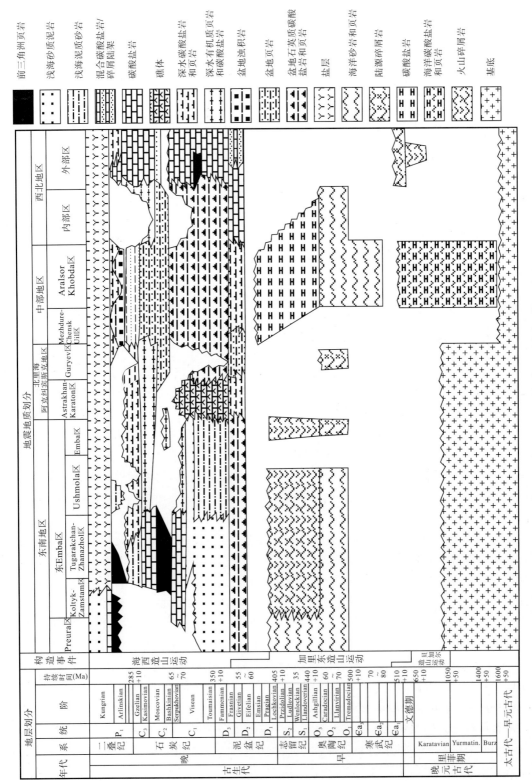

图 9 滨里海盆地盐下沉积地层年代地层格架（据 Volozh, 1991）

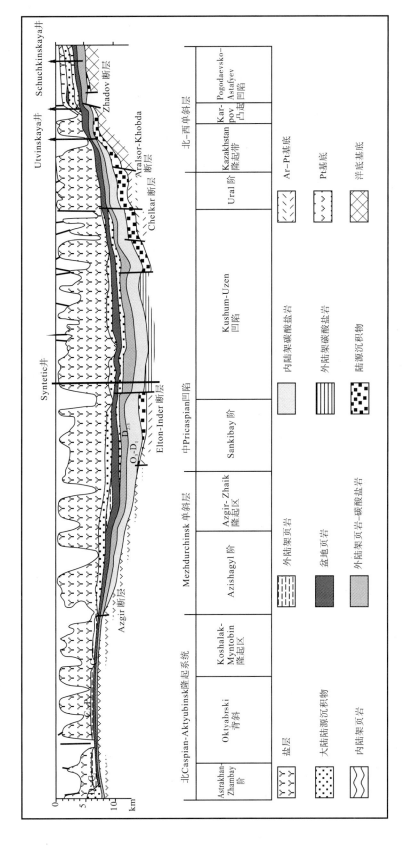

图 10 Zhambay–Uralsk 剖面线（图 8，AA 剖面）上区域地质–地球物理横剖面图（Volozh，Nikolaeva 和 Timoshin 编制）

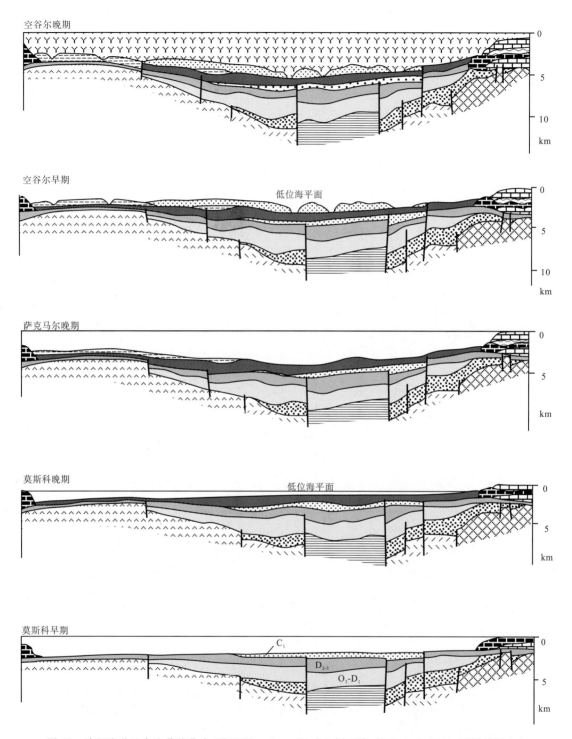

图11 滨里海盆地古生代演化史(基于Zhambay-Uralsk剖面线,据Volozh,1991,图例见图10)

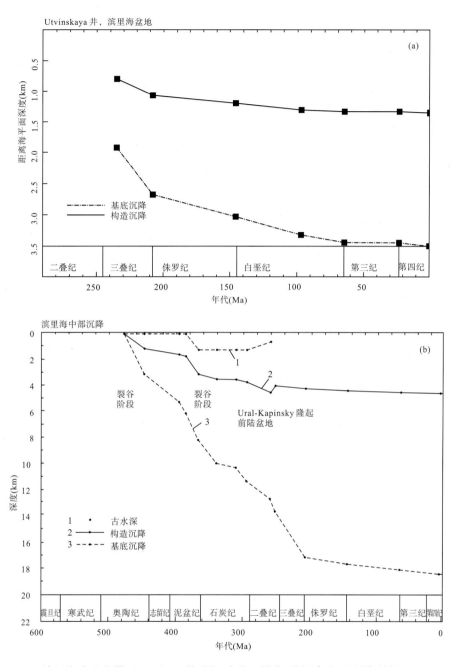

图12 (a)滨里海盆地北翼 Utvinskaya 井(图1中的4号井)的沉降史(地层资料据 Perevozchikov 等,1991);该井钻达3650m深度,完井层位中三叠世。主要沉降阶段:中生代—新生代裂后沉降阶段;可能的拉张阶段发生在三叠纪。(b)滨里海盆地中部沉降史(合成井,图1中的第11号井)。沉降主要阶段的时限和特征:奥陶纪为可能裂谷阶段;侏罗纪—早泥盆世为裂后沉降;中晚泥盆世为快速沉降主要阶段,可能裂谷阶段;石炭纪为裂后沉降;早二叠世为可能乌拉尔山前前陆沉降;空谷尔阶—晚二叠世为岩盐和磨拉石充填盆地;中生代—新生代为缓慢沉降

5.2 蒂曼-伯朝拉盆地

蒂曼-伯朝拉盆地的主要构造单元如图 5 所示。在伯朝拉盆地中,古生代—中生代沉积盖层厚度 8～10km(Bronguleev,1978;Parasina 等,1989;Daragan-Sukhova,1991)。基底时代是贝加尔期的。Kolvinskaya 钻孔,深度 7km,是蒂曼—伯朝拉地区最深的井(图 1 和图 12)。钻井钻穿中生界陆源碎屑岩—碳酸盐岩和古生界中上部沉积物(Khakheav,1993)。钻达志留纪沉积物,推测奥陶纪沉积伏于志留纪地层之下(Ehlakov 等,1991a;Belyakov,1994)。根据横穿伯朝拉-科尔瓦盆地的地震剖面(图 13)和钻井资料,Belyakov(1994)编制了蒂曼-伯朝拉盆地总体年代地层格架(图 14)。这为恢复早奥陶世—阿丁斯克阶时期的盆地演化(图 15)提供了条件(Belyakov 等,1994)。

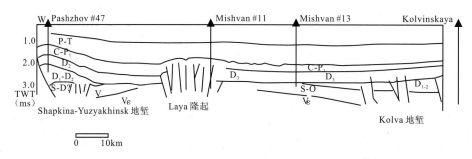

图 13 过伯朝拉-科尔瓦拗拉槽地震测线的解释剖面图(剖面线位置见图 5)

Kolvinskaya 井的定量沉降分析(图 16)说明主要的快速沉降阶段出现在早泥盆世(洛赫科夫阶)、中泥盆世以及与裂陷有关的晚泥盆世时期,这几个裂陷阶段,局部被反转分隔。弗拉斯阶中期—法门阶裂后快速沉降阶段(图 15、图 16)似乎有部分非热机制,这种非热机制可能与岩石圈—软流圈分界上形成的榴辉岩透镜体有关(Lobkovsky 等,1993)。

作为乌拉尔造山期挤压作用的结果,蒂曼-伯朝拉盆地的中泥盆纪地堑在石炭纪—三叠纪期间部分反转(图 16),并在晚三叠世—早侏罗世时发生一定的剥蚀。该构造挤压变形作用还促使下二叠统构造单元形成,并控制了二叠纪生物礁和生物丘的分布及演化(Belyakov,1994)。

5.3 西西伯利亚盆地

中生代期间,乌拉尔-蒙古褶皱带中三个主要的裂陷阶段是明显的[图 2(d)],主要活动期是三叠纪、早中侏罗世和晚侏罗世—早白垩世(Milanovsky,1992)。随着时代的变迁,裂陷活动向东迁移。裂后沉降导致在西西伯利亚、图兰和结雅-布列亚盆地出现宽阔的盆地[图 2(d)],但在多个其他亚盆地中缺乏裂后沉降的证据。由于构造挤压作用,这些盆地甚至多数经历了反转[图 2(d)]。

西西伯利亚盆地[图 2(d)]是前苏联境内最大的沉积盆地,沉积盖层厚度可达 13km。西西伯利亚盆地的基底由古生代褶皱地层和前寒武纪岩石构成,对于其边界有不同认识(Surkov,1986;Bogolepov 等,1988;Milanovsky,1989;Khain 等,1991;Peterson 和 Clarke,1991)。多个文德纪—古生代的沉积盆地处于中生代盖层之下(Surkov,1986;Siemov,1987;Milanovsky,1987)。西西伯利亚盆地本身的历史始于晚二叠世裂陷阶段,在乌拉尔—西西伯利

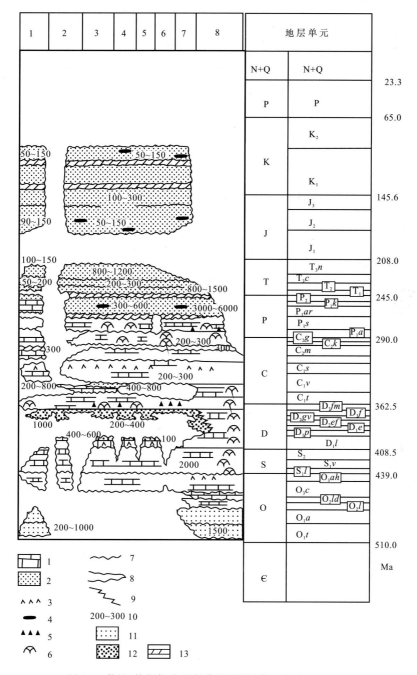

图 14 蒂曼-伯朝拉盆地年代地层图(据 Belyakov,1994)

1.灰岩和白云岩;2.陆源碎屑岩;3.硬石膏和盐岩;4.煤层;5.含沥青的燧石灰岩;6.生物礁和生物丘;7.可能间断;8.有记载的不整合面和间断;9.沉积相边界;10.厚度(m);11.总体地震反射指数;12.红色陆源碎屑岩;13.基性侵入岩和火山岩。地质时代据 Harl 等(1990)。构造单元分区见图 5 中的①~⑧

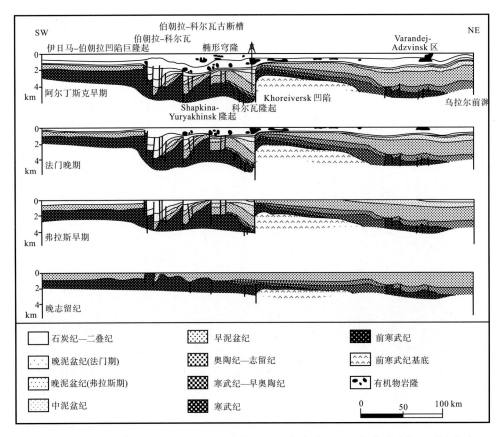

图15 蒂曼-伯朝拉盆地基于南西-北东向剖面的早奥陶世—阿丁斯克阶晚期地质演化史
(Belyakov等,1994)

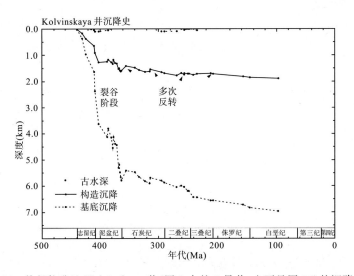

图16 伯朝拉盆地 Kolvinskaya 井(图1中的5号井,也可见图15)的沉降史

沉降史:志留纪—裂后(?)沉降;早泥盆世(洛赫科夫阶)—裂谷阶段;早泥盆世末—可能反转阶段;中晚泥盆世—裂谷阶段或非热沉降;石炭纪—白垩纪——裂后沉降,受到多个反转事件的影响

亚地区,完成于石炭纪—早二叠世乌拉尔造山运动的最后阶段。整个盆地沉降处在一个由于造山运动而失稳的岩石圈顶上的弧后位置(Ziegler,1989)。西西伯利亚二叠纪—三叠纪裂陷是广泛的(Surkov,1986),尽管由于缺乏深部钻井的证据使得对其规模的认识一直有争议。

近南北向的 Urengoi - Koltogor 裂谷可以在盆地的轴部进行追踪[图 2(d)]。地堑宽度 50km。根据地震资料,8km 厚的沉积盖层覆盖在厚度 29km 的结晶基底之上(Surkov 等,1993)。秋明(Tyumenskaya)超深井处于 Urengoi - Koltogor 地堑的北部[图 1、图 2(d)和图 17(a)]。1994 年该井钻达 7.5km 深度,几乎整个中生代剖面都采了样品[图 17(b)],在深度

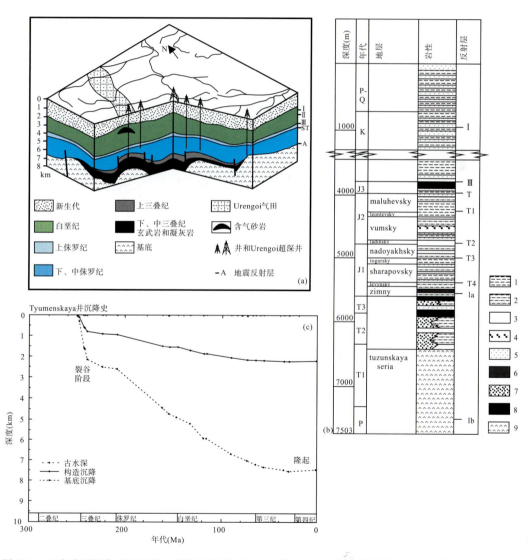

图 17 (a)秋明超深井地区地壳上部构造图(据 Surkov 等,1993);(b)秋明超深井岩性柱状图;(c)秋明油田超深井(图 1 中的 6 号井)沉降史

1. 泥质岩;2. 粉砂岩;3. 薄层泥质岩、粉砂质岩和砂岩;4. 含煤泥质岩;5. 砂岩;6. 砾岩;7. 粗砾砾岩;8. 含沥青黏土岩具硅质和黄铁矿结核;9. 玄武岩和凝灰岩。沉降史的时限和特征:早三叠世为主要裂谷阶段;中晚三叠世为裂后沉降,三叠纪末可能反转事件;侏罗纪—新生代为裂后沉降,侏罗纪—白垩纪交界快速沉降事件和新生代晚期可能同挤压隆升

7.3km 处进入到二叠纪末的火山-沉积层序(Khakheav,1993)。下部层序主要为上二叠统—下三叠统火山-沉积裂谷复合体。井中出现的中上三叠统地层序列为碎屑沉积物和砾岩(Ehlakov 等,1991b)。

自侏罗纪以后,整个西西伯利亚地区开始区域性沉降[图 2(d)]。后三叠纪主要为浅海相和陆相碎屑岩沉积,侏罗纪到白垩纪过渡期沉积的地层例外。侏罗纪末期西西伯利亚盆地内部经历了加速沉降,盆地在饥饿条件下沉积了约 40m 厚的黑色含沥青的沉积物(巴热诺夫组)。纽康姆阶陆源楔形体推进到盆地中,到纽康姆阶末,盆地再次回归浅海相沉积环境(Milanovsky,1989)。

秋明(Tyumenskaya)井的沉降分析[图 17(c)]表明,晚二叠世—早三叠世快速沉降阶段出现玄武岩和浅海相陆源沉积物堆积。中晚三叠世可能反映热沉降阶段。三叠纪—侏罗纪分界(208Ma)沉降略有加速,可能与伸展事件有关。自侏罗纪—新近纪沉积载荷维持平衡沉降,仅被一些较小规模的事件干扰。自渐新世晚期—中新世开始,盆地可能经历了同挤压隆升。

我们采用了一个简单的伸展模型(McKenzie,1978),并假定早三叠世是一个伸展阶段,用估计的伸展量来解释这一沉降模式。地壳和亚地壳的差异伸展是模拟裂后大量沉降所必需的。对于因造山失稳的地壳,将伸展前地壳厚度定为 40km,我们得出地壳伸展系数 $\beta=1.15$,亚地壳伸展系数 $\delta=1.3$,裂陷时限 10Ma。西西伯利亚盆地巨大的规模可能十分有助于裂后长期沉降,因为在这种情况下,通过侧向的热传递不能引起伸展岩石圈的热松弛。

6 俄罗斯地台区域沉降和相邻的造山活动带之间的关系

图 18 展示了三条区域性剖面线[图 1(b)]的俄罗斯地台盆地的横剖面图。对 7 口井进行的地台沉降分析(图 19)表明,俄罗斯地台沉积盖层形成于 3 个不同的阶段:文德纪晚期—志留纪、泥盆纪中期—三叠纪和侏罗纪—古近纪(Aleinikov 等,1980;Milanovsky,1987)。这些阶段分别被加里东、海西和阿尔卑斯期构造变形阶段分隔开(图 20)。莫斯科盆地 Pavlovo-Posadskaya 井、Valday 井和 Orsha 井的资料反映了这些沉降的旋回性[图 19(a)~(c)]。在这 3 个地台盖层旋回发育期间,区域性构造沉降幅度达 0.5~1km。

区域性的沉降主要发生在地台上邻近同时活动的造山带的地区(俄文文献中称作开平斯基原理,见 Milanovsky,1987)。在 Iapetus-Tornquist 造山阶段,主要的沉降集中在地台的西部(文德纪晚期—志留纪)。在乌拉尔造山活动时(中泥盆世—二叠纪),沉降主要发生在地台的东部,而在特提斯造山活动期间(侏罗纪中期—新生代)主要沉降发生在地台的南部。特提斯洋盆的形成发生在前侏罗纪(Zonenshain 等,1990;Ziegler,1990),接着侏罗纪—始新世发育向北倾斜的俯冲体系。中侏罗世—始新世,俄罗斯地台的南部经历了明显沉降。

古乌拉尔洋的张开主要发生在早奥陶世(Zonenshain 等,1990)。中泥盆世形成一个稳定的造山带,可能伴随向西倾斜的俯冲带。同时,继中晚泥盆世裂陷之后,中泥盆世—二叠纪俄罗斯地台东部发生了区域性的沉降。这些发现证实与造山带的俯冲演化史和地台沉降史之间存在因果关系。俄罗斯地台记录的长期区域性沉降阶段被多个短期隆升或快速沉降事件中断(图 19)。这些短期事件的时限在大区域可以对比。这些特征支持短期异常隆升和沉降事件是由板内应力场的变化所解释的(Cloetingh 等,1985、1989;Cloetingh 和 Kooi,1992a)。

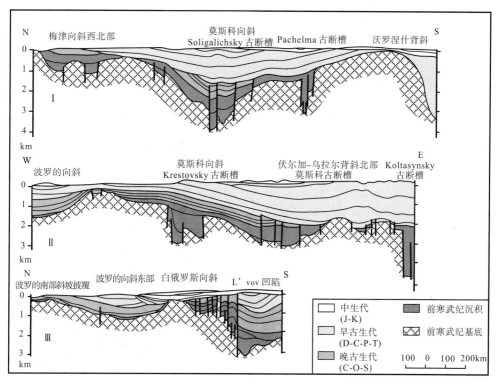

图18　俄罗斯地台南北向[图1(b)中的AB、ED线和东西向图1(b)中的CD线]地质剖面图
(Milanovsky,1987)

7　裂后阶段非热沉降的可能原因

通过前苏联多个裂谷盆地的盆地构造和沉降特征分析表明,单独简单伸展模型并不能解释盆地记录的全部特征。裂后沉降发生比伸展模型预测的更快或更慢的情况似乎都有出现。伸展模型不能解释所观察到的盆地短期快速的沉降阶段,也不能像俄罗斯地台观察到的裂陷阶段和裂后沉降开始之间间隔了很长的时间(图20)。盆地中多数裂后沉降时限极长是特别重要的发现,和北美克拉通内盆地类似的发现是一致的(如 Leighton 和 Kolata,1990)。要限定很复杂的盆地形成模型需要来自钻井、地震剖面和露头的很多地层资料。

前苏联裂谷盆地的分析说明裂陷阶段相对于随后的裂后演化阶段有重大差异。乌拉尔-蒙古带多个中生代裂谷是没形成裂后沉积盆地的例子[图2(d)]。皮亚季-第聂伯-顿涅茨盆地、维柳伊盆地和伯朝拉盆地,在裂陷阶段以后立即就形成了裂后沉积盆地。其他实例,裂后沉积盆地在裂陷完成以后几十或甚至数百百万年才形成。例如,东欧地台里菲纪—文德纪早期发生了4个主要的裂陷阶段,仅在文德纪中期开始裂后沉降形成拗拉槽。北图兰板块三叠纪和侏罗纪经历了裂陷作用[图2(d)],只在白垩纪中期开始裂后沉降阶段(Milanovsky,1989)。

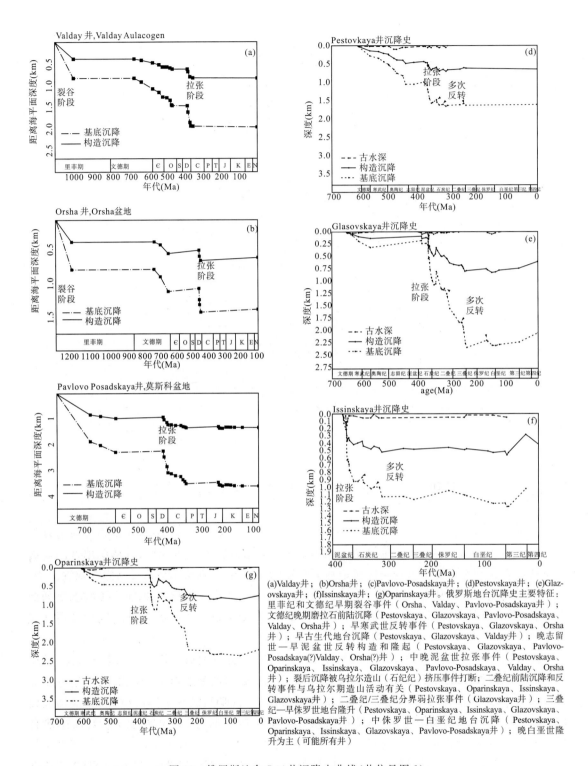

图 19 俄罗斯地台 7 口井沉降史曲线（井位见图 1）

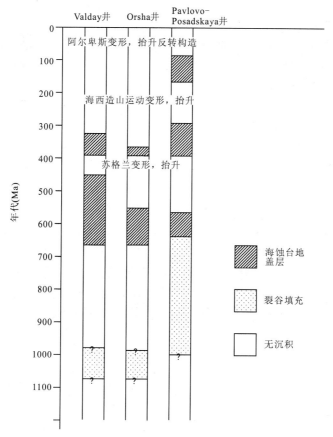

图 20　莫斯科盆地记录下的俄罗斯地台沉降和隆升的主要阶段

巨型地台区的裂后沉降通常与地台边界上的洋盆张开相一致,沉降的终止和中断与大洋闭合和碰撞同时。例如,文德纪晚期,伊阿佩托斯洋(巨神海)开始张开;同时东欧地台的裂后盆地开始沉降。在晚志留世—早泥盆世该沉降停止或中断,与加里东造山运动同时发生。

里菲纪晚期(约 800Ma),几乎整个东西伯利亚地台都遭受到快速沉降并沉积海相沉积物,与其南部和西部洋盆张开同时发生。晚志留世—早泥盆世沉降停止,与地台南部和西部加里东造山运动同时。

在某些情况下,前裂谷和同裂谷的火山活动可能有助于裂后沉降。以大规模火山活动("湿"裂谷)为特征的裂谷在很多情况下并非紧接着就是深的裂后沉降和广阔沉积盆地发育(如古生代奥斯陆裂谷)。溢流玄武岩活动的地区,大部分时间没有裂陷或相对大的伸展(如 Stel 等,1993),火山活动结束以后,没有经历可察觉的沉降,但与在西伯利亚地台溢流玄武岩区看到的一样,可能停留在一个隆起的位置。

因此,这表明,除了伸展以外,别的机制,如下地壳中或伸展岩石圈下面榴辉岩形成(Fowler 和 Nisbet,1990)以及裂后阶段岩石圈区域挤压(Cloetingh,1988)起到潜在的重要作用。

7.1 伸展岩石圈下面上地幔中榴辉岩透镜体形成和相关的沉降

岩浆活动在沉积盆地形成中所起的作用尚未被人们充分地认识到(如 Quinlan 等,1993;Wilson,1993)。岩石圈伸展导致下伏的软流圈减压,造成岩石圈底面部分熔融和热的软流圈物质水平对流并进入到岩石圈伸展产生的空间(LePichon 和 Sibuet,1981;Spohn 和 Schubert,1983;Neugebauer,1983;McKenzie 和 Bickle,1988;Ziegler,1992)。持续岩石圈变薄造成软流圈进一步减压,并另外生成部分熔融体。然后部分熔融体必然上升,通过岩浆侵位到地表、地壳内或近岩石圈—软流圈边界等地方,造成部分熔融体与其母岩分离。

近年来提出的大多数模型把深部相态变化置于下地壳中水平(如 Fowler 和 Nisbet,1990)。例如,由于下地壳玄武岩-榴辉岩相态转变,密度增加,被认定为沉积盆地形成的一个可能的原因(Falvey,1974;Haxby 等,1976;Artyushkov 和 Sobolev,1982;Stel 等,1993)。

最近的试验资料表明(Carswell,1990),组成下地壳的岩石中,维持榴辉岩稳定所需的最小压力可能超过根据 Green 和 Ringwood(1967)的斜长石溶出反应曲线线性内插估算压力的低 $P-T$ 范围。这暗示在地壳厚度不足 40km 的下地壳中,并不会有大量榴辉岩形成(Ringwood,1975;Carswell,1990)。这点是很重要的,因为据 Siemov(1987)总结的目前可得到的地震资料表明,前苏联大多数伸展盆地的下伏地壳厚度不足 35km。和很多最近的研究所显示的一样(如 Sleep 等,1980;Kooi,1991),详细的重力资料研究可以提供很有用的限定,可以推断确定相态变化的深度范围。

另外一种情形,Lobkovsky 等(1993)已经提出把相态变化放在上地幔中。在该模型中,岩石圈—软流圈边界阻止上浮岩浆的进一步上升,导致软流圈熔岩囊上部集聚成为一个岩浆透镜体(图 21)。下面我们探究一下该模型,假设软流圈熔岩囊中的玄武岩熔融没有搬运到地球浅部而形成一个岩浆透镜体,在裂后阶段冷却过程中发生结晶作用。该模型的理论基础是基于渗透性多孔介质饱和两相熔浆和黏弹性变形格架的情形(Karakin 和 Lobkovsky,1979、1982;Scott 和 Stevenson,1986;McKenzie,1984;Richter 和 McKenzie,1984)。

上地幔中榴辉岩透镜体形成可以产生两种同时作用过程:①由于地幔物质的主动上升(热点机理),上地幔大规模受热;②伸展造成岩石圈变薄、颈缩和软流圈被动上升。这可以导致裂谷下面软流圈熔岩疱的形成,以及由于近熔岩疱顶的垂向过滤使得玄武岩岩浆发生聚集(图 21)。随后的裂谷体系的演化取决于伸展完成以后,岩浆流体是否保持在透镜体内或它是否穿透地壳而达到地表。第一种情况,对应岩浆固结成为深部榴辉岩矿物相,以及高密度榴辉岩透镜体形成在岩石圈下面导致裂陷、沉降和一个深的沉积盆地的形成(Lobkovsky 等,1993;Ismail-zadeh 等,1994)。第二种情形(图 21)可以导致一个溢流玄武岩区的形成或裂谷化火山边缘,无显著的沉降或隆起(White 和 McKenzie,1989;Coffin 和 Eldholm,1991)。

岩石圈中板内挤压应力级别的增加诱导流体流动速率增加(Van Balen 和 Cloetingh,1993),可以提高相态变化的反应速率,并且也因此造就榴辉岩化为裂后沉降机制的有效性(Cloetingh 和 Kooi,1992a)。

7.2 应力诱导沉降扰动

岩石圈板内应力波动还可以直接造成伸展盆地裂后阶段的非热沉降(Cloetingh,1988;Kooi 和 Cloetingh,1989;Cloetingh 等,1989;Ziegler 等,1995)。俄罗斯地台似乎是量化应力

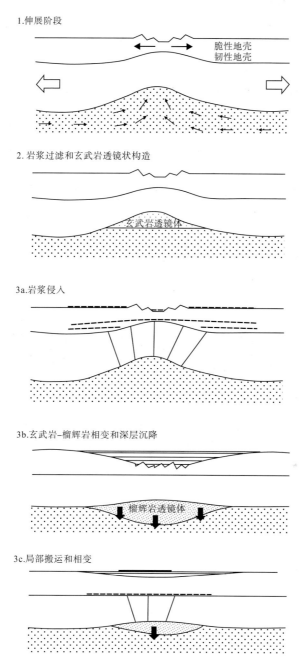

图21 基于下伏岩浆透镜体的岩石圈裂后演化阶段模型（据 Lobkovsky 等,1993）
1. 裂陷阶段,软流圈熔岩疱的形成和岩浆熔融的过滤;2. 熔岩疱上部熔浆聚集和岩浆透镜体形成;3a. 岩浆从透镜体搬运到地表,伴有强烈的火山活动和岩浆物质侵入到下地壳中;3b. 岩浆透镜体结晶作用成为一个榴辉岩体,接着沉降和一个深的沉积盆地形成;3c. 岩浆部分从透镜体中搬运和剩下部分转变为榴辉岩岩石,伴有中等火山活动,很小沉降和一个浅的沉积盆地形成

对沉降和隆升模式影响的一个很好的研究区。挤压应力可以导致不同空间尺度上的不同表现：沉降加速，如北海地区观察到的那样(Cloetingh 等，1990)；大面积隆升，如北美克拉通观察到的那样(Ziegler 等，1995)；西北欧(Ziegler，1990)和顿涅茨盆地(Stephenson 等，1993)广泛记录了反转构造。岩石圈对板内应力的实际响应取决于很多因素，包括下伏岩石圈的负荷结构和流变特性(Cloetingh 等，1989；Kooi 和 Cloetingh，1992；Ziegler 等，1995)。对于高级别板内应力，接近岩石圈强度的估算(Burov 和 Diament，1995；Cloetingh 和 Burov，1996)，这种应力可以诱导大规模岩石圈褶皱，如中亚(Nikishin 等，1993；Burov 等，1993)和加拿大北极(Stephenson 等，1990)观察到的那样。维宪阶—早二叠世，第聂伯盆地的裂后沉降快速加速可以解释为自华力西—多布罗加—高加索碰撞带(Nikishin 等，1996)传播而来的挤压应力叠加的影响。俄罗斯地台和蒂曼-伯朝拉盆地后泥盆纪沉降的加速和反转事件也与该机理相符合，像石炭纪—早中生代一样(图19)。沉降资料进一步地模拟研究和分析必须定量化这些因果关系。

8　结　论

本文讨论了裂陷和沉积盆地形成的伸展模型不能完全解释前苏联裂谷盆地演化的很多重要特征。在前苏联裂谷盆地的分析中，说明了裂陷阶段转变为随后的裂后演化阶段的重要差别。裂后沉积盆地有时形成在裂陷结束以后几十甚至数百百万年以后。巨型地台区的裂后沉降开始通常与地台边缘上一个洋盆的张开大致同时，结束或中断与洋盆闭合和碰撞带的形成同时。在某些情况下，深的沉积盆地形成发育过程中没有明显的伸展证据。前苏联裂谷盆地的盆地构造和沉降特征初步分析指出了非热沉降机理的重要作用，如变薄的岩石圈之下的相态变化和榴辉岩透镜体的形成。本文讨论过的沉降记录和盆地几何形态还提供了前苏联盆地历史受区域应力影响的多个重点例子。今后研究重点应放在通过全面地质和地球物理资料加以限定的前苏联盆地演化定量化模型的开发上。

参考文献（略）

译自 Lobkovsky L I，Cloetingh S，Nikishin A M，et al. Extensional basins of the former Soviet Union——structure，basin formation mechanisms and subsidence history[J]. Tectonophysics，1996，266(1-4)：251-285.

贝加尔湖盆地的沉积充填:裂陷时代和地球动力学意义

冯晓宏　姜涛　译,辛仁臣　杨波　校

摘要:综合有关贝加尔湖盆地周边露头地层资料及其与湖内沉积物、陆上贝加尔前渊地层剖面的对比,得出贝加尔裂谷史的新认识。贝加尔湖岸上的盆地沉积物由三大构造—岩性—地层复合体(TLSC)构成,对应于湖泊中沉积物的三个地震地层层序(SSS)和贝加尔前渊的三种复合体。最老的单元 TLSC-1 具有独特的岩石学特征,其沉积环境在该区以后的演化历史中没有再出现。这证明了通过生物地层约束,将其岩性地层与贝加尔前渊的马斯特里赫特阶—渐新世早期沉积物对比是有效的。而且,同位素测年、古生物和其他证据也进一步支持这一结论。不同于地震地层分层模型,用新地层对比模型,SSS-1 与 TLSC-1 可对比,而不是坦赫尔(Tankhoi)组(实际上代表了 TLSC-2),裂陷发育开始于晚白垩世—古近纪而非渐新世(或中新世)。因此,贝加尔湖裂陷开始的时间早于印度板块与欧亚板块碰撞的时间,且多种初始原因造成了第一期地幔上升。这一结论与该裂谷系统东北翼的巴尔古津裂谷盆地磷灰石样品裂变径迹的热等时线年龄白垩纪相吻合。裂陷依次发育于三种不同的构造背景,每个阶段具有不同的地球动力学机制。首先,晚白垩世—始新世被动裂谷的形成是由亚洲大陆伸展所致(完全的被动裂陷作用)。第二阶段,贯穿渐新世晚期—上新世早期/晚期,该区遭受来自印度板块与欧亚板块碰撞的挤压应力的影响,挤压应力自始新世以来由南西向北东传播,在约 30Ma 年前达到该区,控制其地球动力(常规的被动"挤压裂陷")。最后,上新世—第四纪演化受热地幔物质上涌至裂谷地壳底部相关的热伸展驱动(主动裂谷作用)。主要裂谷阶段进一步划分为几个亚阶段:第二阶段分为两个亚阶段,分界线在约 10Ma(中新世中-晚期)。第三阶段分为 3 个亚阶段,分界为 1.0~0.8Ma 和 0.15~0.12Ma。裂陷的阶段和亚阶段之间以构造活动和应力反转事件划分,其间额外的挤压产生褶皱和剪切构造。这些事件标志着裂陷阶段的分界阶段,在沉积样式上表现为沉积间断、不整合面和构造变形特征。因此,由残积层、早期磨拉石和晚期磨拉石组成的同生裂谷沉积物的三个单元分别沉积于受被动(首先是纯被动的裂陷,然后是"挤压裂陷")和主动机制制约的裂谷的前造山、早期造山和造山后阶段。不同的方法所得数据亦可证明贝加尔裂谷史的新模型。

关键词:同裂谷沉积物　构造—岩性—地层复合体(TLSC)　地震地层层序(SSS)　构造阶段　应力反转　三阶段演化　裂陷机制　贝加尔裂谷

1 前言

30余年来,西伯利亚南部新生代裂谷及其形成机制一直是一个存有争议的课题。有人认为是印度板块与欧亚板块碰撞的远程效应(Molnar 和 Tapponnier,1975;Tapponnier 和 Molnar,1979;Zonenshain 等,1979),也有人认为是局部亚岩石圈的原因(Logatchev 和 Zorin,1987;Logatchev,1993;Zorin 和 Turutanov,2005;等等)。此外,还存在"主动"和"被动"相结合的综合模式,显示了内动力和外动力的不同组合(Das 和 Filson,1975;Popov 等,1991;Solonenko 等,1997)。Logatchev(2003)在其论文中最后一部分参照 Molnar 后来的观点(Baljinnyam 等,1993),认为是局部和远程效应的联合作用。

但是,一致认为裂谷演化主要包括两个阶段:渐新世晚期(中新世)—上新世早期缓慢裂陷阶段和上新世中期以后快速裂陷阶段(Logatchev,1964、1974、2003;Logatchev 和 Zorin,1987)。贝加尔湖裂谷的历史划分为两个不同阶段,是根据陆上新生界沉积序列的下部和上部磨拉石两个单元提出的,分别以 Tankhoi 组和 Anosovka 组(Shankhaikha 组)为代表,并与造山事件早期和晚期相对比。相应地,一致认为,裂陷开始于渐新世。

从前,有人尝试利用年龄和构造提炼两阶段模型,例如 Logatchev(1974、1993、2003)及其他人(Galazii 等,1999;Nikolaev,1998)认为裂谷可能开始得很早,可能在 50Ma 或 40Ma 前,但他们主要是依据少量的孢粉证据,其难以经历这一较老的年龄与特定地质体联系。Logatchev 受两阶段模型的限制,忽视了早期裂陷阶段的特殊性。他把古新世、始新世、渐新世和中新世沉积物解释为一个单一的砂岩、粉砂岩、泥岩、黏土岩夹少量褐煤、硅藻土和泥灰岩夹层的沉积单元,为一个典型的湖泊、沼泽和河流相的盆地层序(Logatchev,2003)。后面的观点和他早期论文(后来他的看法变了)中前上新世盆地可能在上新世转变为裂陷盆地的认识相印证(Logatchev,1974)。

Delvaux 等(1997)基于古应力恢复提出的模型包括自始新世开始的"初始失稳"前裂谷阶段、自渐新世晚期以后的压扭-张扭背景下的原裂谷阶段和上新世晚期裂谷活动伸展阶段,并包括两个亚阶段:早期阶段内中新世晚期—上新世早期过渡(8~3Ma)亚阶段和晚期阶段内现代裂谷亚阶段(1~0Ma)。

Hutchinson 等(1992、1993)在多次覆盖地震反射图像上识别出盆地充填的原裂谷、中裂谷和现代裂谷沉积。Moore 等(1997)通过地震地层学的方法建立了两个主要的地震层序,若干亚层序和三个断裂层段。基于地震地层学模型的学者(Hutchinson 等,1992、1993;Moore 等,1997;Zonenshain 等,1995;等等)都认为他们的划分只是相对的,缺乏年代地层学的控制。鉴于此,他们试图把他们的数据与现有的演化方案相配套,并且认为裂谷的历史是从渐新世晚期,或者甚至是从中新世开始的。这些模型的主要问题是缺乏湖区地层剖面和周边陆上沉积序列的对比,或错误地把最老的沉积层序与 Tankhoi 组对比(Zonenshain 等,1995),Tankhoi 组实际上比湖区剖面基底年轻很多。

因此,尽管自渐新世以来分为两个阶段的裂谷模型得到近乎普遍的认可,但与古应力证据(Delvaux 等,1997)是矛盾的,并且丢失一半以上的裂谷史。另一方面,关于裂陷机制的讨论一直停留在主动或被动裂陷的简单概念上,后者一直局限于板块边界远程效应。

本文综合了贝加尔湖(图1)周边的资料(Mats，1987、1993、2001、2010；Mats 等，2004、2010a、2010b)，编制了地层序列(表1)并与贝加尔湖前渊的相关盆地构型(Pavlov 等，1976；Zamaraev 等，1976)进行了对比。露头剖面的证据与反射地震剖面(图2、图3)、湖区沉积物的地质资料(Bukharov 和 Fialkov，1996；Ceramicola 等，2001；Colman 等，1996；Hutchinson 等，

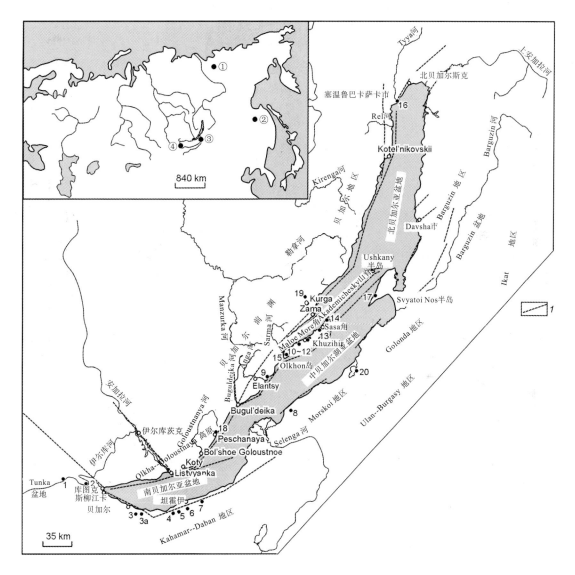

图1 贝加尔湖裂谷位置图

数字1~20为参考剖面的位置：1. Zamaraikha 河；2. Irkut 和 Anchuk 河；3a. Shankhaikha 河；3b. Khara‑Murin 河；4. Osinovka Kedrovskaya 河；5. Anosovka 和 Dulikha 河；6. Osinovka Tankhoi 河；7. Polovinka 河；8. Oimur 村，Dushelan 120m 阶地；9. Aya 湾；10. Tagai 湾；11. Sarai (Odonim) 湾；12. Kharantsy 角；13. Sasa 角 Nyurga (Peschanka) 湾；14. Ulariya 湾；15. Zagli 湾；16. Tyya 河‑塞温鲁巴卡萨卡市；17. Svyatoi Nos 半岛；18. Peschanaya 和 Babushka 湾；19. Mindei 盆地；20. Kotokel 湖。虚线为主要断层。左上角插图为中国—印度动物地理区上新世—始新世喜热动物分布(Martinson，1998)：①北极地区；②俄罗斯远东地区；③贝加尔湖；④Hövsgöl 湖。该分布说明缺乏山脉的阻挡，气候带的位置远比现今靠北得多

表 1 贝加尔湖地区上白垩统—新生界地层特征（据 Mats，2001 修改）

地质年代(Ma)（据Gradstein等，2004)			SSS*	RCS**	不同地区地层单元对比	
					贝加尔湖中部和南部地区	贝加尔湖北部（奥尔洪地区和北贝加尔盆地）
第四系	更新统	上更新亚统	0.7	未变形层 Nyurga	湖泊、河流、冲积-洪积砂岩 残余山麓平原砾石和贝加尔湖阶	Nyurga组：湖泊相、洪积相；含大小不一的哺乳动物、贝壳、花粉组合、硅藻的砂和砾石。Brunhes-Matuyama剖面底部古地磁倒转，20m
		下更新亚统	1.8			Zargi组：砂岩，土壤层，含Calabrian-Ionian 晚期的哺乳动物化石，5m 土壤-黄土层序，有晚Calabrian早期的小型哺乳动物化石磁性倒转，上部有冰川时期的砂和砾石组合，晚期的哺乳动物化石；下为Gauss-Matuyama极性倒转，上为Olduway等时层
新近系	上新统	上亚统	3.6	Shankhaikha 变形层	Shankhaikha组：河流-湖泊砂岩含上新统小型哺乳动物化石，硅藻Aulacoseira baikalensis	Kharants组：陆上的红-棕色和暗棕色黏土，同沉积土壤，有晚上新世-早上新世小型哺乳动物和软体动物化石，洪积砂、碎屑流，底部有湖成鹅卵石，上为Olduwayt等时层
		下亚统	5.3			
	中新统	上亚统	11.6	Tankhoi (变形层)	Tankhoi组：湖泊和湖泊-沼泽黏土、粉砂岩、砂岩、煤；上部：泥炭层，含孢粉组合，贝壳（包括Baicaliidae)、鱼、叶痕	Sasa组：湖泊黏土、壤土、黄土，含中新世和早上新世哺乳动物化石，地表红色砂、壤土和古土壤，软体动物，介形虫和硅藻，碎屑流 <120m
		中亚统	16.0		残积层	
		下亚统	23.0		Osinovka组：河流-洪积-三角洲湖泊的砾砂岩，砾岩和粉砂岩，含硅藻和孢粉组合	Tagai组：含石膏段湖泊和湖泊相灰质蒙脱石黏土、砂、褐煤、包括石膏动物的变种、硅藻，含大量化石，晚中新世早，底部有湖成鹅卵石和盐岩
	渐新统	上亚统	28.4			
		下亚统	33.9		富含高岭石风化带	蒙脱石风化带
古近系	始新统		55.8	Kamenka（半变形）	Peschanaya、Babushka和Sennaya湾：Tankhoi组沉积前的含上新世-始新世粗粒的红色高岭石黏土，古河谷的石英岩，红土-铝土岩，交代型磷灰质冲积砂，铁锰结核，含砂砾岩碎石；在小型湖泊里高岭石质黏土	斜坡冲洗，洪积和湖积（沉积在大型湖泊)的红色针铁矿-伊利石黏土，高岭石磷灰石和盐岩，含新新世小型哺乳动物化石 <25m
	古新统		61.7		空反射	
		丹尼亚阶	65.5			
白垩系		马斯特里赫特阶	70.6			

高岭石风化带

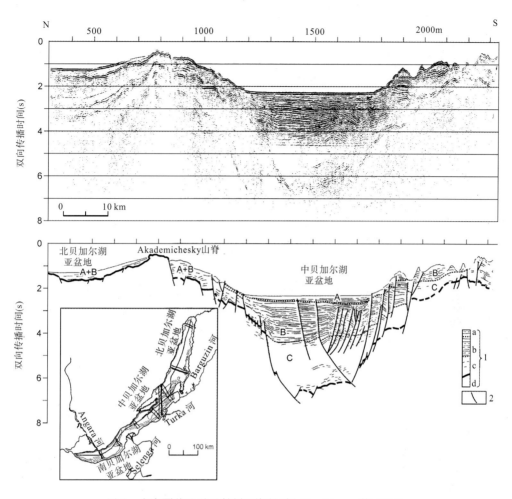

图 2 多次覆盖地震反射剖面资料(据 Hutchinson 等,1992)

8 条剖面穿过 Akademichesky 山脊、北贝加尔湖亚盆地和中贝加尔湖亚盆地的侧翼。字母标示地震地层单元：A. 构造未变形层状单元 SSS-3(第四系);B. 构造变形的层状单元 SSS-2(渐新统上部—上新统);C. 空白反射单元 SSS-1(上白垩统—渐新统下部);A+B. SSS-2、SSS-3 合在一起。垂向放大：1.45km/s 时,放大 6.8 倍;4km/s 时,放大 2.5 倍。1. 裂谷史(据 Hutchinson 等,1992);a. 现代裂谷;b. 中间裂谷;c. 原裂谷;d. 基底(前裂谷);2. 推断断层。插图表示贝加尔湖大致的轮廓

1992、1993;Kazmin 等,1995;Khlystov 等,2001;Mats 等,2000a;Moore 等,1997;Zonenshain 等,1993、1995)、深部钻探结果(Kuzmin 等,2000、2001;Bezrukova 等,2004;等等)进行了对比。反过来,地质、地震资料与古应力环境恢复(Cheremnykh,2010;Delvaux 等,1995、1997;Levi 和 Sherman,2005;Parfeevets 和 Sankov,2006;Sankov 等,1997)和深部构造证据(Mordvinova 等,2010;Tiberi 等,2008;Zorin 和 Turutanov,2005;Zorin 等,2003;等等)进行比较。

在综合研究的基础上,提出了裂谷演化的新认识,裂谷经历了由构造事件分隔的三个主要阶段,每个阶段由不同的裂陷机制所驱动。根据这一新模型,裂陷开始与印度板块—欧亚板块碰撞无关,并且发生在碰撞之前很长时间,印度板块—欧亚板块碰撞是第二阶段的驱动力,而最后阶段是由局部亚地壳能量源控制的。

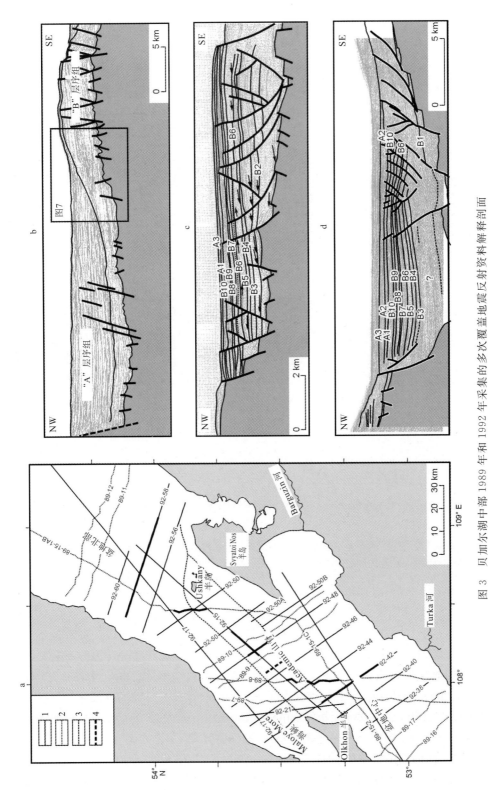

图 3 贝加尔湖中部 1989 年和 1992 年采集的多次覆盖地震反射资料解释剖面

a. 剖面位置（据 Moore 等, 1997）; b. 穿过北贝加尔湖亚盆地南部的 92-58 剖面; c. 穿过水下 Akademichesky 山脊的 92-48 剖面; d. 穿过中贝加尔湖亚盆地 92-42 剖面。
1. 1992 年剖面; 2. 1989 年剖面; 3. 层序界面; 4. 剖面 1053（图 5）(据 Ceramicola 等, 2001); 5. 图 b 中的方框是图 7 局部放大的轮廓

— 118 —

本文中的全部资料来自贝加尔湖盆地及其侧翼的山脉,合在一起称之为贝加尔裂谷。贝加尔湖盆地南部哈马尔-达坂(Khamar-Daban)山脉和中部(奥尔洪岛)的资料对于同裂谷沉积的地层及岩性研究具有特别重要的意义(图1和表1)。由于多次发现中新世—第四纪的哺乳动物和陆地软体动物动物群,奥尔洪岛地区的地质资料具有可靠的生物地层标志限制(Adamenko等,1984;Logatchev等,1964;Mats,2001;Mats等,1982;Pokatilov,1985;Popova,1981;Popova等,1989;Vislobokova,1990;Zamaraev等,1976)。陆上和盆地中部水域的剖面为认识新生界构造走向大致平行排列的裂谷带的应力演化提供了宝贵的资料(Cheremnykh,2010;Delvaux等,1997;Levi和Sherman,2005;Sankov等,1997)。在奥尔洪岛和普利莫尔斯基山脉(隆起的西部裂谷肩部)完全暴露的很多陆上剖面显示出明显的构造变形模式(Mats,2001;Mats和Yefimova,2010)。普利莫尔斯基山脉地区对于构造变形带的构造研究(Lamakin,1955;Sherman,1992)和形态结构(Ufimtsev,1992、1993)具有重要的意义,并提供了大型铲式断层的证据(Pleshanov和Romazina,1981)。

通过与贝加尔湖前渊(Mats等,2004)相应的岩性和地层对比(表2),加上发现的一些动物群(Pokatilov和Nikolaev,1986)和同位素数据(Dombrovskaya等,1984;Jolivet等,2009;Logatchev等,2002),限定了晚白垩世—渐新世早期沉积物的年龄,还有一些来自动物群发现地的古地磁定年证据(Mats等,1982、1989)。贝加尔湖地区古生态和古土壤重建的综合应用,可以可靠地预测晚新生代气候(Vorobyova等,1995)。

贝加尔湖裂谷带最大、最老的部分——贝加尔湖盆地的演化趋势,为整个裂谷系历史和动力条件提供了新的认识,也为大陆裂谷作为一个整体提供了新认识。

2 同裂谷沉积剖面和构造-岩性-地层复合体与地震地层单元对比

2.1 岩性-地层剖面

通过普通的地质方法,在地表剖面上区分出三大构造-岩性-地层复合体(TLSC)(图1和表1),水域沉积物区分为三个相应的地震地层层序(SSS)(图2、图3),记录了贝加尔湖盆地的沉积史。构造-岩性-地层复合体(TLSC)是陆上沉积单元,有一个或多个区域性对比界面。具有相似的岩性构成和类似的构造变形样式。地震地层层序(SSS)是在反射地震剖面上根据反射特征区分出来的水域沉积物单元。三大单元由构造阶段形成的不整合面分隔开来。为了方便起见,陆上和水域最老的沉积单元分别命名为TLSC-1和SSS-1,接下来是TLSC-2、TLSC-3和SSS-2、SSS-3,更详细的地层划分为TLSC-2-1和TLSC-2-2,SSS-2-1、SSS-2-2、SSS-2-3,作为用来对比的贝加尔湖前渊的岩性复合体用LCBF表示。

贝加尔湖周边陆上沉积物三个主要的TLSC已经有很详细的描述。

TLSC-1(表1)主要由不同沉积相成因的沉积物构成,可以跟红土-高岭石残积层对比,解释为广义的风化复合体,由风化产物红土-高岭石、含铝土矿、磷灰石、铁锰矿构成,为斜坡冲

表 2 贝加尔湖裂谷上白垩统—新生界沉积层序对比表

系	统/亚统	底界年龄(Ma)(据地质年代表,2008)	区域对比阶段(Mats, 2010)	构造-岩性-地层复合体	地震层序(Hutchinson等,1992)	构造事件	年龄(Ma)	反射界面
第四系	全新统	0.01	Nyurga	TLSC-3	未变形层 SSS-3	Tyya	0.15~0.12	A2, U1
第四系	更新统 上亚统	0.13	Nyurga	TLSC-3	未变形层 SSS-3			
第四系	更新统 中亚统	0.7	Nyurga	TLSC-3	未变形层 SSS-3	普利莫尔斯基	1.0~0.8	B10, U2
第四系	更新统 下亚统	1.8	Nyurga	TLSC-3	未变形层 SSS-3			
新近系	上新统 上亚统	3.6	Shankhalkha	TLSC-2-2 (TLSC-2)	上变形层 SSS-2-2 (SSS-2)	奥尔洪	4~3	B6, U3
新近系	上新统 下亚统	5.3	Sasa 亚阶段 / Tankhoi(坦赫尔)	TLSC-2-2 (TLSC-2)	上变形层 SSS-2-2 (SSS-2)			
新近系	中新统 上亚统	11.6	Sasa 亚阶段 / Tankhoi(坦赫尔)	TLSC-2-2 (TLSC-2)	上变形层 SSS-2-2 (SSS-2)	贝加尔北部	10	B2, U4
新近系	中新统 中亚统	16.0	Tagai 亚阶段 / Tankhoi(坦赫尔)	TLSC-2-1 (TLSC-2)	下变形层 SSS-2-1 (SSS-2)			
新近系	中新统 下亚统	23.0	Tagai 亚阶段 / Tankhoi(坦赫尔)	TLSC-2-1 (TLSC-2)	下变形层 SSS-2-1 (SSS-2)			
古近系	渐新统 上亚统	28.4	Kamenka(卡缅卡)	TLSC-1	空白反射 SSS-1	Tunka	27~25	U5
古近系	渐新统 下亚统	33.9	Kamenka(卡缅卡)	TLSC-1	空白反射 SSS-1			
古近系	始新统	55.8	Kamenka(卡缅卡)	TLSC-1	空白反射 SSS-1			
古近系	古新统 上亚统	61.1	Kamenka(卡缅卡)	TLSC-1	空白反射 SSS-1			
古近系	古新统 下亚统	65.5	Kamenka(卡缅卡)	TLSC-1	空白反射 SSS-1	早期裂谷	70~60	U6
白垩系	马斯特里赫特阶	70.6	基底					

刷和沟壑相、大型河流冲积相、湖泊、湖沼和三角洲沉积,以及古湖沼盆地周边低洼的集水区相。湖沼相含陆地磷灰石和铁锰矿,要么来自小型的湖泊,要么属于大型湖盆(湖滩石英-石英岩砾石、卵石,沉积于深水中具有很薄的水平纹理的半深湖相致密高岭石泥岩)。

TLSC-1 的沉积物与晚白垩世—渐新世早期准平原化残余及其化学风化的产物有关。白垩系—古新统—始新统岩石的风化碎屑有同位素年龄限制(Dombrovskaya 等,1984;Logatchev 等,2002),同时,在奥尔洪岛及其周边的沟壑黏土中有渐新世早期的小型哺乳动物(Pokatilov 和 Nikolaev,1986)。普利莫尔斯基山脉流域的斜坡冲刷红色高岭石黏土岩厚度在 5m 以上,同时红土-高岭石残积层和不同沉积相的化学风化产物(红土)遍布盆地边缘(Granina 等,2010;Mats 和 Yefimova,2010)。

通过各种成因类型的沉积物的空间分布判断,现今裂谷的基本形态构造起源于 TLSC-1 沉积时期(Mats 和 Yefimova,2010)。分子生物学资料(Mats 等,2011)说明自晚白垩世—第三纪以来贝加尔湖水域在盆地轮廓内是连续演化的,为当时拉张背景的存在提供了另外的隐性参数。

TLSC-1 剖面与贝加尔湖前渊马斯特里赫特阶—渐新世早期的沉积充填进行对比(Mats,1987、1993、2001;Mats 等,2004)。

TLSC-1 处于 TLSC-2 下部的复成分磨拉石之下,其间发育一个不整合面,对应于 Tunka 构造运动阶段。TLSC-2(表2)由沉积在大型湖盆的湖滩、三角洲、沼泽砂、黏土和粉砂组成(Tankhoi 组),夹一定数量的粗粒扇体沉积(Osinovka 组),称为"南部型剖面"(Mats,1985)。剖面厚度为 1000~1500m,不同于明显较薄的"北部型剖面",北部型剖面沉积在相对稳定的小型盐湖地带(中新世早期—中期 Tagai 组)和相当大的较老湖盆(中新世晚期—上新世早期 Sasa 组)中。根据生物地层和同位素资料,估计 TLSC-2 的时代为渐新世晚期—上新世早期。

最新的单元 TLC-3 的沉积物为上新世晚期—第四纪的粗粒复成分上磨拉石段,即沉积于大型深水湖盆的周边暴露相和湖沼相,逐渐变为半深湖相黏土岩和粉砂岩。第四纪剖面记录了冰川和间冰期事件交替活动。TLSC-3 的时代有很多生物地层、同位素和古地磁的证据(Adamenko 等,1984;Kuzmin 等,2000、2001;Mats 等,1982)。

陆地的三个 TLSC 单元和湖区沉积物多道反射剖面上的三个主要同裂谷的地震—层序(图2、图3、表2)是对应的(Hutchinson 等,1992、1993;Moore 等,1997;Zonenshain 等,1995)。

SSS-1 是一个空白地震反射单元,充填于贝加尔湖南部和中部亚盆地的半地堑中。它是一个楔形的构造,沿西部边界断层沉降深度达 4~5km,到东部边界减薄到不足 1km。

SSS-2 是贝加尔湖盆地三个亚盆地中都可以探测到的完整地堑形变的层状充填体。在北贝加尔湖盆地中,由 SSS-2-1 和 SSS-2-2 两个亚层序构成,其间被一个角度不整合面分隔,可能还有另外一个亚层序 SSS-2-3。

SSS-3 是一个广布现今湖盆中的一个变形层状单元,不整合于 SSS-2 之上,充填半地堑。

贝加尔湖周边岸上沉积物的证据提供了盆地沉积物的年代关系,表明裂陷开始早在 70Ma 前,即晚白垩世—古近纪时,但它保持平静,就像最早的同裂谷沉积(TLSC-1)的构造背景一样。另一方面,SSS 剖面具有同裂谷的明确信息,但缺乏年代标志。因此,模拟裂谷史需要用 TLSC 和 SSS(表2)的地质对比(表2),联合解释两种资料。

2.2 地质对比

TLSC 和 SSS 获得的资料与贝加尔湖前渊的沉积构造进一步对比。该前渊的上白垩统—新生界沉积充填同样由三大岩性复合体（LCBF）构成。最下面的一个单元，晚白垩世—古近纪（包括渐新世早期）的 LCBF－1，对应于白垩纪—古近纪准平原化，覆盖在前马斯特里赫特阶高岭石残积层之上，由再沉积的红土-高岭石风化产物构成。LCBF－1 和 TLSC－1 之间的对比依据是孢粉（Pavlov 等，1976）、软体动物（Popova，1981）、小型哺乳动物（Zamaraev 等，1976）和同位素测年（Dombrovskaya 等，1984；Logatchev 等，2002）获得可靠的年代。

蒙脱石残积层是 LCBF－1 和 LCBF－2 之间的分界标志。后者由渐新世晚期—上新世早期碳酸盐岩（含淡水灰岩）和含煤黏土岩（具经济意义的煤矿）构成，沉积于小型盐湖和沼泽中。年代估算同样依据孢粉、软体动物和小型哺乳动物。从古生物来看，它可以与 TLSC－2 对比，但岩性和水生生物群面貌不同（Popova，1981），即 LCBF－2 与 TLSC－2 的沉积环境不同。

上新世晚期—第四纪的剖面（LCBF－3）沉积在退化的贝加尔前渊，后来遭受构造隆起，盆地由冲积堆积转变为剥蚀。LCBF－3 与 TLSC－3 同时代沉积，但岩性和沉积相有显著差异。

因此，对比贝加尔前渊和贝加尔湖盆地的剖面（Logatchev，1974；Logatchev 等，1964；Mats，2001；Mats 等，2004），都发育三个构造和年代单元，这样就可以把 TLSC－1 归在晚白垩世—早第三纪。但是，应再次强调的是，LCBF－1 和 TLSC－1 由不同构造背景下形成的不同岩相组成，并且 TLSC－1 绝不能解释为连接贝加尔前渊剖面和贝加尔湖盆地的前裂谷复合体。

几乎所有地震地层学模型，都将最底部的 SSS－1 单元解释为 Tankhoi 组。错误的原因是忽视了普遍的同裂谷盆地构型。通常情况下，最老的同裂谷沉积物可能埋藏很深，基底可能被较年轻的沉积物覆盖（Khain 和 Mikhailov，1985），而在陆上剖面部分出露。事实上，SSS－1 加积在湖下陡的基底隆起上（图 2b，据 Hutchinson 等，1992），尚未达到地表，而 Tankhoi 组处于湖盆周边同裂谷剖面的底部。

SSS－1 沉积在纯拉张背景中（Zonenshain 等，1995），而 Tankhoi 组磨拉石沉积出现在造山运动早期阶段的压扭和张扭条件下（Delvaux 等，1997；Levi 和 Sherman，2005）。因此，把 SSS－1 与 Tankhoi 组对比在一起，构造上相矛盾，TLSC－1 与 SSS－1 对比在一起，矛盾就迎刃而解了（表 2）。

SSS－2 和 SSS－3 与 TLSC－2 和 TLSC－3 对比在构造变形样式上是合理的，即构造变形最新的（褶皱）沉积物属于上新世晚期—更新世早期 Shankhaikha 组，而构造变形最老的层序的底部（Nyurga 组）位于更新世早期内，这就限定了 SSS－2/SSS－3 的分界。因此，SSS－2 和 SSS－3 可能分别沉积在渐新世晚期和更新世早期之间、更新世中期和全新世（1.0～0Ma）之间。

3 贝加尔湖裂谷的时代

贝加尔湖裂谷的时代相当于最老的同裂谷沉积物的时代。根据上述岩性—地层对比，贝加尔湖盆地最老的沉积物(TLSC-1)的沉积作用自晚白垩世(马斯特里赫特阶)开始,持续到渐新世早期,时间在70～30Ma之间,与同位素测年59±9Ma(古新世)(Logatchev等,2002)和40～36Ma(始新世)(Dombrovskaya等,1984)是一致的。TLSC-1特殊岩性和相形成于独特的沉积环境(Mats,1987、2001;Mats等,2004、2010b),验证岩性—地层对比,相应地,其沉积时限也是可靠的。也有人提出贝加尔湖盆地的年龄早于渐新世(Galazii等,1999;Logatchev,1974、2003;Nikolaev,1998)。

根据分子生物学证据(Mats等,2011;Shcherbakov,2003),贝加尔湖一些现存的生物的祖先生活在70～30Ma之前,即贝加尔湖盆地体系的湖沼盆地很早以前就持续发育,这与地质资料相吻合(Mats,2011),为时代的确定提供了另外的线索。更多的证据来自贝加尔湖盆地白垩纪(或更新一些)的烃源岩(Kontorovich等,2007)。

但是,TLSC-1的同裂谷性质实际上没有明确显示出来,只能根据其与SSS-1的相关性来推断(表2)。因此,从现有的资料来看,TLSC-1和SSS-1是能够对比的,这就在SSS-1的年代学(晚白垩世—渐新世早期)与TLSC-1的构造恢复(早期同裂谷伸展)之间建立了联系。贝加尔湖地区裂陷开始的时间放在马斯特里赫特阶(Mats,1987、1993),这与巴尔古津裂谷盆地沉积物年龄为晚白垩世是吻合的。巴尔古津裂谷盆地是中贝加尔湖盆地构造的延续部分,最近获得了样品的磷灰石裂变径迹热年代数据(Jolivet等,2009)。

显然,贝加尔湖裂谷张开无论如何都是与白垩纪末期贝加尔湖和色楞格-维季姆前渊形成具有相同的作用过程(Pavlov等,1976;Rasskazov等,2007)。

值得注意的是,TLSC-1裂谷的地质年代存在的明确证据,今后也许能找到。因此,我们只能依赖于陆上和水域剖面之间的对比、SSS-1地质年代和TLSC-1地质背景的意义,上述隐含的早期裂陷特征与报道的同位素测年(Jolivet等,2009)一致。

4 构造阶段

根据陆上和水域沉积剖面上沉积作用及构造变形的样式,可以划分为五个主要构造阶段和三个次要构造阶段(表2)。

4.1 中生代晚期前裂谷事件

贝加尔湖裂谷演化之前是中生代晚期构造活动,包括侏罗纪造山带和磨拉石盆地(萨彦岭和贝加尔湖前渊),这种总体地质认识得到了构造资料的支持(Delvaux等,1995)。

4.2 最早期的裂谷构造阶段马斯特里赫特阶早期

晚白垩世,挤压作用被拉张作用取代,中生代的造山带遭受剥蚀。在沉积间断期间,马斯特里赫特阶早期(70Ma)是剥蚀作用的最后阶段,形成与初始裂谷有关的准平原和红土-高岭石风化覆盖层,其他岩石来自萨彦岭和贝加尔湖盆地中生代的磨拉石。地表夷平作用和风化作用一直持续到渐新世中期(Mats,2001;Mats等,2004)。最早的玄武岩质火山活动(约70Ma)出现在Tunka盆地的基底中(Rasskazov,1993)。地堑盆地沉降并堆积了火山-沉积碎屑物质,这些沉积物在古新世—始新世遭受了红土化风化作用(Logatchev,1974)。

马斯特里赫特层序底部不整合面是贝加尔湖裂谷早期裂谷阶段开始的标志。明显的不整合面与贝加尔湖前渊存在的地表夷平作用的开始有关(Pavlov等,1976),但在贝加尔湖盆地可接近的地区没有明确的裂谷活动标志。证据只有来自风化剖面的"远观"特征和陆上晚白垩世—渐新世早期剖面底部的沉积间断(Zamaraev等,1976),与古新世和始新世的同位素年龄一致(Dombrovskaya等,1984;Logatchev等,2002)。不整合面和沉积间断出现在盆地周边沉积物中(图4),这些地区前马斯特里赫特阶的白色高岭石夹在含渐新世早期小型哺乳动物的古近纪黏土岩和中新统上部—上新统下部黏土岩(Sasa组)之间。马斯特里赫特阶早期事件为晚白垩世—渐新世早期约40Ma期间的夷平作用和风化作用(形成红土—高岭石剖面)的开始。

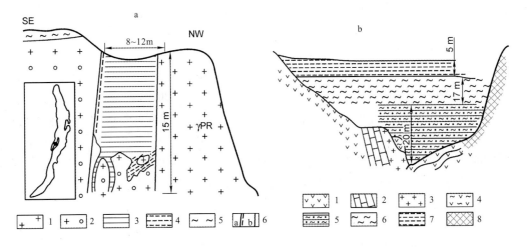

图4 TLSC-1碎片相对于下伏的风化基底面和上覆的TLSC-2(奥尔洪岛上的不整合面)的位置
(据Mats,2001;Mats等,1982)

前马斯特里赫特阶和Tunka构造事件的证据。a. 奥尔洪岛Kharaldai角上白垩统—古近纪泥岩充填小型地堑并覆盖在风化花岗岩之上(白色高岭石剖面)。1. 花岗岩、伟晶岩;2. 白色高岭石风化残积层;3. 块状泥岩;4. 薄纹层状湖相泥岩;5. 中新统上部(Sasa组);6. 正断层(a)和擦痕(b)。b. 奥尔洪岛Ulariya湾Ulariya沉积物,含渐新世早期小型哺乳动物化石(据Pokatilov和Nikolaev,1986),夹于白色高岭石风化剖面和中新统上部—上新统下部Sasa组之间。1~3. 前寒武纪:铁镁质岩(1),大理岩(2),和花岗闪长岩(3);4、5. 古近纪:蒙脱石黏土岩(4),红色高岭石碎屑黏土岩,含动物化石(5);6、7. 新近纪:黑色和绿色湖相(6),暗灰色泻湖相(7)黏土岩;8. 残积层:白色高岭石风化产物(白垩纪—古近纪?)

贝加尔湖盆地最初为半地堑,具有滑脱带,以沿克拉通边缘较老的薄弱带发育的一系列铲式断层为标志。

4.3 渐新世中期Tunka阶段

渐新世中期Tunka阶段盆地沉降和剥蚀作用的标志是渐新世晚期—中新世剖面底部的区域性不整合面、沉积间断和风化剖面。在Tunka盆地底部,渐新世—中新世分界处的不整合面最为明显(Logatchev,1974;Mazilov等,1993),剖面以Tankhoi组开始,不整合覆盖在与古新世—始新世红土岩有关的火山-沉积地堑充填体之上,而在裂谷盆地侧翼,则覆盖在基底之上(Logatchev,1974)。Tunka 事件的类似模型见于贝加尔湖盆地南部 Osinovka Tankhoi 河和 Osinovka Kedrovskaya 河沿岸渐新统上部—中新统剖面(Tankhoi 组和 Osinovka 组)与风化基底(高岭石)之间的分界处;在奥尔洪岛上,也出现在中新统(Tagai 组)和蒙脱石风化基底之间的不整合分界处(图1,表1)。

这次主要构造运动阶段分隔了 TLSC-1 和 TLSC-2 复合体、SSS-1 和 SSS-2 层序。当时,裂谷肩部经历了最早期的显著隆升。因而,在裂谷系西南翼,在72～28Ma(K-Ar 年龄)之间侵蚀前发生溢流-玄武岩喷发,接着在28～25Ma 熔岩流喷发,充填深(可达100m)的侵蚀下切谷(Rasskazov,1993)。渐新世侵蚀作用形成 Osinovka 组粗粒碎屑岩,为区域地层 Osinovka 阶的组成部分。贝加尔湖盆地的沉积模式也发生急剧性的变化,由单成分的上白垩统风化沉积相转变为复成分的磨拉石相。在 Tunka 构造活动期间,盆地向缓倾斜的裂谷东侧发展。这就是盆地侧翼几乎缺失 TLSC-1 沉积物和 Tankhoi 组(TLSC-2)正好覆盖在基底之上的原因。

4.4 中新世中期北贝加尔湖构造运动阶段

在北贝加尔湖盆地的陆上和水下部分以及奥尔洪岛,中新世中期构造运动阶段(约10Ma)是明显的。在奥尔洪岛,中新统下部-中部 Tagai 组和中新统上部—上新统下部 Sasa 组之间为角度不整合面。中新统上部地层要么直接覆盖在基底之上,要么覆盖在中新统下部-中部 Tagai 组和红色的风化残积层之上(Mats,2001)。覆盖在基底之上的粗粒碎屑岩沉积标志层出现在奥尔洪岛(Mats 等,1982)和水域的 Akademichesky 山脊上(Zonenshain 等,1993、1995)。

在北贝加尔湖盆地的湖泊沉积物中(图3b),与中新统—上新统下部地层单元相当的变形层状单元中,有沉积间断和不整合面(Kazmin 等,1995;Moore 等,1997)。不整合面与奥尔洪岛中新统下部-中部和中新统上部—上新统下部(Tagai 组和 Sasa 组)之间的不整合面可以对比。相同的不整合面还出现在 Akademichesky 山脊的斜坡上(Ceramicola 等,2001;Mats 等,2000a),层序 A[①] 相当于覆盖在基底之上并充填小型坳陷的中新统下部-中部 Tagai 组的沉积。层序 B 局部直接覆盖在风化基底面上,与层序 A 之间为角度不整合面接触(图5)。层序 B 的底部有一个粗碎屑标志层(Zonenshain 等,1993、1995),与奥尔洪岛中新统上部—上新统下部 Sasa 组底面的粗碎屑岩明显可以对比(Mats,2001;Mats 等,2000a)。

北贝加尔湖构造事件是海侵的时间,Akademichesky 山脊中间的峡谷连通了北贝加尔湖盆地与南、中贝加尔湖亚盆地。该构造事件也造成渐新世晚期—中新世中期的沉积发生褶皱变形。

北贝加尔湖构造运动阶段是裂谷发展史中间阶段内的一个次级阶段,最接近中新世中/晚期分界(约8Ma)处明显的压扭向张扭转变的事件(Delvaux 等,1997)。

[①] 地震地层层序,Hutchinson 等(1992)自上而下编为 A、B、C;但 Moore 等(1997)自下而上变为 A、B、C(Ceramicola 等,2001;Mats 等,2000a)。

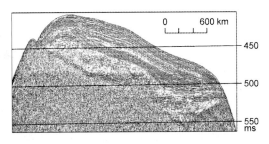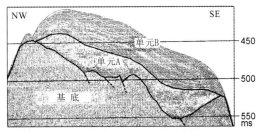

图 5　东北地区水下 Akademichesky 山脊 1053 反射剖面（据 Ceramicola 等，2001）

层序 A 相当于 Tagai 组（中新统下部-中部）；层序 B 相当于 Sasa 组（中新统上部—上新统下部）。层序 B 底面见一个粗粒沉积标志层，在水下 Akademichesky 山脊剖面上（Zonenshain 等，1993）和奥尔洪岛陆地上可以追踪（Mats，2001；Mats 等，1982）。层序 B 和 Sasa 组不整合覆盖在 A 单元（Tagai 组）或基底风化面上。方位不整合在倾角上是明显的，层序 A 倾角小于上覆的沉积物的倾角。垂向放大 17 倍

4.5　上新世中期奥尔洪（Khara‑Murin）构造运动阶段

上新世中期是贝加尔湖裂谷造山运动早期和晚期之间的一次重大事件，约 3.5Ma。该事件以上新统上部底面的区域性沉积间断和不整合面为标志，可以在全区进行追踪。裂谷肩部以及奥尔洪岛和盆地内部 Sviatoi Nos 区块，表现为风化和隆起阶段。贝加尔湖周边较粗的碎屑沉积物是上新统上部的下磨拉石段转变为上磨拉石段的标志。

代表奥尔洪构造阶段的典型构造见于奥尔洪岛 Kharantsy 角陆上露头，这里奥尔洪岛块体似乎隆起至古贝加尔湖湖面之上。该事件的标志是由中新世晚期—上新世早期的湖泊相（Sasa 组）转变为上新世晚期的陆上沉积（Kharantsy 组）。两个单元之间存在沉积间断，其间较早的沉积遭受风化（钙结型残积层）和构造变形（震积岩状软沉积物变形构造）。

奥尔洪事件的构造，作为 Khara‑Murin 构造准类型，在贝加尔湖 Khamar‑Daban 湖岸尤其显著，这里上新统上部沉积物（Shankhaikha 组）有上新世晚期的小型哺乳动物化石，相当于 Khara‑Murin 河左岸上（图 6a）风化基底面之上的 Khapry 动物群组合（Adamenko 等，1984）。在右岸上，Shankhaikha 组以侵蚀面覆盖在中新统—上新统下部 Osinovka 组粗碎屑岩之上。在 Anosovka 河、Osinovka Kedrov‑skaya 河和 Dulikha 河沿岸的剖面中，底部含有砾岩的上新统上部 Shankhaikha 组覆盖在上新统下部粉砂岩之上（图 6b）。

在裂谷形态结构上，奥尔洪事件对应于贝加尔湖穹窿隆升的开始，形成沉降的、超深的贝加尔湖裂谷盆地的新构造山脉边界，相应地，水系变成现今的样式（Mats 和 Yefimova，2010；Mats 等，2010a）。奥尔洪（Khara‑Murin）构造运动使得上新统上部之下的沉积物发生褶皱变形（图 6）。

4.6　更新世早期普里莫尔斯基构造运动阶段

更新世早期普里莫尔斯基构造运动阶段在陆上剖面表现为上新统上部—更新统下部地层褶皱变形（图 6）和 SSS‑2 顶部构造变形，以及第四系覆盖剖面底部的不整合面。这就是 Moore 等（1997）报道的湖区沉积物剖面中的 B‑10 不整合面（图 7）以及 Khain and Mikhailov

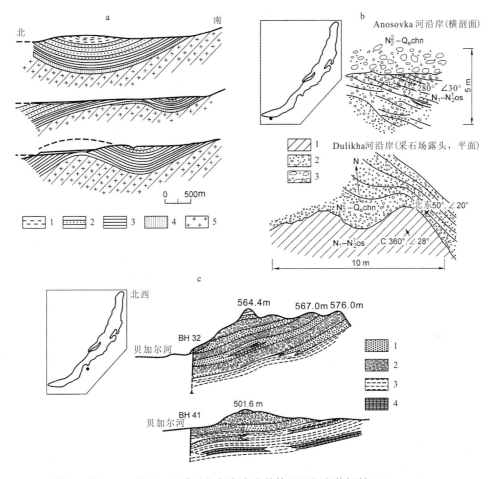

图 6　Khamar-Daban 山脉贝加尔湖南岸前第四纪沉积物褶皱(Mats,2001)

a. 渐新统上部—上新统下部 Tankhoi 组沉积物的三种褶皱样式(Palshin,1955),为奥尔洪运动的结果;1. 粉砂;2. 砂;3. 黏土质粉砂;4. 再沉积的高岭石残积层;5. 基底。b. Anosovka 河沿岸(横剖面)和 Dulikha 河沿岸(采石场露头,平面)剖面上 Osinovka 组和 Shankhaikha 组奥尔洪、普利莫尔斯基运动阶段上新世早期及晚期构造变形,上新统上部底面见角度不整合面(普利莫尔斯基事件);1. 上新统下部 Osinovka 组黏土质粉砂;2、3. 上新统上部 Shankhaikha 组含砾砂、粗砾。c. Dushelan 上新世晚期构造变形(Imetkhenov,1987),普利莫尔斯基构造阶段;1~3. 上新统上部砂含砾石、卵石和黏土;4. 中新统—上新统下部砂

(1985)分类中的"水进上超"。

主要的普里莫尔斯基构造事件导致贝加尔湖盆地快速沉降,相应地,在第四纪期间,在不同的应力背景下堆积了 SSS-3(图7)。在湖区剖面上,未变形的沉积物(SSS-3)上超在贝加尔湖盆地边缘(变形的 SSS-2)。

在滨岸上,更新统剖面底部出现不整合面:在 Nyurga 湾、奥尔洪岛,不整合面出现在第四系(Nyurga 组)和中新统—上新统(Sasa 组)之间,在 Khamar-Daban 地区,不整合面出现在 Shankhaikha 组和第四系阶地沉积物之间。也就是说,Nyurga 湾第四系沉积物在高程上低于 Khamar-Daban 湖岸上第四系阶地沉积物之下出露的中新统上部—上新统沉积物和变形的上新世晚期—更新世早期沉积物。

沿着克拉通边缘的贝加尔湖裂谷西部肩部,普里莫尔斯基阶段进一步表现为快速隆升期

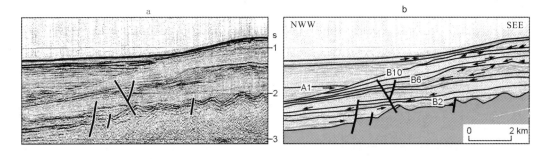

图 7 北贝加尔湖亚盆地 92-58 反射地震剖面及解释(Moore 等,1997)
a. 地震剖面;b. 解释剖面;A 和 B 为解释的两个地震层序组;细线为层序界面(地震反射同相轴),粗线为断层;A1 为未变形的层状层序 SSS-3 的界面;B 为变形的层状层序 SSS-2 的反射轴;B2、B6、B10 为不整合面分别对应于普利莫尔斯基、奥尔洪和北贝加尔构造运动阶段,垂向放大 2.4 倍

间的沉积间断。隆起阻断了贝加尔湖流入勒拿河水系的 Manzurka 泄水通道以 Irkut-Ilcha 河谷形成一个新的泄水口。它还使得湖面上升,并形成了目前 120m 水位之上的年轻台地(Kononov 和 Mats,1986;Mats 和 Yefimova,2011;Mats 等,2010a;Yefimova 和 Mats,2003)。此外,湖面上升导致贝加尔湖水侵入 Barguzin 盆地和乌斯季色楞格盆地,以及东岸第四纪砂沉积(Mats 等,2002;Kolomiets 和 Budaev,2010a、2010b)。根据钻探结果,构造活动还使古 Manzurka 河谷发生构造变形,要么被深埋藏,要么出露地表。

普里莫尔斯基隆起的典型构造出现在 Goloustnaya 角的西北部,Manzurka 组沉积物充填在沿主断层的裂谷肩部隆起上的古老河谷,海拔约 1000m,虽然大量碎屑再沉积到盆地中,但部分会保存在海拔约 700m 的断阶上(Mats 和 Kononov,1986;Mats 等,2010a)。

根据充填古 Manzurka 河道的 Manzurka 组的年龄,确定普里莫尔斯基事件的时限约 1Ma。
根据湖中沉积物的 BDP-99 岩芯在 134m 深度处的 200ka 沉积间断(Bezrukova 等,2004),得出 1.0～0.8Ma 的独立时限,在沉积间断期间,Selenga 三角洲地区发生断裂,裂谷西部肩部进一步隆起。

4.7 更新世晚期 Tyya 构造阶段

该阶段是根据贝加尔断阶位移确定的,80m(宽)的贝加尔断阶位于贝加尔湖盆地边界断层的断阶上,垂直错断约 200m。阶地沉积物是目前保存在断阶上的砾质碎屑。通过一付完整的猛犸象骨骼和其他化石确定断裂事件的时代为更新世晚期(Bazarov 等,1982)。在 Severobaikalsk 市郊所见到的沉积物沿着断层的位移可以作为 Tyya 构造运动的典型构造,这一准类型可能是平坦的陆地和普里莫尔斯基断崖之间的分界。普里莫尔斯基断崖在邻近奥尔洪岛的 Chernorud 村,有达 200m 的明显的垂向位移。根据其与更新世晚期冰川活动的关系,断裂活动的时间暂定为 150～120ka。

Tyya 构造运动阶段是最新的主要构造事件。正是在 Tyya 构造运动阶段,贝加尔湖成为一个现今的深湖泊,四周群山环绕。这一时期,沿贝加尔湖支流加速溯源侵蚀,并且在隆起的裂谷肩部相对上升。沿小型河流向陆地方向的进一步溯源侵蚀达数千米,一些先前属于勒拿河水系汇水区的小河(Buguldeika 河、Anga 河、Sarma 河)被阻断,自此以后流入到贝加尔湖中

(Mats 等,2010a)。

Tyya 构造活动还包括后构造运动事件,比如,Akademichesky 山脊的淹没(Granina 等,2010;Khlystov 等,2001;Mats 等,2000a)和用放射性碳约束指标确定安加拉-基切拉河和上安加拉盆地沉积作用周期性加快(Kulchitsky,1991)。另外一个重要的后构造运动事件是 60ka 前利斯特维扬卡块体的垮塌,打开了贝加尔湖通向安加拉河的通道(Kononov 和 Mats,1986;Mashiko 等,1997;Mats,2001;Yefimova 和 Mats,2003)。最后,这次活动造成贝加尔湖盆地东侧更新世晚期阶地隆升(Yefimova 和 Mats,2003)。

5 构造应力反转

贝加尔湖裂谷的演化史中包括了多个区域规模的应力反转事件,总体裂陷状态(伸展)转变为挤压状态。应力反转是划分构造运动阶段的标志,并可以根据沉积间断、不整合面和构造变形样式加以推断。

(1)渐新世早期—晚期分界。在渐新世早期—晚期界线发生的最早的反转在沉积剖面上没有明显的表现:SSS-1 地震反射清晰,而岸上的 TLSC-1 则是断断续续的。但是,可以根据 TLSC-1 和 TLSC-2 之间明显的不整合接触以及盆地几何形态由半地堑急剧变化为完整的地堑推断应力反转(Zonenshain 等,1995)。

(2)中新世中期—晚期分界。中新世中期—晚期界线的挤压事件发生在北贝加尔湖构造运动阶段,造成中新统中部和上部地层之间、SSS-2-1 和 SSS-2-2 之间的沉积间断和角度不整合接触,间断之前的沉积物发生褶皱(图5、图6)。

(3)上新世早期—晚期分界。在奥尔洪构造运动期间上新世早期—晚期界线的反转导致上新统下部和上部地层之间的沉积间断及不整合接触,间断前较老的沉积物发生褶皱(图5、图6)。

(4)上新世—第四纪分界。最后一次区域性转变为挤压作用是在普利莫尔斯基构造运动阶段,在上新世—第四纪界线,对应于前第四纪沉积间断和上新统上部沉积物明显褶皱和 SSS-2 顶部变形(图6、图7)。

整个第四纪,盆地处于纯拉张背景,没有挤压干扰,依据是正断裂活动占主导(Levi 和 Sherman,2005;Sherman,1992;Zonenshain 等,1995)和层状的 SSS-3 未发生构造变形(图7)。

6 裂陷历史:三阶段模型

贝加尔湖裂谷的发展史由 3 个主要阶段和若干亚阶段构成,其分界对应于构造事件。

(1)最早的阶段(70~30Ma):其记录包括在裂谷主要构造内发现的多种沉积相构成的陆上 TLSC-1 沉积和南贝加尔湖亚盆及中贝加尔湖亚盆内的 SSS-1(Hutchinson 等,1992年、1993年的"原裂谷单元")。另外,最近的磷灰石裂变径迹热年代研究(Jolivet 等,2009)表明,贝加尔裂谷系的组成部分——巴尔古津裂谷中沉积物的时代为白垩纪,这也为裂陷早期开始提供了支持。

贝加尔湖裂谷起源于西伯利亚克拉通和贝加尔褶皱区(中亚造山带的部分)交界处持久的岩石圈接合地带。裂谷的发育过程伴随着盆地的沉降,堆积了4000m以上的沉积物,侧翼的晚白垩世山系缓慢隆升被剥蚀作用速率平衡(Logatchev,1974)。中亚地区没有高山的阻隔(Kuzmin和Yarmolyuk,2006),使得温暖气候带扩展远到高纬度的地区,随着动物(图1)和植物(Martinson,1998;Volkova和Kuzmina,2005)群落向北迁徙,生物群广泛交流。剥蚀作用形成准平原,发育厚的单成分高岭石—红土风化剖面。地表夷平作用周期性地被局部的快速隆升中断,在准平原上形成陡崖(高到50m)并最终导致夷平作用转移到较低的纬度(Mats和Yefimova,2010;Zamaraev等,1976)。

地表夷平作用和大规模的风化作用(Mats,2001),连同火山(Devyatkin,1981;Rasskazov,1993)和水热(Tsekhovsky等,1996)活动一起可能仅在裂陷的地壳中,这为伸展背景提供了可靠的依据。

裂陷过程始于准平原中半地堑的形成[Milanovsky(1976)将这类盆地称为"裂隙裂谷"],西以走向55°的北东向铲式断层为界(现今奥布鲁切夫断层)。140°～145°的北西-南东向拉张(Zonenshain等,1995)使裂陷开始,并控制沿北东向的不连续的克拉通边缘薄弱地带的半地堑的走向(图8)。裂陷是与整个中亚分布的拉张区域响应的(King,1967;Nikolaev,1984)。对于拉张的确切驱动机理仍有争议,但可能与板块相互作用或地幔柱活动有关(Dobretsov等,1996;Rasskazov等,2007)或可能是Milanovsky(1995)根据膨胀地球的脉动解释的全球效应。全球规模的拉张是一种远程应力源,即裂谷的演化遵循经典的"被动裂谷"情形。

(2)中间阶段[30～3.5(1.0)Ma]:对应于早期造山阶段或"缓慢裂陷阶段"(Delvaux等,1997;Logatchev,1993、2003;Logatchev和Florensov,1978;Logatchev和Zorin,1987;等等),在先前所有模型中都认为是最早阶段。当时,裂谷肩部隆起,因而,较早的准平原暴露并很快受到剥蚀。剥蚀切穿风化层,同时,大量未风化的物质被搬运到盆地中。因此,较早的与风化相关的岩层为下磨拉石段提供了物质来源。

裂陷发展演化史向第二个主要阶段转变,与Tunka构造运动事件相对应,而北贝加尔湖构造事件(10Ma)将其分隔为两个亚阶段(Mats和Yefimova,2011)。在Tunka构造运动事件期间,在纯拉张条件下形成的半地堑转变为以断层为边界的U形地堑(图8)。构造运动(准平原隆起和变形)和沉积作用(由单成分再沉积红土-高岭石转变为下磨拉石)显著改变,裂谷盆地几何形态也变为完整地堑,是区域应力方向(图8)逆时针旋转成为斜交裂谷走向的北东-南西向造成的(Zonenshain等,1995)。应力状态变为压扭和剪切,然后变为张扭(Delvaux等,1997;Parfeevets和Sankov,2006;Sankov等,1997)并伴随有对裂谷的形成十分关键的走滑断裂活动(Balla等,1990)。剪切应变和断裂的构造证据主要来自贝加尔湖盆地的报道(Cheremnykh,2010;Delvaux等,1997;Levi和Sherman,2005)。

应力的改变与印度板块和欧亚板块碰撞前缘自始新世以来缓慢地向北传递的北东向挤压相符(Molnar和Tapponnier,1975)。约在30Ma的时候,板块碰撞的远程应力效应可能已经到达贝加尔湖地区,随后贝加尔湖裂谷的演化过程受到印度板块和欧亚板块碰撞的影响。从这种意义上讲,它可以等同于"撞击裂谷",在张扭体系中的主要造山事件形成一个前陆(Barberi等,1982)。因此,裂陷保持被动,但远程应力源已经发生改变。

(3)最晚阶段(现今):在裂陷的不同部位,裂陷演化最后(现今)阶段的开始是不同步的。在其周边,裂陷演化的最后阶段开始于上新世早期-晚期的分界(3.5Ma,奥尔洪或Khara-

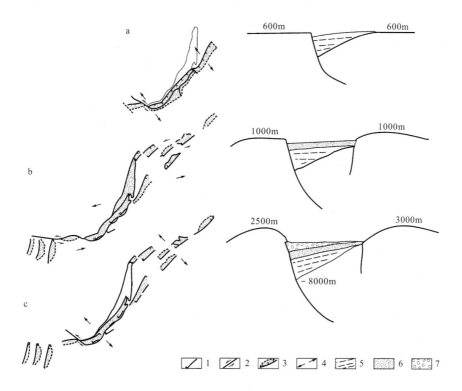

图 8 贝加尔湖裂谷系的演化（据 Zonenshain 等，1995 修改）

a. 晚白垩世—渐新世早期；b. 渐新世晚期—上新世早期；c. 第四纪（更新世—全新世）；1. 活跃的正断层；2. 走滑断层（剪切带）；3. 活跃的地堑；4. 拉张的方向；5～7. 沉积物：以单成分再沉积红土-高岭石风化残积层为主；其中 5 为以复成分为主的细粒沉积物（下磨拉石段），6. 复成分粗粒沉积物（上磨拉石段）；图中数字为海面以上高程

Murin 构造事件）贝加尔湖穹隆的生长和水系的重组，相应岩性较细的下磨拉石段变化为较粗的上部磨拉石段。在贝加尔湖盆地内，中间阶段和最后阶段的分界标志是由变形的 SSS 转变为未变形的 SSS（图 7、图 8）。第三个地震地层层序（SSS-3）的沉积作用在普利莫尔斯基构造事件（1.0Ma）以后开始。SSS-3 水进上超在 SSS-2 沉积物之上（图 7），保存其水平层理，仅被正断层切割。

该裂陷演化阶段由普利莫尔斯基（1.0～0.8Ma）和 Tyya（0.15～0.12Ma）构造阶段划分开的三个亚演化阶段构成。

早期亚演化阶段处于奥尔洪和普利莫尔斯基构造事件之间，由于奥尔洪（Khara-Murin）构造活动，裂陷肩部快速隆升，盆地基底沉降。盆地边缘的隆升有利于侵蚀和剥蚀的加强，并且沉积作用转变为粗粒磨拉石沉积。在湖岸上，山麓崩积层开始堆积在湖盆西边沿岸山脚，其中大部分来自溯源侵蚀（Mats 等，2010a）。粗粒碎屑岩沿盆地边部形成一个带，且向盆地方向逐渐变成较细粒的沉积物；在盆地中心，为含硅藻土和不含硅藻土黏土岩互层的含泥质深湖-半深湖相（Bezrukova 等，2004；Kuzmin 等，2000、2001）。

在 1.0～0.8Ma 发生的普利莫尔斯基构造事件标志着中期亚演化阶段和又一次隆升脉动的开始。隆升的同时，盆地内部沉积作用间断（Bezrukova 等，2004），陆地上 Manzurka 河断流。构造抬高引起湖面上升以及沿贝加尔湖西岸形成高阶地。沿湖泊东岸，高位的贝加尔湖水流入巴尔古津河、乌斯季色楞格河和较小型的盆地中,湖泊开始向叶涅塞河水系泄流,并形成年轻的高阶地。

最晚的亚阶段开始于 Tyya 构造事件(0.15～0.12Ma),盆地边缘进一步隆升,盆地底部沉降进一步加速,泄水系统急剧改变(Mats 和 Yefimova,2010、2011)。

在贝加尔湖裂谷系演化史的第三个主要阶段,贝加尔湖裂谷盆地变回到半地堑的几何形态(图 8),因为构造背景转为纯拉张,方向与裂谷走向垂直(Delvaux 等,1997;Zonenshain 等,1995)。SSS-3 未变形沉积单元记录了拉张背景未被大的应力反转中断(图 7),构造变形局限于沿着盆地侧翼发育断层。

还要注意的是,盆地几何形态和构造变形样式的改变比相同因素造成的贝加尔湖穹隆的生长及沉积相的变化至少滞后 2.5Ma。

伸展是对贝加尔湖盆地西南部之下岩石圈底面地幔柱上涌影响的响应。贝加尔湖盆地下低速地幔物质的存在(Logatchev 和 Zorin,1987),即所谓的软流圈上(Gao 等,1994),产生重力不稳定性,促使北西向的拉张增强(Zorin 和 Turutanov,2005;Zorin 等,2003)。根据 3D 远震层序分析(3D teleseismic tomography)(Mordvinova 等,2010;Tiberi 等,2008),在贝加尔湖地区西南部,软流圈已到达地壳的底面,呈一个楔形状,远离西伯利亚克拉通向上变厚。预测上凸宽度,在东西向上达 400～500km,与重力资料(Zorin 等,2003)和火山活动的分布相吻合(Rasskazov,1993;Rasskazov 等,2007)。

最后演化阶段转变为快速裂陷是从大约 2Ma 开始,上升的地幔柱产生的拉张状态超过板块碰撞所产生的压扭作用和张扭作用,地幔上拱成为板块碰撞影响中亚地区东部的一个障碍(Mordvinova 等,2010)[①]。

不论地幔物质影响的准确机理如何,至少自上新世以来,贝加尔裂陷就主要受局部能量源("活跃裂陷")的驱动。

7 结论

贝加尔湖周边陆上沉积剖面的叠置样式、岩性地层资料(表 1)、近岸(TLSC)与水域(SSS)沉积单元的对比(表 2),结合贝加尔湖前渊盆地构型,揭示贝加尔湖裂谷演化史分为三个主要阶段和若干个亚阶段。以三阶段裂陷演化连续模型为基础,修正了对比关系,并且能够把用经典地质方法划分的关键事件与地震地层、构造记录、地球物理资料以及贝加尔湖钻探项目和载人潜水器获得的资料紧密结合起来。

在提出的新模型中,裂陷的开始可追溯到晚白垩世,裂陷演化史包括三个主要阶段并进一步划分为若干个亚阶段。阶段和亚阶段之间为构造活动和应力反转(四个主要的和三个次要的构造阶段)所分隔开,同时,还有挤压形成的褶皱和剪切构造。这些事件以阶段界面为标志,阶段界面以沉积间断、不整合面和构造变形为特征。构造事件和应力改变是根据沉积样式和沉积剖面中的构造变形特征推断的,大致与根据断层滑动资料得出的古应力恢复一致(Del-

---

① Mordvinova 等(2010)推断"贝加尔湖地区新生代裂陷受到印度板块和欧亚板块碰撞远距离影响之外的其他机理的控制",但该推断似乎只能应用到晚期演化阶段而不是整个新生代裂陷全部。

vaux 等,1995、1997;Levi 和 Sherman,2005;Parfeevets 和 Sankov,2006;Sankov 等,1997)。然而,引用的构造模型的裂谷演化只包括两个主要阶段,裂谷演化是从渐新世晚期开始的。

在最早的晚白垩世(马斯特里赫特阶)—渐新世阶段,渐新世造山阶段很久之前以及印度板块和欧亚板块碰撞之前,裂隙型裂谷首先发育在白垩纪准平原上,是欧亚大陆广泛分布的北西-南东向拉张的响应。拉张作用与板块相互作用或膨胀地球演化中的脉动有关。膨胀地球的脉动在晚白垩世、古新世和始新世尤其强烈(Milanovsky,1995)。北西-南东向的远程纯伸展形成北东走向的半地堑,其方位受到西伯利亚克拉通和中亚造山带之间古老岩石圈拼合带的贝加尔湖及萨彦岭 Tunka 段的制约。

裂陷演化的中间阶段受大约 50Ma 以来印度板块和欧亚板块碰撞前缘向北传播产生的北东-南西向远程应力的控制(Molnar 和 Tapponnier,1975;Tapponnier 和 Molnar,1979)。板块聚敛效应对亚洲地球动力造成了巨大影响(Dobretsov 等,1996),很可能大约在 30Ma 达到贝加尔湖地区。结果,应力方向发生逆时针转变,由南东-北西向转变为东西向或北东-南西向(Delvaux 等,1997;Levi 和 Sherman,2005;Sankov 等,1997;Zonenshain 等,1995),与碰撞前锋相匹配,发散式伸展转变为压扭和剪切,然后为张扭。压扭—张扭改变的时间大约在 8Ma(Delvaux 等,1997),与新模型中北贝加尔湖构造阶段(10Ma)接近。这是广泛走滑断裂活动的时期,对于裂陷的发育十分重要(Delvaux 等,1997)。裂谷几何形态转变为一个完整的 U 形地堑。

贝加尔湖裂谷演化的最后阶段自上新世晚期(约 3.5Ma)一直持续到现在,受热地幔物质上升到裂谷底面的局部能量源驱动。软流圈不断上拱(Gao 等,1994、2003;Tiberi 等,2008;Zorin 和 Turutanov,2005;Zorin 等,2003),造成重力失稳,维持拉张,促使贝加尔湖穹隆隆升和细粒磨拉石向粗粒磨拉石沉积的相对变化。从大约 2Ma 或 1Ma 以前起,软流圈上拱就成为比板块碰撞更强的应力来源,应力方向又变回到以前的北西-南东向,裂谷几何形态也变回半地堑形态。在纯拉张背景下的第四纪沉积作用再也没被构造反转中断,相应地,水域的地震地层层序一直保持几乎未构造变形的状态。

因此,提出修正贝加尔湖裂谷的时代以及其陆上和水域剖面对比关系,得出贝加尔湖裂谷史新的三个阶段模型。该模型很好地说明了地震资料记录的裂谷几何形态的变化,消除了先前两阶段模型与古应力恢复之间的矛盾,这种矛盾的根源在于水域最底部单元(SSS-1)与渐新世 Tankhoi 组的错误对比。

此外,该模型很好地解决了被动裂陷假说与主动裂陷假说之间的矛盾:裂谷演化经过不同的构造阶段和应力状态,继两个被动裂陷阶段以后,最终进入主动裂陷状态。首先,响应于亚洲发散式拉张,发育成一个完全的被动裂谷,其次,来自印度板块和欧亚板块碰撞前锋的远程应力效应,成为一个"挤压造山裂谷",而现代裂陷受到盆地下能量源的驱动。

裂陷机理的认识,连同各种同时或连续的事件匹配,适用于很多真实的地质现象。不是反对别的裂谷模型,这一模型似乎更合理地把推测的机理与实际的背景关联起来。在这方面,综合地质、岩性—地层、构造、深部钻探和地球物理资料,有助于很好地认识东西伯利亚盆地南部裂陷的形成演化和陆内裂陷的总体特征。

参考文献(略)

译自 Mats V D. The sedimentary fill of the Baikal Basin: Implications for rifting age and geodynamics[J]. Russian Geology and Geophysics,2012,53(9):936-954.

西西伯利亚白垩系贝里阿斯阶—阿普第阶下部地层和古地理

冯晓宏　吴尘　译，辛仁臣　杨波　校

摘要：本文描述了西西伯利亚贝里阿斯阶—阿普第阶下部的地层演化，鉴于剖面结构的倾斜模型，提出了其地层分层；根据新的地层划分方案，对在贝里阿斯阶—阿普第阶下部含油组合内识别出的四个地层单元进行了古地理重建。

关键词：纽康姆阶　组　地震层序　储层　层　古地理带　西西伯利亚

1　前言

地层和古地理调查始于部际区域地层会议（Interdepartmental Regional Stratigraphical Meeting，IRSM-90），包括贝里阿斯（Berriasian）阶、凡蓝今（Valanginian）阶、豪特里维（Hauterivian）和阿普第（Aptian）阶下部沉积，这些沉积产出于高沉积速率的海相环境，这种高沉积速率受控于被海侵—海退旋回复杂化的相对深水盆地的进积充填。上侏罗统顶面作为油气成藏组合（Oil-Gas Play，OGP）底面。东边发育 Yanovstan 组页岩，西边发育丹尼洛夫（Danilovo）组和下 Tutleim 亚组沉积。在相同地区，在时间域上，认为层序底界面等同于东边"B"或"BYa"地震反射界面。在 Achimov 层内，成藏组合底面沿上 Achimov 页岩段顶面划定。

在不同岩性相区，纽康姆（Neocomian）阶油气成藏组合（LFR）顶界面位于 Koshai、Alymka、Vartov、Tangalov、Ereyam、Malaya Kheta、Ilek 和 Kiyalinskaya 组顶面，以"M"地震反射界面成图。在 Polui—Yamal 地区、极地和近极地横贯乌拉尔地区，纽康姆（Neocomian）阶顶面分别位于 Tanopcha（TP_{16} 层底面）组和 Severnaya Sos'va 组内。纽康姆（Neocomian）阶油气成藏组合的复杂结构导致剖面分层比其他沉积地层问题更大。

西西伯利亚纽康姆（Neocomian）阶沉积的分层史包括两个主要阶段，这两个阶段与剖面贝里阿斯阶—阿普第阶下部地质结构的概念有关：第一阶段与补偿沉积模型有关；第二阶段与相对深水倾斜模型结构的概念有关，该结构与剖面的旋回结构有关。著名的科学院院士 Trofimuk 和 Karogodin（1974、1976）曾详细研究过地质旋回性的主要趋势和目标的理论问题及方法问题。

2 贝里阿斯阶—阿普第阶下部沉积的地层特征

对应第一阶段的西西伯利亚平原下白垩统沉积的分层,自 1956 年在五次部际地层会议上进行过讨论,并且大部分与勘探史有关。

在研究初期,西西伯利亚纽康姆(Neocomian)阶沉积的地层划分是基于东部和南部地区的地层。针对整个下白垩统沉积绘制了第一张柱状图,在剖面上将西西伯利亚大部分地区细分为三个岩性复合体:凡蓝今(Valanginian)阶海相页岩沉积、豪特里维(Hauterivian)阶—巴列姆(Barremian)阶红色—灰色岩层和阿普第(Aptian)阶—阿尔必(Albian)阶含煤沉积。

以前的学者(Borodkin 和 Kurchikov,2011)阐述了西西伯利亚纽康姆(Neocomian)阶剖面分层的概念演变。在扩展勘探中本文已提及,在大型盆地中部和北部,建立了同时代地层的相非均质性,该非均质性预定了不同类型剖面的识别。岩层的不同时代、外貌和岩性特征为纽康姆(Neocomian)阶剖面新的细分识别提供了基础。

根据 IRSM-90 的决议,西西伯利亚纽康姆(Neocomian)阶沉积被划分为 20 个岩相区,34 个组作为主要单元。为考虑和采用西西伯利亚中生代沉积指定的地层表(新西伯利亚,2003),在第六次部际地层会议上讨论了多种贝里阿斯阶—阿普第阶地层表模型(Gurari,2004)。该地层表内针对贝里阿斯阶—阿普第阶下部沉积结构的倾斜模型发展于 20 世纪 70 年代,并于 2005 年提交到俄罗斯部际地层会议(Karogodin 等,1996、2000;Mkrtchan 等,1986;Naumov 等,1977)。

该模型反映了贝里阿斯阶—阿普第阶下部沉积的区域分布样式,向盆地中心方向砂岩—粉砂岩地层剖面黏土化作用向上减弱。此外,每个层或层组形成等时 Achimov 倾斜地层,其年代由东边的贝里阿斯(Berriasian)期变为盆地轴部的豪特里维(Hauterivian)期(Karogodin 等,2000;Kurchikov 等,2010;Mkrtchan 等,1987;Nezhdanov 等,2000)。

尽管在地层表中采用了倾斜结构模型,但纽康姆(Neocomian)阶剖面组与组的细分仍无重要变化,尽管在过去 20 年中,许多研究人员意识到这种分层的不足(Karogodin,2006;Nesterov 等,2008;Nezhdanov 等,2003)。

鉴于单个组间界面存在的问题,在该区整个研究史中,反复出现地层单元数量减少的问题。这种问题在纽康姆(Neocomian)阶沉积结构的倾斜模型的使用实践中特别突出。

Karogodin(2003)反复提出纽康姆(Neocomian)阶剖面地层单元数量减少的问题。Nezhdanov(2003)指出由于剖面中的岩相变化,西西伯利亚纽康姆(Neocomian)阶并没有多少可建立的具有等时界面的广阔地层。

为了确定分层数量(Borodkin 等,2008),将沿北东-南西向和近北南向剖面进行了钻井剖面对比,根据接受方案(ISM-91)标绘了地层分布界线,并对其进行了分析。在此分析基础上,建立了西西伯利亚纽康姆(Neocomian)阶地层分布的新方案(Borodkin 和 Kurchikov,2010a)。与早先公认的方案相比,在剖面倾斜结构带只存在 8 个组。

在早先工作中,Gurari(2001)指出应将纽康姆(Neocomian)阶倾斜地层作为群(stratons)。此外,作者还建议减少纽康姆(Neocomian)阶倾斜部分组的数量,并将倾斜地层作为亚组识别,并冠以倾斜地层的名称。

与倾斜结构地层相比,组在地震剖面上是不太好确定的,并且资料分析结果表明在钻井剖面上的对比也有问题(Borodkin 等,2008;Nezhdanov,2003)。

鉴于上述,Borodkin 等(2010a)和 Gurari 建议在纽康姆(Neocomian)阶倾斜结构带内,而非组内,识别地震相层序(SFS)。地震相层序包括滨岸-浅水相储层和相对深水 Achimov 层的等时倾斜地层。每个识别出来的地震相层序和组,都由其上覆页岩段而得名(Labaz SFS—$BV_{14-15} Ach_{20}$;Priozernyi SFS—$BV_{12-13} Ach_{19}$;Tagrinskii SFS—$BV_{10-11} Ach_{18}$;等),可在剖面上追踪其边界,并常在平面上穿过多个组的边界。

在剖面的倾斜结构外,建议将盆地东部和东南部以主要为陆相单元的所有地层(Ilek、Malaya Kheta 等)并入 Karogodin 在 1965 年定义的 Ust'-Taz 岩系(Rostovtsev,1978)。

西倾 Achimov 斜坡沉积分布区边界西部几乎与纽康姆(Neocomian)盆地轴部一致,并与东倾斜坡沉积带对应,建议部际地层会议(ISC)在 1991 年批准的 12 个组均保持不变(Borodkin 等,2010a)。

因此,西西伯利亚纽康姆(Neocomian)结构的斜坡沉积模式和研究现状涉及选择的三个主要地区,在各地区进行剖面分层应考虑其地质构造。

3 贝里阿斯阶—阿普第阶下部剖面地层划分及区域成图

构建纽康姆油气成藏组合区域地质模型的主要条件及其地震相层序划分与钻井和地震勘探资料的上滨岸浅水相和斜坡沉积地层之间具有清楚的关系。这就需要结合地震勘探在标准地层剖面间进行大量的钻井对比。

在建立区域地质模型过程中,这些剖面间的相互对比,以及建立具不同指数化的层间关系仍然是必须面对的重大挑战。

根据地震地层研究成果,将纽康姆油气成藏组合划分为储层,并建立了 Achimov 层不同岩相区滨岸浅水沉积层与等时倾斜结构地层之间的关系(Borodkin 等,2003)。

在纽康姆剖面总计识别出 16 个储层发育区,其中 14 个与 Achimov 层同期的砂岩—粉砂岩地层对应,两套储层(AC_{1-3} 和 AC_{4-6})没有形成倾斜结构地层(Kurchikov 等,2010)。

在地震相层序成图和地震分析中,基于地质剖面旋回性划分及其组成要素,需要采用将其作为同级目标识别的单一原理(Mkrtchan 等,1987;Trofimuk 和 Karogodin,1974、1976)。

在早先工作中学者们讨论了地震相层序倾斜结构地层部分的界面位置及其平面成图原则(Borodkin 和 Kurchikov,2010b)。剖面倾斜结构地层的过渡带将纽康姆地震相层序的近岸浅水部分限制在西部,并可根据滨岸-浅水相储层的相变边界进行识别,东部富砂且剖面上缺失盖层。

根据向斜坡沉积过渡的上部浅水地层界面原始沉积倾斜(古地貌的)的增加确定滨岸浅水层的相变位置,即根据其转变和其下方旋回下部层的生长来确定相变位置。

但通常沉积斜坡增加的过程和厚度补偿增长是逐渐的和缓慢的。在这种情况下,就可在一定程度上描绘滨岸浅水带边缘的轮廓。

在地震剖面上,根据可追踪的地震反射终止、储层顶面编图以及相变带——从地震反射转变到由波状反射结构向 S 形反射结构的过渡可确定地震相层序(缺少盖层)东部边界(Borodkin 和 Kurchikov,2011)。应该指出的是,根据钻井资料确定的地震相层序的东界靠东边,与根据地震对比确定的并不一致。该带被称为盖层透镜状不连续发育带(该带位于积水平原之上,间歇性地被海水淹没),在该带内,如在地震相层序中,已发现油气藏,但数量少、储量小(Borodkin 等,2007)。

依照方案,在进行地震相层序地震对比之前,先要选择区域性参考地震剖面,结合钻井标定在上面标绘出所有的地震相单元(Borodkin 等,2007;Kurchikov 等,2010)。

在选择参考剖面时,考虑了以下要点:①由东到西延伸最大,使得纽康姆阶—侏罗系全部岩相带和方案中划分的所有地震相层序及其主要界面(盖层变为砂岩、滨岸-浅水沉积层边界和倾斜结构地层的界面)都能够成图;②参考完全钻穿纽康姆油气成藏组合的 4km 长的深井参照剖面特征;③通过由西西伯利亚北部到中部地区的剖面类型限定过渡带剖面,提高地震相层序对比的有效性。

依据上述要点,挑选出 19 条区域地震剖面作为参考剖面(Borodkin 等,2007)(图 1)。

根据实行的纽康姆沉积地震相层序划分方案,并考虑根据过井剖面地震反射标定的地层划分,从北向南沿区域参考地震剖面开展滨岸-浅水沉积和斜坡沉积地层的地震地质对比(Kurchikov 等,2010)。

根据开展的对比,确定了储层西部(滨岸-浅水相边缘)和东部(缺失盖层)边界,以及 Achimov 层等时倾斜地层结构(Borodkin 和 Kurchikov,2010a;Kurchikov 等,2011)。

笔者提出的方案为西西伯利亚纽康姆沉积的古地理恢复以及岩性和构造—岩性油气圈闭预测提供了基础(Borodkin 和 Kurchikov,2010a;Kurchikov 等,2011)。

4 贝里阿斯阶—阿普第阶下部古地理重建

白垩纪初期,作为海盆的现今西西伯利亚平原地域面积超过 $200×10^4 km^2$。根据 IRSM-90 批准的地层方案,纽康姆阶剖面被划分为 6 个层系:Kulomzinsk、Tara、Agan、Ust'-Balyk、Cherkashinsk 和 Alymka。假定每个层系与古地理阶段对应,该古地理阶段与受沉积环境、沉积物岩性组分以及动植物组分影响的西西伯利亚板块特定的构造活动状态有关。

由于纽康姆盆地结构的倾斜模型,层系失去了其原始含义(Cant,1992;Reading 和 Richards,1994)。正是这个原因,将纽康姆剖面上识别出的 16 个地震层序组合为 4 个亚层序:Labaz-Samotlor(BV_{14-15}—BV_{8-9})、Ur'ev-Cheuskino(BV_{6-7}—BS_{10})、Sarmanov-Pim(BS_{8-9}—BS_{1-5})和 Ob'-Koshai(AC_{10-12}—AC_{1-3})。编绘了每个亚层序的构造图,构造图上标示了其尖灭带(超层序边界内 Achimov 层西部边界)、亚层序内储层相变带、储集盖层缺失边界和亚层序内砂岩总厚度。以构造图、岩性、古地貌和古生物资料为基础,编制古地理图(Kurchikov 等,2010)。

识别出 5 个沉积环境:侵蚀平原、冲积平原、间歇性被海水淹没的水下平原(陆架剖面滨岸-浅水部分)、发育浊流水道的盆地滨岸-浅水部位的斜坡(斜坡底部发育砂质—粉砂质沉积物(Achimov 层))以及相对深海盆地。海盆相对深的部位(盆地底部)以薄层黏土岩和黏土质粉砂岩为主,为盆地底部静水区沉积物。岩相单一、区域性分布;主要为泥岩、富有机质泥岩和泥

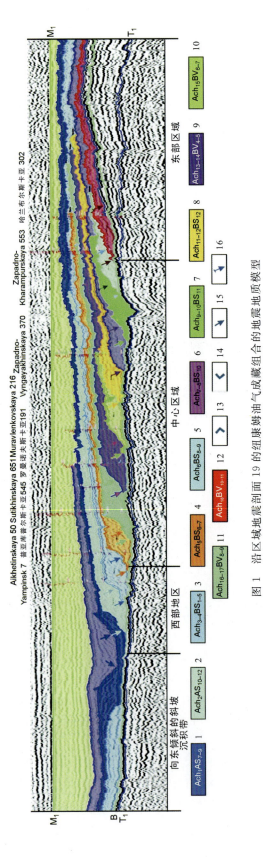

图 1 沿区域地震剖面 19 的纽康姆油气成藏组合地质模型

1～12. 地震层序（SS）；13. 基于钻井资料的 SS 东部边界（盖层砂层化作用）；14. 滨岸-浅水层相变边界；15. 斜坡沉积西部相变边界；16. 洋底地形东部边界

灰岩。在剖面中常见双壳类贝壳和头足类。沉积物类型取决于距陆源物质源区的距离。沉积物主要是呈悬浮状态的（通常由于浊流造成沉积物重新悬浮）细粒物质，随后发生沉降（Kurchikov 等，2010）。根据古地理重建结果，估算了盆地深度，例如，乌连戈伊（Urengoi）巨型隆起附近地区约 1000m 深（Borodkin 等，1998）。岩相带的边界与 Achimov 层薄浊流地层带一致。发生沉积作用的斜坡以中部沉积物总厚度增加为特征，主要为夹钙质粉砂岩和钙质硬结层的黏土岩。

岩层以滑坡构造为特征，常见双壳类贝壳，通常受强烈挤压（变形）。在斜坡上部和中部，发育透镜状砂岩体，沿斜坡走向发育。其形成与陆源物质以浊流、滑塌等形式从滨岸-浅水部位搬运到斜坡坡脚过程中充填不平坦的侵蚀下切斜坡地形表面有关（Kurchikov 等，2010）。它们常形成具有异常高地层压力（AHFP）（异常压力系数为 1.2～1.4）的岩性油气藏。在乌连戈伊巨型隆起东部斜坡 BU_{16}、BU_{17}、BU_{18}、BU_{20} 层，Yuzhno-Pyreinoe 油田 BU_{16}、BU_{20} 层和 Vostochno-Tarkosalinskoe 油田 BP_{12}、BP_{16} 层发现大量相似类型的油藏（Levinzon 等，2002）。在西西伯利亚北部，在斜坡坡脚底部，区域性发育 Achimov 层砂岩-粉砂岩沉积物，该沉积物控制了也具有 AHFP（异常压力系数 1.6～1.7）的岩性油气藏和构造-岩性油气藏。以前解释过出现在堆积斜坡中部和上部油藏内的 AHFP（Borodkin 等，2001），部分由于烃类从 Achimov 层向上斜坡方向排出，部分由于在滨岸-浅水相（Ershov，2004；Karogodin，1994）。根据古地貌恢复结果，发生堆积作用的斜坡上部海盆深度为 100～200m，并且如前所述，其底部深度超过 900m。

依据 Sidorenkov(1979)的观点，水下堆积平原（近滨浅水沉积）与具滨岸泻湖-障壁区的强水动力海滩亚带对应，在西边与堆积斜坡上部一致，在东边与亚层序沉积物形成开始的海岸线位置（Samotlor、Cheuskino 等）一致。根据亚层序构造方案，特征沉积区的边界，在西边与亚层序中最年轻层的陆架边缘一致，在东边与最老储层中盖层的缺失一致。

在地震剖面上，西部边界沿着地震反射弯曲带成图，对应于亚层序上部层和由波状反射向 S 形反射转变，东部边界以反射的可追索性消失为特征，对应于亚层序中最老储层的顶部。

所讨论的古地理相带中的沉积物源于河流前缘部位、多向水流和波浪所带来的陆源物质。岩层主要为砂岩-粉砂岩层，岩石主要由砂岩-粉砂岩组成。后者由于三角洲堆积平原分流河道前缘和河道沿岸流的分散作用，分布广泛。

在滨岸相沉积物中堆积的地貌形态，如浅滩、滩脊和砂坝，广泛分布（Zinkevich 和 Popova，1980）。

在描述的岩相带东边识别出间歇性被海水淹没的水上堆积平原。沉积物主要由砂岩、夹不连续的多种黏土岩和煤层的砂质粉砂岩构成。剖面上出现高岭石化砂岩和煤化根系，是典型的陆相湖沼和河流相沉积物。以淡水动物为主，沉积物内孢粉增多，尽管由于短期海侵，黏土岩内存在有孔虫。在海侵期间，形成局部盖层，其下发育主要为构造类的小型油气藏（盖层透镜状—不连续构造区）。应该注意的是，在所讨论的区域，除了构造型油气藏外，还发现了与河道沉积有关的岩性油气藏。

下面结合其构造特征，讨论每个亚层序的沉积作用岩相特征。

4.1 Labaz‐Samotlor 亚层序（BV_{14-15}—BV_{8-9}）（贝里阿斯阶—凡蓝今阶早期）

贝里阿斯阶—凡蓝今阶早期，海盆占据大部分研究区（图2）。具平静沉积作用相对较深的盆地位于该区中部，主要为泥页岩沉积。堆积在斜坡坡麓的沉积物由夹 Achimov 砂岩透镜体的泥质黏土构成，下部发育沥青质夹层，上部发育透镜状砂体。古生物主要为双壳类和菊石类。陆架带由南向北延伸成为相当宽阔的地带，向北变窄（图2）。在研究区东北部，萨莫特洛尔（Samotlor）海陆架发育粉砂岩、夹砂岩和泥页岩。为了鉴别碎屑物质母岩区岩石组分，在薄片上研究了成岩矿物，并用油浸法鉴定了副矿物组合。在俄罗斯国家天然气公司（OAO）"秋明（Tyumen）中心实验室"开展岩芯样品分析。

根据矿物成分，将岩石定为长石砂岩（Shutov,1967）。岩石对比结果表明物源区由褶皱深成岩、花岗岩和片麻岩构成。

沉积系数（石英与长石的比）反映岩石成熟度，并指示距源区的距离。该区沉积系数平均小于1。这指示了相对近源，以及化学上不成熟的长石输入。主要副矿物为石榴石（平均14.2%）、磷灰石（13.5%）和锆石（9.1%）。

动物化石以双壳类、菊石类和有孔虫类为代表，岩石含孢子和花粉（图2）。

该区东南部为温暖的、相对浅水的淡化海。岩石为长石砂岩，其沉积系数小于1。

与陆架东北部相比，石榴石（23%）和磷灰石（19.8%）显著增加，主要陆源矿物组合为石榴石-磷灰石-锆石-榍石。

陆架区古生物以菊石类、有孔虫类、双壳类为代表；在一些井中偶见箭石类鞘。此外，沉积物中还出现孢粉，已发现的油藏大多限于陆架西部（图2）。

到研究区东边，发育水上堆积平原，有时被海水淹没（图2）。沉积物主要是具有不规则黏土夹层的砂和粉砂层，且砂质河道地层坍塌至盆地内，随后被泥质沉积物覆盖。这些岩石含有孢子和花粉。

Labaz‐Samotlor 亚层序砂岩总厚度为25~300m，陆架边缘西边砂岩厚度逐渐减小。

萨莫特洛尔（Samotlor）时期，西部气候较温暖潮湿，南部和东南部更干燥，东北部较冷。

4.2 Ur'ev‐Cheuskino 亚层序（BV_{6-7}—BS_{10}）（凡蓝今阶）

与萨莫特洛尔时期相比，在该亚层序沉积物堆积时期，海盆面积减小（图3），但在海盆中，分带没有多大改变。

具有较高盐度的中心部位位于深海盆地地带。堆积在斜坡的沉积物具有相似的地貌和岩性特征。该带的古生物包含海百合类和菊石类，还有孢子和植物花粉。

陆架区在西部狭长地带延伸，并在东部更广泛地发育。油气藏大多限于陆架区西部（图3）。

具有低温底层水的浅海位于该区东北部。大部分夹深灰色泥质黏土的灰绿色砂岩堆积于此。岩石主要为长石砂岩。沉积系数小于1。主要陆源矿物组合为石榴石-磷灰石-榍石-锆石-绿帘石。在 Salekaptskaya 和 Yuzhno‐Messoyakhskaya 地区石榴石含量明显增高（达27.4%），平均16.1%。在 Samburgskaya 地区（189井）磷灰石含量增高（40%）。Saleka-

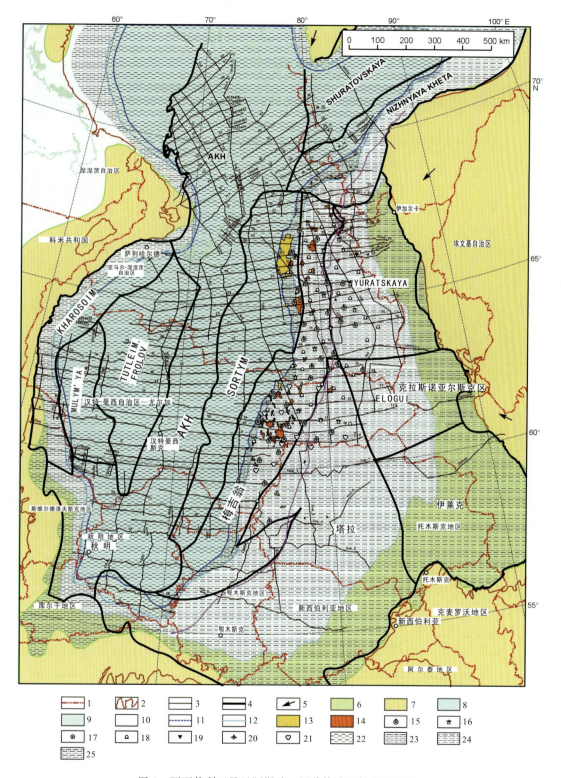

图 2 西西伯利亚贝里阿斯阶—阿普第阶下部古地理图

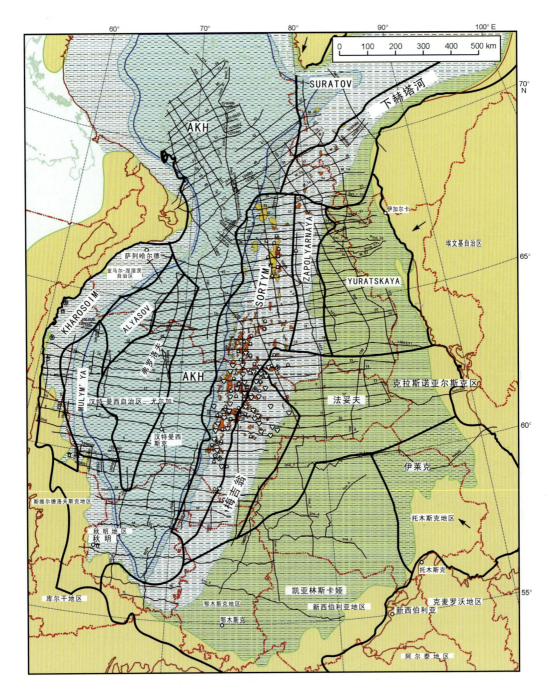

图 3　Ur'ev-Cheuskino 亚层序（图例见图 2）

1. 油气成藏组合边界；2. 古生代岩石露头；3. CDP 区域剖面；4. 地层分布界线；5. 碎屑搬运方向；6. 冲积平原，间歇性被海上淹没；7. 剥蚀平原；8. 相对深海盆地；9. 盆地滨岸-浅水部位的斜坡；10. 盆地的滨浅水部位；11、12. Sarmanov 层序形成末期，盆地相对深水海和滨浅水部位；13. Achimov 层油气藏；14. 盆地滨浅水部位的沉积物形成的油气藏；15. 菊石类；16. 双壳类；17. 海百合类；18. 有孔虫类；19. 箭石类；20. 植物；21. 孢粉；22~25. 沉积物；22. 页岩；23. 砂质岩；24. 泥质砂岩；25. 砂质-粉砂质页岩

ptskaya、Samburgskaya、Severo‐Purskaya、Pyakyakhinskaya、Severo‐Yaroyakhinskaya 和 Yuzhno‐Messoyakhskaya 地区的绿帘石含量很高（>30%）。该地区分选系数平均为 1.6，物质分选中等。

古生物由菊石类、双壳类和有孔虫类构成，偶见海百合类；岩石中还含有孢子和花粉。

研究区南部发育浅的温暖海域。该地区的沉积物主要由夹砂岩和页岩的粉砂岩构成。主要副矿物为磷灰石和石榴石。磷灰石含量由北向南明显增加。不稳定副矿物含量通常指示靠近物源区。

陆相沉积常见于东南部地区，偶见于西南部地区，并在西北和东北地区延伸为狭长地带。

中部地区砂岩总厚度（300～400m）明显增加。砂岩厚度由中心向陆架边缘和亚层序盖层缺失区减小。

一般地，Cheuskino 时期，北部气候温暖潮湿，接近亚热带；南部干燥。东部，特别是东北部沿岸较冷。该亚层序主要油气远景区与前述相同，与水下堆积平原有关（图3）。

4.3 Sarmanov‐Pim 亚层序（BS_{8-9}—BS_{1-5}）（凡蓝今阶晚期—豪特里维阶早期）

Pim 时期海盆显著变浅，面积减小（图4）。大部分地区为陆架区，尤其是东部地区。主要副矿物为磷灰石（17.2%）、锆石（12%）和石榴石（10.2%）。Yurkharovskaya 地区的石榴石（60%）和磷灰石（达48%）含量明显较高。沉积物以夹砂岩的泥页岩为代表，动物化石以有孔虫类为代表。

磷灰石（23.9%）和石榴石（18%）平均含量由北向南增加。最大粒径为 0.8mm。

大片区域为露出水面的堆积平原，尤其是该区东南部。沉积物由夹页岩和煤层的砂岩和粉砂岩构成。

Sarmanov‐Pim 亚层序砂岩总厚度为 50～250m。厚度由中部向东部和西部方向减小。

Pim 时期，南部气候温暖，接近亚热带，北部为暖温带；北部地区较潮湿。

在水下冲积平原也识别出较大的油气远景区，大多位于中部地区（图4）。

4.4 Ob'‐Koshai 亚层序（AS_{10-12}—AS_{1-3}）（豪特里维阶—阿普第阶早期）

该亚层序的沉积物在持续海退条件下堆积。海盆仅以两个浅海的形式存在于西伯利亚中部和北部（图5）。

陆架区沉积物由砂岩、粉砂岩和粉砂质黏土的不规则互层构成，常见稀薄的褐煤层。岩石内的古生物主要是有孔虫类、双壳类和孢粉。

石榴石是主要副矿物，其他副矿物含量不超过 10%。然而，Yurkharovskaya 地区 98 井锆石含量明显增加（49%）。

沿着 Koshai 海的南部和西部岸线，页岩物质数量增加，据此推测此处是地质历史时期深洼区的边缘。此处的古生物以有孔虫类、双壳类为代表，腹足类和腕足类在沉积物中较少见。孢粉在沉积物中广泛出现。大片区域为堆积平原，偶尔被海水淹没。显然，物源区构造活动变

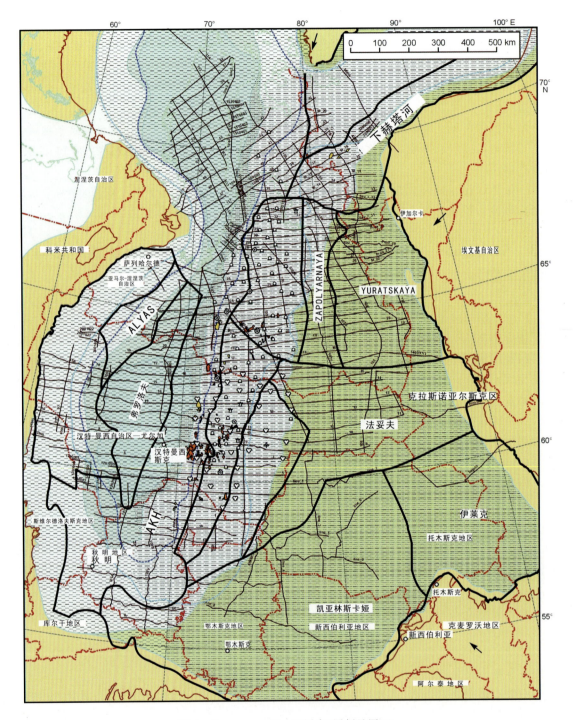

图 4 Sarmanov‑Pim 亚层序(图例见图 2)

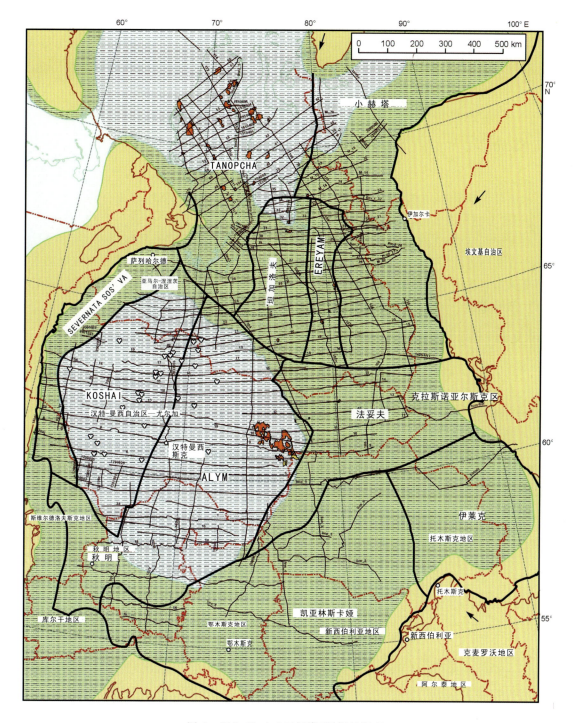

图 5 Ob'-Koshai 亚层序（图例见图 2）

得更剧烈,导致砂质沉积物堆积在研究区大部分地区(80%)。

该亚层序的砂岩沉积总厚度为 50～650m。

Koshai 时期,气候温暖潮湿,接近亚热带。南部比北部地区更干燥。

该亚层序主要油气远景区与研究区浅海盆地水下堆积平原的中部和北部有关(图5)。

如图 2～图 5 所示,纽康姆油气成藏组合的主要油气远景区与水下堆积平原、坡脚沉积物有关,主要受限于亚层序的储层封盖岩系连续发育带。

5 结论

根据贝里阿斯阶—阿普第阶下部沉积的倾斜结构地层与认识现状,建议分为三个主要区域,适当考虑油田地质构造特征来进行剖面分层是合理的。

根据倾斜结构地层模型进行分层,贝里阿斯阶—阿普第阶下部地层划分为 4 个亚层序。对每个亚层序进行了古地理恢复,结合沉积作用岩相条件建立油气成藏类型。在与地层划分边界相交的亚层序中识别出主要古地理带,再次说明根据剖面倾斜结构地层模型进行贝里阿斯阶—阿普第阶下部沉积剖面地层分层的必要。

参考文献(略)

译自 Kurchikov A R, Borodkin V N. Stratigraphy and paleogeography of Berriasian - Lower Aptian deposits of West Siberia in connection with the clinoform structure of the section[J]. Russian Geology and Geophysics,2011,52(8):859-870.

俄罗斯西西伯利亚盆地东南翼中生代河流沉积体系的演化

冯晓宏　郑东孙　译，辛仁臣　杨波　校

摘要：西西伯利亚盆地中生代地层含有丰富的油气，因此已十分确定侏罗纪和白垩纪海相和边缘海相沉积物的沉积环境。但目前尚未对马林斯克—克拉斯诺亚尔斯克（Mariinsk - Krasnoyarsk）地区沿盆地东南缘出露的相应时代的地层进行研究，尽管这些露头能够提供关于主要盆地沉积物供应路线的重要信息。结合古植物学资料，对侏罗纪—白垩纪碎屑沉积物详细的沉积学分析揭示出五个反映一系列陆相沉积环境的沉积相组合，包括早侏罗世最为发育的辫状河沉积体系的沉积物。这些早期的河流沉积体系充填了可能继承自更早的三叠纪裂陷的残余地貌。在中-晚侏罗世演化成为更成熟的陆相河流沉积体系。到中侏罗世，形成了清晰的河漫滩，河道废弃较为常见，并且泥岩在泛滥平原沉积。受决口扇形成过程中周期性侵入影响，泥沼中出现煤沉积。白垩纪时期的沉积反映了砂级沉积物再次输入该地区。本文认为侏罗纪时期的地形演化仅受准平原化作用驱动，而非构造活动。相比之下，白垩纪时期的砂质输入暂时与内陆回春作用/构造抬升有关，可能与盆地内纽康姆（Neocomian）大型三角洲楔形复合体同期发育。

关键词：西西伯利亚盆地　河流沉积　侏罗系　白垩系

1　引言

本文展示了俄罗斯西西伯利亚盆地东南翼出露的侏罗纪和白垩纪碎屑沉积岩的新资料及其解释（图1）。西西伯利亚盆地西以乌拉尔山为界，北至喀拉海，东接西伯利亚克拉通，南连阿尔泰-萨彦岭（Altai - Sayan）褶皱区，是地球上最大的陆相沉积盆地（Peterson 和 Clarke，1991），蕴藏着俄罗斯约60%的油气储量（Kontorovich 等，1997）。由于油气勘探，露头北部存在大量地下资料，有助于详细揭示该盆地的中生代地质特征。这些研究包括地震地层学（Rudkevich 等，1988）、烃源岩和含油气系统分析（Kontorovich 等，1997）以及侏罗系和白垩系具体部位的层序地层学研究（Pinous 等，1999、2001）。由于丰富的西西伯利亚盆地地下资料，后来的学者（2001）研究的对象集中在上侏罗统—下白垩统层段，巴热诺夫（Bazhenov）组 Volgian 黑色页岩是良好的烃源岩（Kontorovich 等，1997）。该页岩构成作为盆地内主要油气储层目标的纽康姆（Neocomian）三角洲楔形体的底积层（Rudkevich 等，1988）（图2）。

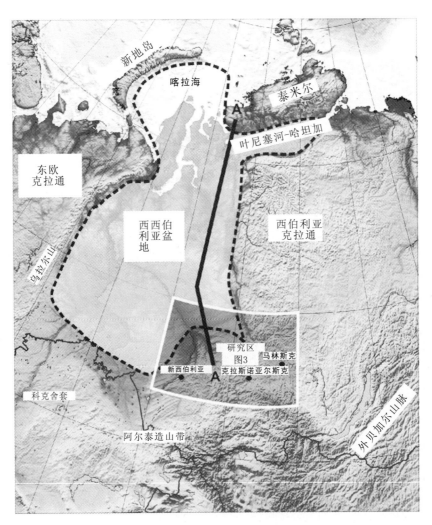

图 1　西西伯利亚盆地位置图

与西西伯利亚盆地地下详细透彻的研究相比,对盆地边缘中生代地质特征知之甚少,没有出版关于侏罗系和白垩系露头的国际文献。这方面的资料是用俄文撰写的,大部分是像克拉斯诺亚尔斯克(Krasnoyarsk)地质调查局这样的研究机构的论文集和地质图(Berzon 和 Barsegyan,2002)。对此一种可能的解释是对盆地边缘侏罗系和白垩系岩层的研究被有意忽视了。不像盆地地下含油的相应地层,多个版本的古地理图(Nesterov,1976;其他学者)表明不具有油气潜力的以砂岩为主的陆相沉积出露在马林斯克—克拉斯诺亚尔斯克(Mariinsk - Krasnoyarsk)地区。

有一些很好的理由说明了为什么要研究西西伯利亚盆地边缘的陆相沉积。第一,盆地翼部沉积更靠近区域隆起区,因此可以更好地揭示盆地内影响地层结构的构造事件。第二,盆地翼部沉积物最终是沉积盆地内相当或稍年轻地层的沉积物源。沉积物的岩性描述和粗粒沉积物内的碎屑类型为潜在储集相的可能质量提供了有价值的信息。第三,为预测盆地内地下沉积物分布样式,应刻画侏罗纪和白垩纪时期的古水系网络。露头的古流向分析可为古水系网

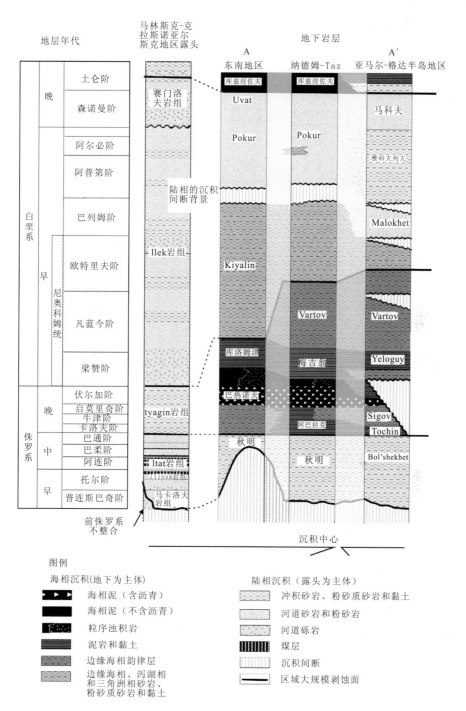

图 2 俄罗斯西西伯利亚盆地侏罗系—白垩系岩层年代地层柱状图

该图试图把本文中露头区(马林斯克—克拉斯诺亚尔斯克地区)的地层与盆地东南瓦休甘河地区—北边亚马尔—格达半岛地区地下地层联系起来。地层柱状图中露头据 Berzon 和 Barsegyan(2002),隐伏露头据 Rudkevich 等(1988)。露头与地下地区的对比是困难的,虽然提出四个暂时的区域性发育的侵蚀面;详情见文中络演化是否受构造作用或被动沉降影响而减缓提供线索。因此,本文简单的目的就是首次在国际期刊上刻画盆地东南缘侏罗系和白垩系沉积岩的沉积学特征。如此,本文的成果对石油勘探团体、亚洲中生代古地理恢复的学者以及从事盆地翼部沉积构型研究的沉积学家具有参考价值。

2 侏罗系—白垩系地层沉积学特征

2.1 露头品质和资料品质问题

在西西西伯利亚,中生代地层广泛出露(图3)。但植被茂盛,因此剖面低洼、出露很差。区域上,倾角很低(2°N)。白垩系地层与侏罗系岩层呈整合至不整合接触,超覆至安加拉(Angara)河以北和 Bolshoy Kemchuk 河以南(图3)。品质良好的露头产出于三种情况。第一,巨大的露天煤矿出露高品质煤层剖面及其伴有大型煤层之下有限地层剖面的上覆岩层。最厚的

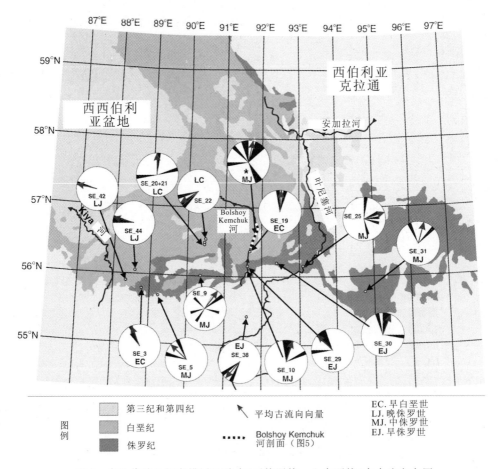

图 3 中生代砂丘级交错层理砂岩(下侏罗统—上白垩统)古水流方向图

古流资料来自细—中粒砂岩相组合和粗粒砂岩相组合

煤藏产出于中侏罗统(巴柔阶—巴通阶),因此本文的资料必然偏向该时代的岩石。采自下侏罗统、上侏罗统层段以及下白垩统地层的数据不太详尽。第二,露头产出于现代河流的外河曲,如 Bolshoy Kemchuk 河、丘雷姆(Chulym)河和叶尼塞(Yenisey)河(图 3)。在这些地方,露头品质很好,但倾角低、露头间距小,这意味着不依靠生物地层资料难以构建精确的垂向剖面。第三,高品质露头是由公路切割出来的。

2.2 时代确定和地层学特征

图 1 显示研究区在克拉斯诺亚尔斯克(Krasnoyarsk)地质调查局的授权范围内。该机构公布的俄文研究报告包括 Berzon 和 Barsegyan(2002)的露头调查成果。这些研究人员对 Bolshoy Kemchuk 河沿岸露头样品进行了综合古植物学分析,为了建立本文描述的露头的年代地层,将分析结果与浅钻资料结合起来。虽然获得 90 多个样品,但未能建立侏罗系—白垩系沉积的详细生物地层分带(表 1)。其主要原因是:①砂岩样品多于泥岩样品(获取孢粉物质更好一些);②在现今露头上有机质与空气和水接触发生氧化。然而,在某些样品内孢粉采集良好(表 1),为古环境分析提供了有价值的资料。

根据表 1,准备了 15 个样品,但只有 6 个样品含有能够提供可靠结果的足够孢粉。在侏罗纪和白垩纪泥岩样品中可以识别出两类孢粉,即蕨类植物孢子和裸子植物花粉。特别有意义的是 *Classopolis classoides* 和 *Botryococcus braunii* 的出现,见于泥岩相组合相应章节详细介绍。

在马林斯克—克拉斯诺亚尔斯克(Mariinsk - Krasnoyarsk)地区,中生代沉积物以不整合关系沉积在不同时代的基底之上(图 2),基底包括泥盆系和石炭系混合碎屑岩序列以及泥盆系花岗岩。根据俄文文献记录的先前研究,俄罗斯研究人员建立了侏罗系和白垩系地层的岩石地层格架(Berzon 和 Barsegyan,2002)。在俄文术语中,基本的岩石地层单元是 свита(svita 或 suite),常常被错误地翻译为组,但概念有所不同,因为单词"suite"包含的含义是具有特定时代范围的单元。为了强调这种差异,在提及地层单元时我们自始至终采用单词 suite。为清楚起见,我们省略了每个 suite 正式名称中的阴性形容词后缀(- ская - skaya)。

早侏罗世地层序列由马卡洛夫岩组(Makarov Suite)粗粒砂岩和砾岩构成,并被 Ilinsk 岩组(Ilinsk Suite)细粒砂岩覆盖(图 2)。上覆中侏罗统 Itats 岩组(Itats Suite)是著名的含煤层段(图 2),包括亚洲最大的露天煤矿伯罗的诺(Borodino)露天煤矿的煤采自该岩组。中侏罗统上部和上侏罗统沉积物属于 Tyagin 岩组(Tyagin Suite),以不含煤的粉砂岩和泥岩沉积为主。白垩系岩层以不整合关系覆盖在侏罗系之上,局部可划分为三个褶皱地层亚层,分别为 Ileks 岩组(Ileks Suite)(早白垩世)和上覆 Semonovs 岩组、Smes 岩组(图 2)。为清楚起见,本文称为早、中和晚侏罗世岩层以及早、晚白垩世岩层,而不称为单个岩组名称。

在本研究中,测制了 9 条详细的沉积学剖面,代表早侏罗世—晚白垩世不同的地层层位(Berzon 和 Barsegyan,2002)。其中 8 条剖面地层层段相对较窄(图 4),但第 9 条剖面涵盖了中侏罗世(阿连期)至早白垩世(纽康姆期)、厚度超过 700m 的地层序列(图 5)。后者是根据沿 Bolshoy Kemchuk 河乘船能靠近的河流露头编制的断续剖面。

2.3 相分析

识别出的五种相组合表示在每个剖面的右边,包括泥岩、煤、粉砂质砂岩、细—中砂岩和粗砂岩相组合,提供包括侧向延伸范围的相组合的外部几何形态的信息可尽可能地增进解释。但是,在某些不可能的情况下,例如孤立的露头,则根据合适的文献划定相组合的外部几何形态信息。在下面的剖面中,在考虑其地层和侧向关系之前,先描述和解释相组合。

表1 马林斯克—克拉斯诺亚尔斯克地区中生代样品孢粉资料

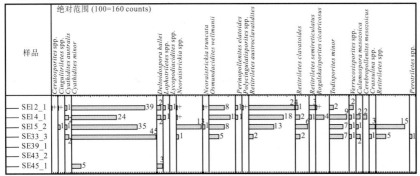

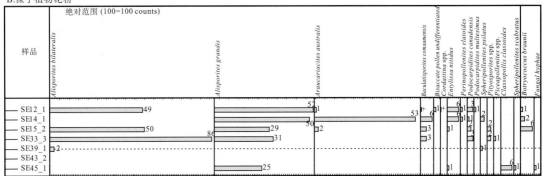

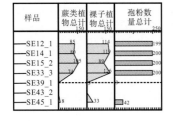

2.3.1 泥岩相组合:描述

泥岩相组合包括页岩(纹层状黏土级沉积物:图6A)、泥岩(非纹层状黏土级沉积物:图6B)、少量粉砂岩和次要的煤物质。泥岩和页岩为灰色、暗灰色、红色或绿色,形成几米至几十米厚的单元(图4,剖面B),可在侧向上追踪200m以上(被煤层上下围限:图6C)和100m以上(被砂岩相围限)。该相组合的侧向分布范围可能很大,但受限于露头连续性。实测的泥岩厚

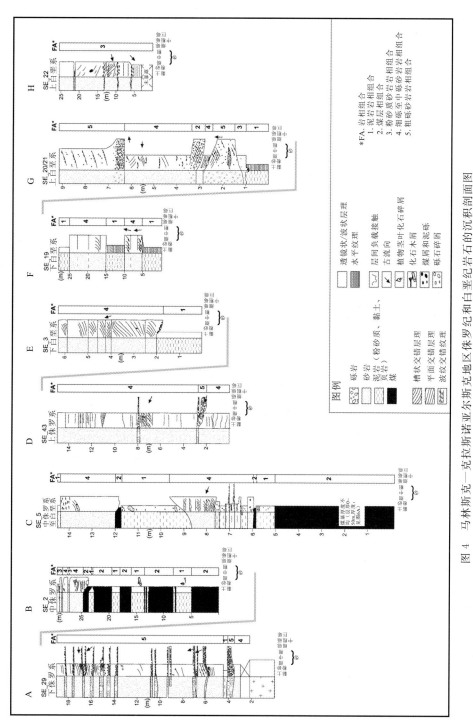

图 4 马林斯克—克拉斯诺亚尔斯克地区侏罗纪和白垩纪岩石的沉积剖面图

根据 8 个不同位置并用识别出来的 5 个组合编制。沉积剖面由下侏罗统至上白垩统组成。每条实测剖面上识别出的相组合表示在每条剖面的右边。古流资料用剖面右边的箭头表示。注意每条剖面的垂向比例变化很大。这些位置的坐标如下：剖面 A(SE_29)，56°08.627′ N 91°36.427′E；剖面 B(SE_2, Kaichak 露天煤矿)，55°44.707′N 88°35.479′E；剖面 C(SE_5)，55°40.516′N 89°13.140′E；剖面 D(SE_43)，55°52.641′N 88°19.127′E；剖面 E(SE_3)55°46.169′N 88°45.530′E；剖面 F(SE_19)，56°21.698′N 91°40.354′E；剖面 G(SE_20/21)和剖面 H(SE_22)对应于 Bolshoy Kemchuk 河北岸的一条详细剖面 56°21.698′N 91°40.354′E 向东

度可能不够有代表性,因为通常被上覆砂岩层削截(图4:剖面E,0～2m;剖面G,0～1m)。可根据有机质确定页岩和粉砂岩中的纹层,而泥岩含有分散的煤屑。在堆积最厚的后一种相中,有机质(煤屑)的含量一般向上递增,特别是在煤层下伏岩层中(图4:剖面C,8.7～11.8m)。泥岩相局部与其他岩相(如砂岩相)突变接触(图6D),充填河道的地方深1～3m,宽5～30m。

泥岩相组合出产不同的蕨类植物孢子和裸子植物(针叶树)花粉组合(表1)。其中值得注意的是,中侏罗世泥岩内的绿藻(*Botryococcus braunii*)和晚侏罗世泥岩内的 *Classopolis* 孢体(表1)。

2.3.2 泥岩相组合:解释

泥岩相组合记录了陆相环境静水中粉砂和黏土的低能悬浮沉降。不同类型黏土矿物混合、不同氧化状态以及有机质含量差异造成了泥岩相组合的杂色特征。泥岩相组合重要的厚度及其侧向分布范围引起了两种主要解释可能:一是湖泊沉积背景;二是河漫滩沉积背景。第一种解释是不太可能的,因为泥岩的均质性以及缺乏砂岩互层和相关的可以指示三角洲进积到湖中的浊积岩(例如 Etienne 等,2006)。泥岩相组合小尺度的厚度变化,及其直接覆盖在河道冲刷面上更好地指示了其在被泛滥沉积充填之前的活跃河道内的沉积(例如 Plint,1988)。通常在决口后,溢岸流过程在这类河道充填中发挥了重要作用(Nichols 和 Fisher,2007)。

绿藻(*B.braunii*)的出现及中侏罗世泥岩内的蕨类孢子有力地支持了上述河流相的解释。该藻类是淡水变种(Guy-Ohlson,1998),因此表明植物物质堆积在诸如牛轭湖和泛滥平原背景中。同样地,上侏罗统剖面泥岩内 *Classopolis* 孢体的出现也表明该层段岩层为陆相(泛滥平原)沉积。*Classopolis* 是包括毗邻蒙古的天山在内的中亚地区晚侏罗世和白垩纪层段的代表(Hendrix 等,1992)。该属种来自现今已绝灭的耐旱针叶树(Pocock 和 Jansonius,1961)。

2.3.3 煤层相组合:描述

该相组合包括无烟煤/烟煤以及次要的泥岩和页岩夹层。煤层厚达40～50m(图4,剖面C;图6E),侧向分布范围可达几十千米。缺乏植物根支。最厚的煤层一般具有突变的平坦顶面(图6F),且大部分通常被砂岩相组合覆盖。煤层也以更小的规模产出(厚数厘米—数分米),夹于3～4m

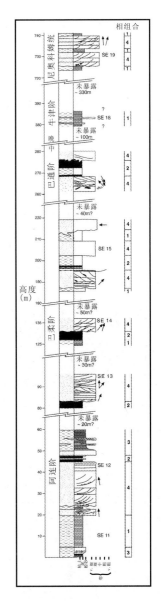

图5 Bolshoy Kemchuk 河沿岸出露的中侏罗世—白垩纪沉积岩的断续沉积剖面

这些剖面是通过橡皮筏靠近的。剖面向上非出露的程度通过 GPS 结合区域倾向值确定。大剖面是非出露的,特别是上侏罗统。古流测定局限于米级的槽状交错层理砂岩,表示在剖面的右边。相组合的垂向排列具有部分的旋回,解释为河流沉积体系主要的和远距离的决口阶段(详见正文中),图例见图4

图 6 侏罗纪和白垩纪地层中的细粒沉积相特征

照片 A~D 泥岩相组合的面貌。A. 具灰和褐色纹层的页岩;B. 具粉红色(氧化色)和绿色(还原色)交替,不含化石的泥岩;C. Kaichak 露天煤矿中侏罗统(图4,剖面B)煤层相组合(黑色)夹泥岩相组合(灰色)的景观;D. 泥岩(褐色)覆盖在废弃河道上,下切到砂岩(浅黄色)中。照片 E~F 为煤层相组合。E. Berezovsky 露天煤矿(图4,剖面C),煤层厚度50m左右,侧向分布范围3km左右。注意煤层和砂岩之间刀口一样的接触面;F. Bolshoy Kemchuk 河沿岸4m厚的煤层与上覆的中粒砂岩之间刀口一样的接触面的又一个例子;G. 煤层中的化石树干(图4,剖面B)。该图版展示结晶结构,由于露头上现今煤层自然造成石墨化的结果厚的页岩沉积中(图 4,剖面 B)。常出现毫米级的黄铁矿晶体和集合体,也发育含化石树物质,并具有结晶结构的薄层(厚度小于 1m)(图 6G)。

2.3.4 煤层相组合:解释

煤层相组合被解释为排水差的泛滥平原上的沼泽内长期堆积和保存的植物物质。根据 Fielding(1987),形成泥炭有机残余需三个主要条件:①充足的植被生长;②减少氧化,并通过提高水位抑制细菌还原作用;③减少碎屑输入。根据这些条件,煤层相组合内缺乏根支可能指示了泥炭源自泥沼或由河流带来的植物物质。形成 40～50m 厚的煤层需相当大深度的沼泽,假定压实比为 1.2∶1～2.2∶1(Nadon,1998),则形成最厚煤层的泥炭泥沼深达 60～110m。与页岩互层的小尺度(厚几厘米至几分米)煤层反映了较浅静水体中更小规模泥沼的发育。相关页岩记录了泥沼内氧化淡水的间歇注入。在河漫滩背景下,决口扇的形成过程可为不同停滞泥沼内淡水的输入提供合适的机制(Farrell,2001)。

2.3.5 粉砂质砂岩相组合:描述

粉砂质砂岩相组合由粉砂岩和极细砂岩(图 4,剖面 H)构成。这些沉积以平行纹理相为主,通常向上过渡为波形交错纹理相。也发育有富含有机质夹层的块状粉砂岩(图 7A)。粉砂岩也与厘米级煤层呈薄层互层(图 7B),并披覆在流水波痕前积层上。一般地,在任何给定的剖面中,该相组合具有有限的垂向分布范围(30～50m 厚),并可在侧向上追踪 5～10m。该相组合的粉砂岩和砂岩一般与下伏相组合呈平坦的整合接触关系(图 5,48m)。

2.3.6 粉砂质砂岩相组合:解释

粉砂质砂岩相组合的粉砂岩和极细砂岩是相对细粒的沉积物,是在低能时期沉积的。在河流背景中,这类沉积记录了低水流动力(较低流态平行纹层:Ashley,1990),一般为低搬运能力河流或如决口扇的河漫滩条件(Farrell,2001)。该相组合底面一般界面平坦支持后面的解释。由平行纹理沉积向上过渡为波形交错纹理沉积表明水流减速,是水流衰退期间冲积平原上流动扩散的结果。以前决口过程中产物的详细研究将决口扇沉积比作小型三角洲复合体,在个别露头上可识别出约 3m 厚的分流河口坝和改造的边缘——远端坝(Farrell,2001)。通过比较,本文中低厚度(30～50cm)和分布范围有限的(5～10m)粉砂质砂岩相组合是指小型局部决口扇沉积。

2.3.7 细—中砂岩相组合:描述

该相组合以细—中砂岩为主,一般含少量砾级碎屑。沿 Bolshoy Kemchuk 河,至少在 10 套地层内可观察到该相组合(图 5)。该相组合底面一般河道化,具有明显的宽 10～20m 的河道(图 7C),在其底面以泥岩、粉砂岩为主,其中有较小范围分布的直径 0.5～15cm 燧石碎屑呈线形排列。在 15m 厚的砂席内,河道构成最显著的侵蚀特征,由于大部分露头的范围被限制在小型采石场,因此无法表明其侧向分布范围。这些沉积中常见槽状交错层理,前积层高 0.1～1m(图 7D),其中大量煤、硅化木碎屑和毫米级黏土碎屑呈线状排列。层系一般是合并的、层叠的(图 4:剖面 D,3～14m)。厚 2～3m 的细—中砂岩序列中也发育有水平的平行纹层(图 7E),纹层内含有大量有机质(包括 40cm 长的木屑)和粉砂岩。中等幅度的波痕交错层理

图 7 侏罗纪、白垩纪砂岩和粉砂岩两个相组合特征

照片 A 和 B 为粉砂质砂岩相组合。A. 具差的易裂性粉砂岩,水平层理,有机质(煤粒)显示纹层;B. 粉砂岩、页岩和煤沉积薄互层,铅笔为比例尺;照片 C～E 为细—中粒砂岩相组合。C. 细—中粒砂岩中发育有大型水道,水道通过其底面的铁锈带和其上的细粒砾岩物质(包括木质碎屑和外来碎屑)识别;D. 该相组合的典型特征是大型槽状交错层理,从中可以得出极好的古流信息,榔头为比例尺,底床形态被含有平行纹层的米级层覆盖或削截(E);F. 细粒砂岩中的叠加波痕一般出现在向上变细旋回的顶部,解释为典型的片流沉积特征

(波峰高1~2cm;图7F),覆盖在槽状交错层理相和平行层状砂岩上。细—中砂岩相组合的顶面一般是不规则的或河道化,并且常常被泥岩相组合覆盖(图4,剖面F)。

2.3.8 细—中砂岩相组合:解释

细—中砂岩相组合被解释为在以少量底载荷搬运为特征(例如砾石线状排列的河道)的混合负载体系内如河道内部背景下的沉积。槽状交错层理的叠加特征表明沉积物加积速率很高(例如Leclair等,1997;Mack和Leeder,1999)。河道底面的砾石排列和泥屑暗示下伏沉积遭受冲刷和改造。槽状交错层和混合为砂席的河道,这些特征与昆士兰二叠纪河流砂席有些相似(Allen和Fielding,2007)。平行纹层砂岩内煤屑和木屑的出现表明有机质沿层理面沉积。保存下来的前积层(0.1~1m)揭示了高0.5~1m、最高5m的初始沙丘底形(Leclair等,1997;Ashley,1990)。由平行纹理砂岩向流水波痕砂岩的垂向过渡被解释为典型的衰弱水流特征。该衰弱水流的特征可能是由于沉积物漫溢河岸(即与决口扇相当的河道内部;Farrell,2001)或低河流水位期间的排放造成的。

2.3.9 粗砂岩相组合:描述

这些沉积由粗砂岩构成,伴有细砾、中砾和粗砾岩(图8A~D),以及少量细砂岩(图4,剖

图8 粗粒砂岩相组合代表性的照片

A. SE39(图4,剖面A)砂和砾互层,序列厚度10m。B. 相同地点该相组合底界与泥盆系花岗岩之间接触关系及其之上2m砾岩层的放大,钢笔右边大的棱角状碎屑为泥盆系花岗岩碎屑。砾岩层侧向尖灭和变厚,并在泥盆系花岗岩基底上变薄,说明岩床限定河流条件。C. 砾岩层和中粒砂岩复杂的相关系。楔形/透镜状砂岩朝向照片的顶部解释为砂充填的河道体。在它下面,钢笔做比例尺放在细粒—中粒砾岩中发育的前积层上。照片D显示这些前积层的结束,具有正递变层理

面 A)。该相组合底面极不规则——河道化,与前中生代结晶基底接触的区域可证明这一点(图 9A)。砾岩层内碎屑长 0.5～6cm,包括灰色和绿色泥岩、绿色粉砂岩、黑色和红色燧石、砂岩(局部发生变形和变质)、碳酸盐岩碎屑、花岗岩、花岗伟晶岩、凝灰岩、脉石英、石英岩、安山岩和煤。碎屑一般具有中等到好的磨圆度,尽管直接覆盖在结晶基底或前中生代基底上的该相组合发育有罕见的大棱角状碎屑(图 8B)。中砾岩内保存有透镜状砂岩层(图 8C)。砂岩层与下伏砾岩呈突变接触,砾岩岩相以槽状和板状交错层(图 8C)、具有正粒序层理的层系以及发育良好的砾石叠瓦构造为特征(图 8D),也发育有低角度(小于 5°)层理。这些砂岩透镜体由 1～2 个中砾和粗砾碎屑厚层排列构成。

2.3.10 粗砂岩相组合:解释

该相组合的粗粒沉积物是河道内以混合载荷——底载荷为主的普遍为中等至高流速的河流体系沉积(Miall,1996)。该相组合底面的典型特征——不规则—河道化界面,以及覆盖在基底之上占优势的大棱角状碎屑,表明为高水流能量。这些河道似乎受地形限制(图 9A)。

粗砂岩相组合具有很多现代辫状河(如阿拉斯加 Sagavanirktok 河)沉积的特征(Lunt 和

图 9　侏罗系和白垩系地层相组合之间的垂直关系

A. 泥盆系花岗岩基底和下侏罗统粗粒砂岩相组合的砂岩之间的接触面(图 4,剖面 A)。B. 泥岩相组合(褐色、灰色岩性,照片下部和中部)和粗粒砂岩相组合(浅黄色、榔头之上)之间的不规则接触面。该结合面是由于未固结泥岩上的粗粒砂和砾石的重力、载荷不稳定性造成的。C. Periyaslovski 露头煤矿采煤露出的煤层相组合和细—中粒砂岩相组合之间极不规则的接触面。注意煤层被砂岩围成豆荚状。煤层厚度 10m 左右。D. Bolshoy Kemchuk 河沿岸剖面中煤层和细粒砂岩之间类似的不规则接触面。注意孤立的砂岩豆荚发育在上覆砂岩层负载特征的下面,是由于被煤层完全包围形成的。C 和 D 的特征与图 6E 和图 6F 所示的地点相对照,岩性差异明显且很确定,可能暗示煤化完成的过程之前泥炭中存在残余水流

Bridge,2004)。这类现代河流沉积的分析表明,辫状河砾质坝由具有复杂复合内部构造的大型交错层构成,该内部结构反映了中等规模的交错层和板状层(Lunt 和 Bridge,2004),是在河流侧向迁移或分流过程中形成的(分别为边滩和心滩)。槽状交错层底部的砾石滞留沉积被解释为牵引沉积,而沿其他层理面、冲刷面和交错层的前积层砾岩的基质支撑特征可能表示重力影响下的颗粒分散过程。这类基质支撑砾岩是在地形陡坡背流面卸载的沉积物的常见特征,可指示未成熟河流陆地体系内高含沙水流的发育(Mack 和 Leeder,1999)。这些沉积内的低角度层理被解释为低流态底形沿河床的迁移。碎屑大小相似,及其总体上中等到好的磨圆度,这些特征表明作为河流底负载的长期搬运。相对丰富的燧石和中性—酸性侵入岩以及喷出火成岩与其哈萨克斯坦北部阿尔泰地区碎屑的物源区一致。在该地区,结晶基底由岛弧、蛇绿岩和增生楔复合体构成(Buslov 等,2004)。通过比较,碳酸盐岩和砂岩碎屑反映了一个来自马林斯克—克拉斯诺亚尔斯克(Mariinsk - Krasnoyarsk)地区泥盆纪碳酸盐岩—碎屑岩混合地层序列的更为本地的物源区(Berzon 和 Barsegyan,2002)。

2.3.11 古斜坡的侧向和垂向演化

详尽的古水流数据库根据 20 多个实测点的 156 个古水流数据编制而成。沿合成的 Bolshoy Kemchuk 河剖面的古水流数据(图 5)来自 5 个不同的观察点。数据收集自砂质沉积内约 1m 厚的槽状交错层,这些砂质沉积即粉砂质砂岩相组合、细—中砂岩相组合和粗砂岩相组合。把这些数据标绘在标准玫瑰花图上,然后叠加到地质图上(图 3)。该图不能区分 3 个以砂岩为主的相组合,虽然是建立在作为侏罗纪和白垩纪河流体系内河流底负载的沉积上,但这些资料可作为整体来考虑。

图 3 中的不同数据收集自下侏罗统、中侏罗统和上侏罗统层段,并区分出下白垩统和上白垩统岩层。早侏罗世的数据表明多个方向的沙丘迁移:出露在研究区西部的(SE42、SE44、SE20 和 SE21)沙丘主要向西扩散,而研究区中部和东部的沙丘则显示向西南(SE38)和由西北向东(SE29、SE30)的条带。中侏罗世,研究区西部以向北和北东方向的古流向为主(SE2、SE9、Bolshoy Kemchuk 河剖面),但研究区中部和东部记录为向东—东北东方向扩散(SE10、SE25、SE31)。没有获得上侏罗统的古水流数据。下白垩统砂岩沉积于北(SE19)—北西(SE3)方向,上白垩统沙丘从北向西南(SE20、SE21、SE22)方向迁移。

总之,这些数据说明西西伯利亚盆地东南缘为北西至北东向倾斜的斜坡,该斜坡在侧向上以及侏罗纪和白垩纪期间无重大变化,尽管识别出局部向南和西南方向的沙丘迁移。在某些地点(如 SE9)观察到的古水流分布可能反映了河道内沙丘体系—洼地充填的趋势(例如漩涡等形成的冲刷坑),该趋势记录了不同于区域地形梯度的局部特征。

3 相组合之间的侧向和垂向关系

前面所描述和解释的沉积相具有明显的垂向和侧向变化,有些是渐变的,同时有些相变是突变的。侏罗纪最显著的垂向(即时间上的)相变是向上渐变为泥岩。下侏罗统剖面以粗或中砂岩相组合为主(图 4,剖面 A;图 8),同时该层位明显缺乏泥岩相组合。但是,泥岩在中侏罗统内很有代表性,而在下白垩统和上白垩统内不具有代表性(图 4)。垂向上具有明显交替出现的泥岩相组合和煤层相组合(图 4B)。这些岩性变化被解释为记录从以局部受基岩地形(图 9A)影响和限制的河流体系为主的未成熟河流地形到以具有广泛发育的泛滥区和泥沼的稳定曲流河为特征的很成熟古地形的过渡。可能由于高排放事件影响,中侏罗世泛滥区接受细砂级物质(粉砂质砂岩相组合)沉积。

中侏罗世,发育最厚的煤层相组合与其上覆细—中砂岩组合间的突变界面(图 6A)为成熟河流体系间歇性决口提供了证据。这些相组合间明显的平坦界面,而非河道化界面,可归因于泥炭的弹性流变学特性,这种特性明显减少了决口河流垂向侵蚀的可能(McCabe,1984;Collinson,1996)。直接覆盖在煤层上的河道沉积提供了规模至少达数千米的大型河流体系重大决口的证据。网状河常发育这种大型决口(Makaske,2001)。细—中砂岩相组合顶面上河道内的泥岩相组合为河道废弃和决口提供了另外的证据(图 4C)。这些地层关系表明细—中砂岩相组合顶面的侵蚀和冲刷、底载荷沉积物过路以及无牵引流的静水泥岩沉积。因此,这些地层关系指示了一种与曲流河体系中牛轭湖的形成相似的废弃过程(如 Constantine 和 Dunne,2008)。

然而,煤层与上覆砂岩间的接触面并非到处都是突变的和平坦的。在沿 Bolshoy Kemchuk 河剖面的多个层段上(图 5),煤层与细—中砂岩相组合间的接触面以两套不同岩相间的断续不规则界面为特征(图 9B、C)。这种关系在砂岩包围的豆荚状煤层(图 9B)和产出于煤层上部的砂岩豆荚体(图 9C)间变化。这些特征与上覆河流体系夹带的泥炭屑是一致的。很不规则的煤层豆荚体和上部煤层内的砂岩可归因于砂体沉积过程中泥炭的液化特性,并且在这种情况下,两种岩性间的重力不稳定性促使其更容易发生。

前面讨论的相组合是在克拉斯诺亚尔斯克(Krasnoyarsk)和新西伯利亚(Novosibirsk)之间广泛分布的露头上研究得出的,通过向克拉斯诺亚尔斯克(Krasnoyarsk)地质调查局的 Berzon 咨询,确定了年代。然而,考虑到露头的孤立性,由于缺乏相组合之间侧向和垂向关系的信息,因此露头提供的认识十分有限。为了克服这个问题,编制了沿 Bolshoy Kemchuk 河中侏罗统至白垩系地层的拼合剖面(图 5)。拼合剖面厚度大于 700m,以中侏罗统(阿连阶—巴通阶)地层为主,并延续到下白垩统(纽康姆阶)(Berzon 和 Barsegyan,2002),用以建立拼合剖面的露头遍布在延伸约 26km 的河岸。在露头产出地,露头品质很高,但每个露头都不相连。区域倾角低(一般小于 10°),从剖面到剖面几乎没有地层重叠。因此,在此给出的剖面总厚度(图 5)可能低估了。

沉积剖面揭示如下沉积体系的部分旋回演化:煤层相组合以突变关系上覆于粉砂质砂岩和细—中砂岩相组合之上,可在一些层段观察到向下穿透到煤层中的砂岩侵入构造(图 5,46m、80m、127m、275m),向上变细,以泥岩相组合结束。在 Bolshoy Kemchuk 河剖面上,4 个主要含煤层段很明显,均限于中侏罗统剖面。上侏罗统(牛津阶)露头很差,且全是泥质(图 5,360m),但上覆下白垩统沉积由具有泥岩夹层的粗砂岩相组合组成(图 5,720~740m)。总之,在马林斯克—克拉斯诺亚尔斯克(Mariinsk - Krasnoyarsk)地区,大部分煤层都局限在中侏罗统(图 4、图 5)。

4 沉积模式

侏罗纪和白垩纪马林斯克—克拉斯诺亚尔斯克(Mariinsk - Krasnoyarsk)地区时间上的

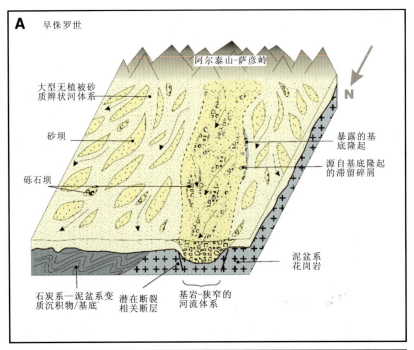

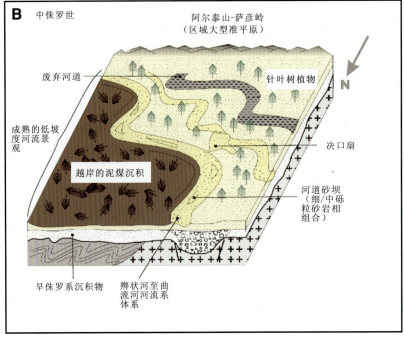

图 10　西西伯利亚盆地东南部侏罗纪陆相沉积体系沉积模式图

根据马林斯克—克拉斯诺亚尔斯克地区露头研究建立。A. 早侏罗世沉积环境，以相对未成熟的河流环境为主，发育有粗粒底床载荷河流沉积体系，其中沉积构型受到岩床地貌的持续影响；B. 中侏罗统沉积环境形象化总结，以很成熟的河流景观系统为特征，包括很确定的泛滥区。这些泛滥区是泥炭堆积（并因此成为有经济意义的煤矿）的沉积中心。这些煤层也是西西伯利亚盆地南部迄今未开发的天然气的气源演化可总结如下。

早侏罗世,基岩限制的河流体系沉积了以底负载为主的沉积物,包括局部和区域(如阿尔泰-萨彦岭)物源区的粗砂岩、细砾岩和砾岩(图10A)。这些河流体系可能是季节性的,且缺乏泥岩沉积的明显泛滥区(图10A)。到中侏罗世,高容量河流使得地形逐渐剥蚀,导致形成以网状河和清晰的泛滥平原为特征的低流态冲积平原(图10B)。淡水藻类可以在静水区繁殖。在洪峰流量期,河岸漫顶,决口扇沉积物沉积下来。老河道段堵塞形成大决口,在此期间小河道也废弃,并在牛轭湖内充填溢岸细粒物质。广阔泛滥区积水,并且超出天然堤地形可能下陷,导致厚层泥炭堆积在浮动泥沼中(图10B)。这些泥沼还周期性地遭受淡水侵入,从而形成泥炭内的泥岩夹层。

到晚侏罗世,煤层沉积基本停止,但河流沉积持续进行。该时期的粗砂岩沉积可记录在如内陆隆起/掀斜或基准面下降过程中形成的沉积物物源区的回春作用。这些沉积物中的 *Classopolis* 花粉可微妙地指示伴随远离煤层沉积漂移的气候变化:该种属是耐旱的(Pocock 和 Jansonius,1961),因此暗示晚侏罗世向略为干旱的气候变化。到白垩纪,中—粗沉积物的沉积记录了持续存在的以底负载为主的河流沉积作用,尽管泥岩沉积在泛滥区持续。

5 讨论

5.1 西西伯利亚盆地边缘沉积构型的控制因素

本文提供的资料有助于我们解释西西伯利亚盆地部分地区侏罗纪至白垩纪的沉积史。近年来,全球各地在相似的陆相地层序列沉积构型研究方面开展了大量工作,很多复合新技术,如激光扫描和高分辨率GPS研究用以阐明混合砂岩沉积的三维构型(例如Labourdette和Jones,2007)。除技术进步外,露头资料综合分析(例如Nichols和Fisher,2007)和层序地层学模型新视角在含煤地层序列内是有价值的(Yoshida等,2007),为考虑沉积构型的控制因素提供了有价值的出发点。

众所周知,沉降状态和在较小程度上可获得的沉积物对确定含煤地层序列构型具有重要作用,尽管对沉积环境的详细认识仍然是重要的(Fielding,1987)。层序地层学家把很多重点放在煤层上,相当重要的原因是它们可能形成作为解释碎屑输入"瞬间"减少的侧向连续层。澳大利亚Bowen和Galilee盆地二叠系地层内,10~15m厚的向上变细旋回被解释为狭义的沉积层序(Allen和Fielding,2007)。根据这些作者的观点,发育在低梯度盆地边缘的理想层序底界面尽管遭受极小侵蚀仍然是突变平坦的。这是因为与地势较高的地区不同,广阔平坦的沿岸平原或冲积平原倾向于受到沿层序界面相对浅河道的切割(Posamentier和Allen,1999)。在Allen和Fielding(2007)的研究区,层序界面被粗—极粗粒槽状交错层理河流相砂岩覆盖。至关重要地,他们的层序地层解释取决于对这种微妙的古环境标志识别的认识,如潮汐改造砂岩或生物扰动。由于我们的沉积学和孢粉学资料难以揭示海洋对沉积作用影响的任何证据,因此我们没有推测似乎有理的层序地层解释。

综合对大型露天煤矿的观察和地下资料,Fielding(1984)提出一种用以解释英国东北部煤系地层(上石炭统)沉积构型的三层体系。对于该地区,Fielding(1984)设想三角洲进积和转换样式起到了大尺度控制作用,构造和压实沉降控制了中等尺度变化,而沉积过程和额外沉降影响了局部尺度变化。对于这些900m厚的沉积,与压实作用有关的沉降有利于形成深达8m、宽数十千米的沉积"盆地"。但在西西伯利亚盆地东南翼,沉积剖面揭示侏罗纪—白垩纪剖面厚度大于700m(图5),中侏罗统煤层的压实影响可能更有意义。按上述压实估计,约50m厚的泥炭层可形成深数十米的沉积"盆地"。因此,植物物质的压实导致形成泥炭层,并最终形成煤层,这种压实可有助于解释与上覆细砂岩之间特别的突变地层接触面(图6E)。

5.2 区域和全球意义

可从国际文献中获得大量的西西伯利亚盆地侏罗系—白垩系地层序列钻孔资料(如 Kontorovich 等,1997;Pinous 等,1999、2001)。在此试图将新的露头资料和侏罗纪—白垩纪河流沉积体系的演化与在盆地内广阔地区($350×10^4 km^2$)开展的不同研究联系起来。

图2尝试对比地表(Berzon 和 Barsegyan,2002)和隐伏露头(Rudkevich 等,1988)间的推测关系,以便在区域地质背景下进行目前的研究。值得注意的是,以前没有进行过这样的对比,因此关键不整合面和不连续面的对比是初步的,有待今后研究证实。在露头上,重要的不整合面位于侏罗系地层序列底面,平行不整合面位于中侏罗统和上侏罗统之间,不规则不整合面在侏罗系和白垩系分界面,上侏罗统发育一个平行不整合面(图2)。这些不连续面可在地下追踪,并被下述不同学者识别出来。第一,侏罗系底面对应于西伯利亚 Traps 裂陷和喷溢后的稳定沉积初始阶段(Reichow 等,2002;Saunders 等,2005;Allen 等,2006)。第二,卡洛维(Callovian)阶底面对应于一个较大的海侵事件,大面积沉积了边缘海相-湖相沉积物:卡洛维阶烃源岩(Kontorovich 等,1997;Pinous 等,1999)。第三,贯穿纽康姆(Neocomian)期的穿时海侵,对应于源自西伯利亚克拉通、小部分源自乌拉尔山的大型三角洲楔形体下超(Pinous 等,2001)。第四,不连续面对应库兹涅茨岩组(Kuznetsov Suite)和有关的湖相页岩海侵上超在较老的沉积之上(Rudkevich 等,1988;图2)。

许多沉积盆地形成的模型援引一个活动的构造运动阶段,然后是一个稳定的阶段(Allen 和 Allen,1991)。在西西伯利亚盆地的案例中,构造活动阶段归因于裂陷(和可能的右旋斜向滑动断裂:Allen 等,2006),而可能推测构造稳定阶段后以三叠纪沉积记录为代表。然而,有一些重要的地层证据质疑活动盆地形成阶段在早三叠世停止,从而暗示了本文讨论过的观察侏罗系—白垩系沉积序列的方式。按照地层构型,Nyorlskaya 凹陷内的露头北部,早侏罗世—中侏罗世沉积岩适合层序地层分析,因为其由边缘海相-浅海相构成,包括最大海泛面上的海洋动物群和页岩:有助于直接与国际海平面曲线(Pinous 等,1999)对比的特征。这些特征使得 Pinous 等(1999)将盆地可容空间的产生(表现为退覆准层序组)与全球海平面变化联系起来,有效地折现了早-中侏罗世期间盆地演化中活动/构造运动过程。

西西伯利亚盆地地下关键问题之一是源自西伯利亚克拉通和小部分源自乌拉尔山的纽康姆(Neocomian)期巨型三角洲楔形体的成因。浅海和地表环境的推进导致早白垩世初期区域性海退和海岸线向盆地方向迁移约1000km(Pinous 等,2001)。在格达(Gydan)半岛,盆地最北端,地震资料显示纽康姆(Neocomian)阶楔形体在断层限定的 Messoyakh 山脊系上退覆,从而提供了白垩纪初期隆起的证据(Kunin 和 Segalovich,1996)。此外,在哈萨克斯坦北部阿尔泰—萨彦岭地区,认为重要的走滑变形形成于侏罗系—白垩系界面附近(Buslov 等,2004)。

据 De Grave 等(2007),磷灰石裂变径迹热年代学数据表明阿尔泰—萨彦岭地区在距今 140～100Ma 隆升,隆升起始于早白垩世开始后的 4Ma。另外,Glasmacher 等(2002)阐述了晚侏罗世—早白垩世期间乌拉尔山南部区域应力场的变化。因此,这些研究表明盆缘隆起可能导致了西西伯利亚盆地早白垩世海退。如本文所述,东南盆地边缘侏罗纪演化以河流体系为特征,河流体系反映了地形逐渐剥蚀,以及由基岩限定的河道向成熟网状河的演化。鉴于盆地地下分布广泛且延伸较远的纽康姆(Neocomian)阶海退证据,与构造有关的内陆回春作用可能解释了马林斯克—克拉斯诺亚尔斯克(Mariinsk - Krasnoyarsk)地区白垩纪粗碎屑的输入,虽然目前的资料难以忽视正常河流决口过程的可能性。

我们的露头数据还提供了一个地区侏罗纪和白垩纪有价值的古气候资料,除俄罗斯外以前没有研究过这些资料。如前所述,中侏罗世到晚侏罗世剖面向上煤层减少,可能与转变为不太湿润的气候有关,也出现了如前所述 *Classopolis* 花粉,即便不能排除内陆回春事件。地质时代还涵盖了难懂的晚侏罗世—早白垩世冰川作用,尚未发现其沉积学证据,尽管对该时期全球变冷的认识来自先前从乌拉尔山采集的箭石的同位素组分(Price 和 Mutterlose,2004)。

6　结论

出露于马林斯克—克拉斯诺亚尔斯克(Mariinsk - Krasnoyarsk)地区西西伯利亚盆地东南翼的侏罗纪和白垩纪沉积全部为碎屑物质,并由 5 种相组合构成。

粗砂岩相组合在以混合负载—底负载过程为主的河道内背景下沉积。细—中砂岩相组合也在以混合负载沉积为主的河道内背景下沉积,以迁移底形和衰弱水流过程为特征。将以粉砂质砂岩相组合为代表的最细砂岩和粉砂岩解释为河道漫溢和决口扇沉积记录。这些过程干扰了在泛滥平原和废弃河道静水中泥岩相组合的堆积。煤层相组合的静(低能)沉积作用,特别是发育最厚的剖面,发生在越过河道天然堤的泥沼中。

可识别出沉积这些相组合的河流体系的清晰的垂向上和时间上的演化。早侏罗世初始沉积作用限于基岩限定的河流体系,这些河流体系下切至包括结晶基底的古生代岩层。到中侏罗世,演变为更成熟的河流地形体系,在该体系清晰的泛滥区分隔了网状河道。煤层堆积证实了广阔的泛滥区,并象征着潮湿气候条件。到晚侏罗世,河流沉积作用持续进行,伴有指示不太湿润气候的 *Classopolis* 花粉。到白垩纪,粗碎屑物质的再次输入指示了内陆回春作用。

西西伯利亚盆地露头和地下地层对比表明侏罗纪河流体系演化发生在构造活动静止期。但白垩纪内陆回春作用可能对应于纽康姆(Neocomian)期盆地内主要三角洲楔形复合体的进积作用。

参考文献(略)

译自 Heron D P L,Buslov M M,Davies C,et al. Evolution of Mesozoic fluvial systems along the SE flank of the West Siberian Basin,Russia[J]. Sedimentary Geology,2008,208(1-2):45-60.

新西伯利亚群岛斯托尔博沃伊岛上侏罗统和下白垩统沉积地层学和沉积环境研究新进展

冯晓宏　刘恩然　译，辛仁臣　杨波　校

摘要：本文描述了 Stolbovoi 岛中生代陆源沉积剖面，厚度在 1200m 以上，并绘制了该岛南半部的最新地质图，这一沉积层序是一个单一成因的浊积岩复合体，其岩性组合不能划分，剖面底部和剖面顶部均没有转变为浅海相。复合体堆积于前陆盆地中，在 Anyuian 造山运动期间暴露在新西伯利亚-楚科奇陆块的边缘。根据以双壳类软体动物（Buchia 属）为代表的化石的鉴定结果，伏尔加阶上部（上侏罗统）厚度 640m，贝里阿斯阶（里亚赞阶）厚约 100m，凡蓝今阶下部厚约 200m。在岛的东南部发现伏尔加阶 Buchias 层上部地层，这与沉积层序的野外地质现象不一致。该岛南部的古生物资料说明存在横向逆冲断层，沿着该断层伏尔加阶上部岩石逆冲到纽康姆统下部岩石之上，对该资料也有人考虑作其他解释。Stolbovoi 岛 Buchia 层与诺德维克半岛、Anyui 河盆地及北加州进行了对比，讨论了 Stolbovoi 岛生物群和北太平洋古生物地理域之间的密切关系。

关键词：北极　新西伯利亚群岛　Anyui 造山运动　前陆盆地　浊积岩　*Buchia*　上侏罗统—下白垩统地层学

1　前言

Stolbovoi 岛位于新西伯利亚群岛的西南部（图1）。它是里雅科夫群岛中的一个小岛，主要由下侏罗统—上白垩统类复理石复合体构成。该复合体被认为是西伯利亚克拉通被动边缘的沉积（Drachev 等，1998）或 Anyui 造山带前缘形成的前陆盆地的沉积（Kuzmichev 等，2006）。

到目前为止，Stolbovoi 岛的研究程度还很低。Voronkov 已经得到有关其地质特征最完整的信息。1956 年他编制了该岛最早的、也是唯一的地质图，展示它完全是由单一的中生代砂—页岩沉积复合体构成的（Voronkov，1958）。Voronkov 率先在陆源沉积中发现 Buchias 属化石（双壳类软体动物），以此为依据，认为该沉积是凡蓝今阶形成的，并估计它们的总厚度为 1700～1900m。在此之前，该岛的地质特征是不为人知的。有人认为该岛南部是由花岗岩构成的，而北部则为灰岩构成（Spizharskii，1947）。1973 年两个地质家小组同时在该岛北部开展地质调查（Ivanov 等，1974；Vinogradov 和 Yavshits，1975）。Ivanov 和同事（1974）推断他们研

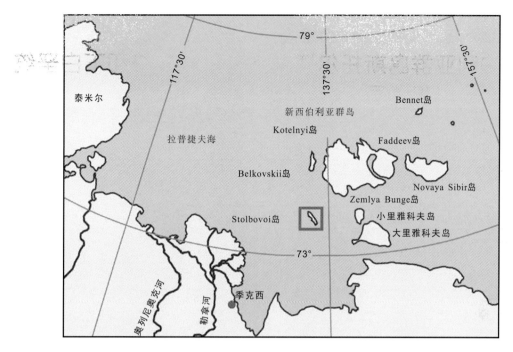

图 1　新西伯利亚群岛西南部 Stolbovoi 岛(方框内)位置图

究的沉积地层范围包含上侏罗统牛津阶、启莫里阶和伏尔加阶以及下白垩统贝里阿斯阶。Vinogradov 和 Yavshits 把相同的沉积归为伏尔加阶—贝里阿斯阶(Vinogradov 和 Yavshits，1975)。Voronkov 编制的地质图成为后来官方(1982)发布的比例尺为 1∶200 000 地质图的基础。基于 1973 年在该岛北部很小的区域进行过研究后获得的材料，中生代陆源复合体的地层学表现在这套图上。图上没有划分上侏罗统(650～700m 厚)和贝里阿斯阶—凡蓝今阶地层(300～350m 厚)。到目前为止，可以获得的关于 Stolbovoi 岛地质和地层的信息仅局限于以上所列文献。2002 年，Kuzmichev 在该岛北部进行了短期的考察。把沉积体定为浊积岩，并与大里雅科夫岛陆源复合体进行了对比。由此得出，该套沉积堆积于伏尔加晚期—纽康姆阶早期的同造山盆地中，由 Stolbovoi 岛通过大里雅科夫岛延伸到楚科奇北部(Kuzmichev 等，2006)。

　　本文注重 Stolbovoi 岛的陆源碎屑复合体的地层学新资料。2007 年，Kuzmichev 和 Danukalova 在该岛的北部进行了为期两个半月的详细地质研究。这些野外研究的目的之一就是重新厘定陆源碎屑沉积剖面的时代和构造，对于该区中生代构造活动史特征，及揭示沉积层序堆积的盆地性质是十分必要的。特别是，由 Ivanov 和同事(1974)建立的剖面下部层位牛津阶—启莫里阶，与我们对于沉积盆地时代和构造活动背景的观点是不一致的。Ivanov 等(1974)对 Voronkov 的推论产生了怀疑。Voronkov 的推论是：如此厚的一套陆源层序(他曾描述过)，堆积于不超出凡蓝今阶范围的很短的时期。反过来，我们也怀疑 Ivanov 及其合作者的关于牛津阶—凡蓝今阶堆积的这套陆源复合体的推论。我们的质疑是因为两个原因：第一，类似于 Stolbovoi 岛上出露的深水浊积复合体是快速形成的(Mutti，1992)；第二，以古生物资料来推断岩石年代是不充分的。这些原因下面将详细讨论。

2 Stolbovoi 岛地质的一般信息

Stolbovoi 岛呈北西-南东向延伸达 46.5km,最大宽度约 10km,其最大高度 220m(Podlog 山)(图 2)。这是一个顶部平坦的阶梯状高地,像一条山链一样横穿该岛,是老的准平原的暴

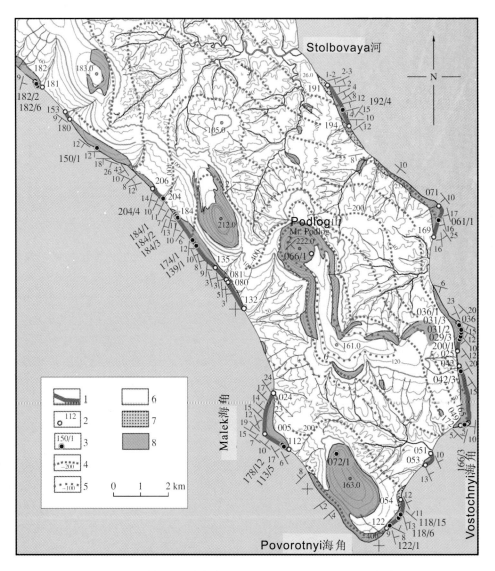

图 2 没考虑到古生物资料编绘的 Stolbovoi 岛南部野外地质图

1. 实测剖面段;2. 实测剖面段观察起点和终点编号;3. 化石发现点和对应的样品号;4. 下白垩统层序的构造线和在剖面上从南部海岸向斜核部确定的零基准面向下计算得出的数据(单位:m),和按 200m 间距绘制的等值线;5. 补充构造线,等值线间距 100m;6. 第四纪沉积(主要为更新世冰积复合体);7. 新近纪湖沼沉积(没按比例);8. 下白垩统(伏尔加阶上部—凡蓝今阶下部)浊积岩复合体(沿悬崖出露宽度夸大)

露部分。该岛四周大多为悬崖。西南海岸悬崖高度为20～40m,且较平坦。北东部海岸的悬崖一般较低,并且大多受到风化。悬崖是证明该岛是由一系列连续的陆源碎屑复合体构成的唯一数据来源(图3)。在某些地方,该复合体作为岩石碎屑暴露于高地的台阶状斜坡上。这些岩石在成分和结构上与悬崖上的岩石并没有什么不同,然而,不可能编制岛中部的剖面图,因为岛中部出露极少。地质图上表示出来的岛中部的中生代的岩层正是这些堆积在斜坡上的岩石碎块(图2)。由于永久冻土的作用,造成的砂岩和泥岩碎屑或单个岩块抬升到第四纪土壤上的现象,在其他地方也可以观察到。观察的结论是整个岛南半部都是由单一的陆源碎屑物质构成的。

图3 Malek角附近悬崖浅和深色浊积砂岩间夹粉砂岩和泥岩构成明暗对比悬殊的互层

根据悬崖上的观察判断,地层大多缓倾斜,但走向变化很大(图2)。我们认为这种走向的变化受短轴背斜和短轴向斜的影响。图2说明整个研究区上岩层的位置,适当考虑了地形。一般地,构造线描绘出一个几乎沿着岛轴线延伸的平缓向斜。下部弯曲平缓倾向东南。该主要构造单元被小型短轴向斜和短轴背斜复杂化。

平缓褶皱构造受到多条陡倾正断层和逆断层切割。在大多数情况下,和悬崖上观察到的一样,断层的断距不大,数厘米或数十厘米,很少见米级断距。在某些情况下,出现断距超过10～30m的断层。在描述的悬崖中,断壁上的地层对比关系大部分是清楚的,并且,大体上它们并不妨碍连续剖面的编制。在一些情况下,我们不确定对比关系的有效性。除近直立的断层外,在某些地方剖面还受到逆掩断层的破坏(图2),其幅度大小不清楚。岛的四周悬崖并不连续。一个不能排除的事实是,受到河口限定的平缓海岸地带可能与大幅度断错相关,严重扭曲了我们建立的地层序列。

所有的地层观察都是在悬崖上进行的。野外工作的前半段,踏勘路线,研究滩崖,然后对大部分滩崖,逐层编绘,用标尺完成其厚度测量。一些剖面片段,我们没有得到详细资料,因为在这些滩崖脚下的积雪完全消融之前,实际是不能靠近的,因此对滩崖的研究是差别的。对其中的大部分滩崖来讲,岩层序列可以正常描述,识别了主要岩石的特征,并对其厚度进行了测量。有一些剖面片段研究得很详细,综合描述了它们的沉积学特性。连续全景拍照,使我们能够确定构造、岩层序列和其厚度,并追索其隐伏部分沿着走向上的变化。由于一系列的主观和客观原因,我们所编绘的特征剖面质量和可能重复观察结果的再现性的程度是不平衡的。

3 陆源沉积的岩石地层特征:通过岩性特征进行剖面对比可能性的评价

　　Stolbovoi 岛中生代沉积剖面由以砂质为主的远端浊积岩相构成。一般地,剖面由三种岩石类型不规则交替构成:①厚层(米级)浅色均一砂岩,通常由多个单层叠加而成;②暗灰色和黑灰色黏土质砂岩和泥砂混积岩形成的岩层,可达分米级或是分米级左右;这类岩层通常构成韵律段,可达数十米厚;③深灰色—黑色泥岩,构成浊积岩韵律的上部,其厚度以厘米为单位。在某些地方,细碎屑岩构成层段可达数米厚。以泥岩为主夹薄层粉砂岩或砂岩。出于地层研究目的,我们采用这种简化分类,这样,在野外按 1∶200 比例绘制的全部柱状图上,就能只表示上面提到的岩石类型和它们的组合。在每个剖面上,单个岩层和层段的构造是变化的,这反映出沉积作用的特殊性。尽管存在特征性的岩层及其序列,我们没有找到能够可靠区别的任何标志层(即便是在两个相隔的剖面上)。

　　我们考虑过岩性对比的不同标准。特别地,我们试图采用厚层浅色块状砂岩来达到此目的。在某些地方,这类砂岩构成均一的岩层,厚度在 10m 以上并成为剖面上最显著的单元。尽管不能够根据这一标准对比剖面,但是发现这类岩层的厚度沿着走向变化,在有些地方,它们成为被泥岩或暗色砂岩分隔的层段。在西海岸观察点(o.p.)180 附近(图 2),就在剖面最下部的位置显示一个厚(约 40m)的块状叠置砂岩层段,到另外的剖面上就消失了。

　　剖面中其他明显的且可识别的层段是以较少且较厚的(超过 3～5m)泥岩为主的层段为代表。这时剖面中包括了其本身是由有机和无机悬浮物沉降形成的盆地沉积,并被盆地底流再冲刷的唯一的一个相。相对于快速沉积浊积砂,由细碎屑构成的层段是长时间堆积而成的,并且在盆地深水部分广泛分布。在大多数特别连续的剖面上发现一个或多个这类岩石层段。这种层段也不能作为标志层,因为在某些地方发现它们在很短的距离内就被砂岩"取代了"。由细碎屑岩构成的层段仅出现在东部海岸观察点 192 附近(图 2)剖面的下部。其他剖面上没有出现类似的层段。该层段主要由泥岩构成,总厚度约 15m。

　　古水流方向和浊流迁移方向的资料成为另外一种可能的对比依据。虽然这些观察的完整统计过程尚未进行,初步的资料表明只有 192～194 观察点附近(图 2)剖面上的一个层段具有明显的原始沉积物结构的方位变化,这反映出盆地的古地理条件发生变化。

　　主要的沉积旋回的划分和对比可以作为地层对比的一个依据。研究得很好的浊积岩复合体以大规模旋回性为特征,通常在剖面上是浊积岩韵律层向上变薄;相反的变化出现次数较少(Mutti,1992)。我们没有揭示 Stolbovoi 岛上剖面明显的周期性,这与有两种截然不同的砂岩类型的存在有关,剖面主要是这两种砂岩构成的。我们相信不同过程是形成这两种浊流类型的原因。每种过程都可能是一个自然的脉动,但它们的重叠可能掩盖了旋回性。

Voronkov(在我们之前研究过该岛南部唯一的人)把剖面划分为两个不平等的部分,上部主要由泥岩构成。在我们研究过的区域内,他标出的上部层序的唯一露头,处于该岛南部051和227观察点之间(图2)。我们的观察表明该地区没有黑色页岩层序出露。在该区的东部,中生代岩石由块状砂岩构成,可以在51~53观察点低滩崖上观察到(图2)。Voronkov标出露头的西南部也没有见到中生代岩石露头或周围有岩石碎块散布。可能的情况是,基于构造的考虑,Voronkov假定上部页岩持续出现在这里并把它放在南部海岸的向斜核部。

通过所有滩崖的研究,我们得出的结论是把剖面划分成岩性上有显著差别的和可识别的层段是不可能的。根据沉积学和岩性特征,一些差别可以是明显的,但只是在陆源碎屑复合体剖面的最下部,后者可以识别为一个层序。在野外我们采用的实测剖面对比方案,如图4所示。杂志的版面大小让我们没办法描绘出柱子上的岩性特征。所研究的剖面片段的地层层位确定与我们对于复合体总体构造的观点是一致的(图2)。标尺把参照面作为零值,岩层厚度向下计算,标尺置于该岛南部海岸向斜核部(图2)。对于海岸的未出露地区,通过图表推断岩层厚度,用走向和倾角修正。悬崖采用实测厚度。利用这些依据编制的合成剖面厚度1100m。在Podlog山和其南边的小山上,向上绘制剖面,在零参照水平面100m之上。该岛研究区陆源碎屑复合体总厚度略大于1200m。

4 前人地层研究的成果

关于Stolbovoi岛中生代岩石时代的信息是基于前人在两个地区获得的Buchias属(双壳类)标本:岛的北部,在该区域对应于剖面下部(Ivanov等,1974;Vinogradov和Yavshits,1975);岛南部,在该地区对应于剖面的上部(Voronkov,1958)。

Voronkov是在岛上我们研究区工作过的唯一的人。在他采集的Buchias属化石标本中,只有两块标本是很好的,可以鉴别。Cherkesova对其进行了鉴定,并用公认的命名法则定为Aucella (=Buchia) ex gr. sublaevis Keys.,发现于Podlog山分水岭以南2km处;A. (=B.) cf. concentrica Fisch.,见于西部海岸Podlog山北西西方向4.5km处[①]。根据这些化石,把该套沉积的时代定为凡蓝今阶。根据我们的标绘,发现的第一个标本对应于剖面+100m的层段。第二个标本对应约-200m的层位(图4)。在Voronkov发现第二个标本的大致地区,我们采集到多个Buchias属化石标本,证实原地岩石为凡蓝今阶的时代推论。因此,Voronkov发现的Buchias属只是表示了剖面上部的特征,根据我们的测绘,该剖面的厚度约300m。以前只在岛的北部发现化石(Ivanov等,1974;Vinogradov和Yavshits,1975)。

Vinogradov、Ivanov和他们的同事在早春时节研究了岛北部的剖面,当时悬崖绝大部分完全被积雪所覆盖。为此,他们设法只描述了Skalistii海角(岛的北缘)及其南边3km处的高崖。除他们外,Vinogradov和Yavshits研究了Ozernyi海角(Skalistii海角南12km)附近的部

---

① 该种包含在 B. sublaevis 的异名中(Keyserling)(Zakharov,1981)。

分悬崖。因此,这些地质家在一个不利于观察的季节、在小区域内进行了适度范围的观察。尽管如此,他们获得了整个岛区的分散成果,具体体现在官方(1982)的地质图上,并补充了地层柱状图。

Ivanov 和他的同事把 Skalistii 角剖面划分为五个层段(Ivanov 等,1974)。下部两个层段实质上都为细碎屑岩,第三和第四层段为类复理石互层,第五层段以块状砂岩构成的厚层为主。上部的三个层段中含 Buchias 属化石,在第三层段中鉴别出 A. cf. *bronni* 和 A. ex gr. *bronni*(牛津阶—启莫里阶,Pokhialainen 鉴别)①。A. sp. 类似 A. *gabbi*,A. sp.——"可能属于 A. *mosquensis* 一个变种的碎片"(Ivanov 等,1974,p. 880),A. cf. *fischeriana* 和 A. ex gr. *okensis* 见于第四层段。后者限于第四段顶部。*gabbi* 和 *fischeriana* 种表明第四段很大部分为伏尔加阶—贝里阿斯阶时段。四种贝壳:A. aff. *okensis*、A. exr. *okensis*、A. aff. *volgensis*、A. aff. *robusta*、A. aff. *andersoni* 见于第五层段。Pokhialainen 认为,从地层学上来看,复合体的大部分时代是在贝里阿斯阶—凡蓝今阶。因此,剖面下部定为牛津阶和启莫里阶,而上部定为贝里阿斯阶和凡蓝今阶。和引述的化石种属的证据一样,鉴定的化石种属都用公认的命名法,这妨碍了确定主体岩石的唯一时代。而且,代表凡蓝今阶的标准化石没有列出。但是,首先要考虑的是,文献中提出的化石种只有拉丁文名称而没有图像,这妨碍对他们可靠性的判定。

Vinogradov 和 Yavshits 把研究过的剖面划分为四个层序。下部层序由一套泥岩为主的沉积物构成。60m 的层段(上部 30m 含有一段明显的以泥岩为主的层段)是出露的,300m 的层段没有出露;总厚度 360m。第三段与 Ivanov 划分的第五段相似;其厚度是

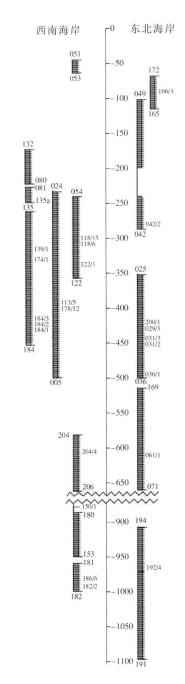

图 4 实测剖面片段在综合地层柱状图中的相对位置

基于观察的构造关系,没有考虑古生物资料,单个柱子起点和终点的数字与图2对应,柱子右边的小数字为化石标本编号

---

① 该种为 B. *concentrica* 幼体的异名(Sowerby)(Zakharov,1981)。

106m。第四段包括Ozernii角(200m)描述过的类复理石互层的一部分。地质家采集了14块Buchias属贝壳，大部分鉴定为 *Buchia* sp.。部分贝壳保留标记，在此基础上，鉴定出以下种并用公认的命名法则进行了命名：*B.* sp.（ex gr. *mosquensis*（Buch.））（第二层序的最下部）、*B.* ex gr. *fischeriana*（Orb.）、*B.* sp.［? cf. *rugosa*（Fisch.）］（第二层序的最上部）；*B.* sp.（ex gr. *okensis-spasskensis*）（第三层序的最下部）；和 *B. fischeriana*（Orb.）、*B.* sp.［aff. *nuciformis*（Pavl.）］、*B. lahuseni*（Pavl.）（第四层序）（M. D. Burdykina 鉴别，咨询 N. I. Shul'-gina）。只有第四层序两块标本可靠地鉴别为 *B. fischeriana* 和 *B. lahuseni*.。总之，作者推断Stolbovoi岛陆源碎屑复合体上部的地层层位属于伏尔加阶—贝里阿斯阶。

上面的引用和综述表明，用公认的命名进行分类学鉴定说明了这样一个事实，Buchias属化石标本有一定的代表性，并且大部分标本保存得令人满意。但推断主体岩石的时代应该十分小心谨慎。Buchias属种的可靠鉴定只能使用代表性的手标本，才能够评价其时代和个体及种群间的形态变化。我们研究该岛的地质和地层时，情况更有利，有前人的研究成果对照，并成功地在20多个点采集到Buchias属化石标本(图2)。由于在几个关键的地层区发现大量化石，我们设法在这里建立了可靠的伏尔加阶上部、北方贝里阿斯阶(里亚赞阶)和凡蓝今阶下部。头足类化石极其少见，仅以发现一个和伏尔加阶上部Buchias属在一起的Phylloceratida目 *Boreiophyll-oceras* sp. ind. 属（Rogov鉴别）贝壳铸模为代表。

5 生物地层学

5.1 Buchia属埋藏学特征

Stolbovoi岛深水浊积复合体中化石保存极差。我们采集到的大部分化石，和前人采集到的一样，保存的有好有坏。这是因为贝壳搬运缺损和泥质岩沉积物受到强烈压实作用的影响，导致贝壳在成岩作用过程中被压扁。尽管如此，还是在多个地点采集到数十个标本，可以挑出保存好的。大部分化石是原地或近原地保存。根据其埋藏特征，所有化石分成两种类型：①埋藏在细粒黏土质沉积物中原地的或稍微搬运过的；②在砂岩中经过搬运的。

（1）泥岩中的埋藏。Buchias属的遗骸在黑色泥岩中是很常见的。在大多数情况下，Stolbovoi岛剖面的泥岩段并非严格意义上的远洋沉积。这些岩石大多具有韵律构造，是由于浊流汇聚导致泥质脉动沉降形成的。如果出露条件允许，我们将剖面中的厚层黏土岩段层层剥开，才能零星见到化石。在这样的岩层段中，贝壳通常分布在韵律层的界面上。每平方米可见到1～10个贝壳。在细粒岩石中采集到少量原地埋藏的薄壁贝壳。该事实可能反映深水粉砂质海底加上缺氧的不利生存条件(主体沉积物含有不同量级的黄铁矿结核)。在其中的一个页岩段中发现一组多个原地埋藏的化石标本——微体古生物种群(图版Ⅰ,9)。还遇到由小(约5mm)幼体化石(图版Ⅱ,4)构成类似的原地埋藏。这些情况说明，在浊流下沉期间，Buchias属可能生活在深水粉砂质海底上。在韵律层段粉砂岩层面上覆盖泥质粉砂岩的地方，见到底栖软体动物的不同潜穴铸模。这些动物和Buchias属一样，在沉积物崩落堆积期间生活在水底。

(2)砂岩中的埋藏。在砂岩中贝壳化石是很罕见的。在三个地方发现了浊流搬运的孤立的化石标本。在其中一个地方的砂岩底面上发现了一个完整的贝壳(实体)。在三个地方的砂岩中见到几十甚至上百个化石构成的贝壳群。在两个地点,这类化石群分布在砂泥混积岩层的界面上(两个地点都是在同一厚层内)。观察点139/1发现的化石就属于这种类型。贝壳保存得很好,在层中排列成一条链状,厚达15cm,正好位于混积岩的界面之上。上述地点的界面为薄(几厘米)的钙质粉砂夹层,在风化面上呈浅色调。底流把贝壳带离水底并在颗粒流"冻结"期间埋藏下来。贝壳是从浅海搬运而来?或是由底层细粒沉积物在海洋侵蚀过程中受到淘洗和分选而成?至今仍是一个谜。

在第三种情况下,贝壳分布在块状浅色浊积砂岩构成的厚层底面上(观察点174/1),Buchias属在受到侵蚀冲刷的地区大量埋藏,砂岩中含有很多泥岩、黏土质砂岩碎屑和粒级可达1.3m的碎块(撕裂构造)。Buchias属的方位不规则,单瓣和整个贝壳随机排列并且通常被砂质基质包裹,但在某些地方被"压进"泥岩中。只有一种情况是贝壳完全被包裹在黑色黏土质砂岩中。在侵蚀水道外侧砂岩底部见到孤立的贝壳。在该地点贝壳没变形,很多情况下,都具有两瓣。在有限空间出现大量贝壳(数百个样本)是Stolbovoi岛浊积岩的一个独特现象。似乎可能有下列原因:①贝壳可能是从下伏的岩石中冲刷出来的。虽然在冲刷面之下的泥岩和黑色砂岩中没发现贝壳。这不能证明它们不存在,至少说明它们在这里不丰富。②Buchias属密集地生活在一个坑塘一样的水底,后来发生了水流漩涡和物质混合。③贝壳是由浊流远距离搬运而来,并沉积在水流漩涡的地方。

Kuzmichev认为最后一种情形是最现实的。这种情形得到某些岩石碎屑的生物扰动特征的证实,Stolbovoi岛地层中该特征并不典型,可以说明碎屑是由生存条件更有利的浅水盆地地区搬运来的。特殊情况下,在一个泥岩块中可见到砂岩充填的大的(直径可达1cm)圆形潜穴。在一个事例中,在砂胶结碎屑中见到类似直径的直潜穴。这个潜穴没充填任何物质,保持空的状态。

5.2 Buchia属层的时代

在描述的剖面中,区分出三个层段有Buchias属特征的组合:①*Buchia terebratuloides*(Lah.),*B. unschensis*;②*B.* ex gr. *unschensis*,*B.* cf. *fischeriana*,*B.* ex gr. *okensis*,*B. uncitoides*,*B.* cf. *volgensis*;③*B. inflata*,*B. keyserlingi*(Zakharov和Kuzmichev,2008)。含有上述组合的层段可以定义为"含动物化石层"级的生物地层单元。由于化石仅在个别较窄的层段内可以看见,被不含生物的层段分隔开(在某些地方,可达数十甚至上百米,包括出露间断),导致生物地层单元之间没有联系,并且剖面的界线(称为界线层型)是人为划定的。虽然如此,根据单个种的地层分析和与相邻地区的剖面进行生物地层对比,形成了Stolbovoi岛南部的地层属于伏尔加阶上部、贝里阿斯阶(里亚赞阶)和凡蓝今阶下部的认识。

含有*Buchia terebratuloides*(Lah.),*B. piochii*(Gabb)和*B. unschensis*(Pavl.)的层可以归为上侏罗统伏尔加亚阶上部,依据是共同出现的物种以及与北半球的剖面对比。虽然这些种构成的复合体跨越了侏罗纪和白垩纪界线,在北极生物地理区域:东西伯利亚和西西伯利亚的北部(Zakharov,1981;*Bazhenov*,1986)、伯朝拉河盆地中(Mesezhnikov等,1979)、东格陵兰(Surlyk和Zakharov,1982)和加拿大北极群岛(Jeletzky,1965、1984)的很多剖面上只有*B. unschensis*种在伏尔加阶上部和北方贝里阿斯阶下部(包括*Hectoroceras kochi*带的底部)占优势。B. terebratuloides 的鉴定是可靠的(图版Ⅰ*,4～12,19)。从发表的资料判断,B. terebratuloides 生物带跨越整个伏尔加阶上部和北方贝里阿斯阶(Gerasimov,1955;Ershova,1983;Paraketsov 和 Paraketsova,1989),但在北极地区贝里阿斯阶的物种并没有高到超过 *Hectoroceras kochi* 带(Zakharov,1981;Jeletzky,1984)。此外,该物种在亚地层中繁盛,在俄罗斯板块上(Kashpir 村附近)和伯朝拉河流域的 *Craspedites subditus* 和 *C. nodiger* 区域(私人观察),和东西伯利亚北部与之相似地区的——*C. okensis* 和 *C. taimyrensis* 区域内是有限的(Zakharov,1981)。我们认为 B. piochii 分布范围宽(Imlay,1959),丰度上超过另外两个种,并且我们相信他们的鉴定(图版Ⅰ,1～3)。B. piochii s. l. 生物带由伏尔加阶中部的上部延续到北方贝里阿斯阶的底部(但或许不会高于 *Praetollia maynci* 带),极盛带在伏尔加阶上部的顶部。因此,含 Buchia terebratuloides、B. piochii 和 B. unschensis 层的层段的时代可能稍微宽于伏尔加阶上部,正式地对应于 Buchia unschensis 带。但是,考虑到事实上,代表性的 B. piochii 出现在组合中并且 B. terebratulodes 在下部(剖面下部 640m)占优势,我们把该层段限定在伏尔加阶上部,同时考虑到区域性对比(见下)。

含 B. ex gr. unschensis(Pavl.)、B. cf. fischeriana(d'Orb.)、B. ex gr. okensis(Pavl.)、B. uncitoides(Pavl.)和 B. cf. volgensis(Lah.)的层在剖面中只有 60m(图2,图4)。不过,其底界是人为划定的,该层的厚度超过 100m 是十分可能的(图2)。在列表中只有 B. uncitoides

---

* 图版Ⅰ说明:

(1～3)*Buchia piochii*(Gabb,1864)。

(1)标本号 GGM,BP-09616(182/2),左瓣视图,西海岸,exp. 181-182;(2,3)B. piochii juv.;(2a,2b)标本号 GGM,BP-09617(118/15),(2a)右瓣视图,(2b)相同的,×2; (3a,3b)标本号 GGM,BP-09618(118/15),(3a)左瓣视图,(3b)相同的,×2,Povorotnyi 角,伏尔加阶上部。

(4,5)*Buchia* ex gr. *terebratuloides*(Lahusen,1888)。

(4)标本号 GGM,BP-09619(118/15),左瓣视图,Povorotnyi 海角,(5)标本号 GGM,BP-09620(182/2),右瓣视图,西海岸,exp. 181-182,伏尔加阶上部。

(6～10,19)*Buchia terebratuloides*(Lahusen,1888)。

(6)标本号 GGM,BP-09621(182/2),右瓣视图,(9)标本号 GGM,BP-09624(182/2),一群七个完整的化石样本(原地的),西海岸,exp. 181-182;(7)标本号 GGM,BP-09622(150/1),右瓣视图,西海岸,exp. 153-180;(10a,10b)标本号 GGM,BP-09625(150/1),(10a)右瓣视图,(10b)左瓣视图,西海岸,exp. 153-204,伏尔加阶上部;(8)标本号 GGM,BP-09623(166/3),左瓣视图,Vostochnyi 角,伏尔加阶上部—北方贝里阿斯阶底部;(19a,19b)标本号 GGM,BP-09634(200/1),(19a)背部视图,东海岸,(19b)相同的,×2,exp. 117-036,北方贝里阿斯阶中期。

(11,12)*Buchia* cf. *terebratuloides*(Lahusen,1888)。

(11)标本号 GGM,BP-09626(036/1),左瓣视图 东海岸,exp. 117-36,伏尔加阶上部;(12)标本号 GGM,BP-09627(166/3),左瓣碎片(图像下部),Vostochnyi 角,伏尔加阶上部—北方贝里阿斯阶底部。

(13,14)*Buchia unschensis*(Pavlow,1905)。

(13)标本号 GGM,BP-09628(122/1),左瓣视图;(14)标本号 GGM,BP-09629(122/1),右瓣视图,Povorotnyi 角,伏尔加阶上部—北方贝里阿斯阶底部。

(15～18,20)*Buchia* cf. *unschensis*(Pavlow,1905)。

(15)标本号 GGM,BP-09630(118/15),右瓣视图,(20)标本号 GGM,BP-09635(118/15),右瓣视图,Povorotnyi 角,伏尔加阶上部;(16a,16b)标本号 GGM,BP-09631(042/3),(16a)右瓣视图,(16b)相同的,×2,东海岸,exp. 042-049;(17)标本号 GGM,BP-09632(166/3),右瓣视图,(18)标本号 GGM,BP-09633(166/3),左瓣视图,Vostochnyi 角,伏尔加阶上部—北方贝里阿斯阶底部。

(21,22)*Buchia* sp. juv.,cf. *okensis*(Pavlow,1905)。

(21a,21b)标本号 GGM,BP-09636(031/2),(21a)左瓣视图,(21b)相同的,×2;(22a,22b)标本号 GGM,BP-09637(031/2),(22a)右瓣视图,(22b)相同的,×2,东海岸,exp. 117036,北方贝里阿斯阶底部。

图版 I 新西伯利亚群岛 Stolbovoi 岛伏尔加阶上部和侏罗纪—白垩纪界线沉积物中的 Buchias 属 Buchias 属化石标本收藏于莫斯科俄罗斯科学院沃尔纳德斯基(Vernadsky)地质博物馆中。图版说明中括号内为野外标本号(图2、图4、图6,表2)。除特别提到的外,所有图像均为全尺寸(见测定说明)

一个种(图版Ⅱ**,12),代表北方贝里阿斯阶中部。该层的底界以剖面底部(观察点184)*B.* cf. *volgensis*(图版Ⅱ,10、11)出现为标志,而顶界则以含 *B. keyserlingi*(观察点174)层的底面为界。仅鉴定出 *B. okensis* 种,用公认的命名法则命名,整个层段均有分布(图版Ⅰ,21、22;图版Ⅱ,1、3、4、8、9)。该层可能的体积见下面讨论。

含 *B. inflate*(Lah.)和 *B. keyserlingi*(Trtd.)层其时代是很可靠的,用到的化石种以保存很好和令人满意的数十个样本为代表(图版Ⅱ,13～18)。*Buchias* 属组合清楚地证明该层时代为凡蓝今阶早期,推断总厚度约200m(图2)。

5.3 区域内和区域间 Buchias 属地层对比

与研究区建立的最相似的含 Buchias 属层的地层序列位于亚洲东北部地区(Paraketsov 和 Paraketsova,1989)。根据剖面结构(岩石类型、岩层的浊积岩性质和剖面的巨大厚度),

---

** 图版Ⅱ说明:

(1) *Buchia* sp. juv., cf. *okensis*(Pavlow,1905). 标本号 GGM,BP - 09638(031/3),左瓣视图,东海岸,exp. 117 - 036,北方贝里阿斯阶中期。

(2) *Buchia* cf. *fischeriana*(d'Orbigny,1845). 标本号 GGM,BP - 09639(031/2),左瓣视图,东海岸,exp. 117 - 036,北方贝里阿斯阶底部。

(3,4,8,9) *Buchia* cf. *okensis*(Pavlow,1905)。

(3)标本号 GGM,BP - 09640(031/3),左瓣视图;(4)标本号 GGM,BP - 09641(031/3),一群中等大小搬运后的壳瓣(准原地化石生物化石群),东海岸,exp. 117 - 036,北方贝里阿斯阶中期;(8)标本号 GGM,BP - 09645(184/3),左瓣,外表视图;(9)标本号 GGM,BP - 09646(184/3),左瓣,外表视图,西海岸, exp. 135 - 184,北方贝里阿斯阶中期。

(5) *Buchia* ex gr. *okensis*(Pavlow,1905). 标本号 GGM,BP - 09642(200/1),一群搬运过的壳瓣(异地化石生物化石群),东海岸,exp. 117 - 036,北方贝里阿斯阶中期。

(6) *Buchia* ex gr. *uncitoides - terebratuloides*(Pavlow,1905). 标本号 GGM,BP - 09643(200/1),右瓣铸模,东海岸,exp. 117 - 036,北方贝里阿斯阶中期。

(7) *Buchia* sp. juv. cf. *volgensis*(Lahusen,1888)。

(7a,7b)标本号 GGM,BP - 09644(178/2),(7a,标本号在右边)右瓣视图,(7b)相同的,×2,Malek 角,exp. 005 - 024,贝里阿斯阶上部末期—凡蓝今阶下部。

(10,11) *Buchia* cf. *volgensis*(Lahusen,1888)。

(10)标本号 GGM,BP - 09647(184/1),正面图;(11)标本号 GGM,BP - 09648(184/1),左瓣视图,东海岸,exp. 135 - 184,北方贝里阿斯阶中期。

(12) *Buchia uncitoides*(Pavlow,1905)。

(12a～d)标本号 GGM,BP - 09649(184/2),(12a)右瓣视图,(12b)左瓣视图,(12 c)正面图,(12d)顶视图,西海岸,exp. 135－184,北方贝里阿斯阶中期。

(13～15,17) *Buchia inflata*(Lahusen,1888)。

(13a,13b)标本号 GGM,BP - 09650(139/1),左瓣,(13a)外表视图;(13b)背面图;(14)标本号 GGM,BP - 09651(139/1),右瓣,外表视图,(15)标本号 GGM,BP - 09652(139/1),左瓣,外表视图,(17)标本号 GGM,BP - 09654(139/1),右瓣(图像下部),外表视图,西海岸,exp. 135 - 184,凡蓝今阶下部。

(16) *Buchia* cf. *inflata* (Lahusen,1888),标本号 GGM,BP - 09653(113/5),右瓣,外表视域,Malek 角,exp. 005 - 024,贝里阿斯阶上部末期—凡蓝今阶下部。

(18) *Buchia keyserlingi*(Trautschold,1968)。

(18a,18b)标本号 GGM,BP - 09655(174/1),右瓣,(18a)外表视图(18b)正面图,西部海岸,exp. 135 - 184,凡蓝今阶下部。

图版 Ⅱ 新西伯利亚群岛 Stolbovoi 岛里亚赞阶和凡蓝今阶下部沉积中 Buchias 属
Buchias 属化石标本收藏于莫斯科俄罗斯科学院沃尔纳德斯基(Vernadsky)地质博物馆中。括号内为野外标本号(图 2、图 4、图 6,表 2)。除特别提到的外,所有图像均为实际寸(见测定说明)

Stolbovoi 岛应该归入该地区。因此,和亚洲东北部一样,侏罗纪和白垩纪分界阶在组合的种类组成和含 Buchias 属层的地层序列方面是相似的(表1)。在 Paraketsov 和 Paraketsova 提出的方案中,伏尔加阶上部由含 *B. terebratuloides* 和 *B. tenuicollis* 的层构成,把第二个种归到 *B. piochii* 的总体中(Zakharov,1981),我们认为 Stolbovoi 岛剖面下部层的部分和俄罗斯东北部之间紧密对应。根据 Buchias 属,俄罗斯东北部的北贝里阿斯阶划分为两个生物地层单元:含 *unschensis-okensis* 层和含 *volgensis-sibiricus* 层。大体上,Stolbovoi 岛上贝里阿斯阶也可以划分为含 *unschensis-okensis*(以后者为主)层和含 *B. uncitoides* 层。*B. volgensis* 物种(用公认命名法则鉴别命名的)在整个贝里阿斯阶内都有分布(和北极地区一样)。但是,考虑到该组合仅一个种鉴定可靠,即 *B. volgensis*,贝里阿斯阶为含有全部五个种的岩层总体。我们把含 *B. inflate* 和 *B. keyserlingi* 层与俄罗斯东北部含 *inflata-crassa* 层进行了对比(表1)。值得注意的是,我们一直认为,*B. crassa* 物种在 *B. inflate* 的总体中(Zakharov,1981)。我们十分有把握的假定是 Stolbovoi 岛含 *B. inflata* 和 *B. keyserlingi* 层只包含凡蓝今阶下部的 *inflata* 带。该组合中的第二个种丰度上明显超出(三倍)Buchias 属带的标志种。

表1 北极地区和北太平洋周缘含 Buchias 属层的地层对比

阶,亚阶	西伯利亚北部 (Zakharov,1981)	Stolbovoi 岛 (新西伯利亚群岛)(本文)	俄罗斯东北部(Paraketsov 和 Paraketsova,1989)	加利福利亚北部 (Zakharov,2004)
凡蓝今阶下部	*Keyserlingi*	无化石 *Inflata*	*Crassa* *Inflata*	*Keyserlingi* ? *Pacifica* *Inflata*
	Inflata			
北方贝里阿斯阶(里亚赞阶)	*Tolmatschowi*	*Uncitoides* *Okensis* *Unschensis*	*Sibirica* *Volgensis*	*Uncitoides*
	Jasikovi			
	Okensis		*Okensis* *Unschensis*	*Okensis* ? aff. *volgensis*
	Unschensis			
伏尔加上部	*Obliqua*	*Terebratuloides* *Piochii*	*Terebratuloides* *Tenuicollis*	*Piochii*
伏尔加中部 (部分)	*Taimyrensis*		*Fischeriana* *Piochii*	*Elderensis*

注:虚线表示侏罗纪和白垩纪之间的界线。

Stolbovoi 岛 Buchias 属组合的沉积序列与东西伯利亚北部(地域上最近)最完整的沉积序列相比较,除了具有很多共同特征外,它们之间在某种程度上以及某些地方存在实质上的差异。例如,*B. piochii* 物种在 Nordvik 半岛伏尔加阶上部 Buchia 组合中缺乏,而 *B. unschensis* 种在侏罗纪和白垩纪转变为层中占优势。在 Nordvik 半岛贝里阿斯阶中期未见 *B. uncitoides*,而发现代表性的 *B. tolmatschowi*。Stolbovoi 岛 Buchia 组合沉积序列与加州北部的沉积序列比较表明，它们之间具有相当大的相似性（Zakharov，2004）。因此，Stolbovoi 岛侏罗纪—白垩纪分界层中 Buchia 组合与北太平洋（东北亚和美国太平洋沿岸）的组合（Zakharov，1981、2004；Paraketsov 和 Paraketsova，1989）的相似性比与西伯利亚北部和大西洋北极圈地区（格陵兰、斯匹茨卑根、罗弗敦群岛）（Zakharov 等，1981；Häkansson 等，1981；Surlyk 和 Zakharov，1982；Ershova，1983）相似性更大。

6 古生物学资料的地质解释

从剖面上描述过的三个 Buchias 属组合的空间丰度和产出的分析（图2，图4，表2）可以看出沉积序列的野外资料并没有经过古生物学证据的证实。这意味着①要么沉积序列建立的不正确，要么②某些 Buchias 属组合的地层跨度是很宽的，然而我们采用了。让我们考虑一下这两种情况。

（1）如果在确定岩石的时代时，我们优先考虑古生物资料，那么原来我们假定最年轻的并且处在东南岸向斜核部的部分剖面应为伏尔加阶晚期的，构造上凡蓝今阶下部岩层出现在它的下面。关于 Stolbovoi 岛地质特征的资料是我们处置的，不排除会有改动。这套沉积沿岛的海岸带并没有完全出露，在恢复这套沉积序列时，我们以岩层方位内插，根据岩层的连续性和单斜性质推断未出露区剖面。我们不能排除这些区域可能存在大断距断层。推断研究区中部被一条横向逆冲断层或一系列南北向逆冲断层破坏，伏尔加阶上部岩石沿着断层逆冲到纽康姆阶岩石之上（图5），这是解释关于岩石时代的古生物资料的唯一办法。地貌标志证实了这样一个横向错移带存在的可能性。就在该岛逆掩断层可能存在的地方，发育一条总体构造走向为北西向的山脊。应该指出的是，由于这样一条逆冲断层的存在，我们无法解释全区和剖面上发现的所有 Buchias 属的分布。尤其是 Malek 角采集的野外标本 113/5（B. cf. inflata）和 178/12（B. sp. juv. cf. volgensis）（图2，表2）正好处在这条推测的逆冲断层的南部并属于伏尔加阶上部岩石的区域内。编绘的与推测逆掩断层有关的中生代综合剖面见图6。

（2）Kuzmichev 和 Danukalova 在建立这套沉积的序列时优先考虑原始地质观察资料，并假定所研究的沉积复合体可能是在纽康姆阶初期很短时期内堆积的。前陆盆地中巨厚浊积复合体形成的时期，与 Stolbovoi 岛的岩石类似，认为不超过几百万年，且通常不到 1Ma（Mutti，1992）。中生代深水浊积岩复合体的实例证实了这一观点，中生代深水浊积岩复合体与 Stolbovoi 岛上类似，并且，由 Buchias 属确定的最初年代为晚侏罗世，但是，通过锆石 U-Pb 法确定的该复合体的时代下限为早白垩世（Surpless 等，2006）。Kuzmichev 和 Donukalova 的观点基于假定，而本项研究中，我们接受上文描述推论（1）并以图5和图6加以说明。

表 2 Buchias 属鉴定结果

标本号	化石分类	图版号/照片号	样本数	地层单元
166/3	*Buchia* cf. *unschensis*(Pavl.)	Ⅰ/17-18	11	伏尔加阶上部—贝里阿斯阶底部
	B. cf. *terebratuloides*(Lah.)	Ⅰ/8,12	3	
	B. sp. juv. (ex gr. *unschensis*)		1	
042/3	*Buchia* sp. ind. (cf. *unschensis*)	Ⅰ/16	1	?
118/15	*B.* ex gr. *terebratuloides*	Ⅰ/4	1	伏尔加阶上部
	B. cf. *piochii*(Gabb)	Ⅰ/2-3	4	
	B. cf. *unschensis*	Ⅰ/15,20	2	
118/6	*B.* sp. ind. (cf. *terebratuloides*)		1	伏尔加阶上部
122/1	*B. unschensis*(Pavl.)	Ⅰ/13-14	3	伏尔加阶上部—贝里阿斯阶下部
	B. sp. ind. (cf. *terebratuloides*)		1	
139/1	*Buchia inflata*(Lah.)	Ⅱ/13-15,17	20	凡蓝今阶下部
174/1	*Buchia inflata*(Lah.)		60	凡蓝今阶下部
	B. keyserlingi(Lah.)	Ⅱ/18	31	
072/1	*B.* sp. ind. (cf. *terebratuloides*)		2	?伏尔加阶上部—贝里阿斯阶下部
066/1	*B.* sp. ind. (cf. *terebratuloides*)		4	?伏尔加阶上部—贝里阿斯阶下部
113/5	*Buchia* sp. ind. (cf. *inflata*)	Ⅱ/16	1	?贝里阿斯阶上部—凡蓝今阶下部
	Buchia sp. juv. (ind.)		4	
178/12	*Buchia* sp. juv. (cf. *volgensis*)	Ⅱ/7	1	?贝里阿斯阶
	Buchia sp. juv. (ind.)		4	
184/3	*Buchia* ex gr. *okensis*(Pavl.)	Ⅱ/8-9	7	贝里阿斯阶中部
184/2	*Buchia uncitoides*(Pavl.)	Ⅱ/12	1	贝里阿斯阶中部
184/1	*B.* cf. *volgensis*(Lah.)	Ⅱ/10-11	3	贝里阿斯阶
	B. sp. ind.		3	
	B. sp. ind. (cf. *okensis*)		3	
200/1	*Buchia* ex gr. *okensis*	Ⅱ/5	1	贝里阿斯阶中部
	B. ex gr. *uncitoides-terebratuloides*	Ⅰ/19	1	
	B. sp. ind. (cf. *unschensis-terebratuloides*)		10	
029/3	*B.* cf. *fischeriana*(d'Orb.)		1	?伏尔加阶上部—贝里阿斯阶下部
031/3	*Buchia* ex gr. *okensis*		1	?贝里阿斯阶中部
	B. sp. juv. (cf. *okensis*)	Ⅱ/1,3-4	10	
031/2	*Buchia* sp. juv. (cf. *okensis*)	Ⅰ/21-22	5	?伏尔加阶上部—贝里阿斯阶下部
	B. cf. *fischeriana*	Ⅱ/2	1	
036/1	*B.* cf. *terebratuloides*	Ⅰ/11	2	?伏尔加阶上部
204/4	*Buchia terebratuloides*(Lah.)		2	伏尔加阶上部
	B. sp. ind. (cf. *terebratuloides*)		1	
150/1	? *Boreiophylloceras* sp. ind. (1 specimen)		1	伏尔加阶上部
	Buchia terebratuloides(Lah.) (1 specimen)	Ⅰ/7,10	1	
	B. cf. *piochii*(Gabb) (1 specimen)		1	
	B. sp. ind. (1 specimen)		1	
192/4	*B.* ex gr. *unschensis*		1	伏尔加阶上部—?贝里阿斯阶
	B. ex gr. *fischeriana*		1	
182/6	*B.* ex gr. *unschensis-terebratuloides*		2	伏尔加阶上部—?贝里阿斯阶
182/2	*Buchia terebratuloides*(Lah.)	Ⅰ/6,9	1	伏尔加阶上部
	B. ex gr. *terebratuloides*	Ⅰ/5	9	
	B. cf. *piochii*(Gabb)	Ⅰ/1	1	

注:样本位置见图 2 中岛的范围,样本在剖面上的位置见图 4 和图 6。

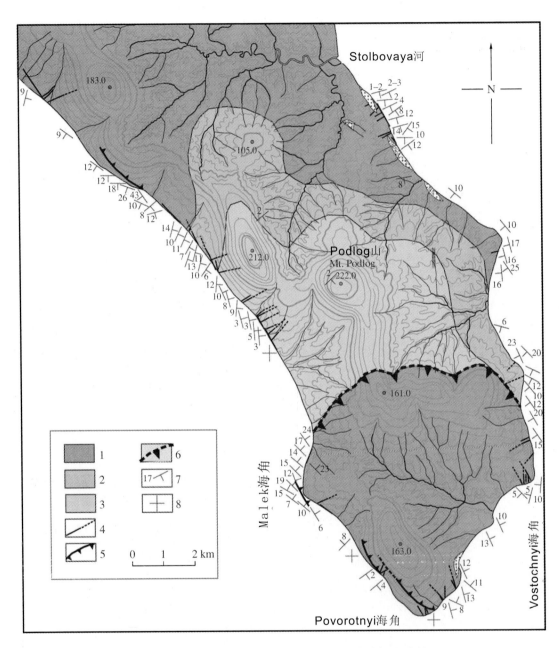

图5 考虑到古生物资料编制的Stolbovoi岛南部地质图

表示出一条假想的逆冲断层,岛南部伏尔加阶上部岩石沿该断层逆冲到纽康姆阶地层之上。第四纪沉积被去掉。1~3.上侏罗统—下白垩统浊积岩复合体:1.伏尔加阶上部—贝里阿斯阶下部;2.贝里阿斯阶;3.凡蓝今阶下部;4.陡倾正断层和逆断层;5.观察到的逆冲断层;6.根据古生物资料推测的逆冲断层;7.岩层要素(走向)和倾向;8.水平层

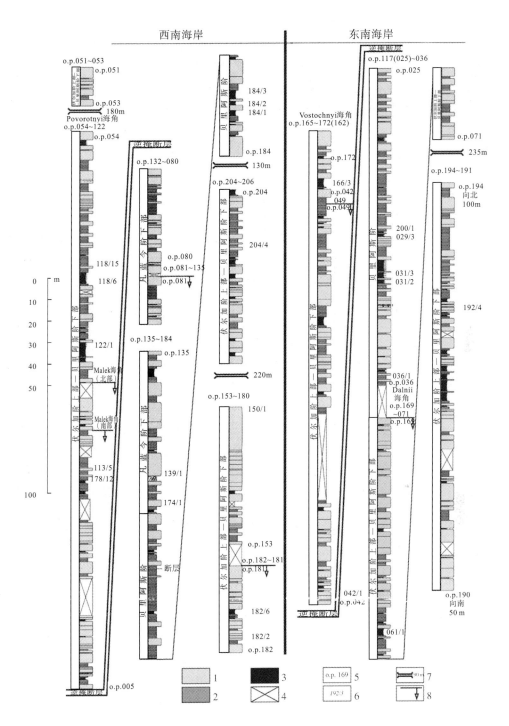

图 6 Stolbovoi 岛东北和西南海岸上侏罗统—下白垩统沉积的综合地层柱状图

编制该图考虑到古生物资料和推测横向逆冲断层,沿着逆冲断层伏尔加阶上部岩石逆冲到纽康姆阶下部岩石上。1~3. 上侏罗统—下白垩统浊积岩剖面中的岩石变化:1. 分选好的浅色砂岩混合层,2. 暗灰色泥质砂岩和混积岩韵律层理,3. 泥岩;4. 未出露剖面段;5. 剖面起点、终点和它们的数据(图 2);6. 古生物标本和编号(表 2);7. 未实测剖面段;8. 特征剖面顶部

7 Stolbovoi 岛的浊积岩地层时代范围及该岛北部资料

上面描述的关于 Stolbovoi 岛陆源沉积复合体时代为伏尔加阶晚期—凡蓝今阶早期的推论是基于其南部研究的成果。从我们编绘的地质图（图 2）中可以明显看出，该岛的构造是一个向斜，其轴向东南缓倾伏。这可能说明该岛北部出露的岩石比我们研究过的要老。该岛北部牛津阶—启莫里阶岩层的资料（Ivanov 等，1974）证实存在这种可能性。在延伸推论整个岛屿区域的地层年代之前，我们应该对这种可能性进行讨论。

2002 年，我们对 Stolbovoi 岛北部进行了一次短期考察，观察了 Skalistii 角南边 4.3～6.3km 地段的悬崖。1973 年春季 Ivanov 和他的同事进行调查的时候，海岸的该区段很可能完全或部分被冰雪覆盖。我们研究的悬崖段包含了背斜核部和与以前研究者描述相当的西南翼。我们没有测量该剖面，但在两个层序内示意性地描述了它。下部层序约 200m 厚，以泥岩和粉砂岩为主，夹暗色砂岩。泥岩为主的层段约 40m 厚，这点前人提到过，它处于剖面的中部。这部分相当于 Vinogradov 和 Yavshits 划分的下部层序及 Ivanov 和他的同事区分出的下部的两个层序。上部层序，250～300m 厚，特征是以砂岩占优势，包括厚层（数米）浅色块状岩石。它相当于 Vinogradov 和 Yavshits 划分的第二层序以及 Ivanov 和他的同事建立的第三—第四层序。按照这些地质学家的观点，我们观察的整个剖面相当于上侏罗统沉积；这些地质家划分的类似的白垩纪层序在所研究的悬崖段内没出露，虽然不能确保它在我们的研究区域缺失。构造上，下部层序与我们在岛的南半部观察到的确实不同。把它与 Stolbovaya 河南边出露剖面（图 2、图 4）的最下部对比是不可能的，那里确实出露了最厚的黏土岩段。

在该岛北部第二个层序（按照我们的术语）的砂岩中采集了 51/1 和 53/3 两个重矿物样品。51/1 样品是从下部层序的上部约 1/3 的底面采集的；53/3 样品是从接近上部层序的中部采集的。Soloviev 从样品中分离出碎屑锆石，借助于斯坦福 SHRIMPRG 质谱仪测定年代。51/1 样品分析了 22 颗晶体。最年轻的众数为代表侏罗纪的锆石[(186～149)±5Ma，7 颗]和晚白垩世(135±3Ma)晶体。53/3 样品分析了 17 个颗粒。年轻众数为晚侏罗世锆石(161～159Ma，3 颗)和 1 颗早白垩世(142±3Ma)。因此，在分析的 39 颗晶体中，三颗晶体得出的时代与早先根据 Buchias 属建立的时代不相符。这些资料对层序时代属于牛津阶—启莫里阶提出了质疑。

8 结论

Stolbovoi 岛的剖面是单一的，并且不能根据岩性特征划分地层段。根据野外观察结果，该岛南部研究过的陆源碎屑复合体厚度超过 1200m。陆源碎屑岩层序为一个单一的浊积岩复合体，在剖面可观察的底部或其可观察的顶部均没有由深水相向浅水相变化的趋势。在 Stolbovoi 岛南部浊积岩中，采集到大量 Buchias 属贝壳，该岛存在伏尔加阶上部、贝里阿斯阶（＝里亚赞阶）和凡蓝今阶下部的沉积。略老于我们所研究过的地区的层序可能出露于该岛的北部。Stolbovoi 岛含 Buchias 属组合的沉积序列与东西伯利亚北部沉积序列的比较,以及与加州北部(Zakharov,2004)沉积序列的比较表明,这些组合与北太平洋(东北亚和美国太平洋海岸)的生物组合的相似性比与西伯利亚北部以及大西洋北极地区(东格陵兰、斯匹兹卑尔根群岛、罗弗敦群岛)的相似性更大。

因此根据古生物学资料,构成 Stolbovoi 岛南部的浊积复合体地层年代范围确实不超过伏尔加阶上部—凡蓝今阶下部层段。Kuzmichev 没有排除 Stolbovoi 岛浊积岩复合体堆积的地层段时代范围更窄的可能性,并认为这一推论能够延伸到该岛北部以及大里雅科夫岛和小里雅科夫岛的地层层序。

参考文献(略)

译自 Kuzmichev A B,Zakharov V A,Danukalova M K. New Data on the Stratigraphy and Depositional Environment for Upper Jurassic and Lower Cretaceous Deposits of the Stolbovoi Island(New Siberian Islands)[J]. Stratigraphy and Geological Correlation,2009,17(4):396-414.

西班牙伊比利亚盆地科尼亚克阶三级层序地层、沉积和动物区系关系

冯晓宏　李瑾　译，辛仁臣　杨波　校

摘要：伊比利亚盆地科尼亚克阶三级层序为一个碳酸盐岩斜坡开阔台地。生物相主要为游泳-底栖生物（如菊石类）和底栖生物（如双壳类，主要是厚壳蛤类），具有少量单体珊瑚（缺乏造礁珊瑚），揭示出海侵体系域（TST）和高位正常海退（HNR）之间较大的差异。TST 发育时期，台地环境主要为密齿蛎属（*Pycnodonte*）、其他底质牡蛎和软体动物（厚壳蛤类仅是次要的）及菊石类，以带饰板状壳类（*Tissotioides* 和 *Prionocycloceras*）和光滑透镜状壳类（*Tissotia* 和 *Hemitissotia*）为代表。HNR 发育时期，浅水沉积区生物组合主要为厚壳蛤类。风暴和风成流及波浪作用在这些组合上形成大量覆盖在台地外部区域的松散生物碎屑碎片。该相带向陆地方向变为受保护的低能环境（内台地、泻湖和滨海环境）。厚壳蛤类生物层保存在受保护的浅水环境向海方向的地区，该地区不时受到风暴作用，总体具有中等到低的水动力梯度。在该环境和向陆地方向，大面积泥灰质底层适合腹足类、其他双壳类、棘皮动物、底栖有孔虫和单体珊瑚的生存。由于硅质碎屑的输入以及悬浮液中可能缺乏营养，厚壳蛤类群落难以在泻湖的更向陆地区和潮汐环境定居。因此，这种多生境碳酸盐岩工厂受暖水条件和高能水位控制，造成悬浮液中高营养含量。

关键词：沉积层序　菊石类　厚壳蛤类　科尼亚克阶　伊比利亚盆地　西班牙

1　前言

伊比利亚盆地上白垩统碳酸盐岩台地以连续的海侵—海退三级层序为代表，说明该盆地在这个时期存在极其动荡的沉积体系。这些层序的叠加一般具有类似的近岸边缘硅质碎屑相带和盆地中部地区内碳酸盐岩台地相的古地理特征（Gil 等，2006a、2008；García-Hidalgo 等，2007）。在这些相中，生物地层上有用的化石较差，因为早期成岩作用（主要为白云岩化）使得原始沉积构造和化石含量变得模糊不清。尽管如此，盆地大部分地区发育两个特别的反映深的开阔台地相层序，海水淹没发育厚层碳酸盐岩台地的近岸边缘宽阔地区（Segura 等，1989、2001；Floquet，1998；Gräfe，1999；García 等，2004），在早期成岩作用阶段白云岩化作用对碳酸盐岩相没有巨大影响；因此，化石十分常见，并与深的开阔台地相（Barroso-Barcenilla，2006）和浅水台地相（Gil 等，2002、2009）有关。这些层序与全球已识别出的森诺曼阶/土伦阶界面

和晚科尼亚克期最大海平面升降有关(Haq 等,1988;Hardenbol 等,1998)。

Segura 等(1989、1993a、1993b)、García - Hidalgo 等(2003、2007)、Barroso - Barcenilla (2006)和 Barroso - Barcenilla 等(2009、2011)等已经研究过较老的层序(晚森诺曼期—早土伦期),并提出:①对其具有叠置高频沉积叠加样式的地层和沉积格架的深刻认识;②根据菊石动物群建立了详细的生物地层学分层,修正了一些菊石种属;③该层段地质历史的认识。

相反,对第二幕(科尼亚克阶)整个盆地古环境的认识不是很清楚,以前主要关注的是厚壳蛤类组合及其垂向序列、浅水碳酸盐岩台地背景的组构和相(Gil 等,2002、2009)。过去一般忽略了该序列的详细沉积特征和化石含量,尽管生物群落对沉积学分析特别重要,因为生物群落记录了具有很多不同特点的生态和环境条件,这些条件决定了堆积速率和相分布,因此控制了台地形态(Pomar,2001)。

科尼亚克阶层序(在此命名为 DS - 2)组成本文的主要研究对象,是对称沉积事件极好的实例,具有深水和浅水台地环境的动物群与沉积相,该沉积环境随海平面升降(体系域)产生退积和进积。因此,本文的主要目的是:①描述从远端台地环境到近岸边缘地区该层序的地层构型;②识别主要地层参照面,以便确定体系域,描述盆地不同地区沉积相的垂向序列;③描述碳酸盐岩台地至近岸边缘地区菊石类、厚壳蛤类和其他双壳类的动物群序列及其相互关系;④将其产出与沉积叠加样式联系起来;⑤讨论其生物地层和古生态意义。

2 地质背景

伊比利亚小板块白垩系地层在内克拉通盆地沉积,位于海西地块与埃布罗河地块之间的伊比利亚盆地(图 1A)具有最大沉降和沉积物堆积速率。西部和东南部沉降减少,主要来自海西地块的硅质碎屑沉积物输入导致形成总体向西和东南方向减薄的楔形科尼亚克阶沉积层序。在伊比利亚东北部,出露的埃布罗河地块和不同的凸起将伊比利亚盆地和比利牛斯海槽分隔开。沿伊比利亚东南部与特提斯域断续相连(García 等,2004)。

在这些时期,伊比利亚小板块位于热带北纬 30°以南(Dercourt 等,2000),经历温暖的环球特提斯洋流,并远离寒冷北方气候带影响。该古地理位置促成温暖潮湿的气候和特提斯陆缘区底栖生物群落的繁殖(Philip,2003)。因而,盆地内出现重要的碳酸盐岩产出,并伴有显著广布的台地发育。

晚白垩世重要的全球海平面上升是控制伊比利亚盆地沉积幕的主要因素(Rat,1982;García 等,1996、2004;Segura 等,2001;Gil 等,2004)。由于伊比利亚盆地的浅水特征,其对任何海平面波动都特别敏感,能记录下甚至更小的波动(高频)(Gil 等,2006a、2006b;García - Hidalgo 等,2007)。描述了伊比利亚盆地晚白垩世四个二级海平面升降旋回(MS - 1 至 MS - 4 巨层序;Segura 等,2006)。对于本文讨论的层段,DS - 2 层序代表土伦阶上部至坎帕阶下部巨型层序(MS - 2;Segura 等,2006)海侵最高点和海退阶段的开始。

前人研究过本文讨论的一些地层剖面(图 1B)。Wiedmann(1975)首次研究了 Cervera 剖面的菊石类,建立了 *Hemitissotia celtiberica* Wiedmann,1975(文中提到的所有种的命名人和命名时间见表 1);后来 Floquet(1991)描述了该露头的地层和沉积学特征。Alonso(1981)首次描述了 Castrojimeno 剖面,报道了菊石类和厚壳蛤类组合;最近 Gil 等(2009)也对其进行了

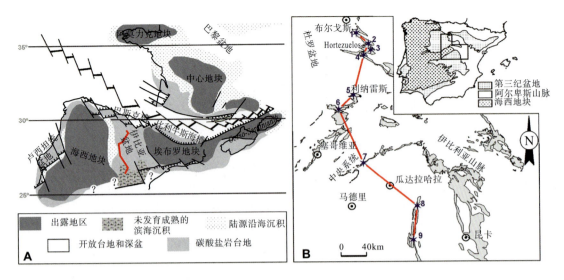

图 1 研究区位置图(据 Gil 等,2009 修改)

A. 科尼亚克阶时期特提斯域中伊比利亚盆地的古地理示意图,红线表示图 7 横剖面的位置;B. 研究区地理和地质示意图,红线表示图 7 横剖面的位置,重点参照剖面:1. Cuevas de San Clemente;2. Contreras;3. Hoz de Silos;4. Hortezuelos;5. Casuar – Linares;6. Castrojimeno – Castroserracín;7. Barranco de las Cuevas;8. Embalse de Entrepeñas;9. Estrecho de Paredes

研究,对不同的厚壳蛤类组合演化进行了描述和解释。最后,广泛研究了 Barranco de las Cuevas 剖面不同近岸边缘层序的沉积格架、生物地层格架和年代地层格架(Gil 等,2002;Gil 和 García,1996)。

3 地层序列、沉积相和地层叠加样式

DS-2 层序是一个向东南方向减薄的、90~20m 厚的、泥灰质和石灰质楔形体。详细研究了八条参考剖面,制作了一条北北西—南东向复合横剖面(图 1B)。由北北西到南南东,DS-2 由 Hortezuelos 组(结核状灰岩、生物碎屑灰岩和含化石泥灰岩)和 Alarcón 组上半部(绿色泥灰岩和薄层白云岩)构成(Gil 等,2004)。可识别出具有稍不同地层序列的三个不同参照区域(北北西、中部和南东),由于两个组的指状交互和 Hortezuelos 组内存在多个段,显示出由台地外部向滨岸环境的过渡。相和亚相,及其环境解释描述如下,并总结在表 2 内。

在北北西参考区(图 1B 剖面,1~4),Hortezuelos 组岩性上被划分为下段、中段和上段(图 2)。下段由生物碎屑灰岩薄层(亚相 2_2)向上渐变为结核状、含化石的和强烈生物扰动的微晶灰岩(亚相 1_1)、泥灰岩薄层与黏土层纹层互层,具有总体向上变厚的趋势。中段由含化石灰色泥灰岩和钙质泥岩(亚相 1_2)构成;该段厚度向北逐渐增大,被称为 Nidáguila 组(Floquet 等,1982;Floquet,1998)。上段由结核状灰岩(亚相 1_1;表 2)渐变为很厚的和成层差的夹泥灰岩薄层(亚相 1_2 和 3_1;表 2)的生物碎屑灰岩和/或鲕粒灰岩(分别为亚相 2_2 和 2_3;表 2)构成,在露头上具有明显不同的地貌表现;上段向南逐渐增厚,厚达 50m 以上,补偿了中段泥灰岩厚度损失。

表 1 文中提到的化石种属分类清单

菊石目(Ammonoidea)
Eulophoceras Hyatt,1903
Forresteria petrocoriensis(Coquand,1859)
Hemitissotia Peron,1897
Hemitissotia celtiberica Wiedmann,1975
Hemitissotia turzoi Karrenberg,1935
Placenticeras Meek,1876
Plesiotissotia cantabria Karrenberg,1935(=*H. turzoi*)
Plesiotissotia dullai var. plana Karrenberg,1935(=*H. turzoi*)
Prionocycloceras Spath,1926
Prionocycloceras iberiense(Basse,1947)
Pseudoschloenbachia Spath,1921
Texanites gallicus Collignon,1948
Tissotia Douvillé,1890
Tissotioides Reyment,1958
Tissotioides hispanicus Wiedmann,1960

马尾蛤目(Hippuritoida)
Bournonia gardonica(Toucas,1907)
Bournonia fascicularis(Pirona,1869)
Praeradiolites requieni(d'Hombres-Firmas,1838)
Biradiolites canaliculatus d'Orbigny,1850
[*Biradiolites angulosus*(d'Orbigny,1842)]
Radiolites sauvagesi(d'Hombres-Firmas,1838)
Hippurites incisus Douvillé,1895
[*Hippurites resectus* Defrance,1821]
[*Hippurites vasseuri* Douvillé,1894]
Vaccinites giganteus(d'Hombres-Firmas,1838)
Vaccinites moulinsi(d'Hombres-Firmas,1838)
Apricardia sp.

缘曲牡蛎科(Gryphaeidae)
Pycnodonte Fischer von Waldheim(1835)

叠瓦蛤科(Inoceramidae)
Cladoceramus undulatoplicatus(Römer,1852)

在中部参考区(图 1B 剖面 5-7),几乎缺失 Hortezuelos 组下段(图3),偶见生物碎屑灰岩薄层组和鲕粒灰岩薄层(亚相 2_2 和 2_3;表2)。中段泥灰岩厚度依次减小,上段由具有厚壳蛤类建造的生物碎屑微晶灰岩(亚相 $2_1 \sim 2_5$;表2)与黄色泥灰岩(亚相 3_1;表2)互层构成。

图 2 Hoz de Silos 剖面(图 1 中的 3 号剖面,布尔戈斯市)露头景观

DS-2 以 Hortezuelos 组为代表,由三个岩体构成:a. 下部石灰岩段;b. 中部泥灰岩和含丰富化石段;c. 上部成层差的石灰岩段。* 与 SB-2 有关的崩塌白云岩角砾岩层,引自 Floquet(1991)和 Gil 等(2006a、b)。比例尺长 20m

图 3 Castroserracín 剖面(图 1B 中的剖面 6)上科尼亚克阶三级层序(DS-2)野外景观

反映 Hortezuelos 组特征段(分别为 a、b、c)并且顶部出现局限滨岸环境(表 2 亚相 3_1)黄色泥灰岩体(d)

Hortezuelos 组底界在此为石灰质 Caballar 组顶面,以单一硬底和由红色潮汐白云岩和叠层石变为内台地沉积(亚相 $2_1\sim2_5$;表 2)的显著岩性变化为标志(Gil 等,2009;图 3)。该区 DS-2 总体趋势显示出多个泥灰岩—灰岩束(沉积旋回),由外台地相(亚相 1_1 和 1_2;表 2)递变为内台地相(亚相 $2_1\sim2_5$)或者甚至是局限滨岸沉积(亚相 3_1;表 2)。底部旋回主要为外台地相,而上部旋回主要为内台地相,其次是局限滨岸相(图 4)。

在 SE 参考区(图 1B 剖面 8 和剖面 9)DS-2 尖灭为 20m 厚的泥灰岩和白云岩互层,属于 Alarcón 组上半部分(图 5)。DS-2 在此完全由局限滨岸沉积物构成,由具波痕、波状和脉状层理、藻纹层和铁质界面的富有机质绿色泥灰岩(亚相 4_3;表 2)和薄层白云岩(亚相 4_1;表 2)向上递变为绿色泥灰岩多层系(亚相 4_3;表 2)和薄层红色白云岩(亚相 4_1;表 2)或强烈生物扰动的白云石化角砾岩(亚相 4_2)。

所有这些沉积区清晰地显示出向东南方向底部上超的海侵—海退沉积趋势。DS-2 以两大层序界面(SB-2 和 SB-3,图 2~图 5,图 7)为界,依据:①存在较大的沉积间断和成岩作用叠加;②与下伏和上覆三级层序的地层关系(上超、退覆和顶超);③垂向相序存在最重要的间断,反映 DS-2 之上和之下的沉积趋势发生较大变化,所有这些方面说明存在重要的相对海平面下降。

表2 伊比利亚盆地 DS-2 层序(科尼亚克阶)主要相组合和亚相概要及其环境解释

相组合	亚相	岩相	生物相和生物扰动	环境解释
碳酸盐岩台地外带	1_1 结核状灰岩	结核状黏土质灰岩(泥岩—粒泥灰岩)。成层差,铁质界面	腹足类、双壳类、苔藓虫类,圆盘虫、粟孔虫和绿藻。生物扰动常见	低沉积速率的低能、开阔海背景。风暴浪基面以下碳酸盐岩台地外部环境
	1_2 含化石泥灰岩	块状、灰色泥灰岩和钙质泥岩	牡蛎、菊石类、不规则海胆类、isocardiids 和其他双壳类、腹足类、腕足类。局部牡蛎和菊石类受到生物侵蚀、锈蚀和环节动物移植	
碳酸盐岩台地内带	2_1 微晶灰岩	薄层—中层灰岩(泥岩—粒泥灰岩)。向上递变为 2_2 和 2_3 亚相。局部硬底发育在顶面	底栖有孔虫、腹足类、双壳类、单体珊瑚、薄壳双壳类碎片。在岩层顶面局部常见生物扰动和生物侵蚀	开阔海背景从碳酸盐岩台地远端至近端。低能浅滩背景在风暴浪基面和晴天浪基面间交替
	2_2 生物碎屑灰岩	向上变粗、变厚的灰岩(浮石—砾屑碳酸盐岩);棱角状—滚圆的叠瓦状碎屑。常见改造的微晶内碎屑	台地序列下部牡蛎碎片和上部厚壳蛤类碎片。常见生物侵蚀贝壳。罕见生物扰动	
	2_3 鲕粒灰岩	鲕粒灰岩和生物碎屑灰岩(泥粒灰岩—颗粒灰岩)。分选很好的内碎屑和鲕粒生物碎屑。大型槽状和板状交错层理或块状层理。罕见石英外碎屑	放射虫、腹足类、棘皮动物、苔藓虫类和红藻碎屑、底栖有孔虫。缺乏生物扰动	
	2_4 厚壳蛤生物层(建隆)	厚壳蛤类生物层、稀疏和密集堆积的、原地和准原地结构的浮石和砾屑碳酸盐岩互层	radiolitids、biradiolitids、hippuritids 和 vacinitids 单属种和贫属种组合。分选差的厚壳蛤类碎片	
泻湖	3_1 黄色泥灰岩	黄色和赭色泥灰岩和结核状黏土质灰岩,粉砂层	radiolitids 和 hippuritids,孤立底栖有孔虫。厚壳蛤类和其他双壳类碎屑。富含有机质。植物碎片和碳质残余丰富。常见生物扰动	障壁后泻湖背景和低能潮下池斜坡—近岸环境
滨岸	4_1 薄层白云岩	薄层—细纹层白云岩、红色白云岩和砂质白云岩。波痕和波状层理。窗格构造。假柱状、侧向相连叠层石。铁质界面	铸模孔隙。植物碎片。岩层顶面生物扰动罕见	常出现酸性大气降水和硅质碎屑输入的潮间—潮上背景(包括泥沼和红树林环境)
	4_2 白云岩化角砾	结核状—角砾化黄色和褐色白云岩;网状构造	强烈生物扰动	
	4_3 绿色泥灰岩	板状绿色泥灰岩(发生蚀变的为黄色)	富含有机质	

层序底界(SB-2)以广泛分布的硬底为特征,具有影响下伏沉积物的发育良好的红土壳和潜穴构造(图6A、B)(DS-1;Gil等,2006a)。偶尔还以与蒸发岩早期溶蚀有关的坍塌白云岩角砾为特征(Hoz de Silos剖面;Floquet,1991;Gil等,2006b,图4C)。从北北西到南东,下伏沉积物铁化作用和早期白云岩化作用逐渐增强(Gil等,2009)。此外,与至少三个下伏五级准层序的顶超关系(Gil等,2006a)和DS-2的底部上超也表明存在一个层序界面(SB-2)。最后,碳酸盐岩台地相带重要的向陆地迁移出现在该界面上,且DS-2底部中—外陆架碳酸盐岩相(亚相2_3和1_2;表2)叠置在下伏层序的潮汐碳酸盐岩相(亚相4_1;表2)之上(Gil等,2009)。因此,底部上超和相带迁移说明层序界面处有较大的海平面下降,在下一个沉积幕(DS-2)随后的海侵阶段海平面快速上升紧随其后。这些观察说明SB-2处的地层间断。

层序顶界(SB-3)还代表具有间歇性较小地表暴露的沉积作用间断时段。界面还表现出不太显著的垂向相趋势突变(Floquet,1991首次描述),并且向陆的早期白云岩化作用也不如与SB-2有关的白云岩化作用强烈。

在Hortezuelos组中部泥灰岩段(图2～图4)内识别出DS-2的最大海泛面(MFS)。该段较深水沉积物甚至达到下伏层序以前为近岸环境的伊比利亚盆地区。因而,可识别出两个体系域的地层叠加样式(图7):①SB-2和MFS间的海侵体系域(TST)表现为向上水体加深和相带退积趋势,具有显著的近岸上超。该上超形态造成MFS向东南方向包含在SB-2内,因此越来越多的间断包含在边界内。②MFS和SB-3间的高位正常海退(HNR)(Catuneanu等,2009的含义)表现为加积和进积趋势。

4 动物区系序列

Hortezuelos组下段和中段不含厚壳蛤类,而含有菊石类、密齿蛎属(*Pycnodonte*)和其他牡蛎、叠瓦蛤(inoceramids)、腹足类和棘皮动物。但Hortezuelos组上段含有菊石和厚壳蛤,以及其他双壳类、腹足类和底栖有孔虫组合。因此,在DS-2内可识别出两个不同的化石组合;第一个组合主要为在TST和HNR外部(较深水)相内发现的菊石类和非厚壳蛤双壳类;第二个组合主要为厚壳蛤类,并与HNR内部(较浅水)相吻合。

4.1 菊石目

在DS-2内可识别出三个不同的菊石类组合。下部组合内菊石类稀少,并以带饰板状壳(*Tissotioides*和*Prionocycloceras*)为代表;但第二个组合内菊石类常见,并以光滑透镜状壳(*Tissotia*和*Hemitissotia*)为特征。

在第一个菊石组合中识别出*Tissotioides hispanicus*和*Prionocycloceras iberiense*。前者为小型—中型的内旋壳种,具有近椭圆形或近五边形压缩截面、突起的水泡状脐结节、微弱直肋、棒状腹侧结节以及具有窄的齿舌和宽的完整鞍部相对简单的缝合线(图8A～C)。Wiedmann(1960、1964、1979)、Wiedmann和Kauffman(1978)、Santamaría-Zabala(1991、1995),可能还有Carretero-Moreno(1982)以前描述过*T. hispanicus*;在研究区,该种见于Cuevas de San Clemente剖面中。*Prionocycloceras iberiense*是一种中等大小的内旋壳—外旋壳种,以近矩形压缩截面、圆形脐结节和简化的缝合线为特征(图 8D～F)。Basse(1947)、Santamaría - Zabala(1991、1995)和 Gallemí 等(2007)鉴别并描绘过 *P. iberiense*;在研究区,该种采自 Contreras 剖面。

图 4 Barranco de las Cuevas 剖面(图 1B 中的剖面 7)科尼亚克阶三级层序(DS-2)露头景观
反映 Hortezuelos 组上部石灰岩段(c)和局限滨岸环境黄色泥灰岩(d)之间的转变。由于底超,下部石灰岩段(图 2、图 3 中的 a)和中部泥灰岩段(图 2、图 3 中的 b)缺失

图 5 Embalse de Entrepeñas 剖面(图 1B 中剖面 8)科尼亚克阶三级层序景观
Alarcón 组绿色泥灰岩(d)和薄层状潮汐白云岩(e)之间的转变。层序界面(SB-2 和 SB-3)出照片外

在第二个菊石组合内识别出 *Tissotia* sp.、*Hemitissotia celtiberica* 和 *Hemitissotia turzoi*。*Tissotia* sp. 是中等大小的、强内卷壳的种类,具有膨大的近椭圆形压缩截面,在个体发育早期结节和肋低,而且缝合线相对复杂,具有许多要素。其中第一个侧鞍基被分为相等的两段,具有较少的刻痕,并且整个鞍基残存(图 8G～I)。Santamaría - Zabala(1991、1995)描述过类似于此处在 Cuevas de San Clemente、Contreras 和 Hortezuelos 剖面中鉴别出来的种类。*H. celtiberica* 是盘状的内旋壳种,具近尖顶—近椭圆形压缩截面,靠近侧翼中部其宽度最大。其幼年阶段具有尖锐的腹部,并偶见一些随个体发育变圆和消失的弱壳饰。其具有假齿菊石式缝合线,每个侧翼具有约三个齿状侧叶和三个圆形鞍基(图 8J～L)。Wiedmann(1975、

图 6　科尼亚克阶三级层序(DS-2)的地层和生物沉积特征

A. Villaverde de Montejo 露头(Casuar-Linares 剖面附近)上 DS-2 的三级层序底界(SB-2),表现为一个硬底质面以及 Muñecas 组(下)和 Hortezuelos 组(上)之间的界面。B. Casuar-Linares 剖面(图 1B 中的剖面 5)中相同硬质底面的详细特征;C. Contreras 剖面(图 1B 中的剖面 2)附近 HNR 上半部厚层状微晶灰岩—生物碎屑灰岩组(表 2 亚相 2_1 和 2_3)中的大型交错层理面;D. 厚壳蛤类堆积层(表 2 亚相 2_4)的致密填集原地组构,由 R. sauvagesi、B. angulosus 和少量 H. incisus 构成;Castrojimeno-Castroserracín 剖面(图 1B 中的剖面 6)。E. 具底栖有孔虫和窗格构造纹层(上)的微晶灰岩(亚相 2_1)和生物碎屑砾屑灰岩(亚相 2_2)的转变,由细粒分选很好的厚壳蛤类碎片构成(上);注意岩层之间的不规则地层面,指向早已岩化的微晶灰岩层顶部强烈生物侵蚀作用;Barranco de las Cuevas 剖面(图 1B 中的剖面 7)。F. 薄层状黄色白云岩层组中的细平面状藻纹层;Embalse de Entrepeñas 剖面(图 1B 中的剖面 8)。G. 横剖面东南端 DS-2 顶部出露的结核状—角砾状白云岩详细特征;结核状和角砾状特征是强烈生物扰动造成的;Embalse de Entrepeñas 剖面(图 1B 中的剖面 8)

1979)、Wiedmann 和 Kauffman(1978)鉴别并描绘了 *H. celtiberica* 种。在 Contreras、Hortezuelos、Casuar–Linares 和 Castrojimeno–Castroserracín 剖面内已识别出该种。*Hemitissotia turzoi* 与 *H. celtiberica* 相似。唯一的差别是前者具有完整光滑表面,略微更压缩内旋截面,靠近侧边内 1/3 处其宽度最大,尖锐的成熟腹部和每边约两个额外的侧叶和鞍基(图 8M～O)。虽然因其差异很小(尽管在某些情况下一致),这两种类型可能被认为只是同物异名,但形态及其时间和地理分布说明维持详细的划分更合适。Karrenberg(1935)、Bataller(1950)、Wiedmann 和 Kauffman(1978)、Wiedmann(1979)、Martínez(1982) 和 Santamaría–Zabala (1991、1995)描述并阐明了西班牙的 *H. turzoi* 种。如 Santamaría–Zabala(1991、1995)所指出的,仅根据缝合线的小差异建立的 *Plesiotissotia dullai* var. *plana* 和 *Pleiotissotia cantabria* 可作为该种的同物异名。在本文研究中,在 Cuevas de San Clemente、Contreras、Hortezuelos、Casuar–Linares 和 Castrojimeno–Castroserracín 剖面内识别出该种。

这两个菊石类组合的上覆地层,第三个组合由一些保存差的标本构成,具有接近 *Placenticeras*、*Eulophoceras* 和 *Pseudoschloenbachia* 属的特征。这些标本采自 Cuevas de San Clemente、Casuar–Linares 和 Castrojimeno–Castroserracín 剖面。

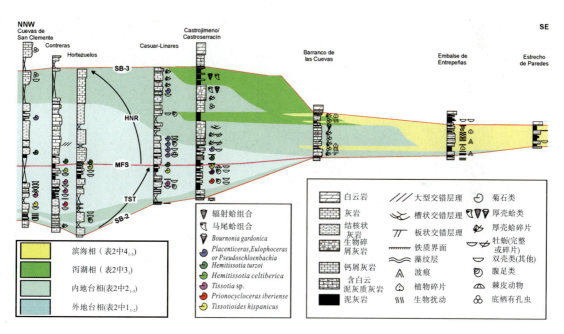

图 7 伊比利亚盆地(位置见图 1)科尼亚克阶三级层序(DS-2)的倾向横剖面图
图中表示了沉积构型之(1)相组合;(2)动物区系分布和(3)体系域和地层参照面(层序界面和最大海泛面)。SB-2.层序底界面;SB-3.层序顶界面;TST.海侵体系域;MFS.最大海泛面;HNR.高位正常海退

4.2 马尾蛤目

第二种组合由厚壳蛤类岩体构成,出露于 Castrojimeno–Castroserracín 和 Barranco de las Cuevas 剖面,主要发育在 DS-2 的 HNR 上部。

仅在 Barranco de las Cuevas 剖面内识别出 *Bournonia gardonica* (图 9A),在夹生物碎屑

图 8 伊比利亚盆地科尼亚克阶三级层序的菊石组合图版

A～C. *Tissotioides hispanicus*, SC－S－985, *Tissotioides hispanicus－Prionocycloceras iberiense* 带, Cuevas de San Clemente 剖面。A. 腹面; B. 侧面; C. 开口。D～F. *Prionocycloceras iberiense*, CT－R－950, *Tissotioides hispanicus－Prionocycloceras iberiense* 带, Contreras 剖面。D. 开口; E. 侧面; F. 腹面。G～I. *Tissotia* sp., CT－R－980, *Tissotia* sp. 带, Contreras 剖面。G. 腹面; H. 侧面; I. 开口。J～L. *Hemitissotia celtiberica*, CT－S－954, *Hemitissotia* spp. 带, Contreras 剖面。J. 开口; K. 侧面; L. 腹面。M～O. *Hemitissotia turzoi*, CJ－S－924, *Hemitissotia* spp. 带, Castrojimeno 剖面。M. 腹面; N. 侧面; O. 开口

灰岩的细微晶灰岩内形成小型单种丛状礁。基质受到早期白云岩化作用影响,但壳层外部保存很好,具有外部形态特征和壳结构。在研究这些标本的基础上提高了对 *B. gardonica* 壳结构的认识(Gil 等,2002)。Toucas(1909)根据法国南部加尔(Gatigues)省(Gard)地区科尼亚克阶中采集到的化石标本,结合法国东南部沃克吕兹(Vaucluse)省皮奥朗克(Piolenc)和波塞(Beausset)瓦尔河(Var)的其他标本,以及来自朗德省(Landes)罗什福尔(Rochefort)的报道,最先将该种作为 *Agria gardonica* 描述。该种还见于克罗地亚伊斯特拉半岛(Istria)(Parona,1926)和意大利南部奇伦托(Cilento)(Cestari 和 Pons,2004),与 Cestari 和 Sartorio(1995)报道的科尼亚克期 K 事件一致。

在 Castroserracín 露头上识别出 *Bournonia fascicularis*(图 9B)。最先描述了意大利弗留利(Friuli)地区 Colle di Medea 科尼亚克阶的该种,随后报道了意大利很多其他地方的该种(Steuber,2002)。Toucas(1909)描绘了法国南部加尔(Gatigues)省(Gard)地区科尼亚克阶的该种。

在 Castrojimeno 和 Castroserracín 露头上识别出 *Praeradiolites requieni*(图 9C)。一些标本是圆锥形的(高 120mm,宽 70mm),而其他一些则是非常扁平的(高 40mm,宽 80mm),斜躺在其扁平的背缘上,特别是 Castroserracín 露头上的。该种在法国加尔(Gatigues)省和 Bagnols(Gard)地区、Martigues 地区(罗讷河口省)、Noyères 地区(沃克吕兹省)、Nyons(德龙省)地区和 Le Beausset(瓦尔河)地区(Toucas,1907),以及西班牙 Montsec(加泰罗尼亚)地区的科尼亚克阶均有报道。

Biradiolites canaliculatus(图 9D、E)是 *Biradiolites* 属的典型种。最先见于来自法国东南部 Martigues 地区(罗讷河口省)、Beausset 地区(瓦尔河)、Gatigues 和 Bagnols 地区(加尔省)科尼亚克阶的报道,零星见于包括比利牛斯山脉南部在内的其他地区,如 Montsec(Pascual 等,1989)。该种一般被描述为高度比宽度大。在 Castrojimeno 露头丛礁/骨架礁附近识别出的标本很长且薄,并发育尖锐的肋(图 9E),与描述的土伦阶 *B. angulosus* 种相似,而该种赋存于 Castrocerracín 露头开放的丛礁,躺于其背面或前面,非常扁平、膨大,其中一些具有右瓣螺顶之下内带褶皱向下发育的特征(图 9D)。这种极端的种内多样性可能是文献中一些错误识别造成的。

在 Castrojimeno 露头上,几乎所有的生物建造都有 *Radiolites sauvagesi*(图 9F)产出,在 Castroserracín 露头上则作为孤立属种。标本代表了宽泛的贝壳生长条件。放射脊(肋)由又尖又窄到又圆又宽。生长层间距变化很大。放射窦(生长层通常向上褶皱)的宽度也是变化的。当放射窦深,并且其边缘清晰时,带间向下的褶皱是单一的、细分的或三段褶皱的。完整的带间褶皱最初被 Toucas(1908)描绘为证实了 *R. praesauvagesi* 种建造,但似乎与生长条件和生态因素有关。该种首次见于法国东南部加尔省 Gattigues 地区科尼亚克阶,并常见于地中海特提斯边缘同时代沉积物中。

在 Castrojimeno 剖面上,在贫属种近丛礁和块礁上或在单属种近丛礁/骨架礁上,*Hippurites* 种和放射虫类作为次要组分产出(图 9G)。其作为 *Hippurites incisus* 被识别出来,最早见于 Espluga de Serra 地区(比利牛斯山南部)科尼亚克阶,被描述为 *H. resectus* 的变种,随后在比利牛斯山其他地方的科尼亚克阶中发现了该种(Pons,1982),后来在更远的地区也发现了该种。在此认为它是 Toucas'(1904)*Hippurites canaliculatus* 族的科尼亚克阶种;但不确定是否应保留建立的该种的名称,该种发育有深褶皱生长层,形成右壳瓣表面上的尖锐脊

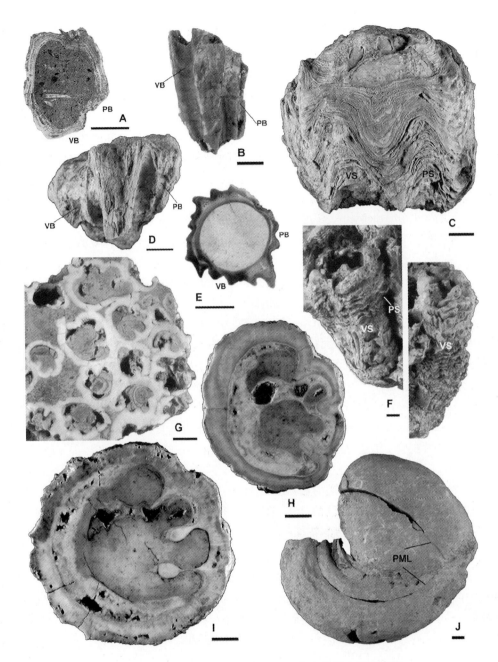

图 9 伊比利亚盆地科尼亚克阶三级层序中的厚壳蛤类图版

A. *Bournonia gardonica*,右壳横截面,PUAB-43933,Barranco de las Cuevas 剖面。B. *Bournonia fascicularis*,右壳腹面后端,PUAB-75899,Castroserracín 剖面。C. *Praeradiolites requieni*,两瓣壳腹面后端,PUAB-74442,Castroserracín 剖面。D、E. *Biradiolites canaliculatus*。D. 两瓣壳腹面后端,PUAB-74455,Castroserracin 剖面。E. 右壳横截面,PUAB-43735,Castrojimeno 剖面。F. *Radiolites sauvagesi*,两瓣壳腹面,PUAB-43748,Castrojimeno 剖面。G. *Hippurites incisus*,多个右壳截面,PUAB-43745,Castrojimeno 剖面。H. *Vaccinites moulinsi*,右壳横截面,PUAB-74426,Castroserracin 剖面。I. *Vaccinites giganteus*,右壳横截面,PUAB-74419,Castroserracin 剖面。J. *Apricardia* sp.,内模,后视,PUAB-74463,Castroserracín 剖面。PB. 后辐板;PML. 后主突起冠后片;VB. 腹面辐板。比例尺 10mm 标本存放于巴塞罗那 Autònoma 大学古生物中心(PUAB)

和左壳瓣上的疹突,而没有仍然作为 *H. resectus* 的特征。*H. resectus* 为土伦阶遍生种,而更年轻的代表可达麦斯特里希特期。根据最后接受的选择,*H. resectus* 的地层分布也可达到科尼亚克阶,在该阶中与 *H. incisus* 和 *H. vasseuri* 共生;后者通常与前者有关,但具有与其不同的特征。在研究过程中揭示了法国南部和西班牙北部不同的科尼亚克阶化石地点三个种中两个种的不同组合的共生。

Vaccinites moulinsi(图 9H)产出于 Castroserracín 露头。其首次报道见于 Gatigues 地区(Gard)的科尼亚克阶,至今仅见到法国南部和西班牙北部的报道。对韧带脊顶端的错误解释导致 Douvillé(1895)提出一个新物种,即 *H. praemoulinsi*,后来 Toucas(1904)认为是无效的。

Vaccinites giganteus(图 9I)产出于 Castrojimeno 和 Castroserracín 露头。该种在法国加尔省 Gatigues 地区、沃克吕兹省 Noyères 地区、德龙省 Nyons 地区、罗讷河口省 Martigues 地区、瓦尔河 Le Beausset 地区和阿德省(Aude)Bugarach 地区的科尼亚克阶(Toucas,1904),西班牙的 Espluga de Serra 和加泰罗尼亚比利牛斯其他地区的科尼亚克阶(Pons,1982),以及亚得里亚海地区其他很多地方的科尼亚克阶均有报道(Steuber,2002)。

采自 Castroserracín 露头的 *Apricardia* sp. 标本是孤立个体,其两瓣壳的大小、螺旋和横截面很相似;截面为三角形,高度大于宽度,并为脊状腹部。模内两瓣壳内发育后端主突起冠板的印痕。它们无疑相当于 *Apricardia* 属,但不确定具体的种。晚白垩世遗迹比早(或中)白垩世受到的关注少,并且自 19 世纪以来几乎没有取得任何进步。

总之,该厚壳蛤类组合是法国南部和西班牙东北部科尼亚克阶的特征,尽管地中海其他地区也报道过一些种。

5 地层样式、沉积环境和生物组合之间的关系

伊比利亚盆地在科尼亚克期经历了一次大的海侵事件,导致浅海区淹没,通常造成碳酸盐岩台地上沉积相和生物组合发生变化(如 Pomar 和 Kendall,2008)。这次海侵事件还与晚白垩世最大扩张和厚壳蛤类多样性开始相吻合(Cestari 和 Sartorio,1995;Pomar 和 Hallock,2008)。导致较浅水的 Caballar 组和 Muñecas 组之上沉积富生物碎屑灰岩的 Hortezuelos 组;硅质碎屑输入很少,且主要来自研究区西部海西期结晶基底(海西地块)(图 1A)。沉积层序反映进入深海盆地的碳酸盐岩斜坡远端。沿沉积层序,在单个沉积层序(DS‑2)中由海侵到高位沉积生物组合发生变化。

海侵沉积反映 TST 初始阶段下伏较浅水沉积物被淹没(图 6A)。海侵生物组合以双壳类(主要为 *Pycnodonte* 和其他牡蛎,发育常见的软体动物滩)和腹足类为主;菊石类和棘皮动物不常见。

海侵期间海平面上升导致来自近岸泛滥平原的陆源沉积物和营养物(主要为粉砂、黏土和有机质)输入,导致生产率提高,并指示了动荡的环境条件(包括可能的短期盐度变化;Wilmsem 和 Voigt,2006)。对抵抗长期环境应激有很强适应性的牡蛎沉积物的广泛出现表明沉积作用的海侵特性和海侵到岸上形成新的微环境(Bauer 等,2003;Pufahl 和 James,2006)。牡蛎是现今海洋浅水底栖生物,由于是滤食动物,可以耐受广泛的环境条件,从潮汐半咸水背景

(Stenzel,1971;Pufahl 和 James,2006)到潮下、泻湖环境(Mahboubi 等,2006;El–Azabi 和 El–Araby,2007)。由于是固着底栖动物,牡蛎贝壳的固着基底必须是稳固的。化石通常以主要嵌在钙质沉积物中的形式产出(Stenzel,1971;Pufahl 和 James,2006),但 *Pycnodonte*——典型的非固着牡蛎,以其巨大的凸形加厚壳能在松软基底上获得稳定性,通常出现在泥灰岩基底上(Wilmsem 和 Voigt,2006)。

碳酸盐岩岩层顶部生物扰动强烈,并具有红色色斑,表明基底的早期岩化作用。这些岩化沉积物可能不适合部分埋藏在松软沉积物中的厚壳蛤类(Cestari 和 Sartorio,1995;Cestari 和 Pons,2007);这类厚壳蛤类在海侵沉积物中几乎完全缺失。珊瑚能够在这些稳固基底上生长,但它们的缺失暗示了可能抑制其生长的不稳定环境条件。但在比利牛斯海槽,在科尼亚克期,它们通常与厚壳蛤类共生(Booler 和 Tucker,2002)。

关于 TST 中的菊石类分布,关键标志 *T. hispanicus* 和 *P. iberiense* 局限于北部露头(Cuevas de San Clemente 和 Contreras 剖面)(图 1B 中的 1 和 2)Hortezuelos 组下段(DS-2 层序的下部层系;图2)。至今尚未在南部露头发现这些种,表明其缺乏是由于与整个层序的三级海平面上升(地层间断)有关的地层底面处的上超。

在最大海侵时期,在最大海泛面(MFS)周围,盆地完全被淹没,沿伊比利亚盆地北部和中部发生泥灰岩深水沉积作用。在此次 TST 晚期,*Tissotioides* 和 *Prionocycloceras* 被 *Tissotia* 和 *Hemitissotia* 取代(图7);大部分 *Tissotia* sp. 和 *H. celtiberica* 位于 MFS 之下,其次为 *H. turzoi*。比较这些菊石类的形态,可以很容易地看到从接近 Batt(1989) 和 Westermann(1996) 的形态类型 9 的板状壳(*Tissotioides* 和 *Prionocycloceras*)到接近它们的形态类型 11 的透镜状壳(*Tissotia* 和 *Hemitissotia*)的明显变化。在更丰富属(*Hemitissotia*)的演化上也可察觉到逐渐被与水动力更有关的和更少装饰的形态取代:其早期代表具有低的圆形脐结节和适度压缩截面,逐渐被完全光滑的、紧密压缩的后来的种取代。

德国中侏罗统(Bayer 和 McGhee,1984),美国西部内陆(Jacobs 等,1994)、德国和伊朗(Wilmsem 和 Mosavinia,2011)上白垩统报道过类似的形态变迁,这些变迁与沉积盆地海洋环境的变化(水体向上变深的旋回)有关。

在这些菊石类动物群上观察到的形态转变似乎是对海平面变化的水动力适应性的响应(生态表型变异),因为按照水动力学,侧扁的光滑形态通常比粗壮形态的阻力系数低,移动更快、更有效。因此,板状壳(在 TST 内更丰富)反映相对更高能的浅水近滨(近端的)环境,而透镜状壳(在 MFS 内更多)则反映很适合自游-底栖生活方式的(Chamberlain,1980)相对更深的开阔海(远端的)环境(Wilmsem 和 Mosavinia,2011)。

两方面的证据表明 *Hemitissotia* 透镜状壳与开阔海和低能环境有关。首先,它们产出于更深水的静水泥灰岩和结核状灰岩相(亚相 1_1 和 1_2),与叠瓦蛤(Gallemí 等,2007)和棘皮动物共生,而非产出于高能相。其次,在研究的很多层段内,*Hemitissotia* 是唯一出现的菊石,在贫底栖生物地层中以分散的孤立样本出现。*Hemitissotia* 在缺少底栖动物和其他菊石类的地层中如此常见的事实说明水体上层的远洋习性[为 Tsujita 和 Westermann(1998)提出的其他透镜状壳菊石类],此处水体充氧可能更高,且大致稳定。两方面证据都支持大多数透镜状壳菊石类很适合捕食性生活方式的观点(Westermann,1996),以水柱中任何位置短距离追捕为主(Tsujita 和 Westermann,1998)。事实上,捕食性透镜状壳侵入,比如以前报道过的 *Hemitissotia* 到达很浅的近岸水体(Hewitt 和 Westermann,1989;Kauffman,1990)。贝壳作为死后漂移产物向岸搬运使得透镜状壳在这些近岸环境中出现的机会增大(Wilmsem 和 Mosavinia，2011)。

在 HNR 早期，台地相和其生物群落开始恢复，但它们不同于 TST 相和生物群落。在这种情况下可观察到从较深水泥灰岩到潮汐相的完整横截面(图 10)。

较深水环境与 MFS 的深水环境类似，以泥灰岩(亚相 1_2)和结核状灰岩(亚相 1_1)为特征；在向北的剖面上该相内常见叠瓦蛤和菊石类(图 10；Gallemí 等，2007)。内斜坡相以极富含厚壳蛤类碎片和鲕粒粒屑灰岩(亚相 2_2 和 2_3)的骨架泥粒灰岩为特征。将其解释为高能相，反映砂质(生物碎屑或鲕粒)浅滩沉积物的发育(图 10)。除局部外，在这些相中没见到厚壳蛤类建造或贝壳；所有碎片都是磨损的、磨圆的，说明沉积之前经历过磨蚀和搬运。因此，这部分生物碎屑碎片是被带到台地外部区域的，骨架碎屑常在此处堆积成骨架组分堆。HNR 早期的底部岩层含有最少量的厚壳蛤类；然而一旦出现低能条件，便会发育疏松基底，这些基底使得厚壳蛤类群落得以恢复，并替代先前的生物组合。

局部见大型交错层理(厚达 10m)(图 6C)，但这并不表示陡倾的大起伏地形建造侧翼，因为没有发现礁滩到礁坡沉积物的证据。因此这些岩层是来自相对平缓地形的浅滩沉积(图 10)。

虽然厚壳蛤类可能分布在整个内陆架部分，但它们仅保存于浅滩背流面和泻湖区不同基底上的生长位置(图 10)。还见到零星的、保存差的菊石类(可能为 *Placenticeras*、*Eulophoceras*、*Pseudoschloenbachia*)，不同于开阔海相 *Hemitissotia*，具有更扁平的壳，可能反映了更浅水而安静的环境。

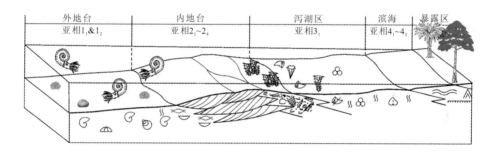

图 10 伊比利亚盆地 DS-2 层序 HNR 的沉积模式图(亚相说明见表 2)

厚壳蛤类生长在松软沉积物中产生侧向受限的分散的富厚壳蛤岩体，是周围海床上的低地势，并限于样本末代种(图 10)。风暴和风引起的水流及波浪反复淘洗厚壳蛤类支撑的松散沉积物；结果，分选好和磨圆的生物碎屑碎片再沉积到台地外部区域；同时，向陆方向倾倒的贝壳很丰富。只有在反映更内部受保护的陆架部分的沉积物中才容易见到厚壳蛤类与贝壳生长有关的排列。

内台地区(Casuar-Linares 和 Castrojimeno-Castroserracín 剖面；图 7；图 1B 中的 5 和 6)以具高多样性的底栖动物群(单体珊瑚、海刺毛类、棘皮动物、腕足类和底栖有孔虫)与厚壳蛤类生物层(图 10)交替的泥岩—粒泥灰岩互层为特征。这些生物层显示出开阔的密集堆积原地组构(图 6D)、准原地组构，以及具浮石—砾屑碳酸盐岩结构的改造厚壳蛤类碎片的生物碎屑层(Gil 等，2002、2009)。按照 Riding(2002)的生物礁结构分类，这些组构和结构相当于基质支撑的丛礁和段礁，甚至骨架支撑的骨架礁。

在最内台地区（Barranco de las Cuevas 剖面，图 7；图 1B 中 7），厚壳蛤类和底栖有孔虫栖息在低—中等能量的泥底，厚壳蛤类在局限泻湖区形成有限的建造（图 10）。这些富含厚壳蛤类的浅水灰岩以骨架成分（软体动物和底栖有孔虫）为主，缺乏非骨架颗粒。最主要的沉积物是厚壳蛤类为主的细—粗粒砾屑碳酸盐岩（图 6E）。沉积物在保护区原地生成，厚壳蛤类是主要的沉积物生产者。这些沉积物随后被风暴、波浪和水流搬运，较细的部分可能被淘洗掉，并沉积在深水环境。

最后，含植物碎屑的绿色泥灰岩、块状或叠层石白云岩（图 6F），局部含底栖有孔虫和白云岩化角砾岩的成层性好的白云岩化泥岩/粒泥灰岩互层（图 6G），是更向陆地方向的露头（Embalse de Entrepeñas 和 Estrecho de Paredes 剖面，图 7；图 1B 中的 8 和 9）的特征，在露头上呈韵律性交替，证明沉积作用发生在潮坪环境（图 10）。

DS-2 含有多个菊石类和厚壳蛤类组合。第一个组合主要是科尼亚克阶中部菊石类（*Tissotioides hispanicus* 和 *Prionocycloceras iberiense*）；第二个组合，科尼亚克阶上部主要以 *Tissotia* sp.、*Hemitissotia celtiberica* 和 *H. turzoi* 构成为特征。另一方面，DS-2 层序可清楚地与 Gräfe（1994）及 Gräfe 和 Wiedmann（1998）的①UC9/10 和 UC10/11 层序联系起来；Wiese 和 Wilmsen（1999）的②DS Co Ⅱ和 DS Co Ⅲ，以及 Floquet（1998）的③DC8 沉积旋回，表明其底界可能是北部露头科尼亚克阶下部的顶界，此处 DS-2 底面存在间断，如存在崩塌角砾岩（图 2）和硬底发育（图 6A、B）。在南部露头，该沉积作用间断时间更长，缺失整个 TST 沉积物（图 7）。第三个组合见于南部剖面，以通常归属于科尼亚克阶上部（*Biradiolites*、*Praeradiolites*、*Radiolites*、*Apricardia*、*Hippurites*、*Vaccinites*）的厚壳蛤类为主。DS-2 上部具有保存不好的菊石类组合，其中一些代表（*Placenticeras*、*Eulophoceras*、*Pseudoschloenbachia*）一般归属于桑托阶，与科尼亚克阶厚壳蛤类共生，这引出该层序顶界的准确时代问题。关于这个问题，在此应该指出上部组合的一些可能代表位于西班牙北部 Riu de Carreu 和 Prat de Carreu（Gallemí 等，2004），以及 Villamartín（Gallemí 等，2007）剖面上叠瓦蛤 *Cladoceramus undulatoplicatus*（桑托阶底部的标准物种）的 FAD（首次出现基准面）之下。本研究可能不能证实这些属如此低的地层位置，因为在所研究的剖面中未识别出 *C. undulatoplicatus*。尽管如此，本研究似乎证实在含特有的科尼亚克阶厚壳蛤类组合的岩体地层之下或内部存在一些通常归属于桑托阶的菊石类属。

地层学和沉积学分析表明伊比利亚盆地整个 DS-2 层序沉积在碳酸盐岩斜坡上（图 10）。该层段的盆地古地理恢复表明沉积作用发生在热带水体中（图 1A），为光合带组合的典型环境。然而生物组合显示 TST 时期存在以软体动物为主的多种组合，但 HNR 时期作为异养悬浮物摄食者的厚壳蛤类其组合的多样性低（Scott，1995）。这些可被认为是倾向于与温带—极地纬度的较冷水域有关的多生境骨架组合（Lees 和 Buller，1972；James，1997），但不能将科尼亚克阶上部多生境组合严格地解释为有孔虫相［Lees 和 Buller（1972）的含义］。因为首先，一般认为诸如厚壳蛤类、单体珊瑚、腹足类、海刺毛类和底栖有孔虫这样的生物在温暖海水环境中繁盛；其次，在这些碳酸盐岩中，冷水软体动物（扇贝双壳类，等等）和潜底性软体动物极其稀少，甚至完全缺乏。这些资料加上缺乏蒸发岩表明温度（或温度太高）和盐度变化不是控制沉积作用的主要因素；但单属种牡蛎组合的存在表明泻湖区沉积作用被盐度变化事件打断（Wilmsem 和 Voigt，2006）。

在一些特提斯科尼亚克阶碳酸盐岩台地上识别出温暖水体条件下类似的多生境组合（Simone等,2003;Philip和Gari,2005);同时,在特提斯其他地区,厚壳蛤类与珊瑚密切共生(比利牛斯山,Booler和Tucker,2002;阿尔卑斯山,Sanders和Pons,1999)。这其中一些产出被解释为暗示了与典型的现今热带含珊瑚碳酸盐岩相比,这些沉积物形成于更深、更暗、更富营养的条件下(Philip和Gari,2005)。但与珊瑚的密切关系可被解释为反映了阳光更充足、更浅水环境中的沉积,虽然与现代珊瑚相比,白垩纪珊瑚可能在更深水中繁盛(Pomar等,2005)。这就证实了前面的解释,但使得以该骨架组合为主的碳酸盐岩的解释更加复杂。

本文偏向另外一种解释,强沉积和营养控制着生物组合,如其他科尼亚克阶台地(Carannante等,1995)。营养物、高水动力梯度、不稳定基底和硅质碎屑的存在可能是控制伊比利亚盆地这些生物组合发育的因素。厚壳蛤类栖息区主要位于泻湖区向海一侧很窄的边缘。该边缘向海地区的沉积相由高能砂坝构成;虽然厚壳蛤类能够占据不稳定基底(Pomar等,2005),但在这些相中的栖息区没有发现它们。

与这些高度不稳定基底环境有关的高侵蚀速率说明悬浮液中存在大量的营养物,从而主要为耐营养的悬浮摄食钙质生物群,如厚壳蛤类。厚壳蛤类发育的原因可能不是因为存在高营养层,而是高能环境造成的。在较安静、较浅水的向陆地区缺乏厚壳蛤类(Embalse de Entrepeñas和Estrecho de Paredes剖面;图7;图1B中的8和9);可能是因为悬浮液中缺乏丰富的营养物和缺乏高的硅质碎屑输入。事实上营养物可能是丰富的,但存在硅质碎屑会强烈稀释(并因而减少)悬浮颗粒物的营养物含量(Witbaard等,2001);因此,现今在这样的情况下,近滨群落可能很少和/或以存在较小个体为特征。如其他台地,厚壳蛤类与硅质碎屑的关系表明中等硅质碎屑输入既不能控制厚壳蛤类的存在和缺失,也不能控制厚壳蛤类组合的组成(Sanders和Pons,1999)。然而,厚壳蛤类移殖的基底可能很难在,或甚至不可能在低营养、较高硅质碎屑输入(向陆地方向)的最浅水区和生物碎屑基底频繁迁移的外台地区。

6 结论

伊比利亚盆地科尼亚克阶DS-2层序为低角度的似碳酸盐岩斜坡开阔台地沉积。生物相主要为自游-底栖(如菊石类)生物和底栖(如双壳类,主要为厚壳蛤类)生物,单体珊瑚(缺乏造礁珊瑚)稀少,海侵体系域(TST)和高位正常海退(HNR)域之间存在较大的明显差异。

在TST中,软体动物主要为*Pycnodonte*、其他牡蛎、菊石类和其他软体动物(其次为厚壳蛤类)。初期菊石类稀少,以带饰板状壳(*Tissotioides*和*Prionocycloceras*)为代表,在TST后期,变得更加丰富,并以光滑的透镜状壳(*Tissotia*和*Hemitissotia*)为特征。

在HNR中,以厚壳蛤类为主的组合占据了浅水沉积区。侵蚀过程(风暴浪诱导水流和波浪)作用在该组合上形成大量的松散生物碎屑碎片。这些生物碎屑沉积物覆盖在外台地区,以开放循环为特征,并形成大型簸选骨架砂联合层,表明这些碳酸盐物质存在重要的离岸搬运。该外部高能相带向陆地方向变为内斜坡沉积物,堆积在受保护的低能背景中。厚壳蛤类生物层发育在受风暴扰动的总体中等到低水动力梯度的受保护的浅水环境向海地区。该环境和向陆的泥灰岩基底持续存在的大片地区(并且成为厚壳蛤类间歇性光滑后重新繁盛)适合其他双壳类、腹足类、棘皮动物、底栖有孔虫和单体珊瑚发育。由于较高的硅质碎屑输入,以及可能悬浮液中缺乏营养物或被硅质碎屑稀释,厚壳蛤类群落难以建设在泻湖的更向陆地区和潮坪环境。

该多生境碳酸盐"工厂"因此受控于造成悬浮液中高营养水平的温暖水体条件和高能层。

从台地到沿岸区的三级层序沉积构型恢复使我们不仅识别出相带的时空分布(因而确定体系域详细分布),而且验证了台地环境中不同生物标准带之间的关系,其不同界面并非总是与其之间(即外陆架菊石类与内陆架厚壳蛤类)和/或与国际认可的标志(如桑托阶底面 *C. undulatoplicatus*)相吻合。

参考文献(略)

译自 García-Hidalgo J F, Barroso-Barcenilla F, Gil-Gil J, et al. Stratal, sedimentary and faunal relationships in the Coniacian 3rd-order sequence of the Iberian Basin, Spain[J]. Cretaceous Research, 2012, 34: 268-283.

巴伦支海陆架下-中侏罗统有孔虫和介形虫生物地层特征

冯晓宏　李瑾　译，辛仁臣　杨波　校

摘要：巴伦支海陆架是一个很有吸引力的有远景的大型油气区。随着该区地质和地球物理勘探的进一步深入必须有高分辨率生物地层约束和更细致的地层划分方案。巴伦支海下-中侏罗统有孔虫和介形虫组合的分带序列与西伯利亚北部基于全部的主要微体化石群单独对比划分的侏罗系和白垩系分带方案十分吻合，其中的一些划分方案成为北方型分带的标准。通过有菊石和双壳类资料约束并与西伯利亚北部相应层位对比，对巴伦支海微体化石组合的地层范围进行了更正。综合分析有孔虫和介形虫生物地层和岩石地层剖面特征，就能够修正地层层位、岩性和地震单元分布范围。巴伦支海陆架和西伯利亚北部剖面下-中侏罗统岩性地层和识别出来的微化石类型具有相似性，揭示了这两个地区早中侏罗世沉积作用和地质历史的相似性。

关键词：下-中侏罗统　地层学　生物分带　巴伦支海陆架　斯瓦尔巴特　弗朗士约瑟夫地　伯朝拉板块

1　前言

作为一个有远景的大型油气区，巴伦支海陆架是一个日益引人瞩目的目标区。近来很多学者关注其三叠系—侏罗系分界地层的地层学特征，因为它具有很大的油气潜力。下中侏罗统生物(包括微体化石)地层意义的研究始于1950—1960年巴伦支海陆架南北边缘、斯瓦尔巴特群岛(斯匹茨卑根)、弗朗士约瑟夫地区和伯朝拉板块北部的地质调查(Bjærke，1977；Chirva和Yakovleva，1982、1983；Grigyalis，1982；Dibner，1998；Efremova 等，1983；Klubov，1965；Løfaldli 和 Nagy，1980；Mikhailov，1979；Nagy 和 Basov，1998；Nagy 等，1990；Parker，1967；Pchelina，1965，1967，1980；Repin 等，2007；Saks，1976；Shulgina，1986；Smith，1975；Smith 等，1976；等等)。微体化石，特别是有孔虫，自20世纪70年代后期开始在岛上钻探和巴伦支海海上钻井(图1)以后，已经有很多的研究。

在该区大部分剖面中下-中侏罗统有孔虫组合似乎分布很不均衡并且类型贫乏，这主要是因为可以用来鉴定动物化石的样品大多来自岩屑或少量岩芯，由于沉积物相类型的关系，动物化石通常保存得很差。尽管下中侏罗统地层中有地层意义的软体动物壳零星分布，前人(Basov 等，1989；Gramberg，1988；Saks 等，1981)根据鉴别出来的有孔虫和介形虫组合的分带序列建立了

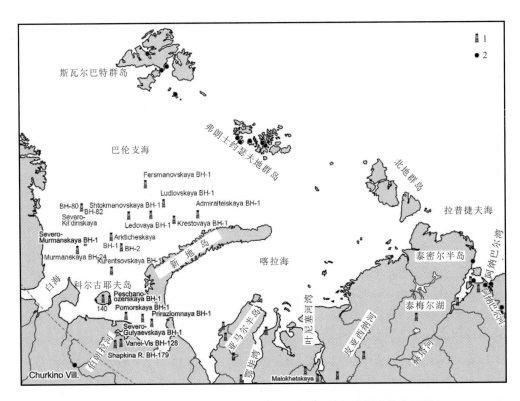

图 1 西伯利亚北部和巴伦支海陆架下-中侏罗统标准剖面的位置图
1. 井位；2. 天然露头

下-中侏罗统巴伦支海陆架的生物地层划分方案，并与中西伯利亚北部进行了对比(图 2)。

陆架外，中侏罗统的地层特征在天然露头和伯朝拉板块北部及科尔古耶夫岛的陆地区钻井岩芯上进行了研究(Chirva 和 Yakovleva，1982、1983；Grigyalis，1982；Lev 和 Kravets，1982；Repin 等，2006；Saks，1976)，根据剖面下部的孢粉组合、沟鞭藻、有孔虫和介形虫以及自卡洛维阶以后的菊石类资料进行地层划分(图 2 和图 3)。在编制区域生物地层划分图表时陆地上的资料用来作为巴伦支海陆架钻探地层的附加时代限定(Chirva 等，1994；Kozlova 等，1994)。

首次油气发现激发了对巴伦支海陆架作进一步的地质和地球物理勘探研究，必须以高分辨率生物地层作为前提条件并更正地层划分图表。

巴伦支海地区的微体化石与西伯利亚有很多相类似的特征(图 4)。这种相似性有助于钻井剖面中层、段和储层地层位置的确定，并确保很好地进行初步的生物地层划分研究，尽管软体动物壳分布零星和保存差(图 2 和图 3)。近来西伯利亚北部剖面连续采样的综合研究(图 4)已经获得了所有主要的微体化石群的侏罗系和白垩系稳定记录，这些分带方案中的一些被作为北方型地层划分方案的标准(Nikitenko，2008；Nikitenko 和 Mickey，2004；Shurygin 等，2000；Zakharov 等，1997)。侏罗系有孔虫和介形虫分带方案是根据中、西西伯利亚北部地区标准剖面建立的。这些剖面上类型多样的微体化石组合的存在以及可以根据菊石类、箭石类和双壳类获得对地层时代另外的限定提供了有孔虫和介形虫生物地层单元地层分布和界线的可靠关系(Nikitenko，1992、1994、2008；Nikitenko 和 Mickey，2004；Zakharov 等，1997；

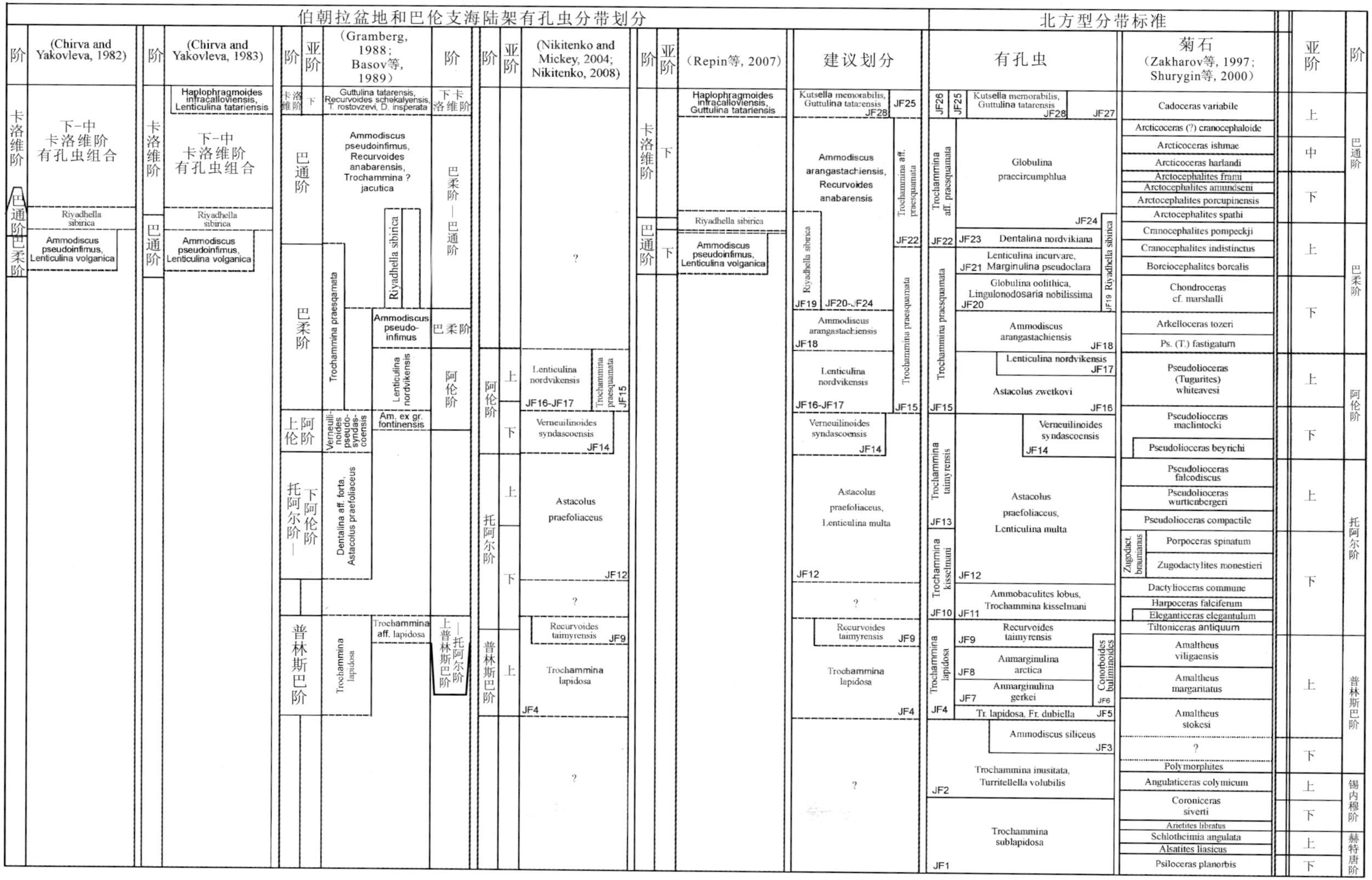

图 2 巴伦支海陆架下－中侏罗统有孔虫生物地层特征

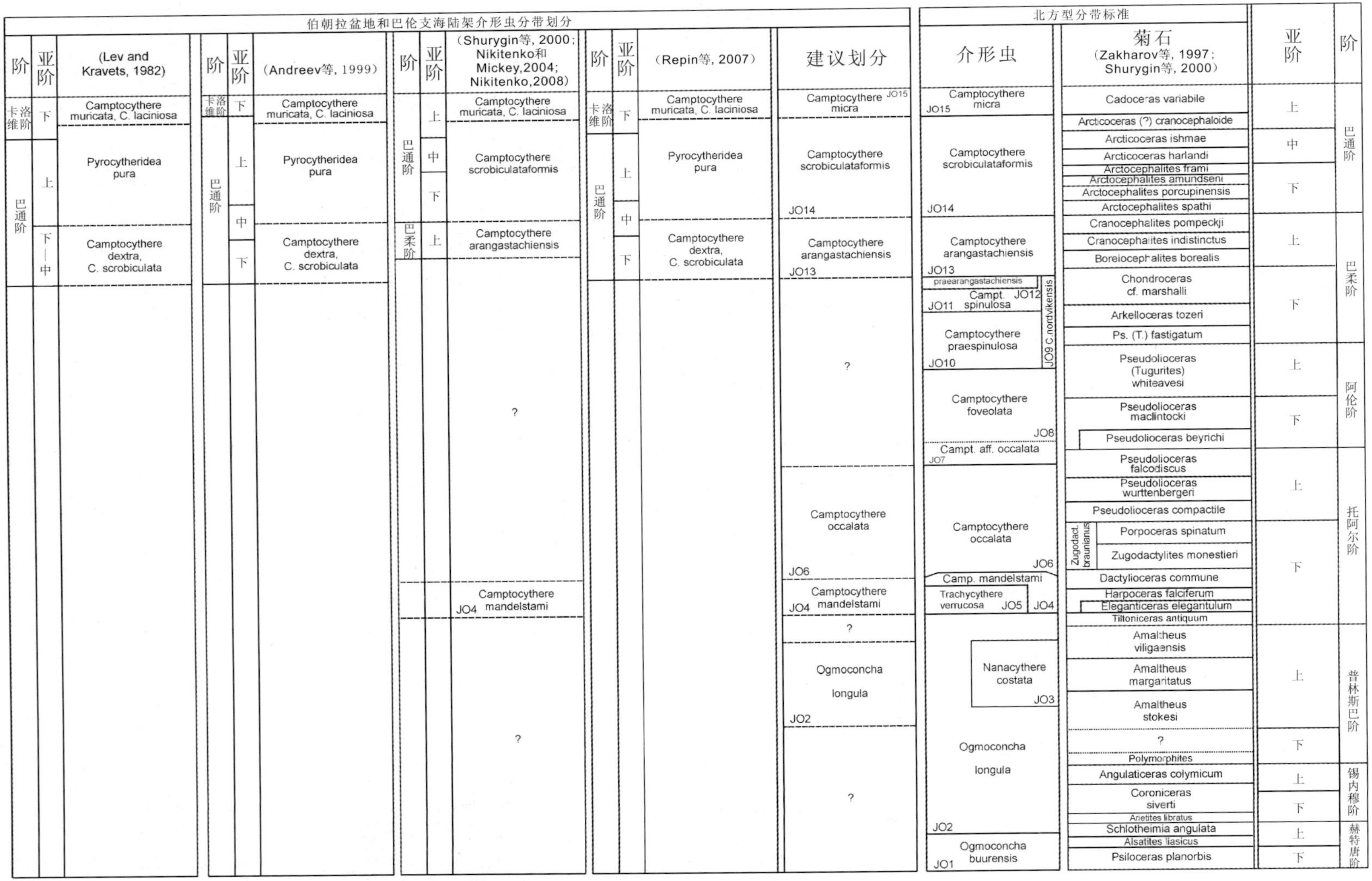

图3 巴伦支海陆架下-中侏罗统介形虫生物地层特征

Shurygin 等,2000)(图 2 和图 3)。

本文的主要目的是对收集于俄罗斯海洋地质和矿产资源研究所(圣彼得堡)的巴伦支海陆架及其周围地区下-中侏罗统微体化石资料进行重新审查,并对有孔虫和介形虫组合的地层划分及其宿主岩相进行修正。这次修订,参考了基于西伯利亚北部资料的北方型地层分带标准,对获得该地区侏罗纪对应时间跨度更加详细可靠的地层划分是必须的一步。

值得注意的是,近来重新解释了西伯利亚北部某些菊石带的地层特征,其他微体化石的分带也做了相应的修正(Meledina,1994;Shurygin 等,2000)。这是在巴伦支海地区追踪西伯利亚微体化石记录的另外一个原因,以便合理地更正地层划分方案。

2 地层特征

2.1 巴伦支海北部边缘

2.1.1 斯瓦尔巴特群岛

斯瓦尔巴特群岛(图 1 和图 5)Wilhelmøya 组(诺利阶—瑞替阶—?巴通阶下部)在 Wilhelmøya(Wilhelm 岛)、Murray 角(西斯匹茨卑根)和 Hopen 岛上其地层剖面最完整,在 Hopen 岛上,为黄灰色砂岩夹砾岩层(底部厚层砾岩厚达 7m)上覆约 19m 厚的含菱铁矿结核页岩,含有双壳类和爬行类化石(巴柔阶生物层 Bjørenbogen Bed)和诺利阶 *Pterosirenites*、*Argosirenites*。剖面向上,为 33m 砂岩,含有木质残余和碳质粉砂透镜体和夹层(过渡层)。该剖面顶部为厚约 60m 的杂色砂岩和含粉砂碳质夹层砂岩(Tumlingodden Bed,据 Pchelina,1980)。过渡层的上部和 Tumlingodden 段的下部含孢粉组合[24 和 26(Klubov,1965)],时代为侏罗纪(Fefilova,私人通信)。在 Wilhelmøya,Tumlingodden 中段剖面包括 4m 厚的页岩层,夹黏土质灰岩结核,含有丰富的有孔虫 *Ammodiscus siliceus*、*Trochammina lapidosa*、*Glomospira* ex gr. *gordialis*、*Saccammina* sp.、*Gaudryina* sp. 和 *Textularia* ex gr. *Areoplecta*(Klubov,1965),是 *Trochammina lapidosa* JF4 带的特征(图 5)。剖面持续 11m 厚的不含动物化石砂岩终结于一个含砾石、菱铁矿和磷酸盐结核的砂岩层,Ershova 发现托阿尔阶晚期 *Pseudolioceras* cf. *compactile* 和 *Coeloceras* cf. *spinatum* ammonites,是西斯匹茨卑根 Brentskardhaugen 层的特征。

在西斯匹茨卑根 Murray 角位置,剖面的下部砂岩[Tumlingodden 层,据(Pchelina,1980)]在其底面以上 14m 含木质碎屑,含有普林斯巴阶双壳类 *Modiolus tiungensis*。在该层的中部,普林斯巴阶有孔虫 *Ammodiscus* ex gr. *siliceus*、*A.* ex gr. *asper*、*Glomospira* ex gr. *gordialis*、*Hyperammina* sp.、*Hyperamminoides*(?) sp.、*Recurvoides* sp.(Pchelina,1980)出现在 6m 厚的灰色、绿灰色黏土岩和黏土质粉砂层中(图 5);它们与零星的上侏罗统类群共生,可能是由于来自较高部位中上侏罗统地层黏土的淀积作用。

在西斯匹茨卑根中部(Sassenfjord、Oppdal、Agardhbukta 和 Wiche Bai),剖面的这部分对应于 14~26m 厚的灰色或绿灰色砂和砂岩含蓝片岩与丰富的植物残余(Teistberget 组,据

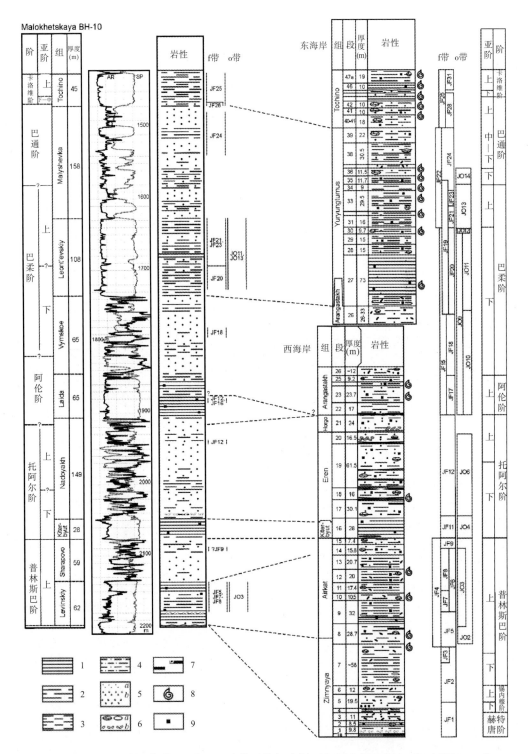

图 4 阿纳巴尔湾(中西伯利亚北部)下-中侏罗统标准剖面和 Malokhetskaya 油田 BH-10 井
(西西伯利亚北部)生物分带划分和生物地层学特征

1.黏土和泥岩;2.粉砂质黏土岩和黏土质粉砂岩;3.粉砂和粉砂岩;4.砂质粉砂和粉砂岩;5.砂和砂岩(a),砾岩(b);6.结核(a),砾石(b);7.煤和碳质夹层;8.菊石类;9.黄铁矿。JF1-JF25、JO2-JO15 等为有孔虫和介形虫带

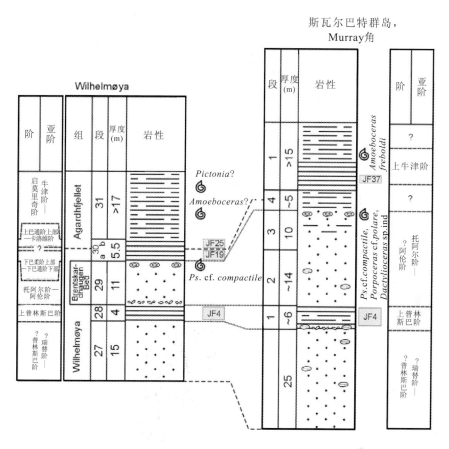

图5 斯瓦尔巴特群岛、Wilhelmøya岛和Murray角下中侏罗统剖面生物分带划分及生物地层特征
岩性、段和菊石类资料据(Klubov,1965;Pchelina,1980)。

Pchelina,1980)。这可能是相同的层段,从那里发现Sassenfjord剖面(托阿尔阶—?巴柔阶)Brentskardhaugen层之下的普林斯巴阶沟鞭藻(Bjærke,1977)。

普林斯巴阶Wilhelmøya组下部砂和页岩逐渐向南尖灭。在西斯匹茨卑根南部(Sørkapp地南部、Hornsund湾、Van Keulen峡湾的北边、Festningen角、Boheman Tundra)Brentskardhaugen层与上覆的上三叠统砂和粉砂岩不整合接触。

Brentskardhaugen层由砾岩、灰色和绿灰色含砾及砂级磷酸盐结核砂岩和砂构成。该层在南边最薄(0.7~3m),向中心逐渐变厚(1.4~4.5m),在东北部(Murray角)和在Wilhelmøya岛厚达11~24m(Pchelina,1980)(图5)。在后两个剖面中,为黄灰色砂夹粉砂质砂夹层,依次含有砂级磷酸盐结核透镜体和薄夹层及木质碎屑(Pchelina,1980)。很多砂级磷酸盐结核中含有托阿尔阶和阿伦阶菊石、双壳和箭石:*Pseudolioceras compactile*、*Ps.* cf. *maclintocki*、*Harpoceras* spp.、*Dactylioceras commune*、*Porpoceras* cf. *polare*、*Tugurites whiteavesi*、*Oxytoma jacksoni*、*Protocardia* cf. *striatula*、*Trigonia* sp.、*Variamussium pumilum*、*Leioceras opalinum* 等,通常具有搬运的痕迹(Ershova和Repin,1983)。

在斯匹茨卑根南部和中部,Brentskardhaugen层(顶部为Marhøgda菱铁矿化砂岩)下伏

— 211 —

Agardhfjellet 组 Drønbreen 层(Nagy 等,1990),由褐色粉砂和黏土构成。值得注意的是,Nagy 等(1990)认为 Brentskardhaugen 层为 Agardhfjellet 组的底部段,但是 Pchelina(1980)报道某些剖面中在其顶部具有剥蚀特征(包括 Marhøgda 层),说明该段与上覆的 Drønbreen 层页岩和粉砂之间存在间断。在这种情况下,一个更合理的解释就是只有以页岩层序开始的 Drønbreen 层才属于 Agardhfjellet 组。

在 Agardhfjellet 组最下部的动物群(西斯匹茨卑根由 Janusfjellet 到 Oppdalsata 的剖面)包括 *Arcticoceras* cf. *kochi*、*Kepplerites fasciculatus* 和 *Costacadoceras* sp.,菊石类,以及 *Kepplerites* (*Seymourites*) *svalbardensis* 和 *Cadoceras* cf. *victor*,略高一些(2.3m),共生 *Dorothia insperata*、*Trochammina rostovzevi* JF25 带典型的 *Ammodiscus* cf. *granuliferus*、*Ammobaculites borealis*、*Kutsevella instabile*、*Trochammina rostovzevi*、*Recurvoides* sp. L、*Ammobaculites* sp. L 和其他有孔虫(Basov,1983;Nagy 和 Basov,1998)。据 Meledina(私人通信),*Kepplerites* (*Seymourites*) *svalbardensis* 和 *Cadoceras* cf. *victor* 的发现,最可能相当于北方型分带标准的 *Cadoceras variabile* 带(上巴通阶上部)(Zakharov 等,1997)。在 Sørkapp 地和 Kjellstromdalen,Agardhfjellet 组底部段出现 *Articoceras* cf. *ishmae*(Ershova 和 Repin,1983)还表明对应中巴通阶的带。

在 Murray 角和 Wilhelmøya 剖面中(图 5),Brentskardhaugen 层上覆 5.5m 厚的黄色黏土,上部褐色(第 30 层,据 Klubov,1965),含 *Riyadhella sibirica* JF19 带最特征的(下巴柔阶上部—巴通阶下部)有孔虫 *Saccammina* sp.、*Glomospira* sp.、*Ammodiscus arangastachiensis*、*Ammobaculites*(?) sp.、*Haplophragmoides*(?) sp. 和 *Riyadhella sibirica*。上半段褐色黏土含有十分不同的有孔虫组合,*Recurvoides* ex gr. *Scherkalyensis*、*Trochammina* ex gr. *Globigeriformis*、*T*. cf. *minutissima*、*Haplophragmoides* sp. 等,更像是 *Dorothia insperata*、*Trochammina rostovzevi* JF25 带(上巴通阶上部—卡洛维阶)的特征。岩性和微体化石的明显不同提示 Wilhelmøya 和 Agardhfjellet 组之间的界线可能在黄色和褐色黏土之间 30 层的底面(图 5)。该界线以前分别放在 30 层和 31 层(Wilhelmøya)以及 4 层和 1 层(Murray 角)之间(Klubov,1965;Pchelina,1980),但 31 层(Wilhelmøya)和 1 层(Murray 角)剖面下部含上牛津阶菊石类和有孔虫,而 Agardhfjellet 组底部 Drønbreen 层时代为巴通阶—早卡洛维阶。

在 Kong Karls 地描述过 Wilhelmøya 组略为不同的剖面类型,由两个单元构成:下部 Sjogrenfjellet 层,为灰色砂夹粉砂和黏土夹层,厚 12m;上部 Passet 层,为页岩和粉砂夹薄砂和煤层,厚 43.2m(Løfaldli 和 Nagy,1980)。这两段报道过的微体化石为 Sjogrenfjellet 层中的 *Ammodiscus rugosus* 和 *Haplophragmoides* spp.、多达五个 *Ammodiscus* 种(在上半段特别丰富)、*Haplophragmoides* spp. 和 Passet 层中未鉴定的更像是下侏罗统的 *Textulariina*(Løfaldli 和 Nagy,1980)。相同层含有瑞替阶—下侏罗统孢粉组合(Bjærke,1977;Smith 等,1976)。

在 Agardhfjellet 组上覆的 Retziusfjellet 层暗灰色和褐色黏土的底部出现 *Dorothia insperata*、*Trochammina rostovzevi* JF25 带(上巴通阶顶部—卡洛维阶)尤其特征的 *Ammobaculites suprajurassicum*、*A*. aff. *Alaskaensis*、*Haplophragmoides* spp.、*Recurvoides* spp.,中-上巴通阶菊石类(*Arcticoceras* cf. *kochi*、*Cadoceras* sp. 和 *Recurvoides scherkalyensis*、*Haplophragmoides* spp.)和其他有孔虫(Løfaldli 和 Nagy,1980),在稍高一些的地层中发现共生的卡洛维阶菊石 *Pseudocadoceras chinitnense*、*P. grewingki*。

2.1.2 弗朗士约瑟夫地群岛

Tegetthoff 组(上三叠统—托阿尔阶底部?),厚度可达 220m,广泛分布于弗朗士约瑟夫地群岛(Dibner,1998),由三角洲、滨岸和陆架黄灰色砂岩构成,夹少量薄粉砂夹层并含有碳化植物和木质碎屑、薄碳质层、零星砾石和砾石夹层以及透镜体贯穿剖面中。在 Bell 岛砂—粉砂岩互层中(图 6)通常含 *Recurvoides taimyrensis* JF9 带(上普林斯巴阶上部—托阿尔阶底部)有孔虫组合 *Ammodiscus siliceus*、*Trochammina lapidosa*、*Saccammina* sp.、*Glomospira* ex gr. *Gordialis*、*Recurvoides taimyrensis*、*Reophax metensis*、*Textularia areoplecta*;双壳类(*Velata* vel *Anradulonectites*、*Harpax* cf. *orbicularis*,Alger 岛)非常有限地分布在 Tegetthoff 组中,更像是上普林斯巴阶动物群的典型特征(Repin 等,2007)。

Heiss 岛 Vasilievka 组砂岩段粉砂岩夹层中发现少量 *Ichthyolaria brisaeformis* 和大量 *Ammodiscus siliceus*,通常为上普林斯巴阶中下部(虽然后者自瑞替阶已有分布)。值得注意的是,Vasilievka 组的标准剖面含有上三叠统孢粉谱和植物残余(Dibner,1998)。Vasilievka 组下伏 Tegetthoff 组在岩性上与后者十分相似,由砂岩构成,通常具交错层理,含零星粉砂和页岩、砾岩和零星砾石夹层及透镜体,但在剖面上部含很多煤层,厚达 2m(Dibner,1998)。考虑到其近端岩性和相特征,该剖面 Tegetthoff 组具普林斯巴阶有孔虫似乎是合理的。

Tegetthoff 砂岩(并且局部还有上三叠统地层)被以海相页岩为主的 Fiume 组(中上侏罗统)覆盖,其间具间断。Champ 岛和 Fiume 角 Fiume 组底部暗灰色页岩和黄灰色粉砂岩,厚 20~30m 含阿伦阶下部菊石和双壳 *Pseudolioceras* cf. *macklintocki*、*Dacryomya gigantea*、*Arctotis marchaensis*、*Oxytoma jaksoni*、*Propeamussium olenekensis*(Efremova 等,1983)共生零星的有孔虫 *Ammodiscus arangastachiensis*、*Ammobaculites* ex gr. *Fontinensis*、*Evolutinella* sp.。

在 Northbrook 岛和 Flora 角微体化石组合很好地限定了 Fiume 组更高的页岩地层(图 6),阿伦阶上部 *Pseudolioceras*(*Tugurites*) sp.(Shulgina,1986)与 *Ammodiscus arangastachiensis*、*Astacolus* ex gr. *protracta*(=? *A. zwetkovi*)、*Lenticulina nordvikensis*、*L.* ex gr. *Mironovi*、*Kutsevella memorabilis* 一起出现。该类群组成更像是西伯利亚北部 *Astacolus zwetkovi* JF16 带和 *Lenticulina nordvikensis* JF17 带(下阿伦阶上部和上阿伦阶)的特征。

在页岩段的底部,几乎没有大化石,有类群上贫乏的有孔虫组合 *Ammodiscus arangastachiensis*,最有可能与西伯利亚北部 *Ammodiscus arangastachiensis* JF18 带对比(图 6)。在别的地方从碎屑露头上采获下巴柔阶菊石 *Pseudolioceras*(?) sp.(?*Tugurites* ex gr. *fastigatus*)可以对应相同的地层。比页岩段较高的地层中(Champ 岛)含有上巴柔阶 *Cranocephalites* spp. 和下巴柔阶 *Arctocephalites* cf. *elegans*(Efremova 等,1983;Dibner,1998),以及有孔虫组合 *Ammodiscus arangastachiensis*、*Recurvoides anabarensis*、*Verneuilinoides* sp. 和其他宽泛地层种,相当于西伯利亚北部 JF20 - JF24 f 带(下巴柔阶上部—上巴柔阶下部)(图 6)。一些剖面含有 *Riyadhella sibirica* JF19 带(下巴柔阶上部—下巴柔阶下部)区域分带的标志(Gramberg,1988)。

覆盖在 Fiume 组页岩之上的绿灰色黏土层的不同层位中含有卡洛维阶和牛津阶下部菊石 *Pseudocadoceras* aff. *Nanseni*、*Cadoceras* sp.、*Longaeviceras* cf. *keyserlingi*、*Cardioceras*

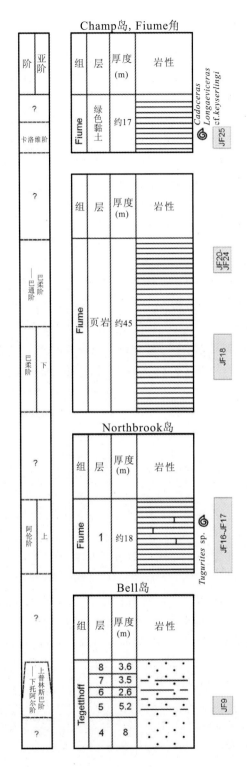

图 6　弗朗士约瑟夫地群岛下-中侏罗统剖面生物分带划分和生物地层特征
岩性、段和菊石资料据 Efremova 等(1993);Mikhailov(1979)、Shulgina(1986);图例见图 4

sp.(Dibner,1998;Efremova 等,1983)(图6)。下卡洛维阶菊石 *Cadoceras anabarense*(Shulgina 和 Mikhailov,1979)与属于 Höfer 角(Wilczek 地岛)侏罗系剖面底部褐色页岩中 *Dorothia insperata*,*Trochammina rostovzevi* JF25 带(上巴通阶上部—卡洛维阶)的 *Recurvoides scherkalyensis*、*Ammobaculites borealis*、*Trochammina rostovzevi* 组合一起出现。

2.2 巴伦支海海上

巴伦支海海上钻探剖面中侏罗系和白垩系岩石地层仍然有待进一步探索。该地区海上剖面通常根据反射剖面地震层序的证据和它们之间的反射特征(Gramberg 等,2004),辅以从少量岩芯或岩屑获得的岩性和动物群资料进行划分和对比。Repin 等(2007)提出了一个巴伦支海侏罗系岩石地层划分的意见,但他报道的新划分出来的地层没有参考录井资料并且没有给出地层柱状图,这就有可能因侧向相变使得地层单元及其对比关系变得模棱两可。因此,在本文中,把我们的研究限定在仅描述地震层序和亚层序上。下-中侏罗统地层中几乎没有大化石,生物地层划分主要根据孢粉和微体化石资料。

所研究的下和中侏罗统钻探剖面(图7)中包括有一些反射层:侏罗系层序的底(B)、下侏罗统层序内部反射(C_1)及有点砂质的中侏罗统层序近底部反射层(C_2)和上部反射层(C_2^1)(Lopatin,2003;Gramberg 等,2004;Shkarubo,2000)。反射层之间的地震层序和亚层序在摩尔曼斯克油田 BH-24 井中有很好的微体化石限定(图7)。在南巴伦支海盆地中层序 B-C_2(下侏罗统—中侏罗统下部)和 C_2-C_1(中侏罗统上部—上侏罗统,经常为阿斯阶下部—凡蓝今阶顶部)通常易于识别(Gramberg 等,2004;Lopatin,2003;Shkarubo,2000)。

地震亚层序 B-C_1 在摩尔曼斯克油田 BH-24 井 1773～2000m 之间(图7),主要由三角洲及滨岸相石英砂岩夹砾岩和砾石透镜体、零星煤层、少量泥岩和粉砂岩夹层构成(Ustinov,2000)。在摩尔曼斯克油田(瑞替阶—里阿斯阶和早侏罗世)有两种孢粉组合。来自层序上部的一个样品(摩尔曼斯克油田 BH-24 井,深度 1780m,岩屑;北极油田)含地层上最老的有孔虫和介形虫组合,有孔虫 *Trochammina lapidosa*、*Hyperammina* ex gr. *Neglecta*、*Ammodiscus siliceus*、*Nodosaria* sp.、*Lenticulina* sp.、*Reophax* sp.、*Saracenaria* ex gr. *sublaevis* 是 *Trochammina lapidosa* JF4 带的特征分子(普林斯巴阶上部—托阿尔阶底部)(图7)。

地震亚层序 C_1-C_2(1620～1773m)由滨岸和陆架相黏土—粉砂和砂交互沉积构成。在摩尔曼斯克油田该单元的下部有 *Astacolus praefoliaceus* 和 *Lenticulina multa* JF12 带(下托阿尔阶上部—下阿伦阶下部)有孔虫组合的动物群限定,并分布在陆架的大部分地区。样品中获得的动物群包括 *Ammodiscus glumaceus*、*Saccammina ampullacea*、*S. inanis*、*Dentalina* aff. *torta* 和零星的 *Astacolus praefoliaceus*、*Lenticulina multa* 和 *Lenticulina* ex gr. *Asteroidea*。一个较新的组合含 *Verneuilinoides syndascoensis*、*Trochammina* sp.、*Ammodiscus glumaceus*、*Evolutinella* sp.、*Lenticulina* aff. *Asteroidea*、*L.* ex gr. *d'Orbignyi*、*Astacolus* ex gr. *Hoplites*、*Kutsevella* cf. *indistincta* 等,已经属于 *Verneuilinoides syndascoensis* JF14 带(下阿伦阶下部)(图7)。后一个带是巴伦支海-喀拉海板块很多剖面上都可以识别出来的一个极好的标志层(Basov 等,1989)。巴伦支海地区到目前为止没有发现下托阿尔阶下部特征的有孔虫种。

B-C_2 层序中的介形虫分布零星,局限于少数地点,主要见于北极油田中:*Ogmoconcha* ex gr. *longula*(*Ogmoconcha longula* JO2 带,普林斯巴阶上部);带的命名种(下托阿尔阶下部),

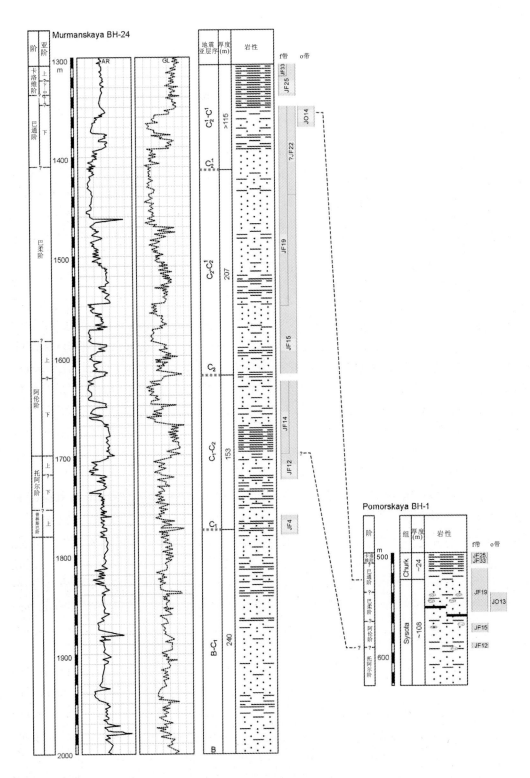

图 7　巴伦支海陆架下和中侏罗统剖面生物分带及生物地层特征
摩尔曼斯克油田 BH-24 井和波摩尔斯克油田 BH-1 井，图例见图 4

Camptocythere（*Camptocythere*）*mandelstami* 和 *Camptocythere*（*Camptocythere*）ex gr. *occalata*（*Camptocythere occalata* JO6 带，下托阿尔阶上部—上托阿尔阶下部）(Nikitenko 和 Mickey，2004)。

不同钻探剖面中 B-C$_2$ 顶（层位 C$_2$）的地层位置确定在 *Trochammina praesquamata* JF15 带的最下部。该有孔虫带具有从下阿伦阶上部到上巴柔阶下部相当大的地层分布范围。但是，*Verneuilinoides* ex gr. *tertia*、*Lenticulina* ex gr. *asteroidea*、*Ammodiscus arangastachiensis*、*Trochammina praesquamata*、*Kutsevella* sp.（aff. *indistincta*）、*Pseudonodosaria* ex gr. *Glandulinoides* 的发现和其他可能出现在下阿伦阶顶部上阿伦阶底部的种限定相当 C$_2$ 位置（下阿伦阶上部—上阿伦阶下部）。因此，巴伦支海 C$_2$ 层位可以对比西西伯利亚北部下阿伦阶上部—上阿伦阶下部识别出来的 T3 并以 Laida 组泥岩为标志。不同油田侏罗系剖面底部层位 B 的地层位置可能不同，因为三叠系地层可能被下侏罗统甚或是中侏罗统地层所覆盖。B-C$_2$ 地震层序的总厚度为 90~420m。

地震亚层序 C$_2$-C$_2^1$ 相当于摩尔曼斯克油田 BH-24 井 1413~1607m 井段，由粉砂—砂质沉积物夹泥岩层构成。不同钻探剖面中该亚层序的地层位置都有大量有孔虫和介形虫的限定。该层序涵盖 *Trochammina praesquamata* JF15 带（下阿伦阶上部—上巴柔阶下部）的大部分、*Trochammina* aff. *praesquamata* JF22 局部带（上巴柔阶上部—上巴通阶下部）、*Riyadhella sibirica* JF19 带（下巴柔阶上部—下巴通阶下部）和局部带 *Ammodiscus arangastachiensis*、*Recurvoides anabarensis* JF20-JF24 带（下巴柔阶上部—上巴通阶下部）。介形虫包括 *Camptocythere arangastachiensis* JO13 带（下巴柔阶上部—上巴柔阶）的种和紧挨着 C$_2$ 层位（巴通阶下部—上巴通阶下部）之上识别出的 *Camptocythere scrobiculataformis* JO14 带的 *Pyrocytheridea pura*、*Camptocythere*（*Camptocythere*）*scrobiculataformis* 和 *Orthonotacythere schweyeri*（图7）。

因此，有孔虫和介形虫分带序列限定的厚度为 150~230m 的 C$_2$-C$_2^1$ 层序的地层分布范围为阿伦阶上部—巴柔阶。其顶界（C$_2^1$）相当于西西伯利亚 T1 层位（Malyshevka 组底界）。

巴通阶—下北方型贝里阿斯阶下部 C$_2^1$-C$_1$ 亚层序，1242~1413m 井段，厚度由 30m 变化到 50m 或偶尔可达 120m（Ustinov，2000），主要由稳定海相环境沉积的砂岩和粉砂—泥岩互层构成。虽然层序下部出现 *Riyadhella sibirica* JF19 带的极少数组合，但可见丰富的 *Trochammina* aff. *praesquamata* JF22 带和 *Ammodiscus arangastachiensis*、*Recurvoides anabarensis* JF20-JF24 带的组合。该剖面部分的介形虫组合属于 *Camptocythere scrobiculataformis* JO14 带（图7）。

在层序的上巴通阶上部，很多巴柔阶和下-中巴通阶有孔虫类群让位于大量的典型卡洛维阶和下牛津阶种，如 *Trochammina rostovzevi*、*Recurvoides scherkalyensis*、*R. singularis*、*Dorothia insperata*、*Lenticulina subpolonica*、*Saracenaria carzevae*、*Haplophragmoides infracalloviensis*、*Geinitzinita* ex gr. *Praenodulosa*、*Bulbobaculites callosus*、*Frondicularia*(?) *supracalloviensis*、*Lingulina deliciolae*、*Lenticulina daschevskaja* 及许多其他种。相同变化，连同组合数量和类群多样性一起增加，也出现在西西伯利亚剖面中的 *Dorothia insperata*、*Trochammina rostovzevi* JF25 带（上巴通阶上部—卡洛维阶）底部（图4 和图7），它标志着稳定海相沉积的开始（Tochino、Vasyugan、Abalak、Danilovskoe 和 Golchikha 组泥岩）。

2.3 巴伦支海南部边缘

2.3.1 伯朝拉板块的北部

伯朝拉板块北部侏罗系底部由 Khar'yaga 组陆源砂构成(Yakovleva,1993)。首个海相层以很广泛分布的形式出现在上覆的 Sysola 组(托阿尔阶上部—阿伦阶—巴柔阶—巴通阶)中,该套地层为三角洲、滨岸及陆架相浅灰色砂岩夹零星粉砂和页岩夹层与煤层及碳质岩,厚达 100m。上半部地层中某些剖面含大量黏土和粉砂岩(Chirva 和 Yakovleva,1982、1983;Grigyalis,1982)。

伯朝拉板块边缘海上波摩尔斯克油田 BH-1 井钻探剖面(图 7)含上托阿尔阶—阿伦阶下部有孔虫:*Saccammina* ex gr. *Ampullacea*、*Ammodiscus glumaceus*、*Ammobaculites* ex gr. *Vetustus*、*Astacolus* ex gr. *Torquatus*、*Lenticulina multa*,属于 Sysola 组中段的一些粉砂层中的 *Astacolus praefoliaceus*、*Lenticulina multa* JF12 带。采集于上覆地层的有孔虫组合 *Saccammina compacta*、*Recurvoides clausus*、*Trochammina praesquamata*、*Astacolus* aff. *Costulatus*、*Lenticulina* aff. *interrumpa* 及其他种通常为 *Trochammina praesquamata* JF15 带的阿伦阶部分。

地层上较高的组合具 *Ammodiscus arangastachiensis*、*Recurvoides* ex gr. *Ventosus*、*Kutsevella memorabilis*、*Haplophragmoides* sp.、*Lenticulina mironovi*、*L. volganica*、*Darbyella kutsevi*、*Marginulinopsis* aff. *Pseudoclara*、*Globulina oolithica*、*Saccammina compacta*、*Trochammina* aff. *Praesquamata* 等(Chirva 和 Yakovleva,1982;Grigyalis,1982),代表 *Trochammina* aff. *Praesquamata* JF22 局部带(巴柔阶上部—上巴通阶下部),在伯朝拉板块中分布较广泛(图 8)。该组合在同现俄罗斯地台巴柔阶—巴通阶已知的典型北极形态和种类中是突出的。

Riyadhella sibirica JF19 带的相对多样性和很多有孔虫(*Recurvoides anabarensis*、*Trochammina* aff. *Praesquamata*、*Riyadhella sibirica*、*Saccammina compacta*、*Ammodiscus arangastachiensis*、*Ammobaculites lapidosus*、*A. septentrionalis*、*Lenticulina mironovi*、*Marginulinopsis praecomptulaformis*、*Marginulina pseudolara*、*Ceratolamarckina tjoplovkaensis*、*Guttulina tatarensis*、*Geinitzinita spatulata*、*Globulina oolithica*、*G. praecircumphlua* 及其他)标志下巴柔阶上部—下巴通阶底部地层,并且在伯朝拉板块的所有剖面中都是常见的(Azbel 等,1991;Chirva 和 Yakovleva,1982、1983;Grigyalis,1982;Yakovleva,1993)(图 7、图 8)。该组合在 Sysola 组上部零星分布,但在 Churkino 组下部,由细粒半深海相和陆架相暗灰色页岩、有时具不同比例粉砂、夹粉砂夹层和砂砾透镜体构成,总厚度 7~35m(Yakovleva,1993),该组合十分丰富。

在 Pizhma 河,*Riyadhella sibirica* JF19 带的组合是从没有大化石的 Sysola 组上部分辨出来的(Stepanovskaya 村附近露头)。在较高的地层(Churkino 组,Churkino 村附近露头),Meledina 等(1998)和 Gulyaev(2007)发现上巴通阶上部菊石(北方型标准分层的 *Cadoceras* cf. *infimum*、*Cadoceras variabile* 菊石带),含 *Ammodiscus arangastachiensis*、*Saccammina compacta*、*Recurvoides ventosus*、*Ammobaculites* ex gr. *Fontinensis*、*Ammobaculites* sp.、*Bulbobaculites* sp.、*Lituotuba nodus* 和 *Trochammina* sp. (Repin 等,2006;Saks,1976),在 *Kutsevella memorabilis*、*Guttulina tatarensis* JF28 局部带中,十分常见(图 8)。

伊日马河沿岸露头上,Churkino 组中有孔虫组合的组成通过 *Arcticoceras ishmae* 菊石的限定

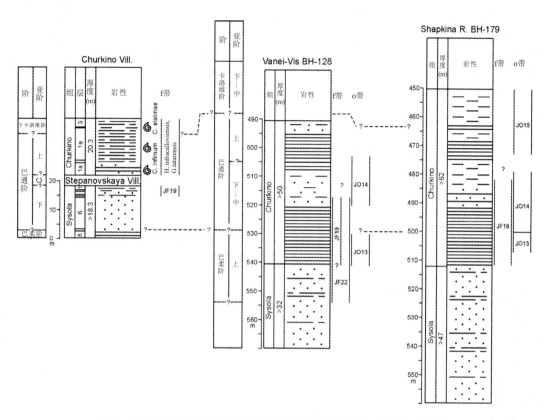

图 8　伯朝拉板块北部下、中侏罗统剖面的生物分带划分和生物地层特征

岩性、段和微动物群据 Chirva 和 Yakovleva(1982、1983)、Lev 和 Cravets(1982)重新解释；菊石类资料据 Gulyaev(2007)、Meledina 等(1998)；图例见图 4

限制于 *Ammodiscus arangastachiensis*、*Tolypammina* sp.、*Lituotuba* sp. (Grigyalis,1982)。据 Yakovleva(Chirva 和 Yakovleva,1982),JF19 带组合之下的地层含类群组成变化的贫乏组合,缺乏特征种,因此难以限定其地层位置。该层位的组合以前定为下、中卡洛维阶,*Riyadhella sibirica* JF19 带放在上巴通阶—下卡洛维阶或上巴通阶(Basov 等,1989;Chirva 和 Yakovleva,1982、1983;Gramberg,1988;Grigyalis,1982;Repin 等,2007;Yakovleva,1993;等等)。

在相同剖面中记录下的介形虫组合为,采集于具 *Riyadhella sibirica* JF19 带组合(Sysola 组上部和 Churkino 组下部)的下部地层中的 *Camptocythere arangastachiensis* JO13 带(下巴柔阶上部—上巴柔阶)的介形虫以及在具 JF19 带的上部地层中和刚好在其上发现的 *Camptocythere scrobiculataformis* JO14 带(下巴通阶和上巴通阶下部)中常见的介形虫(Lev 和 Kravets,1982)(图 8)。

在 Pizhma 河沿岸天然露头和很多钻井岩芯上采集的 Churkino 组较高的地层样品中,有孔虫的类群变得更加多样性,主要种发生变化(Chirva 和 Yakovleva,1982、1983),并且提供了上巴通阶和下卡洛维阶下部菊石的时代限定(Gulyaev,2007;Meledina 等,1998;Repin 等,2006)。该剖面部位的动物群包括俄罗斯地台中部和北极地区典型的类群,即 *Ammodiscus arangastachiensis*、*Saccammina compacta*、*Geinitzinita spatulata*、*G. crassata*、*Globulina oolithica*、*Lituotuba nodus*、

Lenticulina tatariensis、*Guttulina tatarensis*、*Ceratolamarckina tjoplovkaensis*、*Marginulina* spp.、*Haplophragmoides infracalloviensis*、*Recurvoides ventosus*、*Ammobaculites* ex gr. *Fontinensis*、*Trochammina* sp. 及其他,属于 *Haplophragmoides infracalloviensis* 和 *Lenticulina tatariensis* 局部带或同期的 *Kutsevella memorabilis*、*Guttulina tatarensis* JF28 局部带(图 8)(Chirva 和 Yakovleva,1982;1983;Grigyalis,1982;Yakovleva,1993)。

3 有孔虫和介形虫分带序列

3.1 有孔虫

3.1.1 *Trochammina lapidosa* JF14 带

指示种:*Trochammina lapidosa* Gerke et Sossipatrova,1961。

特征种:*Trochammina lapidosa*、*Ammodiscus siliceus*、*Ichthyolaria brizaeformis*、*Saccammina* sp.、*Glomospira* ex gr. *Gordialis*、*Reophax metensis*、*Textularia areoplecta*、*Saracenaria* ex gr. *Sublaevis*、*Recurvoides taimyrensis*。

界线:底界以首次出现 *Trochammina lapidosa* 和特征组合确定,顶界根据组合的类群组成几乎完全变化确定。

层型剖面:中西伯利亚北部、东泰梅尔;巴伦支海陆架的层型剖面:第 28 段(Klubov,1965),厚度约 4m;Wilhelmøya 岛侏罗系剖面(斯瓦尔巴特群岛),由黄色黏土构成(图 5)。

地理分布:中西伯利亚北部(图 4)、维柳伊盆地、维尔霍洋斯克地区、西西伯利亚、俄罗斯东北部、阿拉斯加北部。在巴伦支海陆架,该带记录在 Wilhelmøya 组下部(斯瓦尔巴特群岛)、Tegetthoff 组和 Vasilievka 组的上半部(弗朗士约瑟夫地)和地震层序 B - C_2 的中部、亚层序 B - C_1 上部、C_1 - C_2 的底部(摩尔曼斯克油田和北极油田)(图 5~图 7)。

地层位置:中西伯利亚北部 JF4 带下部的大部分,以 *Amaltheus* spp. 为标志(Saks,1976)。在厄洛斯东北部该带的上部含最晚普林斯巴阶出现的 *Amaltheus viligaensis* 和最早托阿尔阶出现的 *Tiltoniceras antiquum*(Knyazev 等,2003)。因此,*Trochammina lapidosa* JF4 带的地层范围从普林斯巴阶上部—下托阿尔阶下部,处于 *Amaltheus stokesi* 带上部和 *Tiltoniceras antiquum* 带之间。

备注:在巴伦支海陆架剖面中 JF4 带与其上、下带之间没有明显的界线(图 5~图 7、图 9):下伏侏罗系地层或上覆的 *Ammobaculites lobus*、*Trochammina kisselmani* JF11 带(下托阿尔阶下部)都没有发现微体化石,而 JF11 带在其他北极盆地中广泛分布。在西伯利亚北部、维尔霍洋斯克地区、俄罗斯东北和北阿拉斯加连续采样剖面中,该带的底界以命名种峰值的底为标志,特征组合还包括 *Lenticulina gottingensis*、*Marginulina amica*、*Nodosaria columnaris*、*N. gerkei*、*N. variabilis*、*Ammobaculites barrowensis*、*Marginulina spinata*、*Citharina fallax* 和 *Hyperammina odiosa*。有孔虫的分布使我们能够在 JF4 f 带上部区分出一个典型的 *Recurvoides taimyrensis* JF9 带组合。

3.1.2 *Recurvoides taimyrensis* JF9 带

指示种：*Recurvoides taimyrensis* Nikitenko,2003。

特征种：命名种占绝对优势，其他种(*Trochammina lapidosa*、*Reophax metensis*、*Textularia areoplecta*、*Glomospira* ex gr. *Gordialis* 等)相对很少。

界线：底界为 *Recurvoides taimyrensis* 极盛的底，顶阶根据类群几乎完全变化确定。

层型剖面：俄罗斯东北部、Levyi Kedon 河流域(Knyazev 等,2003)；准层型：中西伯利亚北部(泰梅尔东部)；巴伦支海陆架层型剖面：Tegetthoff 组上部第五层，厚度 5.2m，Bell 岛(弗朗士约瑟夫地)(Mikhailov,1979)，由灰色砂夹褐色黏土质粉砂构成(图 6)。

地理分布：俄罗斯东北部、中西伯利亚北部(图 4)、西西伯利亚北部、维柳伊盆地、北阿拉斯加州。在巴伦支海陆架，该带见于 Tegetthoff 组上半部(图 6)(弗朗士约瑟夫地)。

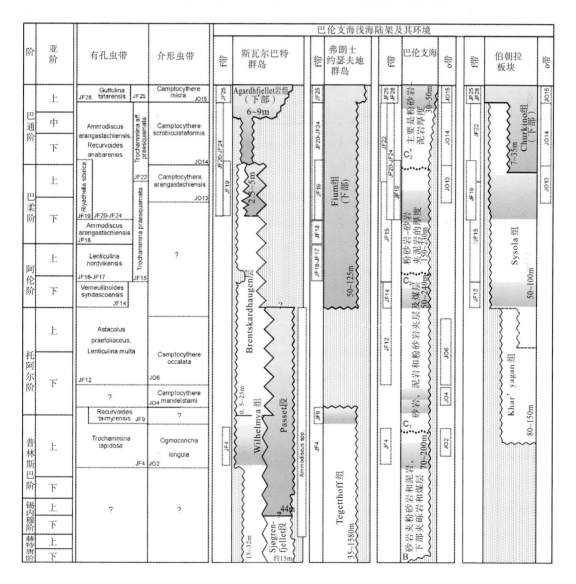

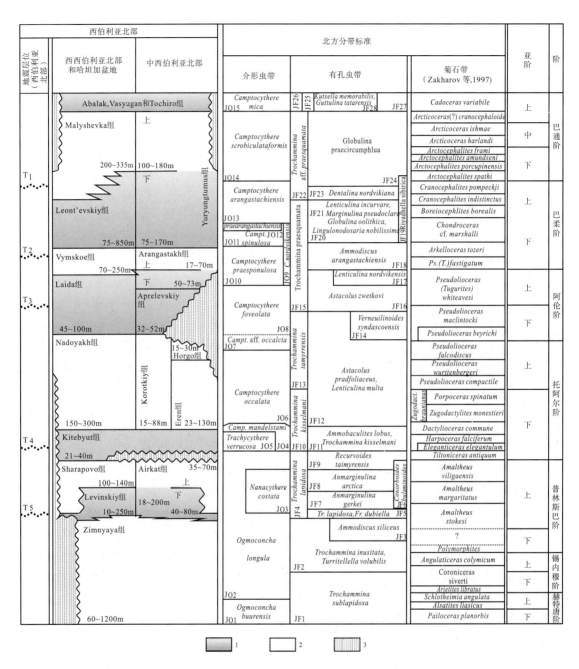

图 9 巴伦支海陆架和西伯利亚北部下、中侏罗统地层对比图
1. 基本上为黏土—粉砂沉积；2. 基本上为砂—粉砂沉积；3. 间断

地层位置：在俄罗斯东北部层型剖面中该带的下部通过上普林斯巴阶上部菊石 *Amaltheus viligaensis* 限定，同时其上半部含有下托阿尔阶 *Tiltoniceras antiquum*（Knyazev 等，2003）。因此，该带的地层范围由上普林斯巴阶（这里原文错为更新统）上部—下托阿尔阶下部，处于上边 *Amaltheus viligaensis* 带和 *Tiltoniceras antiquum* 带之间。

备注:该带层型剖面含常见的 *Ammodiscus siliceus*、*Trochammina lapidosa*、*Lenticulina gottingensis*、*Kutsevella barrowensis*、*Marginulina spinata interrupta*、*Marginulinopsis schleiferi* 和上部(下托阿尔阶)零星的 *Trochammina kisselmani*、*Ammodiscus glumaceus*、*Saccammina inanis*、*Triplasia kingakensis*、*Reinholdella pachyderma*。微体化石类似分布见于北阿拉斯加,*Textularia areoplecta* 同样出现在该带的下托阿尔阶部位。

3.1.3 *Astacolus praefoliaceus*,*Lenticulina multa* JF12 带

指示种:*Astacolus praefoliaceus* Gerke,1961 和 *Lenticulina multa* Schleifer,1961。

特征种:*Lenticulina multa*、*L.* aff. *asteroidea*、*L.* ex gr. *d'Orbignyi*、*Astacolus praefoliaceus*、*A.* ex gr. *hoplites*、*Ammodiscus glumaceus*、*Dentalina* aff. *torta*、*Saccammina inanis*、*S. ampullacea*、*Verneuilinoides syndascoensis*、*Trochammina* sp.、*Evolutinella* sp.、*Kutsevella* cf. *indistincta*。

界线:底界以命名种及其组合首次出现确定,顶界根据类群变化确定。

层型剖面:中西伯利亚北部(泰梅尔东部);巴伦支海陆架层型剖面:摩尔曼斯克油田 BH-24 井侏罗系地层,1625~1725m 井段,总厚度约 100m(图 7),相当于地震亚层序 C_1-C_2 的上部,由砂岩和粉砂岩互层构成。

地理分布:中西伯利亚北部(图 4)、维尔霍洋斯克地区、维柳伊盆地、俄罗斯东北部、西西伯利亚北部、北阿拉斯加、北极加拿大。在巴伦支海陆架该带分布在地震亚层序 C_1-C_2 上部(北 Kilda、摩尔曼斯克和北极油田)和伯朝拉板块北部(Sysola 组中部,Pomory 油田)(图 7~图 9)。

地层位置:俄罗斯东北部 JF12 f 带含菊石 *Dactylioceras commune* 和 *Zugodactylites braunianus* a 带(Knyazev 等,2003;Saks,1976),并且其上半部以上托阿尔阶菊石 *Pseudolioceras compactile*、*P. wuerttenbergeri* 和 *P. falcodiscus* zones 限定(Knyazev 等,2003)。在中西伯利亚北部、维柳伊盆地、维尔霍洋斯克地区的标准剖面中该带包括托阿尔阶(*Dactylioceras* spp.、*Zugodactylites* sp.、*Pseudolioceras falcodiscus*)和阿伦阶下部(*Pseudolioceras beyrichi*、*P. maclintocki*)菊石(Grinenko 和 Knyazev,1992;Knyazev 等,2002、2003;Saks,1976)。该带的地层范围为下托阿尔阶上部(*Dactylioceras commune* 带的上半部)—下阿伦阶下部(*Pseudolioceras maclintocki* 带的下部)。

备注:有孔虫的分布使我们能够在 JF12 带上部区分出一个典型的 *Verneuilinoides syndascoensis* JF14 带组合。西伯利亚北部 JF12 带包括常见种 *Citharina gradata*、*C. frankei*、*Vaginulina* sp.、*Lenticulina multa*、*L. toarcense*、*L. d'Orbignyi*、*Nodosaria pulhra*、*Verneuilinoides syndascoensis*、*Lingulonodosaria* sp.、*Astacolus praefoliaceus*、*A. torquatus*、*Kutsevella operta*、*Reinholdella dreheri*、*Evolutinella zwetkovi*、*Cribrostomoidesl* sp.。

3.1.4 *Verneuilinoides syndascoensis* JF14 带

指示种:*Verneuilinoides syndascoensis* Scharovskaja,1958。

特征种:命名种和 *Ammodiscus glumaceus* 占绝对优势,其他有孔虫(特别是钙质类型)不太丰富:*Trochammina* sp.、*Evolutinella* sp.、*Lenticulina* aff. *asteroidea*、*L.* ex gr. *d'Orbignyi*、*Astacolus* ex gr. *hoplites*、*A.* ex gr. *torquatus*、*Globulina* ex gr. *oolithica*、*Kutsevella* cf. *indistincta*。

界线:底界以命名种和 *Ammodiscus glumaceus* peaks 的底和特征组合的首次出现为标志;顶界根据类群变化确定。

层型剖面：中西伯利亚北部(东泰梅尔)；巴伦支海陆架层型剖面：摩尔曼斯克油田 BH-24 井侏罗系剖面，1625～1700m(图 7)，对应于地震亚层序 C_1-C_2 上部，由下部粉砂(通常含黏土质组成)和上部砂质粉砂岩和砂岩构成。

地理分布：中西伯利亚北部、维尔霍扬斯克地区、微柳伊盆地、西西伯利亚北部(图 4)、北阿拉斯加、北极加拿大。JF14 带是一个极好的标志层，因为其组合在不同地区具有相似的类群。在巴伦支海陆架和伯朝拉板块北部大多数钻探剖面中都可以识别出来(分别为地震亚层序 C_1-C_2 上部和 Sysola 组中上部)(图 7～图 9)。

地层位置：在西伯利亚北部东泰梅尔、Olenek 河流域、维尔霍扬斯克地区、微柳伊盆地以及西西伯利亚北部的某些剖面中该带是显著的。在中西伯利亚研究过的剖面中该有孔虫组合带没有菊石的限定但发现与双壳 *Dacryomya gigantea* 和 *Mclearnia kelimyarensis* b 带上部共生。在西维尔霍扬斯克地区(Begidzhan 和 Kitchan 相带)，JF14 带的有孔虫组合共生 *Pseudolioceras maclintocki*(Grinenko 和 Knyazev,1992)和双壳 *Mclearnia kelimyarensis* b-带。相应地，JF14 带的地层范围涵盖了下阿伦阶下部，对应于 *Pseudolioceras maclintocki* a-带的下半部。

备注：在北极其他地方，JF14 带的有孔虫组合通常以命名种占优势，并含有 *Ammodiscus glumaceus*，以及不太丰富的 *Kutsevella operta*、*Lenticulina d'Orbignyi*、*Astacolus torquatus*、*Reinholdella dreheri*、*Lingulonodosaria* sp.、*Recurvoides* sp.。

3.1.5 *Trochammina praesquamata* JF15 带

指示种：*Trochammina praesquamata* Mjatliuk,1939。

特征种：*Saccammina compacta*、*S. ampullacea*、*Recurvoides clausus*、*R. anabarensis*、*Ryadhella sibirica*、*Trochammina praesquamata*、*Astacolus* aff. *costulaus*、*Lenticulina* aff. *interrumpa*、*Vemeuilinoides tertia*、*Lenticulina* ex gr. *asteroidea*、*Ammodiscus arangastachiensis*、*Kutsevella* sp.、*Pseudonodosaria* ex gr. *Glandulinoides*。

界线：底界以命名种及其组合首次出现为标志，顶界根据 *Trochammina* aff. *praesquamata* 出现和类群变化确定。

层型和准层型剖面：中西伯利亚北部(阿纳巴尔湾的东岸)(图 4)；巴伦支海陆架层型剖面：摩尔曼斯克油田 BH-24 井侏罗系地层，1440～1620m 井段，总厚度约 180m(图 7)，处于地震亚层序 C_1-C_2 的顶和 $C_2^1-C_2$ 下半段之间，由砂岩和粉砂岩互层构成。

地理分布：中西伯利亚北部、西西伯利亚(图 4)。在巴伦支海陆架，该带分布于亚层序 C_1-C_2 的顶和 $C_2^1-C_2$ 的下半部(North Kilda，摩尔曼斯克和北极油田)、伯朝拉板块北部(Sysola 组上部，Pomory 油田)、弗朗士约瑟夫地 Fiume 组下部(图 6～图 9)。

地层位置：西伯利亚北部很多剖面中 JF15 带的有孔虫组合与菊石 *Pseudolioceras maclintocki*、*P.*(*Tugurites*)*whiteavesi*、*Stephanoceras*? sp.、*Lissoceras* ex gr. *oolithicum*、*Boreiocephalites borealis*、*Cranocephalites* spp. 共生(Saks,1976;Meledina 等,1987)。该带地层范围为下阿伦阶上部—上巴柔阶下部(上边 *Pseudolioceras maclintocki*—下边 *Cranocephalites gracilis* a 带)。

备注：JF15 带原来是作为一个局部带(Sap'yanik,1991)升级为区域性带是因为其地理分布广泛。在西西伯利亚北部，有孔虫组合含 *Trochammina praesquamata*、*Ammodiscus arangastachiensis*、*Glomospira* ex gr. *gordialis*、*Recurvoides anabarensis*、*Tolypammina* sp. 和 *Astacolus* ex gr. *protracta* 见于大量剖面的报道中(Gurari,2004;Nikitenko 等,2000)。西西伯利亚中部组

合是很贫乏的,限于命名种 *Glomospira* ex gr. *gordialis* 和 *Ammodiscus arangastachiensis*。更加多样性的组合(含 *Trochammina praesquamata*、*Ammodiscus arangastachiensis*、*Marginulina septentrionalis*、*Dentalina* ex gr. *communis*、*Lenticulina nordvikensis*、*Saccammina ampullacea*、*Verneuilinoides tertia*)见于中西伯利亚北部。

3.1.6 *Lenticulina nordvikensis* JF16 – JF17 局部带

指示种:*Lenticulina nordvikensis* Mjatliuk,1939。

特征种:*Trochammina praesquamata*、*Kutsevella memorabilis*、*Dentalina* ex gr. *communis*、*Astacolus* ex gr. *protracta*(? = *A. zwetkovi*)、*Globulina* ex gr. *oolithica*、*Lenticulina nordvikensis*、*L.* ex gr. *mironovi*、*Verneuilinoides tertia*。

界线:底界根据命名种及其组合首次出现确定,顶界根据类群变化并定在 *Ammodiscus arangastachiensis* 极盛的底。

层型剖面:Fiume 组下部,诺斯布鲁克岛(弗朗士约瑟夫地)Flora 角(Shulgina,1986),厚度约 18m,由灰色黏土岩构成(图6)。

地理分布:巴伦支海陆架(图6、图9);该带相当的地层分布于中西伯利亚北部、西西伯利亚北部(图4)、维尔霍扬斯克地区、微柳伊盆地和北阿拉斯加。

地层位置:诺斯布鲁克岛的有孔虫组合与阿伦阶上部菊石 *Pseudolioceras* (*Tugurites*) sp. 共生(Shulgina,1986)。在中西伯利亚北部,与 JF16 – JF17 带相当的地层(*Astacolus zwetkovi* JF16 和 *Lenticulina nordvikensis* JF17 带)通过阿伦阶菊石 *Pseudolioceras maclintocki*, *P*. (*Tugurites*) *whiteavesi* 限定。另一方面,据报道 JF14 带下部的有孔虫组合与下阿伦阶 *Pseudolioceras maclintocki* 和 *P. beyrichi* 共生(Saks,1976;Shurygin 等,2000)。因此,JF16 – JF17 局部带的地层范围为下阿伦阶—上阿伦阶。

备注:西伯利亚北部有孔虫的分布使我们在 JF16 带上部区分出一个典型的组合 *Lenticulina nordvikensis* JF17。JF17 带的组合以高类群多样性钙壳为特征并以命名种占绝对优势。我们没有追踪到巴伦支海陆架上阿伦阶剖面有孔虫组合的类似特征是因为资料匮乏(只有岩屑和少量岩芯样)。因此,我们区分出来 *Lenticulina nordvikensis* JF16 – JF17 局部带,对应于西伯利亚北部 JF16 带和 JF17 带。出于相同的原因,西西伯利亚北部 *Astacolus zwetkovi*,*Lenticulina nordvikensis* JF16 – JF17 局部带仍然未能进行细分。

3.1.7 *Ammodiscus arangastachiensis* JF18 带

指示种:*Ammodiscus arangastachiensis* Nikitenko,1991。

特征种:命名种占绝对优势。

界线:底界在命名种繁盛的底,顶界根据类群变化确定。

层型和准层型剖面:中西伯利亚北部(阿纳巴尔湾西岸和 Yuryung – Tumus 半岛);巴伦支海陆架层型剖面:下部页岩段(Dibner,1998;Efremova 等,1983),厚度约 15m,Fiume 组下半段,Champ 岛(图6)。

地理分布:中西伯利亚北部、西西伯利亚北部(图4)、维尔霍扬斯克地区、维柳伊盆地。在巴伦支海陆架,该带分布于 Fiume 组下部、下页岩段(弗朗士约瑟夫地)(图6)。

地层位置:JF18 组合带是北极不同地区都可以识别的良好标志层,在中西伯利亚北部该带

下部含 *Retroceramus jurensis* 双壳,上覆地层含 *R. lucifer bivalves* and *Normannites* sp. 菊石(Meledina,1994;Saks,1976;Shurygin 等,2000)。在东西伯利亚和维尔霍扬斯克地区,该带通过 *Pseudolioceras*(*Tugurites*)*fastigatus* 限定(Saks,1976)。因此,*Ammodiscus arangastachiensis* JF18 带的地层范围相当于下巴柔阶下部,处于 *Pseudolioceras*(*Tugurites*)*fastigatus* – *Arkelloceras tozeri* 带之间。

3.1.8 *Riyadhella sibirica* JF19 带

指示种:*Riyadhella sibirica* Mjatliuk,1939。

特征种:命名种多次出现,通常十分丰富,还有不太丰富的 *Lenticulina incurvare*、*Marginulinopsis pseudoclara*、*Dentalina scharovskaja*、*Guttulina tatarensis*、*Recurvoides anabarensis*、*Trochammina praesquamata*、*Vaginulinopsis koczevnikovi*、*Globulina oolithica*、*G. praecircumphlua*、*Astacolus protracta*。

界线:底界定义为命名种及其特征组合繁盛的底,顶界以命名种及其组合的最晚出现为标志。

层型剖面:中西伯利亚北部(阿纳巴尔湾西岸)(图 4);巴伦支海陆架层型剖面:Churkino 组下部,Vanei – Vis 油田 BH – 128 井(伯朝拉盆地),517～541m,厚度 24m,由暗灰色黏土含不同比例粉砂构成(Chirva 和 Yakovleva,1983)(图 8)。

地理分布:中西伯利亚北部(图 4),维柳伊盆地、北极加拿大。在欧洲北部,该带分布于伯朝拉板块北部 Sysola 和 Churkino 组中,Wilhelmøya 组上部,可能还有斯瓦尔巴特群岛 Agardhfjellet 组近底部、弗朗士约瑟夫地组中部及巴伦支海陆架地震亚层序 $C_2^1 - C_2$ 的上半部和 $C_2^1 - C_1$ 的下部(图 5～图 9)。

地层位置:在中西伯利亚北部,该带根据下巴柔阶—下巴通阶菊石的出现加以限定:*Stephanoceras*? sp.、*Lissoceras* ex gr. *oolithicum*、*Boreiocephalites borealis*、*Cranocephalites* spp.、*Oxycerites jugatus*、*Arctocephalites arcticus*、*Arctocephalites* spp.(Meledina,1994;Meledina 等,1987、1991;Saks,1976;Shurygin 等,2000)。据报道西伯利亚北部和北极加拿大 JF19 带的组合最晚代表来自 *Arctocephalites arcticus* 带的中部(Basov 等,1992;Meledina,1994),说明该带的地层范围跨越下巴柔阶上部—下巴通阶下部:含 *Chondroceras* cf. *marshalli* 层—*Arctocephalites arcticus* 带的下部。巴伦支海陆架和俄罗斯北欧部分 JF19 带的组合没有菊石限定;在伯朝拉盆地中它见于上巴通阶和卡洛维阶 *Macrocephalites* cf. *jacquoti*、*Cadoceras* cf. *infimum* 之下(Gulyaev,2007;Meledina 等,1998)。

备注:欧洲北部 JF19 带有孔虫组合比中西伯利亚北部多样性上差一些。根据斯瓦尔巴特和弗朗士约瑟夫地群岛报道,组合一直很贫乏,大多限于 agglutinating 类群。

3.1.9 *Ammodiscus arangastachiensis*,*Recurvoides anabarensis* JF20 – JF24 局部带

指示种:*Ammodiscus arangastachiensis* Nikitenko,1991。

Recurvoides anabarensis Bassov et A Sokolov,1983。

特征种:由岩屑获得零星的 *Saccammina compacta*、*Ammobaculites* ex gr. *lapidosus*、*Hyperammina jurassica*、*Kutsevella* sp.、*Ammodiscus arangastachiensis*、*Recurvoides anabarensis*、*Bulbobaculites* ex gr. *proprius*、*Lenticulina* aff. *alexandrei*、*Riyadhella sibirica*、

Trochammina jacutica、*Lenticulina incurvare*、*Marginulinopsis pseudoclara*、*M. praecomptulaformis*、*Darbyella* ex gr. *kutzevi*、*Dentalina scharovskaja*、*Guttulina* ex gr. *tatarensis*。

界线:底界以 *Recurvoides anabarensis* 首次出现为标志,底界根据其最晚出现和类群变化确定。

层型剖面:Fiume 组中部、页岩剖面上半部、弗朗士约瑟夫地、Champ 岛、Fiume 角,厚度约 10m(Efremova 等,1983;Dibner,1998)(图 6)。

地理分布:巴伦支海陆架、弗朗士约瑟夫地(Fiume 组中部)、斯瓦尔巴特群岛(Wilhelmøya 组上部和 Agardhfjellet 组下部),地震亚层序 $C_2^1 - C_2$ 的上半部和 $C_2^1 - C_1$ 的下部(图 5~图 9)。

地层位置:JF20 - JF24 局部带的有孔虫组合可以对比西伯利亚北部 *Globulina oolithica*、*Lingulonodosaria nobilissima* JF20、*Lenticulina incurvare*、*Marginulinopsis pseudoclara* JF21、*Dentalina nordvikiana* JF23 和 *Globulina praecircumphlua* JF24 有孔虫组合带。在中西伯利亚北部,这些带的有孔虫与下巴柔阶上部—上巴通阶下部菊石共生(Meledina,1994;Saks,1976;Shurygin 等,2000),在巴伦支海陆架剖面中与巴通阶 *Arctocephalites* spp. 和 *Arcticoceras* spp. 共生。

备注:该带是根据陆架中部采集的岩屑资料和少量岩芯样品区分出来的,巴伦支海陆架北缘天然露头上没发现其有代表性的有孔虫组合。

3.1.10 *Trochammina* aff. *praesquamata* JF22 局部带

指示种:*Trochammina* aff. *Praesquamata*。

特征种:*Ammodiscus arangastachiensis*、*Kutsevella memorabilis*、*Haplophragmoides* sp.、*Lenticulina mironovi*、*L. volganica*、*Ammobaculites lapidosus*、*A. septentrionalis*、*Guttulina tatarensis*、*Recurvoides anabarensis*、*R.* ex gr. *ventosus*、*Marginulinopsis praecomptulaformis*、*Ceratolamarckina tjoplovkaensis*、*Darbyella kutsevi*、*Marginulinopsis* aff. *pseudoclara*、*Saccammina compacta*。

界线:底界根据命名种首次出现确定,顶界根据类群变化确定。

层型剖面:中西伯利亚北部(阿纳巴尔河);巴伦支海陆架层型剖面:Sysola 组上部—Churkino 组下部,伯朝拉板块北部,Vanei - Vis 油田 BH - 128 井,517~554m 井段,厚度约 37m,由下部砂夹粉砂和上部暗灰色黏土夹不同比例粉砂构成(图 8)。

地理分布:中西伯利亚北部和西西伯利亚;在巴伦支海陆架,该带分布于地震亚层序 $C_2^1 - C_2^1$ 的上半段和 $C_2^1 - C_1$ 的下部,在伯朝拉板块的北部,分布于 Sysola 组上部和 Churkino 组下部(图 7~图 9)。

地层位置:在中西伯利亚北部 *Trochammina* aff. *praesquamata* JF22 带有孔虫组合与下巴通阶菊石 *Arctocephalites* sp. (cf. *elegans*)共生(Saks,1976),其地层相应层位根据菊石 *Cranocephalites* spp.、*Arctocephalites* spp.、*Arcticoceras* spp. 限定(Meledina,1994;Saks,1976;Shurygin 等,2000)。该带的地层范围为上巴柔阶上部—上巴通阶下部。

备注:该带上部(巴通阶中和上部)有孔虫组合的类群多样性显著减少,以宽泛地层范围的类群为主。西伯利亚北部和西西伯利亚剖面也有报道相同的低多样性,在该层位仅有贫乏的组合出现(Nikitenko 等,2000;Shurygin 等,2000)。所描述的有孔虫分带序列之上为具明显不同的大量和类群多样性组合的地层覆盖,广泛的上巴通阶上部—卡洛维阶:*Dorothia insperata* 带下部,*Trochammina rostovzevi* JF25 带或局部带 *Haplophragmoides infracalloviensis*

和 *Lenticulina tatariensis*。

3.2 介形虫

巴伦支海陆架下和中侏罗统剖面中介形虫分布很不均衡,下侏罗统样本限于很少样品中为数不多的壳体,主要来自北极油田。*Ogmoconcha* ex gr. *longula* 的出现标明 *Ogmoconcha longula* JO2 带(赫塘阶上部—托阿尔阶底部),其与 *Trochammina lapidosa* JF4 带有孔虫的共生限定地层范围为普林斯巴阶上部。

巴伦支海陆架到目前为止没有发现下托阿尔阶常见的有孔虫,仅在陆架中部钻探岩屑中鉴别出少量 *Camptocythere* (*Camptocythere*) *mandelstami* (*Camptocythere mandelstami* JO4 带的介形虫,下托阿尔阶下部)。北极油田剖面中 *Camptocythere* (*Camptocythere*) ex gr. *occalata* (*Camptocythere occalata* JO6 带)的存在表明其位于下托阿尔阶上部—上托阿尔阶下部。值得注意的是,介形虫仅见于钻探剖面中,而露头上几乎没有出现。它们仅自上巴柔阶上部开始成为微体化石组合的一种常见成分。

3.2.1 *Camptocythere arangastachiensis* JO13 带

指示种:*Camptocythere* (*Anabarocythere*) *arangastachiensis* Nikitenko,1994。

特征种:*Camptocythere* (*Anabarocythere*) *arangastachiensis*、*Camptocythere* (*Anabarocythere*) ex gr. *Spinulosa*、*C.* (*Camptocythere*) sp.、*Orthonotacythere* sp.。

界线:底界根据命名种及其组合的首次出现确定,顶界根据类群变化确定。

层型剖面:中西伯利亚北部(阿纳巴尔湾的西岸)(图 4);巴伦支海陆架盆地的层型剖面:Churkino 组下部,BH-179 井,500~507m 井段,厚度 7m,Shapkina 河(伯朝拉盆地),由暗灰色黏土构成(图 8)(Lev 和 Kravets,1982)。

地理分布:中西伯利亚北部(图 4)、维尔霍洋斯克地区、西西伯利亚北部。在巴伦支海陆架,该带分布于地震亚层序 $C_2 - C_2^1$ 的上部和伯朝拉板块北部 Sysola 组和 Churkino 组下部(图 7~图 9)。

地层位置:下巴柔阶上部—上巴柔阶,根据中西伯利亚北部剖面中菊石 *Stephanoceras*? sp.、*Lissoceras* ex gr. *Oolithicum*、*Boreiocephalites borealis*、*Cranocephalites* spp. 限定(Meledina,1994;Meledina 等,1987;Saks,1976;Shurygin 等,2000)。

备注:中西伯利亚北部和西西伯利亚剖面报道过类群上的近端组合。

3.2.2 *Camptocythere scrobiculataformis* JO14 局部带

指示种:*Camptocythere* (*Camptocythere*) *scrobiculataformis* Nikitenko,1994。

特征种:*Pyrocytheridea*? *Pura*、*Camptocythere* (*Camptocythere*) *scrobiculataformis*。阿伦阶和上阿伦阶下部见于 B-C_2 层序的上部,相当于西西伯利亚 Laida 组泥岩和粉砂岩夹砂岩段(图 4、图 7、图 9)。

4 结论

大部分俄罗斯北部(图 9)下中侏罗统有孔虫与介形虫的生物地层学详细图表都是从中西伯利亚北部的标准剖面中获得的(Nikitenko,1992、1994、2008;Shurygin 等,2000;Zakharov 等,1997),该地层位置的有孔虫和介形虫带已与菊石、双壳类和孢粉数据进行检查校对。之后,在西西伯利亚北部和北阿拉斯加识别出相同的分带序列(Nikitenko 等,2000;Nikitenko 和 Mickey,2004)。

在巴伦支海陆架及其周围有孔虫与介形虫组合从普林斯巴阶到巴通阶下部分类的研究,包含广泛分布在北极的主要种及中侏罗世后半期欧洲形态的出现。因此,在北西伯利亚首次展现下中侏罗世孔虫和介形虫的记录,并且在巴伦支海区域被用来当作北方型分带标准(图5~图 9)(Zakharov 等,1997;Shurygin 等,2000;Nikitenko 和 Mickey,2004;Nikitenko,2008)。

然而,在巴伦支海剖面一个阶到部分亚阶的相对广泛的地层范围识别出西伯利亚北部带(图 5~图 9),这是因为特殊的相模式和采样条件(20 世纪 60~80 年代岛屿上钻井获得可用的大部分钻探岩屑和少量的岩芯样品及缺乏天然露头微化石数据)。虽然钻探岩屑中包含了更小单位的有孔虫和介形虫物种特点,若要取得更加详细的划分,还需要从关键勘探井中进行更小区间的取样。

在巴伦支海剖面恢复的最古老的有孔虫组合是处于上普林斯巴阶(*Trochammina lapidosa* JF4 带(图 5、图 7、图 9),而处在下下托阿尔阶的物种至今依旧不详。究其原因,大概是由于其较低的采样密度。*Verneuilinoides syndascoensis* JF14 带(下阿伦阶下部),*Riyadhella sibirica* JF19(上下巴柔阶—下巴通阶)带和局部带 *Kutsevella memorabilis*、*Guttulina tatarensis* JF28(上巴通阶上部—下卡洛维阶下部)作为良好的标志,在几乎整个陆架及其周围被识别出(图 9)。

通过研究与北西伯利亚菊石、双壳贝等相似对应物的相关性,更新了巴伦支海域微体化石组合的地层学。例如,*Trochammina lapidosa* 的组合(Basov 等,1989;Gramberg,1988)在之前被假定可以代表整个普林斯巴阶,而现被限定于上普林斯巴阶基底托阿尔阶(图 2、图 9);局部带 *Trochammina* aff. *lapidosa*(*Recurvoides taimyrensis* JF9 带)的范围曾被定于上普林斯巴阶—托阿尔阶,现被缩减到上普林斯巴阶上部—基底托阿尔阶(图 2、图 9);被定于上巴通阶或上巴通阶—下卡洛维阶的广为人知的标志 *Riyadhella sibirica*(Basov 等,1989;Chirva 和 Yakovleva,1982、1983;Gramberg,1988;Grigyalis,1982;Repin 等,2007)也被重新解释为下巴柔阶上部—下巴通阶下部(图 2、图 9)。

介形虫在巴伦支海陆架下侏罗纪剖面中被发现得很少,这些介形虫标志出了 *Ogmoconcha longula* JO2、*Camptocythere mandelstami* JO4 和 *Camptocythere occalata* JO6 带,但是自下巴柔阶上部它们已经成为了一个常见动物的组成部分(*Camptocythere arangastachiensis* JO13 和 *Camptocythere scrobiculatoformis* JO14 带)(图 3、图 7~图 9)。

剖面的有孔虫和介形虫生物地层学及岩石地层学的综合分析,应用于对地层位置及岩性和地震单元范围的校正。下-中侏罗统岩石地层学在很大程度上与西伯利亚北部和巴伦支海陆架剖面相似(图9)。例如,地震层序 B-C_2(Murmanskaya BH-24 井),包括一个厚26m的泥岩,它中部的粉砂岩和砂岩互层,上普林斯巴阶有孔虫位于砂—粉砂间,而含砂的沉积物中含有下托阿尔阶上部和上托阿尔阶的微体化石组合,与西伯利亚 Kiterbyut 组(下托阿尔阶下部)有一个相似厚度的黏土层(图4、图7、图9)。在 B-C_2 层序上部识别出含有 *Verneuilinoides syndasconesis* JF14 带和 *Trochammina praesquamata* JF15 带的黏土—粉砂(下阿伦阶和上阿伦阶下部)与在西西伯利亚 Laida 组中的泥岩和砂岩夹层的粉砂岩相符(图4、图7、图9)。巴伦支海陆架某些标准地震层位与西西伯利亚北部可以对比(如 C_2 和 T3 或 C_2^1 和 T1),其地层位置通过微体化石记录进行限定(图9)。

因此,巴伦支海陆架和西伯利亚北部有孔虫和介形虫动物群几乎相同的类群组成,结合剖面的岩石地层相似性暗示两盆地早、中侏罗世可能具有相同的沉积作用和地质史。

参考文献(略)

译自 Basov V A, Nikitenko B L, Kupriyanova N V. Lower-Middle Jurassic foraminiferal and ostracode biostratigraphy of the Barents Sea shelf[J]. Russian Geology and Geophysics, 2009, 50(5): 396-416.

挪威北海北维京地堑下中白垩统后裂谷早期深海沉积体系的演化和走向上的变化

冯晓宏　郝莎　译，辛仁臣　杨波　校

摘要： 由于后裂谷早期深水沉积体通常埋藏很深，又缺乏钻井揭示和/或地震成像差，对其控制因素、发展变化和深水沉积体系本身的认识程度很低。露头上，后裂谷早期地层常常因后期反转构造活动的影响已经发生构造变形而不能合理地识别。与此相对照，北维京地堑显示出成像很好的白垩系后裂谷早期地层组合，具有良好的钻井控制，并且几乎没有受到反转构造活动的影响。因此，本文通过对北维京地堑后裂谷早期深水沉积体系的分析，确定其地层层位、几何形态和演化的控制因素，从而为类似体系提供一个类比。后裂谷层段一般有待勘探，所以提高这类体系的认识能够增强地下储层单元的预测并建立新的含油气区带模型。

北海北部白垩纪后裂谷早期承袭了二叠纪—三叠纪和晚侏罗世裂陷形成的盆地构型。这导致北维京地堑沿着走向的变化相当大，盆地北部为陡斜坡和以断层为边界，被构造凸起所环绕，盆地南部边缘呈明显缓斜坡。与白垩纪后裂谷相伴，发生了大规模海侵，物源区局部被淹没，导致盆地中普遍沉积碳酸盐岩和半深海相泥岩。在北维京地堑中，奥塞贝格（Oseberg）断块隆起为陆上碎屑物源区，直到上白垩统早期才被淹没。综合地震和钻井资料，北维京地堑后裂谷早期充填序列划分为四个主要地震地层单元（K1、K2、K3和K4）。在该地层格架中，根据每个地震地层单元内的地震相、振幅异常、与相邻反射的关系和几何形态等特征，识别出不同的沉积体系。盆地北部后裂谷早期发育盆底扇，一个水道复合体和一个像滨面一样的几何体，而盆地南部以半深海相和碳酸盐岩沉积为特征。这种空间变化表明，北维京地堑后裂谷早期沉积体系发育的主要控制因素之一是继承性的同裂谷断层控制的地形。以陡斜坡为边界的盆地北部有利于沉积物由奥塞贝格物源区供应到地堑中，而淹没的盆地南部缓斜坡处于沉积物相对饥饿状态。相对海平面的长期和短期变化也影响到后裂谷盆地地层的演化。短期相对海平面下降使得盆底扇发育，而短期相对海平面静止不动有利于河道复合体的沉积。滨面一样的几何体的沉积与短期相对海平面上升有关。这种沉积体系类型和规模在时间上的差异，也可以解释为奥塞贝格物源区逐渐被剥蚀和淹没。北海北部区域性的短期海侵和缺氧事件进一步影响到后裂谷早期地层，形成全北海可以对比的地层单元的沉积。

关键词： 后裂谷　深海沉积体系　白垩纪　奥塞贝格　北海

1 前言

后裂谷早期深海沉积体系的文献很少,这是由于通常缺少钻井钻达、埋藏深,加上在露头区由于沉积后反转导致它们已发生构造变形。因此,对于这类体系的控制因素和发展变化的认识十分匮乏。北海北部的北维京地堑,后裂谷盆地只经历过第三纪很小的反转(Gabrielsen等,2001),在3D地震图像上显示出清晰明确的后裂谷组合并有适当的钻井控制,因此是研究后裂谷盆地沉积和构造演化的一个理想的候选地。

北海北部白垩纪后裂谷早期深水沉积体系继承了晚侏罗世裂陷事件形成的以断层为边界的构造凸起和深盆构造格局。在很多地方,构造凸起发展成为局部物源区,在相对海平面下降期间,碎屑沉积物来源于隆起的下盘,如奥塞贝格下盘岛和英国海域原苏格兰本岛和挪威海从迪拉格(Trøndelag)台地、马洛伊(Måløy)阶地和哈尔滕(Halten)阶地(图1)。在地震剖面上和岩芯上通常可识别出碎屑沉积物通过滑塌和块体流方式搬运到深海盆地中(例如 Shanmugam等,1995;Martinsen等,2005)。由于白垩纪期间海平面普遍处于高位,北海中保存的陆架、浅海和海岸沉积体系有限(Brekke等,2001;Copestake,2003)。

北海白垩纪后裂谷沉积体系研究中,大多忽略了局部控制因素对深海沉积体系发育的影响(例如 Shanmugam等,1995;Skibeli等,1995;Brekke等,1999;Argent等,2000;Garrett等,2000;Law等,2000;Brekke等,2001;Bugge等,2001;Copestake等,2003)。同样,裂谷盆地中后裂谷早期斜坡底-盆底沉积体系也未作详细的地震地层分析。为了弥补这一认识缺陷,本文通过对北维京地堑内白垩纪后裂谷早期碎屑沉积体系演化的研究,阐述了局部和区域性的控制因素。特别是分析了沉积体系的地震相和地震地貌特征,并与类似体系进行比较,揭示了它们的地层层位、几何形态和演化的控制因素。因为后裂谷早期深海地层中单个沉积体系鲜有论述,本研究的目的是为认识程度很低的沉积体系提供更加深入的了解,为阐述和解释类似沉积体系提供极好的类比。

2 区域背景

北维京地堑是一个近南北向的深水区,位于北海北部,处于英国东北和挪威海岸西边之间(图1)。它是夭折三叉裂谷系的组成部分,与二叠纪—三叠纪和中晚侏罗世裂陷相伴生。二叠纪—三叠纪裂陷的主要响应是南北向的奥塞贝格复杂断层、布拉吉断层和研究区盆地南部断层,而侏罗纪裂陷事件形成深水盆地和构造凸起,包括北维京地堑(图1)。研究表明,北海北部裂陷终止于伏尔加阶时期(Johnson,1975;Færseth等,1995;Færseth和Ravnås,1998;Færseth和Lien,2002;Zachariah等,2009)。然后盆地遭受到后裂谷热沉降作用(Badley等,1984;Gabrielsen等,1990;Prosser,1993;Nøttvedt等,1995;Gabrielsen等,2001),并受到相对海平面变化的影响,与阿普第阶期间北大西洋重新裂陷和奥地利造山作用的深远影响有关(Skibeli等,1995;Brekke等,2001;Bugge等,2001;Kjennerud等,2001;Kyrkjebø等,2001;

Copestake 等,2003;Oakman,2005)。

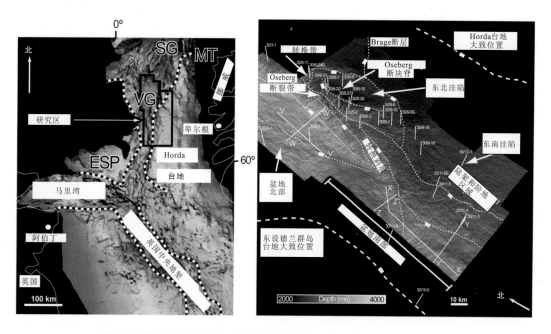

图 1　北维京地堑及研究区位置(左图中的黑方框)及现今白垩系底面
(BCU)构造图(右图)(据 Fraser 等,2002)

右图中的细虚线表示 BCU 上的主要构造轮廓。图 4、图 5 和图 7 所示地震剖面的位置以白实线 V-V′、W-W′、X-X′、Y-Y′和 Z-Z′线表示。Esp. 东设德兰台地;MT. Måløy 阶地;SG. Sogn 地堑;VG. 维京地堑。不同明亮度表示白垩纪期间古陆架的分布区域,地堑区、英国和苏格兰除外

地层厚度变化与断层相关的地形有关,后裂谷层段中,楔形沉积体和粗粒碎屑岩的沉积通常被解释为与北海北部其他地方的白垩纪构造活动有密切相关(Badley 等,1984;Alhilali 和 Damuth,1987;Skibeli 等,1995;Nøttvedt 等,1995;Hesthammer 和 Fossen,1999;Bugge 等,2001;Gabrielsen 等,2001;Kyrkjebø 等,2004)。但是,北维京地堑及周围地区,这些地貌并没有伴随断层运动,而是伴随着同裂谷地貌的被动充填(Færseth 等,1995;Zachariah 等,2009)。

在后裂谷早期,北维京地堑水体深度在 400~600m 之间波动,而陆架、阶地地区和构造凸起处保持浅水或暴露地表(可达 200m)(Kjennerud 等,2001;Kyrkjebø 等,2001)。但是,在白垩纪的大部分时期,奥塞贝格断块隆起(图 1)的顶部区域保持在海平面之上,成为一个下盘岛直到麦斯特里希特阶末期(Oakman 和 Partington,1998;Gabrielsen 等,2001;Kjennerud 等,2001;Kyrkjebø 等,2001)。这是从奥塞贝格下盘高部位的钻井资料上缺乏后裂谷期地层和白垩纪地层逐渐向下盘上超识别出来的。

白垩纪期间,北海北部深海环境占优势,主要沉积半深海相黏土岩,在相对海平面下降期间偶尔沉积碎屑物质(图 2;Skibeli 等,1995;Argent 等,2000;Garrett 等,2000;Law 等,2000;Bugge 等,2001;Copestake 等,2003)。在海侵和相对海平面高位期间,构造凸起周围陆架区有利于碳酸盐岩沉积(图 2;Bugge 等,2001)。

研究区位于 60°N 和 61°N 之间的北海挪威海域,北维京地堑东以 Horda 地台为界,西以

东设德兰(Shetland)地台为界(图1)。在研究区,二叠纪—三叠纪以南北向奥塞贝格复杂断层和盆地南部断层为主控断层(图1)。在侏罗纪裂陷阶段,这些断层和一系列北东-南西向的正断层一起再次复活,因此,断层沿盆地边缘叠加和转换,形成转换带和中继断坡,决定了维京地堑为一系列雁列状的洼陷(Færseth等,1997;Færseth和Ravnås,1998)(图1)。在研究区,北维京地堑呈半封闭状,宽约25km,长80km,向北东变窄(约10km宽)延续到一条小海岭上,向南张开(3~10km宽)(图1)。在研究区,盆地中白垩系底面反射深度(TWTT)约3900ms,边缘变浅,反射深度(TWTT)约2100ms,向南倾斜(图1)。上坡构造地貌包括陆架后盆地、陆架和阶地区域,向南变宽(5~20km)(图1)。北维京地堑后裂谷早期里亚赞阶—土仑阶组合最大厚度866m,在断块顶部缺失。

3 资料和研究方法

研究区面积5230km^2,包括SH9004(GECO,1990),NVG96_MERGE(PGS,1996),NH0402(WesternGeco,2004),NH02M1(Ensign,2002)和NH05M01(Norsk Hydro,2005)五次叠加的3D地震勘探数据,主测线和联络测线间距12.5m。地震资料频率大约为30Hz,因此,垂向上地层地震分辨率估计在30m左右。全部地震工区数据处理到零相位,因此,波峰(黑色反射)代表波阻抗降低而波谷(红色反射)代表波阻抗增加。

利用53口探井和开发井的伽马、声波、中子和密度测井曲线来解释岩性。生物地层分带(挪威国家石油公司StatoilHydro)用来做关键地震层位的标定(图2)。盆地中的30/4-1和30/5-1井主要用来建立地震层位与地质层位间的关系,因为大多数钻井位于盆地边缘周围比较高的构造上,并且由于在该时期它们主要处于地表位置,导致白垩纪地层中有大的沉积间断(图1、图3)。生物地层时代标定基于岩屑中微体古生物(有孔虫、放射虫)和孢粉(沟鞭藻 *Dinoflagellate cysts*)组合分析,辅以选择性的井壁取芯(图3表示获得的钻井资料的例子)。研究区只有30/5-1井获得白垩系岩芯,但本研究仅得到生物地层分析报告(图3)。

微体古生物资料还用来进行古环境解释和大致古水深分析。来自北海北部的古水深研究成果(Kjennerud等,2001;Kyrkjebø等,2001;Wien和Kjennerud,2005)用来作为古水深估算的补充资料。这些研究用到12口井(包括30/4-1井)的微体古生物分析资料,区域横剖面的构造恢复和地震地层分析用来确定北海盆地北部古水深的发展变化。

与生物地层可以对比的重点地震地层层位的时间构造图被用来提取主要地震单元的均方根振幅图。用均方根振幅图和地震剖面一起来确定在以富泥为主的盆地充填中分散的、比较薄的、粗粒碎屑沉积体系的存在。假定较粗粒碎屑物质表现为较强振幅,因而,通过检测层段内相对低与强振幅的区域,就可以很容易地区分出分散的粗粒碎屑体系(Brown,2004)。该方法用钻井资料进行标定,因为富碳酸盐岩层序也表现为较高的振幅。每个地震单元中的沉积要素则根据其地震相特征和相关的振幅异常、与相邻反射的关系、剖面和平面形态分辨出来。

据NH05M01地震工区制作了与斜坡和盆底相邻的奥塞贝格下盘高部位的一个小区域的相似体。相似体又叫方差或相干体,是地震数据不连续性的一个测度。波形的突变导致低相干,在该情况下,可以用来指示高角度、旋转和掀斜的同裂谷地层与对向的低角度、上覆后裂谷

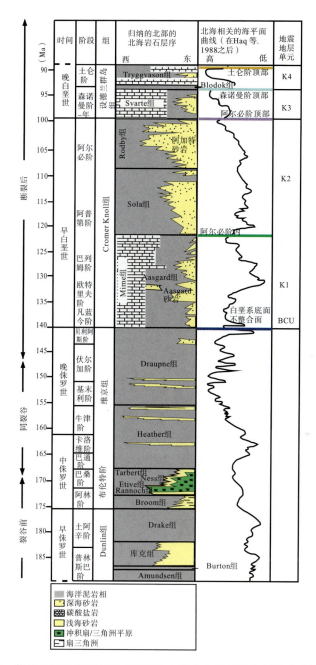

图 2 构造地层柱状图显示本研究中由四个主要地震单元构成的地震地层格架(Ravnås 和 Bondevik,1997；Skibeli 等,1995；Davies 等,2000；Bugge 等,2001；Løseth,2001；Copestake 等,2003)。在相对海平面曲线栏中(据 Haq 等,1988),标出文中所讨论的五个地震反射层。柱状图上 5 个地震反射层的地层位置仅代表其在盆地中的地层位置。BCU. 白垩系底面不整合面

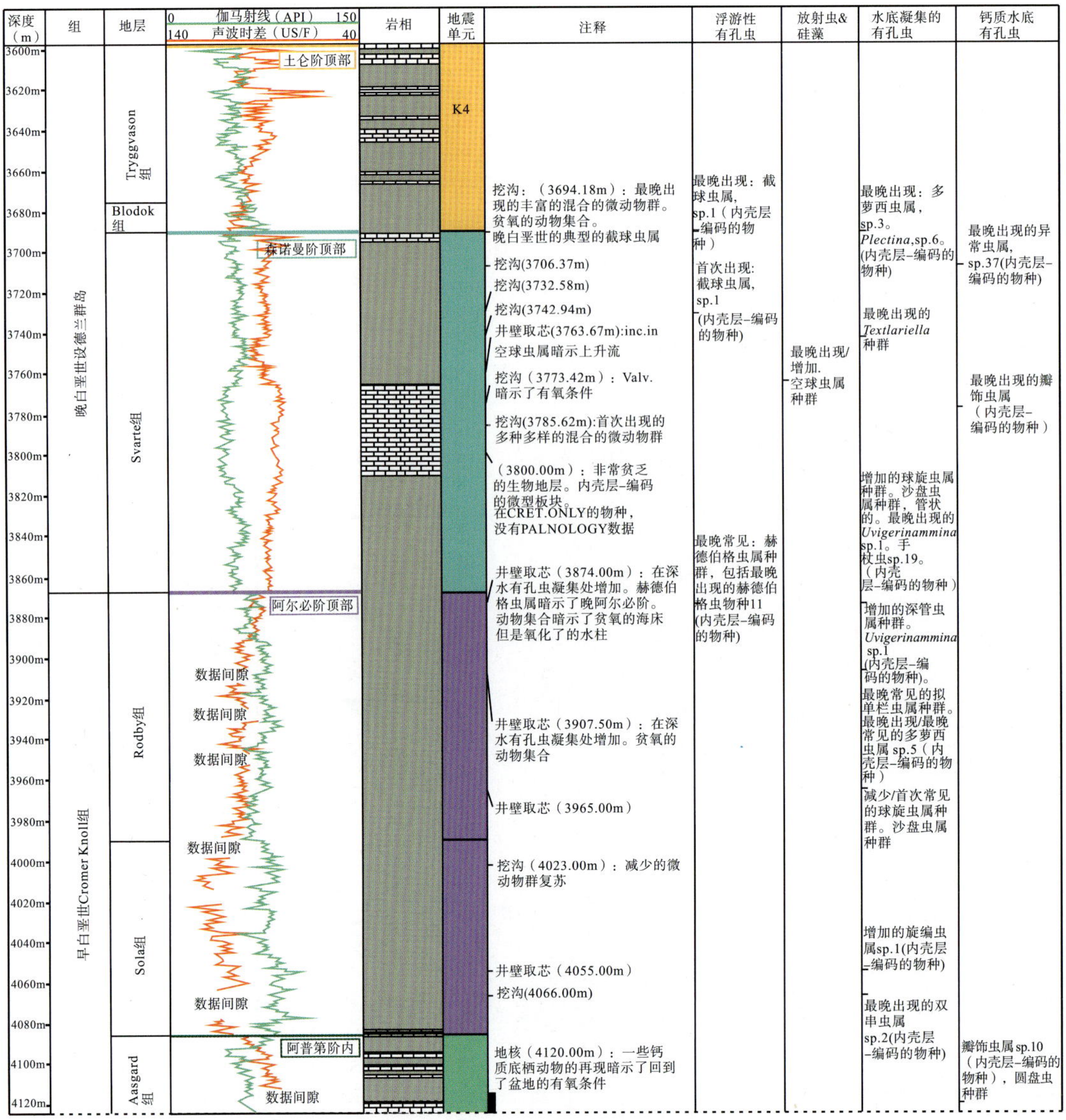

图 3 30/5-1 井综合录井图

说明了本研究中用到的岩性地层、生物地层和地震地层资料。位置见图 1；岩性地层的岩性图例见图 2。DC. 岩屑；SC. 井壁取芯；LO. 最晚出现；LCO. 最晚常见；INC. 增加；DEC. 减少；FO. 首次出现；FCO. 首次常见。该井是 A/S Norske Shell 公司 1972 年钻探的。该公司还进行了生物地层解释

地层的并置。整个白垩系底面提取的相似体和钻井资料相加来制作该区白垩系地下地质图。

4 后裂谷沉积体系的三维地震相分析

在后裂谷早期里亚赞阶至土仑阶层段中，根据地震相的主要变化和反射终止识别出五个重点的地震界面：白垩系底面不整合面（BCU）、阿普第阶内、阿尔必阶顶、森诺曼阶顶和土仑

阶顶(图 2)。这五个重点地震界面也是钻井中的主要生物地层标志层(图 3)。根据这些界面，里亚赞阶—土仑阶层段(137～89Ma)(图 2)划分为四个主要的地震单元，称为 K1、K2、K3 和 K4(图 2)。里亚赞阶—土仑阶层段的地震地层格架描述参照图 4 和图 5 所示地震剖面，总结见图 2。

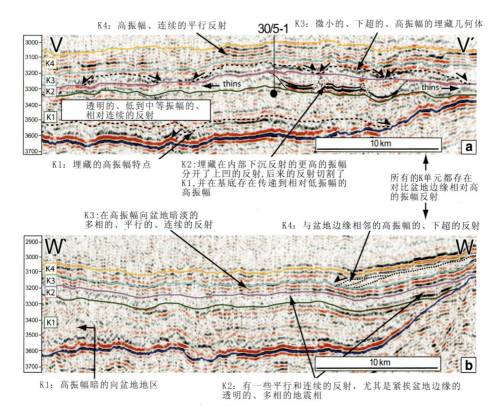

图 4　北维京地堑北部 TWTT(ms)地震剖面上各地震地层单元的沉积几何形态和地震相
a. 南北向剖面;b. 东西向剖面。地震剖面的位置见图 1

4.1　K1(白垩系底面不整合面—阿普第阶内界面)

K1 地震单元构成里亚赞阶末期—阿普第阶内的沉积序列(137～115Ma)。其底界面为 BCU,顶界面为阿普第阶内部的标志层。BCU 反射层是北维京地堑盆地中、斜坡和脊部地区完全可以解释的一个层位。其特征是在盆地中呈连续的强振幅波峰(弱跳跃)。但在地堑周围构造高地区,反射振幅常常变弱或变成负极性的红色波谷。在盆地中,BCU 反射的成图界面是下白垩统里亚赞阶 Draupne 组的顶面,因为它与上覆的 Cromer Knoll 群之间地震信号特别强;在斜坡上,BCU 反射标志层是伏尔加阶中期/伏尔加阶晚期 Draupne 组的不整合面;在脊部地区上,它代表同裂谷和后裂谷事件联合形成的一个相当复杂的复合不整合面(Zachariah 等,2009)。因为本次研究重点是地堑中的沉积体系,下白垩统里亚赞阶 Draupne 组不包括在 K1 单元中。阿普第阶内部标志层特征是负相位、红色的相对连续强振幅反射,能够对应盆地内钻井 30/5-1 的生物地层。

整个研究区 K1 的主要地震相为相对连续的中弱振幅反射(图4、图5)。盆地北部边缘为强振幅反射。但在 K1 单元段内，可以区分出一些具不同地震相和几何外形的次级成分。盆地北部奥塞贝格断块下倾端 K1 单元的最下部 200ms 由较强振幅、黑色、正相位地震相构成(图4)。在该 K1 单元的下部，宽达 20km、厚 100ms 的丘形反射双向下超到 BCU 上，侧向上构成连续反射(图4a)。由奥塞贝格断块底部到盆地北部，K1 强振幅反射扩大为 20~40km 宽的朵体几何形态，延伸可达 30km(图6a)。这些朵体形态的强振幅异常(图6a)与地震剖面上看到的最下部强振幅丘形反射相关(图4a)。

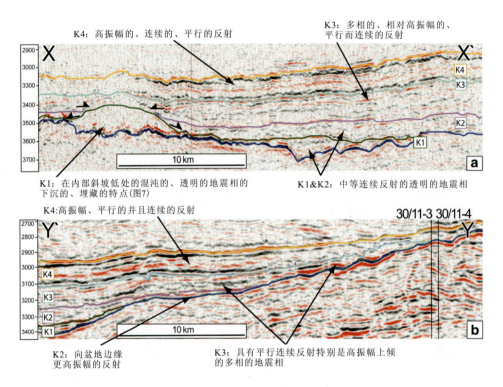

图 5 北维京地堑南部 TWTT(ms)地震剖面上各地震地层单元的沉积几何形态和地震相
a. 南北向剖面；b. 东西向剖面。地震剖面的位置见图1

在盆地南部有一个斜坡内部的洼地，在其西北侧是一个漏斗形的冲刷面，其上界被弧形断层限定，剖面上呈上凹形态(图7a)。宽 0.3km、深 80ms 的近平行和线状的沟槽，成排出现在斜坡内部的洼地中(图7a)。在斜坡内洼地中，有一个丘形反射体，宽约 10km，厚约 200ms，下超到 BCU 上，具杂乱和弱反射地震相，反射似乎表现出分段性和滑塌特征(图7b)。盆地南部 K1 单元没有强振幅。振幅异常主要是 BCU 反射的强振幅特征，K1 单元段薄的地方，导致明显强振幅异常(图6b)。

奥塞贝格断块的高部位没有 K1 单元沉积物记录。别的地方，钻井资料上 K1 单元段主要沉积记录的是 Åsgard 组黏土岩沉积，常含钙质，并夹灰岩条带。有少量文献报道，在奥塞贝格下盘高部位周围和浅水陆架及阶地区发育 Mime 组灰岩。微体古生物表明，Åsgard 组的沉

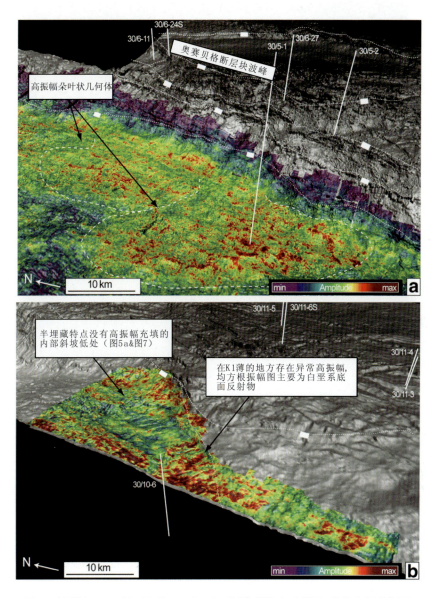

图 6 披覆在 BCU 界面上的 K1(BCU 至阿普第阶内反射层)的均方根振幅图
a. 北维京地堑盆地北部;b. 北维京地堑盆地南部

积作用与中等—弱氧化条件的外陆架-半深海深水环境(古水深 30～600m)有密切关系。另外,Mime 组沉积于富氧的内-外陆架古环境(古水深 0～200m)(Kjennerud 等,2001;Kyrkjebø 等,2001;Wien 和 Kjennerud,2005)。普遍富泥岩相是造成 K1 单元主要为弱振幅和非均质性的原因,而近盆地边缘较强振幅反射可以解释为较浅水环境形成的碳酸盐岩沉积(图 6),推断了弱振幅、侧向相对连续的反射主要为富泥岩性和古环境,这些 K1 单元的沉积物解释为深海和半深海沉积。与较深海斜坡-盆底背景的深海和半深海沉积物比较,同样具有这些相似的特征(例如 Galloway,1998;Beaubouef 和 Friedmann,2000;Fowler 等,2004)。

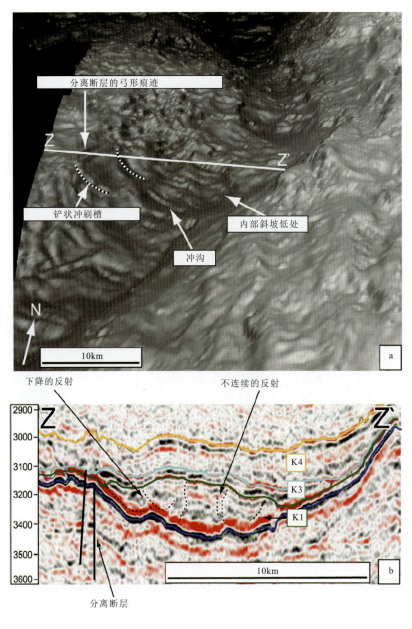

图7 a. 盆地南部(图1)斜坡内洼地 BCU 界面时间 TWTT(ms)埋深图,显示沟槽地貌和弧形断层与滑塌侵蚀有关;b. K1 单元内看到的充填于斜坡内洼地的滑塌、丘形外形的 TWTT(ms) 地震剖面。剖面位置见图1

相对于主要背景地震相,盆地北部具有不同地震相和丘形几何外形,说明丘形反射体由不同的岩性构成,是不同的沉积过程形成的。丘形反射体具有强振幅、下超的剖面形态和朵体状平面几何形态,具有深海盆底扇的全部特征(图4a)(Shanmugam 等,1995;Galloway,1998;Demyttenaere 等,2000;Fowler 等,2004;Martinsen 等,2005)。其位置处于斜坡底部,进一步支持这种解释(图6a)。

奥塞贝格下盘高部位周围,K1单元沉积物多为略含粉砂质—砂质的极细砂层,并有以富砂岩为主的层段(如30/9-7井和30/9-10井)。这说明在K1期间粗碎屑沉积物从高部位被剥离下来,然后通过斜坡,沉积为盆底扇。这得到30/4-1井K1单元出现粉砂岩的证实。这些盆底扇的粗粒性质是造成它们不同的地震相表现的原因。

盆地南部斜坡内洼地中见到的这种丘形外形可能也是一个盆底扇。但是,其并不邻近物源、弱振幅、空白和杂乱反射特征说明它很可能是富泥的(图7)。该丘形反射体的西侧邻接漏斗形冲刷和弧形断层,可能代表破裂断层和滑塌陡崖,说明该丘形反射体由来自斜坡的滑塌物质构成(Martinsen,1994;Hesthammer和Fossen,1999)。丘形反射体中的分段可能对应于小的与滑塌有关的收缩断层(Martinsen,1994;Hesthammer和Fossen,1999)。在BCU上内斜坡洼地中见到的近平行的线状反射特征表明在该时期侵蚀性的块体流也是活跃的(图7)。它们可能是滑塌事件的远端产物,也可能是滑塌先导和/或来自洼地周围对面西北斜坡。无论哪一种,这都意味着洼地中的丘形反射体最可能是富泥的,是滑塌和块体流的混合沉积,这种沉积记录在北海白垩系中的报道很多(Shanmugam等,1995)。

4.2 K2(阿普第阶内—阿尔必阶顶)

K2地震地层单元时代为阿普第阶内—阿尔必阶(115~99Ma),底界为阿普第阶内部反射,顶界为阿尔必阶顶部反射同相轴,是用盆地内30/5-1井标定的一个负相位。K2单元主要为空白和非均一的地震相,包含一些连续平行反射,特别是近盆地边缘,呈明显的较强振幅(图4、图5b)。盆地北部地震剖面显示一个丘形地震反射体,宽10km,厚200ms,由较强振幅构成。它被陡倾反射限定,内部也有倾斜反射,表现为分隔的上凹反射同相轴,每个约4km宽,由它们的底面强振幅同相轴向上渐变为较弱振幅的同相轴(图4a)。每个上凹强振幅单元的底面似乎比K2单元其余部分略微下切到下伏的K1单元中(图4a)。丘形反射体两侧,K2单元变薄,其地震相变为K2单元特征的较弱振幅地震相(图4a)。K2单元振幅图表明,奥塞贝格断块的下倾方向,强振幅异常形成一个伸长状、平行于边缘走向,宽约10km,与地震剖面上近盆地边缘看到的较强振幅的反射对应的地质体(图4a、图8a)一致。由这一窄条状的强振幅(约2km宽)沿着盆底延续约15km后扩大成为一个朵叶状的形态,宽度约10km(图8a)。地震剖面中见到的强振幅丘形反射体(图4a)与振幅图上的朵叶状形态对应(图8a)。在盆底南部靠近盆底边缘3D地震覆盖区,有一些线状的近平行的强振幅异常,宽度达2km,长4km(图8a)。

在奥塞贝格断块高部位没有K2地震单元沉积物保存,但在陆架、阶地和盆底,钻井资料显示K2单元主要由Sola组和Rødby组构成,以泥岩为主,偶见灰岩层。根据微体古生物确定其沉积环境是以开阔海为主的内、外陆架至半深海上部(0~400m古水深),Sola组一般沉积在氧化—贫氧水底条件下(Kjennerud等,2001;Kyrkjebø等,2001;Wien和Kjennerud,2005)。这种富泥岩特征与K2单元的非均匀和空白主要地震相一致,并与K1类似,靠近盆底边缘的较强振幅反射可能是由于这些位置有利于以碳酸盐岩为主的相沉积(如29/3-1、30/3-1、30/11-3、30/11-4、30/11-5、30/12-1井)(图5、图8)。正如类似盆地和沉积背景中的沉积一样,主要为空白和非均匀地震相、平行和连续反射、富泥岩性和开阔海、内、外陆架至半深海上部环境(图4、图5),表明该地震相代表深海相和半深海相披覆(Galloway,1998;Beaubouef和Friedmann,2000;Fowler等,2004)。

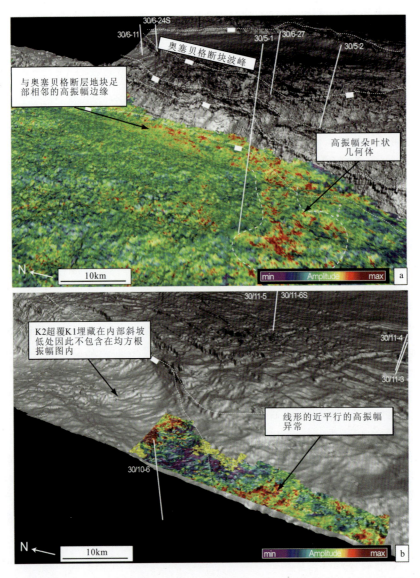

图 8　披覆在阿普第阶内部界面上的 K2(阿普第阶—阿尔必阶顶反射)均方根振幅图
a. 盆地北部；b. 盆地南部

　　盆地北部丘形反射体具有不同反射几何形态和地震相,说明它不是主要由富泥质岩性构成,沉积条件不同于以半深海和深海泥岩为主的条件。陡倾的边界反射和强振幅、剖面上丘形形态和朵叶状平面形态暗示了这里存在一水道复合体。这种特征在类似背景中解释为水道沉积(如 Posamentier,2003；Fowler 等,2004)。内部分隔的向上凹的反射代表复合体中的单个水道,由强振幅转变为较弱的振幅代表随着水道变为废弃的泥质充填,页岩含量增加(图 4a)。有这些水道侵蚀到下伏的 K1 单元的证据,但是,这种下切没有大到堪比诸如安哥拉(例如 Gee 等,2007)和墨西哥湾(如 Posamentier,2003)那样的深水背景中很确定的水道体系。这可能说明它们是不成熟的浅的水道,尚未发育为很晚期的侵蚀体系(Gee 等,2007)。30/5－1 井钻到水道复合体侧边较弱振幅的、较薄的 K2 沉积物,和别的地方一样,为富泥的沉积物。可能的情况是,这些较弱的振幅代表有关的富泥漫滩沉积,最有可能与背景深海和半深海沉积物相互混合(图 4a、图 8a)。30/5-1 井的生物地层和岩性资料较差,妨碍确切的解释。

盆地北部可能的水道复合体没钻井资料,但和 K1 单元中看到的一样,奥塞贝格断块高部位周围很多钻井有 K2 单元沉积物,为粉砂质—细粉砂质层,偶含细砂(如 30/3-1、30/9-8 和 30/9-10 井)。这些层段可能代表残余富碎屑物质,由暴露的奥塞贝格上升盘高部位剥蚀下来,随后通过斜坡,在盆地中再沉积下来。30/4-1 井中粉砂岩证实了 K2 单元时期剥蚀下来的碎屑物质沉积在盆地中。较强振幅特征解释为水道复合体,是由于水道复合体具有较富碎屑的特征。较坚固的粗碎屑岩性的差异压实作用也可以解释水道复合体丘形的外形特征(图 4a)。

4.3 K3(阿尔必阶—森诺曼阶顶)

K3 地震地层单元为森诺曼阶最早期至最晚期(99~94Ma)的产物,底界为阿尔必阶顶部反射;顶界为森诺曼阶顶部反射,为一连续的强振幅同相轴,由斜坡上钻探的 30/3-1、30/5-2 井和盆中钻探的 30/4-1、30/5-1 井的生物地层标定。

K3 单元的特征多为连续的、非均匀的平行地震反射,靠近盆地边缘为较强振幅(图 4、图 5b)。K3 单元振幅图显示这些强振幅反射对应于邻接盆地北部奥塞贝格断块下盘的边缘,宽 10km(图 9a)。盆地南部这些强振幅呈现为沿着盆地边缘的 5km 宽环边(图 9b)。盆地北部地震剖面也显示不明显的下超丘状外形,宽达 10km,厚 100ms(图 4a)。这些不明显的丘状反射体对应于三维振幅图上见到的分隔强振幅朵叶状几何形态(图 4a、图 9a)。这些朵叶状几何体贯穿盆底,宽达 20km,延伸约 20km(图 9a)。

奥塞贝格断块高部位没有 K3 单元的沉积物。但是,在其他地方的资料中,K3 单元由 Svarte 组钙质沉积物构成。通常有钙质泥岩和泥灰岩,少量灰岩层,但在大陆架和阶地地区,灰岩成为主要沉积物,夹少量泥岩和泥灰岩(如 30/8-3 和 30/12-1 井)。Svarte 组的微体古生物资料表明它沉积于海相内、外陆架至半深海上部的中等—很富氧的环境中(古水深 0~500m)(Kjennerud 等,2001;Kyrkjebø 等,2001;Wien 和 Kjennerud,2005)。这种钙质为主的岩性与 K3 单元连续强振幅、平行反射地震相对应得很好。地震上的非均匀结构可以解释为泥岩中夹少量灰岩(图 4、图 5)。因为钻井资料表明灰岩形成于陆架和阶地一样的较浅水环境中,这可以解释盆地边缘周围强振幅环边(图 9)。综上所述,弱振幅、相对平行和连续反射特征、富泥岩性和来自微古生物的古环境解释表明,在盆地中,这些沉积物代表深海和半深海沉积(图 4、图 5)(例如 Galloway,1998;Beaubouef 和 Friedmann,2000;Fowler 等,2004)。

在盆地北部,不同的剖面形态和丘状强振幅、3D 振幅图上见到的朵叶状形态,表明它们的岩性组成和沉积方式不同于以泥质为主的深海和半深海盆地(图 4a、图 9a)。它们被解释为盆底扇,因为它们与 K1 单元中看到的扇体(图 4a、图 6a)和文献报道的深海盆底扇(例如 Shanmugam 等,1995;Galloway,1998;Demyttenaere 等,2000;Fowler 等,2004;Martinsen 等,2005)有很多相同的特征。

奥塞贝格断块高部位周围一些钻井记录到 K3 单元略含粉砂质特征(如 30/9-7、30/9-8 井)。这些粉砂质沉积物可能意味着暴露的断块高部位剥蚀下来的残余碎屑物质。剥蚀下来的粗碎屑物质通过斜坡,然后沉积在盆地北部成为盆底扇。盆底扇的较强振幅和丘状外形是其粗粒碎屑成分造成的(图 4a、图 9a)。K3 时期这类粗碎屑物质供应到盆地中也可以解释盆

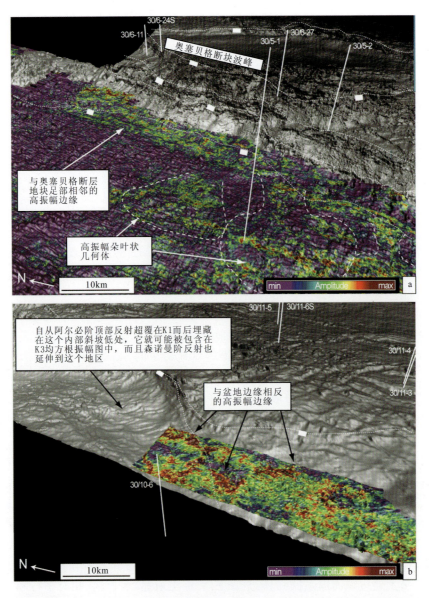

图 9 披覆在阿尔必阶顶面上的 K3（阿尔必阶顶—森诺曼阶顶反射）均方根振幅图
a. 盆地北部；b. 盆地南部

地中 30/4-1、30/5-1 井 K3 单元沉积物分别为少量粉砂岩和常见粉砂质的特征。这些可能是盆底扇体系的细粒远端沉积。

4.4 K4（森诺曼阶顶—土仑阶顶）

K4 单元为森诺曼阶晚期—土仑阶最晚期（94～89Ma），底界为森诺曼阶顶反射；顶界为土仑阶顶红色、负相位反射同相轴，由盆地翼部的 29/3-1、30/3-1、30/5-2、30/6-27、30/11-3、30/11-4 井和盆地中的 30/4-1、30/5-1 井标定。

K4 单元主要为强振幅、连续和平行反射，在盆地边缘上超的地方振幅明显更强（图 4、图

5a)。这些紧邻盆地边缘的强振幅与靠近奥塞贝格断块上升盘的10km宽的强振幅环边相对应(图10a),而盆地南部的强振幅席状体更为广泛,直到地震工区边界,延伸超过20km(图10b)。盆地北部强振幅环边(图10a)对应于下超反射,厚度达100ms,延续达10km,进入到盆地中(图4b)。

奥塞贝格断块高部位缺乏K4单元沉积物,但研究区其余地方的钻井资料记录到Blodøks组泥岩普遍发育,上覆Tryggvason组为钙质黏土岩与灰岩互层。这些沉积物的微体古生物资料指示了有开阔海流注入的内陆架到外陆架环境(古水深0~400m)(Kjennerud等,2001;Kyrkjebø等,2001;Wien和Kjennerud,2005)。Blodøks组还与弱氧化的底水条件有关系。这种以泥岩为主、夹零星灰岩层的岩性特征与K4单元强振幅、连续、平行地震相很符合。盆

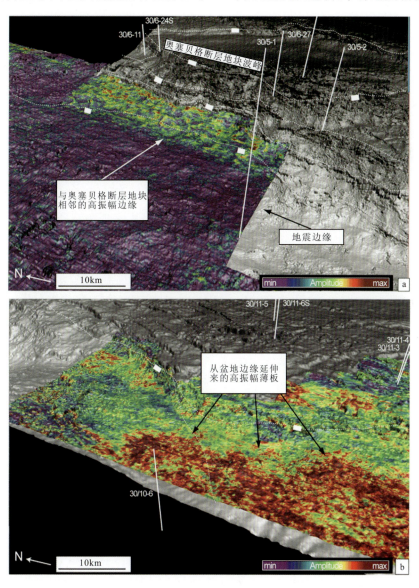

图10 披覆在森诺曼阶顶界面上的K4(森诺曼阶顶—土伦阶顶反射)均方根振幅图
a. 盆地北部;b. 盆地南部

地南部强振幅席状体可能是浅水碳酸盐岩沉积(图 10b)。K4 主要地震相的地震、微体古生物和岩性特征能与深海、半深海沉积物的特征的很好响应(例如 Galloway,1998;Beaubouef 和 Friedmann,2000;Fowler 等,2004)。

在较老的地震地层单元中,类似盆地北部邻近奥塞贝格断块的 10km 强振幅环边为偏碳酸盐岩沉积。但是,在 K4 单元的强振幅环边中,出现下超反射,提示该振幅异常需要作不同解释(图 4b、图 10a)。该环边的特征是典型的富碎屑的进积滨岸。这种解释得到 30/5-1 井 K4 单元岩性的强有力的支持,钙质杂色泥岩夹灰岩、粉砂质页岩、少量砂岩和粉砂岩,含少量贝壳碎片,表明在该时期碎屑物质供应到盆地中。振幅图上没有与 30/5-1 井有关的强振幅,这暗示了在该位置出现的任何碎屑物质都被以泥质为主的盆地相掩盖了(图 10a)。靠近奥塞贝格断块高部位的井在其 K4 单元中偶有粉砂岩和钙质胶结砂岩条带(30/6-11 井、30/9-8 井),进一步说明碎屑物质从奥塞贝格断块剥蚀下来,通过斜坡,供应到盆地中。

5 讨论

地震资料显示北维京地堑逐渐上超,并最终在上白垩统沉积晚期淹没了奥塞贝格断块高部位,其上没有披覆老于土仑阶的沉积物(图 11)。生物地层资料表明,北维京地堑整个后裂谷早期以开阔海内-外陆架—半深海上部环境占主导,水体条件由很富氧变化为贫氧,古水深在 0~200m 和 0~500m 之间波动。结果,后裂谷早期地层中半深海和深海沉积物占主导,在盆地内地层上超的地方识别出碳酸盐岩相。偏细粒泥质沉积物沉积作用表明研究区后裂谷早期只有奥塞贝格下盘岛提供唯一的沉积物源。地震和钻井资料显示该区其他旋转同裂谷断块的高部位被淹没,古水深达 600m(Færseth 等,1995;Bugge 等,2001;Kjennerud 等,2001;Kyrkjebø 等,2001;Copestake 等,2003;Wien 和 Kjennerud,2005)。尽管楔形体证据表明沉积物向西搬运穿过 Horda 地台,但挪威内陆或其他区域性构造的贡献仍可忽略。这种宽阔并类似于淹没台地的特征意味着很少或没有沉积物供应到北维京地堑中(Gabrielsen 等,1990)。因此,在北维京地堑后裂谷早期地层中识别出来的富碎屑岩沉积体几何形态,如盆底扇和水道复合体,确信物源主要来自奥塞贝格下盘岛。这些沉积体几何形态在时间上和空间上的变化是分析北维京地堑中后裂谷早期沉积体系发育影响因素的线索。

北维京地堑后裂谷早期充填的层序地层解释尚未完成,由于生物地层资料分辨率低,钻井多在构造凸起上。在构造凸起上的钻井有沉积间断,表现为同裂谷和后裂谷事件联合作用形成复杂的复合不整合面(图 11)。因此,研究区关键地层界面的出现是有限的,限制了从构造凸起到盆地中的可靠地层等时界面对比。

5.1 后裂谷早期沉积的时间演化的控制因素

在盆地北部,最老的 K 单元中 K1 单元中的盆底扇,与其他 K 单元中的沉积几何体相比,是限制性最差、沉积广泛和振幅最高的(图 6、图 12)。这与其他类似沉积背景中阐述过的情况相矛盾,盆地充填早期阶段,沉积物重力流优先充填洼地地形,如小型的断层为边界的盆地和斜坡脚地区(Anderson 等,2000;Demyttenaere 等,2000;Posamentier 和 Kolla,2003;Lomas

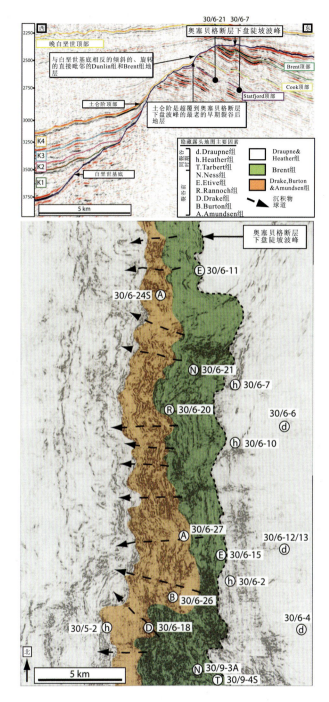

图 11 上图为过奥塞贝格下盘高部位的北维京地堑北部 TWTT(ms)地震剖面。下图为奥塞贝格下盘高部位区域的白垩纪隐伏露头分布图,显示出钻井位置 BCU 隐伏的地层,突出了盆地中剥蚀和再沉积的潜在富碎屑隐伏单元。对图 2 所示的组和群的地层框架来讲,地层中马蹄形的排水流域解释为后裂谷早期沉积物搬运到盆地的路径。隐伏露头资料图上地震反射不连续性分布图,色越暗,不连续性越大

和 Joseph,2004)。广泛的、不受任何限定的沉积更加普遍地与盆地充填的晚期阶段有关,即 K4 阶段,连续地层进一步向斜坡上部上超,使得盆地内坡度降低,充填的区域更宽泛(Ravnås 和 Steel,1998;Posamentier 和 Kolla,2003)。而北维京地堑的逐渐充填和上超确实出现在更晚期阶段,由于剥蚀和退化,以及后裂谷早期海平面总体上升,导致奥塞贝格下盘岛逐渐淹没,沉积物物源区也持续显著减小(图 2,图 12)。这导致后续的 K 单元中供应到盆地中的粗粒碎屑沉积物减少,并造成重力流沉积的分布范围减小。

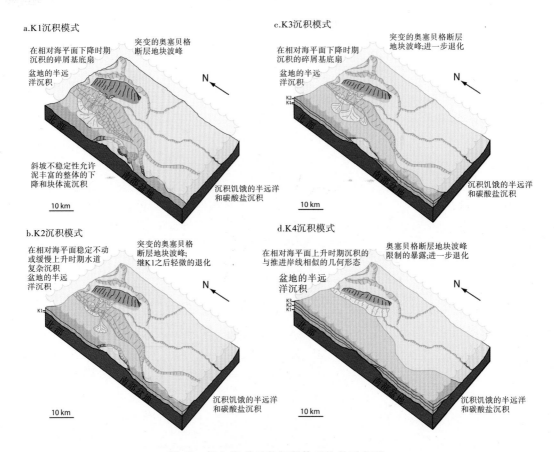

图 12　每个 K 单元的沉积体系块状示意图

通常,盆底大量沉积物,就像盆底扇表现出来的那样,与相对海平面下降有关(例如 Posamentier 和 Kolla,2003;Fowler 等,2004)。因此,K1 单元中的盆底扇可以解释为在该时期相对海平面高频率、相对长时间的下降(图 2)。这些相对海平面下降具有区域性的意义,通常与 K1 时期北海北部其他地方 Åsgard 组砂岩的沉积作用有关。类似地,研究区 Mime 组灰岩的沉积作用(图 2)是受到 K1 时期区域性海侵期的影响,因为这些灰岩可以在北海地区进行大范围对比(Oakman 和 Partington,1998;Bugge 等,2001;Copestake 等,2003)。

海平面的变化也解释了 K1 单元中发育盆底扇,到 K2 单元转变为很受限的水道复合体(图 12)。与盆底扇沉积相反,水道复合体解释为形成于相对海平面静止或缓慢上升时期,大量细粒沉积物有选择地供应到深海环境中(如 Posamentier 和 Kolla,2003;Fowler 等,2004)。

K2 单元中的水道复合体与长周期的海平面上升有关,并被较小的、间歇性的海平面下降所打断(图2)。北海北部其他地方,发育 Sola 组和 Agat 组砂岩的 K2 单元时期被描述为与北大西洋裂陷构造活动有关联的阿普第阶和阿尔必阶期间(图2)(Skibeli 等,1995;Oakman 和 Partington,1998;Brekke 等,2001;Bugge 等,2001;Copestake 等,2003;Oakman,2005)。但是,在北维京地堑中,没有发现这样的构造活动证据。

K3 单元变回盆底扇沉积,和 K1 单元的解释一样,在该时段为相当长的相对海平面下降的时期(图2、图12)。K3 单元还有能与其他 K 单元碳酸盐岩相比的显著特点。这可能与由下白垩统到上白垩统全球气温升高导致的水温增加有关(Surlyk 等,2003)。K3 时期,气候很干、相对海平面变化的高位期海泛和物源区的减小,使碳酸盐岩含量进一步增加(图12)。这也将导致碎屑物质的饥饿。

后裂谷早期地层中可以看到持续受到区域性的影响,K4 底部 Blodøks 组的形成,代表了一次较大的区域性缺氧事件。Blodøks 组是一个较大的浓缩段,为富含有机质的黏土岩,可以与北海更南边的 Plenus 泥灰岩组对比(图2)(Copestake 等,2003)。而且,与 K4 单元有关的是滨线状几何体,在其他 K 单元都没有见到。这种不同可能是沉积物供应和水体深度变化造成的(Prior 和 Bornhold,1988)。在 K1~K3 单元中,水体深度太大,由于地堑沉积物"欠充填",使得沉积物填积不足以构建一个有效的近滨/暴露台地。另外,沉积物的输入一般是周期性的,并且可能是高能的。这就意味着进入到奥塞贝格下盘边缘的大多数沉积物,具有充分流动性,只在滨岸带过路,然后在深水盆底中堆积下来(Prior 和 Bornhold,1988)。K4 是一个较晚期的、状态稳定的体系,水体深度很浅,却有充足的沉积物供应,导致沉积物在海平面之上/接近海平面的位置稳定加积进积(Prior 和 Bornhold,1988)。K4 单元中 100ms 厚的滨线沉积体表明奥塞贝格下盘邻接的水体深度约 100m。此外,K4 时期剩下的暴露下盘区域与 K1~K3 相比是那样的小,并且因准平原化而成为一个不太陡的阶地,很少的沉积物输入到盆地中,又增强了下盘斜坡邻接的这样一个窄相带的发育(图10、图12)(Ravnås 和 Steel,1998)。

5.2 后裂谷早期沉积体系沿走向的变化

盆地北部,后裂谷早期盆地充填的所有富碎屑沉积几何体都处在邻近奥塞贝格断块下盘的地方(图4~图6、图8~图10)。盆地南部,除 K1 单元中见到一个富泥的滑塌和块体流混合沉积外(图7),盆地后裂谷早期地层主要由半深海相碳酸盐岩沉积物构成。这种沿着走向的变化是由盆地北部和南部构造格局不同造成的(图1)。盆地北部以较陡和短的斜坡为边界,承袭了下伏隆起的、掀斜的同裂谷断块,特别是奥塞贝格复合断层(图1)。相反,盆地南部为一个较低坡度的较宽的盆地边缘,反映了隆起断块相当大,缺少单一的侏罗纪边界断层(图1)。这些差异意味着在后裂谷早期奥塞贝格断块高部位是陆地,并成为盆地北部沉积物的一个物源区,而盆地南部主要淹没在水下。

不仅在同裂谷期间下盘可能发生了一定的剥蚀(Ravnås 和 Bondevik,1997;Davies 等,2000),在后裂谷早期奥塞贝格下盘岛也遭受了地表剥蚀,因此,一直是一个物源区。构造高部位的严重退化使得 Dunlin 群和 Brent 群的倾斜地层直接斜接在白垩系底面上(图11)。在一些高部位的钻井中,大部分很清楚缺失富砂的隐伏地层,如布伦特群(Morton 等,1992)和库克组(图11)。例如,钻探在高部位的 30/6-27 井(图1)记录下普连斯巴阶 Amundsen 组沉积物被土仑阶 Tryggvason 组覆盖,代表一个可能达 100Ma 的沉积间断(图2、图11)。在奥塞贝格下盘高部位周围和盆地中钻探的钻井中,后裂谷早期阶段的粗粒碎屑物质沉积表明,后裂谷早期粗粒碎屑隐伏露头受到剥蚀。这些沉积物通过斜坡,然后重新沉积在盆地中。

在盆地北部和奥塞贝格下盘高部位后面的后盆地区,上侏罗统 Draupne 组和 Heather 组页岩在白垩纪是隐伏露头,虽然在这些地区一些钻井中侏罗纪和白垩纪之间确实存在沉积间断,它们也不至于像下盘高部位看到的那样大(图11)。这表明白垩纪期间这些地区主要淹没水下,并因此没有受到极大的剥蚀。

隐伏露头分布图进一步证实了后裂谷早期奥塞贝格下盘高部位的持续剥蚀,马蹄形的汇水区域可以沿下坡方向由奥塞贝格下盘高部位追索到盆地北部(图11)。它是在奥塞贝格断块地表暴露期间,这些重现出来的水道网络刻蚀奥塞贝格断块形成的。相对于后裂谷早期白垩纪层段来讲,奥塞贝格下盘高部位出露的侏罗纪和三叠纪沉积物,由于其沉积后时间相对较短,并紧邻隆起,可能还没有很好地固结,这对它们的剥蚀极为有利。土仑阶沉积物是奥塞贝格下盘高部位披覆的最老沉积物,所以,直到晚白垩世下盘高部位被淹没,水道网络一直活跃(图11)。这些水道网络可能会将沉积物载荷沉积在奥塞贝格下盘高部位下倾方向接近坡折带的地方。沿着坡折带沉积物超载可以诱发进入到盆地中的沉积物重力流(图12)。

总的来看,盆地南部的坡度比北部平缓得多,因而,在这里除了K1斜坡内洼地中见到滑塌和块体流混合沉积外,再没见到这类沉积几何体。滑塌和块体流混合沉积体确实与盆地北部沉积几何体具有一些共同的特征,但解释为富泥的,因为附近相当缺乏物源。这种沉积体最有可能是崩塌体经过陡斜坡进入到邻近斜坡内洼地的产物(图7),因此,这种沉积体的岩性组成简单,仅由再改造的半深海和深海斜坡沉积物构成。

5.3 与类似体系的比较

研究区盆底扇和水道复合体在平面形态、外形和规模上与其他深海沉积环境,如墨西哥湾、印度尼西亚和北海北部其他盆地(Beaubouef 和 Friedmann,2000;Demyttenaere 等,2000;Posamentier,2003;Posamentier 和 Kolla,2003;Fowler 等,2004;Martinsen 等,2005),有很多共同的可比较的特征。例如,K1单元和K3单元中见到的盆底扇宽达20km,厚100ms(图4)。在印度尼西亚海上的 Kutei 盆地,中-上新统深水盆底扇宽约6km,厚125ms,而更近代的例子是宽约20km、厚200ms(Fowler 等,2004)。K2单元中的水道复合体宽约10km、厚200ms(图4),在 Kutei 盆地观察到类似的中-上新统水道,宽达5km、厚125ms,近代例子是宽约6km、厚150ms(Fowler 等,2004)。这种观察不出所料,与这些有大量沉积物供应到深水沉积环境中的实例比较,奥塞贝格下盘岛提供碎屑的物源区有限(约125km^2,图11)。一般认为,这种有限的空间范围意味着下盘岛只能产生数量有限的沉积物(Ravnås 和 Steel,1998)。对于这些具有可比性规模的沉积几何体的一种解释可能是陡短斜坡与盆地北部邻接,有利于沉积物输送到深水环境中。较陡的斜坡使得从沉积物源区输送的沉积物重力流的速度很大,因此,沉积物搬运能力增加(Posamentier 和 Kolla,2003)。

当对后裂谷早期背景中沉积作用模式的详细说明并不充分的时候,在格陵兰开展了一些露头研究。Larsen 等(2001)阐述了下白垩统 Steensby Berg 组砂岩,它是在总体海侵的后裂谷早期,以泥岩为主的序列中发育的一个楔形粗粒碎屑沉积体,与北维京地堑类似。碎屑楔形体由多个相组合构成,包括滨面沉积,类似K4单元中的滨面沉积;水道砂岩,和K2单元的情形一样的。粒序砂岩,可能代表了外陆架环境中沉积的低密度浊积岩,类似于K1和K3单元中见到的盆底扇(Larsen 等,2001)。和北维京地堑一样,Steensby Berg 组见到的不同沉积几何体是相对海平面变化的结果(Larsen 等,2001)。露头上类似相组合的出现,具有与北维京地堑类似的沉积作用控制因素,进一步验证了本研究的成果。像本文这样的综合露头和地震资料的地下研究成果,能够在这种沉积构型的约束下,提高研究程度较低且背景相似的盆地的研究精度。即便是本文讨论的以泥为主的沉积序列,也能发育意义重大的富砂单元,这一认识在地下勘探上尤其重要,而且,在有待勘探的盆地和成熟的盆地中,可以建立新的成藏组合模型。

6 结论

本文讨论的重点是挪威北海北维京地堑后裂谷早期沉积的空间变化和演化的控制因素。该时期主要为开阔海、陆架到半深海上部环境,盆地中的半深海和深海沉积,伴随着地堑侧翼的碳酸盐岩超覆。盆地北部以碎屑岩为主的沉积几何体,说明继承性同裂谷断层控制的地形是后裂谷早期盆地地层发育的主要控制因素之一。这决定了与北维京地堑邻接的斜坡长度、坡度和延续方向,并造就了沿走向变化盆地自然地理。盆地北部短陡斜坡围边,有利于来自奥塞贝格下盘岛地表未固结的粗粒富碎屑隐伏露头的沉积物重力流供应到地堑中。相反,盆地南部平缓斜坡淹没于水下,沉积物相对饥饿。

相对海平面长期和短期的变化也严重影响到后裂谷早期盆地的演化。长期海侵导致奥塞贝格下盘岛淹没,供应到盆地中的沉积物总量减少。短期相对海平面下降的时间,使得 K1 和 K3 时期奥塞贝格下盘高部位大范围暴露和剥蚀,盆底扇就位。相反,K2 单元中见到的水道复合体出现在短期相对海平面静止或缓慢上升期间,K4 单元中滨面一样的几何体与相对海平面上升期有关。北海北部区域性短期海侵和缺氧事件进一步影响到后裂谷早期地层,分别导致诸如 Mime 组的碳酸盐岩沉积和像 Blodøks 组一样密集段泥岩沉积。

奥塞贝格下盘岛随着时间的推移不断退化导致盆地北部沉积几何体的规模由 K1、K2 和 K3 单元广泛分布的盆底扇和水道复合体形态转变为 K4 有限滨面一样的几何形态。K1~K3 单元中没见到滨面一样的几何体,因为古水深相对大和周期性的高能沉积物注入,促使岸线附近沉积物过路,并发生深水沉积作用。在 K4 单元中,古水深浅和充足的沉积物供应促使滨岸进积相带得以保存下来。

相似沉积背景及沉积体系与地下和露头的类似沉积体的比较,进一步验证了北维京地堑的地震相和影响沉积作用控制因素的解释结果。本研究是研究不太充分、背景相似盆地的沉积构型约束的一个理想的类比例子。因为后裂谷层段一般是勘探不充分的,本文一个主要的意义是在地下勘探期间提高储层单元预测的精度,并且为低勘探程度和成熟勘探程度的盆地建立新的油气成藏组合模型。

参考文献(略)

译自 Zachariah A-J,Gawthorpe R,Dreyer T. Evolution and strike variability of early post-rift deep-marine depositional systems: Lower to Mid-Cretaceous,North Viking Graben,Norwegian North Sea[J]. Sedimentary Geology,2009,220(1-2): 60-76.

西西伯利亚板块东部的一个文德纪剖面
——基于沃斯托克-3井的资料

冯晓宏　刘苍宇　译, 辛仁臣　杨波　校

摘要：沃斯托克-3井位于西西伯利亚板块东部(托木斯克地区),在深度5002～3870m揭露文德纪地层,根据地质、地球物理和古生物资料,将该层段划分为 Poiga、Kotodzha 和 Raiga 组。在 Kotodzha 和 Raiga 组,发现了典型的文德系上部化石 *Cloudina hartmanae* 和 *Namacalathus* sp.,同时发现了多种 *Platysolenites*,通常认为,*Platysolenites* 是下寒武统地层标志化石。因此,含有丰富、具多样性的 *Platysolenites* 的地层段,其地层时代分布范围比以前的认识要宽一些,似乎涵盖了文德纪上部和下寒武统。沃斯托克-3井中首次在西西伯利亚发现 *Namacalathus* 化石,是世界上第四个地方出现的 *Cloudina - Namacalathus* 组合,也是发现 Platysolenites 和典型的文德纪动物共生的第一个地点。因此,在古生物学意义上,该井提供了文德纪上部剖面的最重要信息。

关键词：新元古代　文德纪　寒武纪　西西伯利亚板块　滨叶涅塞含油气亚区

一、引言

迄今为止,西西伯利亚板块(WSP)东部可用的前中生代地层记录是特别零星的。综合地质调查和1980—1990年实施的 Tyiskaya 1、Vezdekhodnaya 4、Lemok 1 和 Averinskaya 150 井钻探得到丰富的新信息(Benenson,1989;Filippov,2001;Kashtanov 和 Filippov,1994;Kashtanov 等,1995;Kontorovich 等,1999;Yolkin 等,2000、2001;Saraev 等,2004)。根据获得的信息,已经识别出一个新的含油气亚区(Kontorovich 等,2003、2006),也为该区前中生代地层学研究、沉积作用和地球动力环境恢复,以及西伯利亚地台和 WSP 结合部盆地的古地理演化分析奠定了基础(Dashkevich 和 Kashtanov,1990;Evgrafov 等,1998;Kontorovich 和 Savitskii,1970;Kontorovich 等,1981、1999、2003、2008;Saraev 等,2004)。

在 WSP 内,在克拉斯诺亚尔斯克境内 Tyiskaya 1、Lemok 1 和 Averinskaya 150 井钻遇由文德纪和寒武纪台地沉积构成的正常地层层序。托木斯克地区 Vezdekhodnaya 4 井钻遇到的寒武系沉积主要为玄武岩。剖面底部见到花岗闪长岩。西西伯利亚南部地震资料分析揭示 Vezdekhodnaya 4 井北边发育一个巨厚的元古界上部—寒武系台地沉积层序。这些沉积的完整剖面由四个地震层序构成。这四个地震层序以侧向上连续的反射轴为边界,暂定时代为里菲纪—文德纪、早-中寒武世、中-晚寒武世和晚寒武世。石油地质和地球物理研究院、西伯利亚地质和地球物理及矿产资源研究院联合开展的关于西西伯利亚东部区域地质和地球物理研究的一个合作项目,目的是钻探几口参数井,以便评价不同构造带的地层单元。这里描述的沃斯托克-3井钻探在托木斯克地区东部以高角度断层为边界的一个明显的地垒上(图1)。根据地震资料,该井已经钻穿寒武系并揭示了文德系地层的大部分。

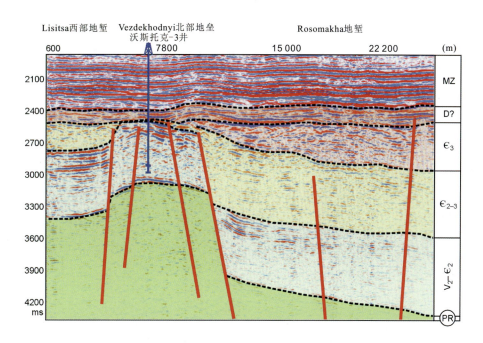

图1　沃斯托克-3井附近元古界和寒武系地震地质剖面图

二、剖面描述

参数井沃斯托克-3,2006年钻达深度5002m。井深5002～3870m主要为文德系—下寒武统,可以作为WSP东部的重点剖面(图2)。自下而上划分为Poiga、Kotodzha、Raiga、Churbiga和Paidugina组。

1. Poiga组

井深5002～4582m,据利西察(Lisitsa)河左支Poiga Creek溪命名。该组由不规则的重结晶白云岩、砂屑白云岩、粉砂屑白云岩和隐晶白云岩构成,重结晶白云岩具保存很好的层状叠层石标志。整个剖面上,孔隙和洞穴形成与岩层一致的条带及斑点。岩芯上没观察到该组底界,但按照惯例,把底界置于井底之下(图1)。该组地层厚度420m(图2)。

微生物化石 $Korilophyton$,树枝状,具不规则分支和短叉(可达500μm),厚度变化(40～70μm),由碳酸盐岩构成,见于该组下部(井深4944～4930m和4756～4753m)。

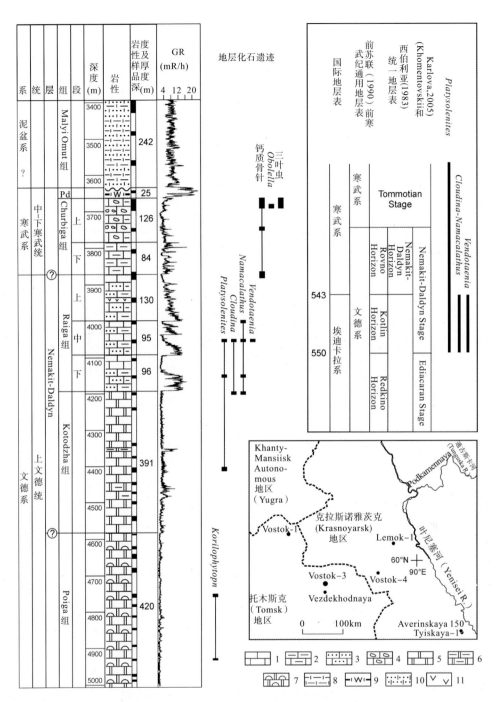

图 2 沃斯托克-3 井文德系和寒武系沉积的地质和地球物理剖面、化石分布及标准化石的地层范围
插图表示西西伯利亚板块钻遇前中生代地层的钻井位置和文德系—寒武系地层划分方案(Ma)对比图。1~4. 灰岩;2. 泥质;3. 砂屑质;4. 同沉积角砾岩化;5. 白云岩;6. 泥质白云岩;7. 层状叠层石白云岩;8. 泥岩、钙质粉砂质泥岩;9. 碳质钙质泥质硅质岩;10. 钙质砂岩;11. 粗玄岩;Pd. Paidugina 组

2. Kotodzha 组

井深 4582~4191m,据利西察河左支 Kotodzha 溪命名。该组以暗灰色、灰色和浅灰色白云岩为主,夹砂屑白云岩,白云岩呈不同程度重结晶,泥质白云岩弱结晶。和下伏的 Poiga 组沉积不同,这些白云岩含有黏土、粉砂和砂级碎屑(石英、白云母)铝硅酸盐物质混合物,偶见薄层燧石夹层和碳质含量增加。测井曲线和 VSP 资料上均显示 Kotodzha 组与下伏的 Poiga 组渐变接触。此外,在剖面中识别出两个明显的反射轴,可能限于黏土岩单元(图1)。该组厚度 391m。

在整个剖面中常见硅质骨针和层状叠层石(深度 4550.3~4545.3m、4538.3~4535.3m、4471.5~4469.0m),微植物化石 *Vesicularites flexuosus*, *Vesicularites lobatus*, *Vesicularites* sp., *Volvatella zonalis*(深度 4443.9~4404.8m)和钙质微生物 *Renalcis* sp.(深度 4411.8~4404.8m)。该组上部见小的骨骼碎屑。用 3‰ 醋酸酸液溶蚀岩芯样品(深度 4411.8~4404.8m)提取出罕见的黏结管状化石碎屑。最大碎屑呈 S 型,具光滑的表面,长度 1.2mm,宽度 0.4mm。管状残体可以归为 *Platysolenites* 和 *Spirosolenites* 属。4203.5~4200.0m 井段样品薄片分析揭示管状骨骼化石为灰质 *Cloudina hartmanae*。*Cloudina* 横切面显示为偏心嵌套的漏斗状,开口端呈喇叭形张开。纵切面上,*Cloudina* 管长达 1.0~2.9mm。除 *Cloudina* 之外,薄片分析显示有一种略钙化的高脚杯形骨骼化石,可以推定为 *Namacalathus*。大多数样品显示为多孔杯截面,直径 100~230μm;一个样品(杯径 120μm)带有柄(直径 30μm)。杯壁厚 10μm(图 3a、b)。

3. Raiga 组

井深 4191~3870m,据利西察河右支 Raiga 溪命名。该组在所有测井曲线上特征很明显,特别是伽马曲线,描绘出其旋回结构特征(图2)。该沉积序列确定为三大旋回层构成,旋回厚度 95~130m;每个旋回的下部由碎屑灰岩夹砂岩、粉砂岩和泥岩构成,通常富含碎屑云母,伽马曲线以高值为特征。旋回上部由细碎屑灰岩构成,为低值的测井曲线。发育递变、交错、平行和透镜状层理。底界突变。该组厚度 321m。划分为三个段。岩芯资料较少,影响了更详细的划分(图2)。

(1)下 Raiga 段。井深 4191~4095m,似乎为一个单一的大型水进旋回。碎屑灰岩间夹长石云母石英砂岩、粉砂岩和水云母泥岩,旋回底部(最下部 46m)出现大量碎屑白云母。旋回顶部(厚度 50m)由暗灰色和褐灰色发酸味不规则重结晶碎屑灰岩(粉砂屑灰岩、极细—细粒砂屑灰岩和偶有内碎屑角砾岩)构成,无明显纹层或具模糊平行、交错和偶有递变纹理。下段地层厚度 96m。

该段岩芯样品薄片分析显示 *Cloudina hartmanae*(横截面上可达 5.0mm)和 *Namacalathus* sp.(杯径达 120~150μm)化石(图 3d、i)。此外,3‰ 醋酸酸液溶蚀分离出 *Platysolenites* sp. 骨骼碎屑。管状碎屑呈笔直状,长度达 2.5mm,宽度 0.5mm,外表上发育横肋;肋条规则,但肋条间距在 0.3~0.5mm 之间变化(图 3g)。浸渍分离显示不透明的有机质壁微体化石 *Vanavarataenia* cf., *V. insolita*, *Tawuia* sp. 和? *Goniosphaeridium* sp.。这些化石与 *Vanavarataenia* 相似,具有细丝状结构(丝线宽度 20~200μm),分支状和小圆形的支线和末突。

(2)中 Raiga 段。井深 4095~4000m,划分为两部分,厚度 55m 和 40m。从测井曲线来

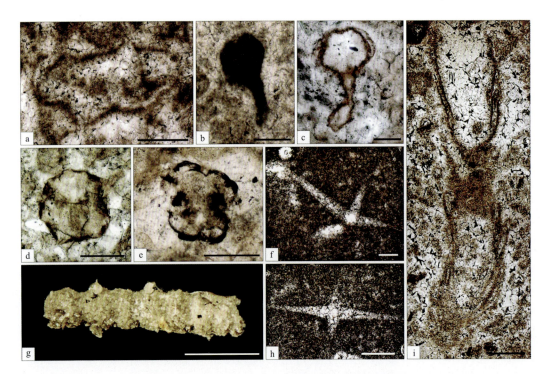

图 3 沃斯托克-3 井文德纪和寒武纪标准化石图版

a～e. *Namacalathus* sp.；a、b. Kotodzha 组（深度 4412～4405m）；c、d. Raiga 下段（深度 4161～4149m）；e. Raiga 中段（深度 4061～4054m）；f、g. 钙质海绵骨针，Churbiga 上段（深度 3693～3686m）；h. *Platysolenites* sp.，Raiga 下段（深度 4161～4149m）；i. *Cloudina hartmanae*，Raiga 下段（深度 4161～4149m）。比例尺：a、h. 200μm；b～f. 100μm；g. 2mm；i. 1mm

看，每部分为一个沉积旋回，由碎屑灰岩间夹砂岩、粉砂岩和泥岩开始，到暗灰色重结晶粉砂屑灰岩、极细—细粒砂屑灰岩，以砂屑为主，夹薄层钙质粉砂岩、黑色含黄铁矿泥岩和弱钙质泥岩结束。0.6m 厚的粗玄岩脉，含灰色重结晶灰岩捕掳体，见于深度 4054.0m。该段地层厚度 95m。

4061.0～4054.0m 井段发现含有小型（横截面 0.5mm）*Cloudina hartmanae* 和 *Namacalathus* sp.（杯径 65～145μm，偶具圆柱形的柄）骨骼碎屑（图 3e）。4054.0～4050.0m 井段内发现的化石为各种丰富的 *Platysolenites* sp. 和 *Spirosolenites* sp. 化石。管状化石直径 0.2～0.4mm；笔直和 C 型碎片，外表光滑或具横肋条，长度最大达 1.5mm，壁厚变化不定。很多笔直的带状压型化石 *Vendotaenia antiqua*，具细的纵纹保存在暗灰色粉砂的层理面上（深 4061.0～4054.0m）。

（3）上 Raiga 段。井深 4000～3870m，为一个大型旋回，由灰质、粉砂质泥质岩层开始（据录井和测井资料），到暗灰色泥屑灰岩—粉砂岩结束。沉积序列被一个粗玄岩岩床样侵入体中断，厚度约 15m，导致宿主灰岩带状或部分重结晶。该段地层厚度 130m。

该段地层中未见到化石。

4. Churbiga 组

井深 3870～3660m，据奥尔洛夫卡河右支 Churbiga 溪命名。它是一套以细碎屑泥质灰岩为主的和碳酸盐岩—泥质岩相间的薄互层。根据测井曲线资料，该组划分为两段（图 2）。下段(3870~3786m)为灰色泥质灰岩、细粒砂屑灰岩、粉砂屑灰岩、暗灰色泥质碳酸盐岩与薄层(最厚10cm)黑色含黄铁矿碳质泥岩互层,见燧石透镜体。上段(3786~3660m)由独特的单成分角砾岩构成,可能来自浅灰褐色泥质灰岩和灰色、绿灰色碳酸盐岩—泥质岩(由伊利石、白云岩、方解石、细—粉砂级石英、长石、白云母和黑云母构成)互层同沉积位移。

该组由下而上,含有重结晶钙质单轴、三轴、四轴海绵骨针(图3f、h)和一些保存差的骨骼碎片。最上部(深3693~3685.8m)岩芯样品薄片分析显示一些三叶虫外骨骼的横截面,具有特征的腹边缘弯曲和刺。3‰醋酸酸液溶蚀分离出腕足类 *Obolella* sp. 伸长状光滑碳酸盐岩贝壳小碎片(最大2mm)、一些刺和海绵 *Teraxaculum* sp. 碎片。

5. Paidugina 组

是沃斯托克-1井在井深4945~4825m(层型剖面)建立的地层组(Kontorovich等,2008),据Paidugina河命名。其层型剖面与沃斯托克-3井钻遇的3660~3635m井段对比很好,该剖面建议作为副层型。在沃斯托克-3井剖面中,该组由大量碳质钙质泥质硅质含黄铁矿岩石和少量碳质弱钙质含黄铁矿粉砂屑白云岩构成。一般地,在总成分中硅质占主导。碳质硅质岩为偶见层。硅质岩含有由半定形黏土——硅质物质组成的密集灰粒。该组以高伽马值为显著识别特征(图2)。

沃斯托克-3井钻遇的上覆地层序列(3635~3393m)鉴别为 Malyi Omut 单元,为灰色钙质砂岩和粗粒泥岩碎屑、黑色和蓝灰色泥岩及泥质—钙质粉砂岩互层。该单元具有特征的岩性和测井曲线记录,明显不同于下伏地层序列,这可能提供了沉积间断的证据。偶见可识别的化石,见于碳酸盐岩中,包括钙藻 *Tubophyllum*(深度3573.2~3566.0m)、*Girvanella*(深度3486.9~3480.0m)、*Proaulopora*(深度3399.5~3393.1m)、*Epiphyton*(深度3426.5~3420.0m),碎屑状骨骼化石、硅质和少量钙质海绵骨针(深度3399.5~3393.1m)。该单元地层时代尚未确定。

3 基于化石的地层时代确定

虽然微体古生物 *Korilophyton*,一般作为 Nemakit-Daldynian 时代的一个标志化石(Riding和Voronova,1984;Terleev等,2004;Voronova和Luchinina,1985),但是在沃斯托克-3井地层剖面中很低位置见到该化石(出现在 *Cloudina* 之下)。类似化石在正午(Noonday)白云岩(美国西南部)有过报道,也是下伏于含 *Cloudina* 的剖面之下(Corsetti和Grotzinger,2005)。沃斯托克-3井钻遇的Poiga组沉积物和正午白云岩(美国)似乎表明出现微体古生物 *Korilophyton* 标志化石的最老地层层位至少是文德纪,而非严格的 Nemakit-Daldynian 时代。

Cloudina,沃斯托克-3井剖面中见到的、一种全球分布的管状钙化化石,广泛分布于纳米比亚、乌拉圭、阿根廷、巴西、墨西哥、美国西南部、加拿大、中国、西班牙、南极、阿曼和萨彦岭-叶涅塞褶皱区(Amthor等,2003;Grant,1990;Hofmann和Mountjoy,2001;Hua等,2005;Terleev等,2004)。纳米比亚和阿曼宿主岩石锆石U-Pb定年提供的 *Cloudina* 带的年代范围在(549~542)±1Ma之间,对应于文德纪晚期。尚未见确定的 *Cloudina* 与寒武纪标准化

石共生的报道。因此,沃斯托克-3井剖面中见到 Cloudina 的地层 Kotodzha 组和 Raiga 组的时代为文德纪晚期。

沃斯托克-3井剖面中除 Cloudina 外,还有一些钙化的杯状化石 Namacalathus 的种类。这些从沃斯托克-3井中发现的种属定名为 Namacalathus 属的新种,因为它们和典型的 N. hermanastes 种不一样,个体明显较小(一个量级)。到目前为止,N. hermanastes 只有三个发现地(纳米比亚、加拿大和阿曼),它们见于和 Cloudina 化石共生的地点(Amthor 等,2003; Grotzinger 等,2000;Hofmann 和 Mountjoy,2001)。Cloudina - Namacalathus 组合的地层分布范围尚未准确确定;但是,很多人把该组合作为文德纪晚期的可靠标志。在本文中,沃斯托克-3井中的新发现在地质时代基础研究和应用科学研究方面都具有重要的意义。因此,这些 Namacalathus 骨骼化石证实 Kotodzha 组和 Raiga 组的时代为文德纪晚期。况且,沃斯托克-3井成为世界上第四个发现 Namacalathus 属的地点和 Cloudina - Namacalathus 组合在西伯利亚首次发现的一个新的剖面类型,极大地扩展了这些古代骨骼生物的古生物地理分布范围。

沃斯托克-3井沉积中笔直和弯曲的黏结管状化石 Platysolenites sp.、Spirosolenites sp. 和 Namacalathus sp.、Cloudina hartmanae 一起发现。这些属的代表广泛分布于阿瓦隆尼地带(英格兰、威尔士、纽芬兰和西班牙)、北美(加州、内华达)和东欧地台,大多出现在下寒武统沉积中(McIlroy 等,2001;Rozanov,1979;Streng 等,2005)。Platysolenites 现在成为寒武纪时代和确定铝硅酸盐碎屑岩相中生物地层界线很重要的标准化石(McIlroy 等,2001;Rozanov,1979;Streng 等,2005;Vidal 等,1999)。最早的发现来自东欧地台 Rovno 层位(Keller 和 Rozanov,1979;Vidal 等,1999),其地层时代尚未准确确定,尽管前苏联《全苏第二届前寒武纪划分一般问题会议》(乌法,1992)建议定为文德纪晚期(Resolutions,1992)。一些学者建议 Platysolenites 最丰富的沉积定为下寒武统 Platysolenites antiquissimus 带。尽管如此,沃斯托克-3井剖面中发现的 Cloudina 是多样性 Platysolenites 组合的时代为文德纪晚期的一个明显的标志。因此,丰富的 Platysolenites 组合不能成为足以确定宿主沉积就是寒武纪的有效准则。Platysolenites 高度多样性和丰富的地层分布范围,显然比以前建议的要明显宽得多,根据最近的化石记录,不仅只是包括下寒武统,而且还包括文德纪上部沉积(图2)。

碳化压缩的 Vendotaenia antiqua 见于 Raiga 中段,为文德纪晚期(科特林)沉积(Gnilovskaya,1985)。Raiga 组下段中的有机微体化石 Vanavarataenia insolita 还分布于西伯利亚地台内陆文德纪晚期(前 Nemakit - Daldynian)Vanavara 组的沉积中(Pyatiletov,1985)。相似的化石还见于东欧地台文德纪晚期沉积序列中(Burzin,1993)。因此,沃斯托克-3井大化石 Vendotaenia 和微体化石 Vanavarataenia 似乎证实 Raiga 组沉积的时代为文德纪晚期。Raiga 组中 Acanthomorphic acritarchs 类似 Goniosphaeridium,具有很宽的地层分布范围,因此不能用来准确确定地层时代。

因为骨骼化石分布零星并且保存差,它们不能用来作为准确确定 Churbiga 组沉积的主体(3870～3747.8m)时代。可鉴别化石样品以很多重结晶钙质骨针为代表,因此可以作为 Churbiga 组时代为早寒武世的标志。最顶部部分(3693～3660m)的时代最有把握,因为根据三叶虫甲壳碎片和钙质腕足类 Obolella sp. 可以推断为下寒武统的阿特达班阶上部—波托米阶下部。上覆的黑色页岩(Paidugina 组)根据其成分和类似沃斯托克-1井 Paidugina 组的层型剖面的地层位置(Kontorovich 等,2008),时代定为早中寒武世。

4 沉积环境

根据沃斯托克-3井钻遇沉积地层的岩性资料,可以恢复西西伯利亚东部文德纪和早寒武世的沉积环境。

剖面底部由微生物和生物层相构成(Poiga组)是稳定海相陆架上典型的叠层石障壁礁环境形成的;没铝硅酸盐碎屑沉积物注入的影响,后者可以说明缺乏陆源物质。上覆的Kotodzha组碳酸盐岩沉积含有铝硅酸盐岩碎屑岩和燧石夹层,解释为礁前斜坡和礁脚相。剖面向上(Raiga组)进一步观察到浑浊水流的沉积作用。Churbiga组和Paidugina组沉积物的细粒结构,递变平行纹理、黏土岩夹层具白云岩碎屑、粉砂中的石英和长石颗粒、Paidugina组中高碳质段,所有这些特征表明开阔海相环境中灰岩和碳酸盐岩-泥质岩的沉积作用。因此,整个文德纪—下寒武统沉积序列是沉积于逐渐变深的盆地条件下。

沃斯托克-3井钻遇到的文德纪—下寒武统剖面与东侧Averinskaya 150井揭示的差别很大,后者在文德纪和寒武纪沉积中已经钻遇到含盐单元(Saraev等,2004)。该剖面与南部Vezdekhodnaya 4井钻遇的情况也不相同。该井钻遇到寒武纪局部弧后体系的火山沉积岩(Kontorovich等,1999)。沃斯托克-3井揭示Poiga、Kotodzha、Raiga、Churbiga和Paidugina组的地层沉积序列解释为沉积在一个生物礁岩带的西部边缘附近(Kontorovich和Savitskii,1970;Kontorovich等,1981;Saraev等,2004),这里正常海水盐度占优势。Poiga组沉积可以与西边最大生物礁生长幕对比。生物礁体系可能决定了上覆Kotodzha、Raiga、Churbiga、Paidugina组碳酸盐岩层的沉积作用样式,并成为细粒碳酸盐岩碎屑的主要碎屑来源。剖面向上,火山-陆源混合物变得很丰富。陆源硅质碎屑输入可能来自叶涅塞地区的岛上,而火山物质(包括基性和酸性成分的火山喷发碎屑,可能来自沃斯托克-3井南边的火山弧)(Kontorovich等,1999;Saraev等,2004)。Paidugina组灰质—陆源沉积物,富含浮游生物、碳质和生物成因硅质物质,是水体分层条件下,陆源和碳酸盐岩碎屑岩供应减少的条件下形成的(Kontorovich等,1981、2008)。

5 结论

参数井沃斯托克-3井5002～3870m井段揭示了具有很好的化石记录文德纪地层序列。剖面底部划分的文德纪Poiga组是根据微体化石*Korilophyton*确定的。上覆地层序列划分为Kotodzha组和Raiga组,含有特定的化石组合,包括文德纪晚期(Nemakit-Daldynian)标准种*Cloudina*、*Namacalathus*和早寒武世分带种*Platysolenites*、*Spirosolenites*。虽然*Platysolenites*以前公认出现在文德纪地层的上部,接近文德纪—寒武纪交界,但这是首次发现这些化石出现在如此低的地层层位。再往上的上覆沉积鉴别为Churbiga组,所含化石仅能给出大致的时代推断(早寒武世),同时该组顶部唯一可能的更准确的时代是阿特达班阶晚期—波托米阶早期。该沉积序列被下-中寒武统Paidugina组覆盖。

所研究的剖面是至关重要的，为进一步古地理恢复奠定了基础。它在准确划分寒武纪含盐盆地的西部边界上是很有用的，并且有助于了解其向开阔海盆的转变。文德纪晚期化石生物相的新发现给该剖面在全球文德纪地层学研究中赋予了特别的意义。研究剖面上最老的 *Namacalathus* 骨骼化石在西伯利亚首次发现，是世界上第四个出现 *Cloudina - Namacalathus* 组合的地点，首次发现全球范围分布的 *Platysolenites* 和特征的文德纪动物。沃斯托克-3 井发现的化石组合可以考虑作为 Nemakit - Daldynian 时代的鉴别标志。

沃斯托克-3 井所揭示的研究剖面为沉积环境由碳酸盐生物岩礁沉积作用占主导转变为陆源沉积物堆积作用增加提供了证据。这种碳酸盐岩-硅质碎屑岩混合沉积作用导致这一剖面中标准化石在碳酸盐岩中或铝硅酸盐岩碎屑岩中同时出现。研究剖面的上述特征对于文德纪地层学研究具有重要的意义。

参考文献(略)

译自 Kontorovich A E, Varlamov A I, Grazhdankin D V, et al. A section of Vendian in the east of West Siberian Plate(based on data from the Borehole Vostok 3)[J]. Russian Geology and Geophysics, 2008, 49(12): 932 - 939.

西西伯利亚板块东部寒武纪剖面的一种新类型
——基于沃斯托克-1井的资料

冯晓宏　刘苍宇　译，辛仁臣　杨波　校

摘要：西西伯利亚板块东部托木斯克地区地层探井沃斯托克(Vostok)-1井钻遇寒武纪剖面的一种新类型。本文根据古生物特征对该剖面进行了描述。该剖面可以作为该地区的关键剖面。根据地质和地球物理特征的复杂性，把深度在2766~5010m范围内的剖面划分为Churbiga、Paidugina、Pudzhelga、Podelga、Kondes、Shedelga和Pyzhina七个组，并首次对它们进行了描述。沃斯托克-1井寒武纪剖面与西伯利亚地台西北部Kotui-Igarka地区的寒武纪剖面最为相似，寒武纪沉积形成于开阔海盆地的礁前带。在钻孔剖面的下部，钻遇含碳极高的Paidugina组硅质—泥质—碳酸盐岩，类似西伯利亚地台下-中寒武统Shumnaya和Kuonamka组。Paidugina组堆积在面对着古亚洲洋开阔海的陆架和陆坡上，是一个产油层位，说明前叶涅塞盆地具有很高的油气潜力。此外，阐述了一个十分有前景的生-聚油气系统。

关键词：西西伯利亚板块　前叶涅塞富油气区带　寒武系

一、前言

Eloguiskaya地层探井岩芯研究首次获得西西伯利亚板块东部基岩寒武纪的古生物证据(Dragunov等,1967;Bulynnikova等,1973)。随后，叶涅塞河左岸深部钻探活动(Tyiskaya-1,Vezdekhodnaya-4,Lemok-1,Averinskaya-50)和该区积极地震采集项目得到新的资料(Dashkevich,Kashtanov,1990;Kashtanov等,1995;Krinin,1998,Evgrafov等,1998;Kontorovich等,1999;Filippov,2001;Yolkin等,2000)，为前中生代岩石今后的地层认识奠定了基础，并为沉积地球动力和环境恢复、盆地古地理演化提供了条件，识别出一个新的沉积盆地和一个有前景的油气亚区，统称前叶涅塞亚区(cis-Yenisei)(Kontorovich等,2003,Kontorovich等,2006;Kontorovich和Kontorovich,2006)。

1985—2005年，托木斯克东部地区和克拉斯诺亚尔斯克西部地区采集CDP反射剖面约20 000km。剖面的综合解释在石油地质和地球物理研究院(新西伯利亚)进行。地震剖面分析和Lemok-1井(克拉斯诺亚尔斯克地区)附近获得的地震时间剖面波场与托木斯克地区东部进行比较说明存在巨厚的晚元古代—寒武纪台地沉积，其完整剖面由四个地震层序构成。

四个地震层序受侧向连续的反射界面控制，通过类比西伯利亚地台，自里菲系—文德系、下-中寒武统、中-上寒武统和上寒武统(图1)。此外根据地震深部钻探资料推断出两个重要的结论。一是由老到新,层序范围减小。研究区不同部位,不同时代的岩石都具有接近中新生代沉积底面的产状。二是叶涅塞河的西边寒武纪含盐剖面渐变为不含盐的层段。

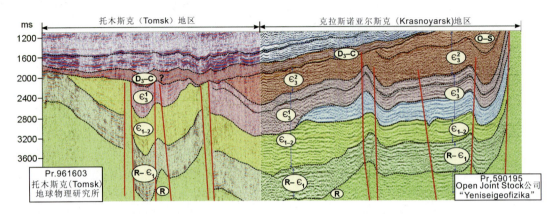

图1　叶涅塞亚区晚元古代—古生代沉积地震地层横剖面图

为了评价新沉积盆地的油气潜力,提出一个项目,包含WSP(西西伯利亚板块)东部地区区域地质和地球物理研究。参与项目机构为：天然资源部(莫斯科)、石油地质和地球物理研究院(新西伯利亚)、西伯利亚地质地球物理和矿产资源研究院(新西伯利亚)。他们的任务是继续地震勘探和钻探一些地层。钻探位置选择在不同的地下条件,以便综合表征里菲系—寒武系层序。前面两口井(沃斯托克-1井和沃斯托克-3井)打在托木斯克地区。

沃斯托克-1井位于该区的北部,构造相对稳定的Raigin - Azharmin脊的斜坡上,一个大型的正向构造(图2)。地震资料表明该井将钻遇中和上寒武统。

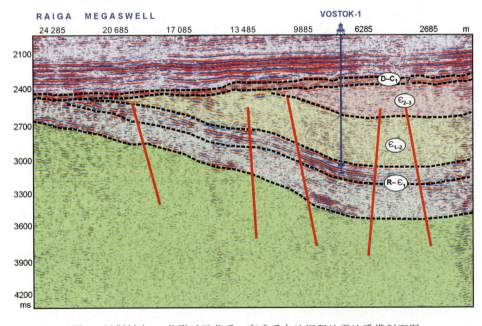

图2　沃斯托克-1井附近里菲系—寒武系台地沉积地震地质横剖面图

二、剖面描述

沃斯托克-1 地层探井钻遇剖面在井深 2766～5010m 内划分为多个地层组,自下而上为 Churbiga、Paidugina、Pudzhelga、Podelga、Kondes、Shedelga 和 Pyzhina 共 7 个组(图 3)。

1. Churbiga 组(Chr)

井深 5010～4945m,据奥尔洛夫卡河(Orlovka)右支 Churbiga 溪命名。其层型剖面位于沃斯托克-3 井,井深 3870～3660m,并且可以对比沃斯托克-1 井剖面相同层段。井孔中进行的测井组合包括放射性测井伽马测井(GR)、中子测井(NL)、电阻率测井(RL,侧向电阻率测井,A2.0M0.5N 电极距)、自然电位(SP)和声波测井。Churbiga 组测井响应特征为较低 GR 值($2\sim5\mu R/h$)微偏移曲线和较高中子值($20\sim30 a.u.$)中等偏移曲线。

视电阻率值(A2.0M0.5N 电极距)很高偏移($400\sim600\Omega \cdot m$),而自然电位(SP)和声波(ΔT)曲线低偏移——SP 约 5mV 和 ΔT 为 $140\sim180\mu s/m$。

钻井揭示该组的顶部由浅灰色为主—微褐色泥状灰岩和浅绿-灰色碳酸盐岩—泥质或粉砂岩不规则互层、少量硅质条带构成。视厚度 65m。

该剖面中出现的动物化石包括软体动物类 *Aldanella* sp.,软舌螺类 *Conotheca circumflexa*,腹足类 *Aegides* sp. 和海绵骨针,如五射骨针和六射骨针 *Heterostella eleganta*,*Hexacline spicule*,对应西伯利亚地台托莫特阶(Tommotian)和阿特达班阶(Atdabanian)下部(下寒武统)。根据以上化石成分和剖面中 Churbiga 组的地层位置,该组时代定为早寒武世(托莫特阶—阿特达班阶)。

2. Paidugina 组(Pd)

井深 4945～4825m,根据 Paidugina 河命名。该井段具有较高的 GR 值($8\sim40\mu R/h$)和 NL 值($8\sim60 a.u.$),齿状曲线,特别是剖面的底部页岩段,具有较低的声波($\Delta T = 160\sim245\mu s/m$)和 SP($5\sim6mV$)值。剖面中的互层关系以视电阻率(A2.0M0.5N 电极距)值为特征,$100\sim180\Omega \cdot m$(页岩段)或 $240\sim460\Omega \cdot m$(页岩—碳酸盐岩段)。该组由具模糊平行层理和递变层理的黑色、暗灰色和褐—黑色碳质碳酸盐岩—泥质岩,含浸染状和条带状黄铁矿及少量粉砂含量不等的具递变层理硅质沉积火山碎屑物的小夹层构成。岩芯和测井研究表明出现罕见的 10m 厚的角砾化的不含碳的泥质灰岩和碳酸盐岩—泥质、粉砂质碳酸盐岩—泥质岩夹层,与下伏的 Churbiga 组中出现的灰岩角砾岩沉积相似。碳质岩中的碳酸盐岩成分为细碎屑方解石和白云石。岩石中还含有碳质沥青,呈透镜状、似层状和层状或很少见的横切体。碳质岩堆积在静海相环境中,周期性地被富氧水的输入和偶见的酸性火山碎屑夹层打断。虽然没取芯,但该组的底界和顶界一般假定为整合的;在 VSP 和测井曲线上是明显的。该组地层厚度 120m。

该组上部含有动物化石,见有三叶虫 *Tomagnostus sibiricus*、*Ptychagnostus contortus*、*Ptychagnostus gibbus* 和属于中寒武世 Amgan 阶 *Tomagnostus fissus - Paradoxides sacheri* 带特征的乳孔贝科 Acrotretidae 无铰纲腕足类化石。*Ptychagnostus praecurrens* 种三叶虫是

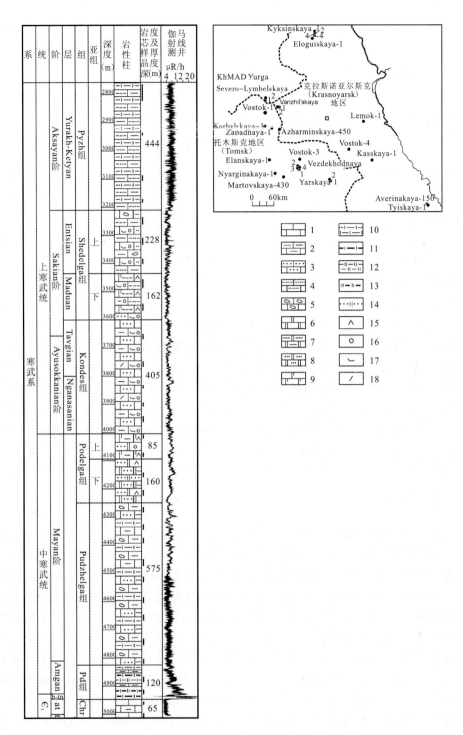

图3 沃斯托克-1井寒武系沉积地质和地球物理剖面图和井位图

1. 灰岩;2. 含黏土灰岩;3. 砂屑灰岩;4. 砂—粉砂质灰岩;5. 沉积角砾灰岩;6. 白云岩;7. 泥质白云岩;8. 砂质白云岩;9. 钙质白云岩;10. 泥岩、钙质泥岩;11. 钙质碳质泥岩;12. 白云质泥岩;13. 白云质碳质泥岩;14. 白云质砂岩;15. 硬石膏;16. 鲕粒;17. 贝壳碎片;18. 内碎屑;Pd. Paidugina组;Chr. Churbiga组

Amgan 阶（中寒武世）Kounamkites 带的典型分子，见于该组的下部。未取芯的该组下部一般当作下寒武统。因此，三叶虫划分和通过与西伯利亚地台 Shumnaya、Inikan 和 Kuonamka 组类比，认为该组时代为早-中寒武世（Botomian-Toionian-Amgan 阶）。

3. Pudzhelga 组（Pl）

井深 4825～4250m，据特米河（Tym River）右支 Pudzhelga 溪命名。伽马曲线和中子曲线呈齿状，数值变化很大，分别为（2～4）～（6～8）$\mu R/h$ 和（8～12）～（12～20）任意单位（有时达 36a.u.）。该组上部观察到伽马曲线中等偏移，为 10～30m 厚的互层段，伽马数值为 2～4$\mu R/h$ 和 6～8$\mu R/h$。同时中子曲线为很强的偏移。在低 GR 值的井段中，NL 数值 12～20a.u.（偶达 25a.u.），而在高伽马值的井段，中子值 8～12a.u.。视电阻率分析表明剖面下部 250m 井段（180～360$\Omega \cdot m$）和中部 140m 厚井段（240～600$\Omega \cdot m$）之间具有很大的差异。上部 185m 剖面为较高（240～480$\Omega \cdot m$）和中等（100～180$\Omega \cdot m$）视电阻率值互层段（每个互层 5～10m）。和下伏地层一样，该井段声波（ΔT）和 SP 值变化很小，分别为 160$\mu s/m$ 左右和 6mV。在钻孔剖面的下部井径（CAL）值稳定（约 10cm），上部较小（9cm）、少有 10～12cm 的层段。该组由具完整和破碎层理的浅褐灰色、粉红灰色泥质灰岩和绿灰色、暗灰色碳酸盐岩—泥质岩、粉砂质—黏土岩互层，少量内碎屑灰岩角砾岩和浅樱桃红色钙质岩屑石英长石砂岩、浅灰色砂含量不等的砂屑灰岩构成。砂岩中的非钙质成分为酸性喷发岩、玄武岩、硅质岩和凝灰岩。该组岩石具有发育很好的正递变层理和平行层理，含大量虫迹。钙质沉积物含有基性和酸性成分的喷发及火山碎屑物质。

该组的底界和顶界假定是整合的；VSP 和测井曲线上是明显的。该组地层厚度 575m。在动物化石中，*Kootenia amgensis* 三叶虫的尾板见于该组底部。该种在西伯利亚地台中寒武世 Amgan 阶和 Mayan 阶下部的沉积中是普遍存在的。根据上面的证据和地层位置，该组时代定为中寒武世（Amgan 阶—Mayan 阶）。

4. Podelga 组（Pd）

井深 4250～4005m，据 Tym 河右支 Podelga 溪命名。该组主要为白云岩和硬石膏—白云岩。该成分是根据剖面中其他地层判定的。该组地层厚度 245m。GR 曲线弱偏移，数值 4～8$\mu R/h$。中子曲线平均值 8～12a.u.，具有较强的偏移，偏移值 4a.u. 或 16a.u.。该组特征是中等视电阻率（A2.0M0.5N）在 120～240$\Omega \cdot m$ 之间弱偏移，声波曲线（ΔT）低值（160～180$\mu s/m$），几乎未偏移，SP 曲线 6mV。

因为这些岩石中没发现化石，该组时代假定为中寒武世，根据其地层位置处于有化石出现的中寒武世（Amgan 阶—Mayan 阶）Pudzhelga 组和晚寒武世 Kondes 组之间推断而来。Podelga 组岩性上可以划分为两个亚组。

（1）下 Podelga 亚组（4250～4090m，厚度 160m）。主要由浅樱桃红色含硅质碎屑混合物砂屑白云岩和钙质白云质长石石英岩屑砂岩互层构成，少量内碎屑角砾岩和泥质白云岩夹层。砂岩碎屑成分和砂屑白云岩的砂成分为拉长石（占绝大多数）、酸性喷发岩、凝灰岩、蚀变玄武岩和粗面全晶质岩。一般地，块状砂屑白云岩和砂岩具有递变、平行和交错层理。

（2）上 Podelga 亚组（4090～4005m，厚度 85m）。由互层状的暗灰色、暗褐色—灰色含硬石膏低黏土含量的泥质白云岩和粉砂屑白云岩构成，井段顶部夹细晶含膏白云岩层含鲕粒灰岩、钙屑灰岩含硅质碎屑和碳酸盐岩石英长石岩屑砂岩。后者富含玄武岩和斜长石碎屑。岩石通常为块状；不太常见的情况下，具有模糊的递变层理、平行层理和薄的交错层理。后沉积的分凝层和结核状硬石膏很丰富。该亚组的下部有一些液态烃浸染现象，样品有明显的油味。

沉积序列表明盆地持续变浅，风暴沉积作用环境占优势。泥质膏盐混合物，假定来自盆地东部，硫酸盐沉积的地区，浊积风暴流沉积（Saraev等，2004）。

5. Kondes组（Kn）

井深5005～3600m，据Kondesskoe湖命名。根据测井曲线，该组剖面的特征是：中等偏移的伽马[（4～6）～8μR/h]和中子（6～10a.u.）数值，声波ΔT（150～220μs/m）和SP（约5mV）曲线无明显偏移，井径曲线弱偏移，在9～11cm之间，视电阻率平均120～240Ω·m，很少偏移，在36～360Ω·m之间。该组沉积物主要由钙屑灰岩和钙质粉砂岩夹少量富含黏土物质的泥质灰岩、白云岩和少量硬石膏构成。杂色沉积（暗灰色、灰色、绿灰色和樱桃红色）主要为鲕粒灰岩，及成分和结构上极其接近它的硅质碎屑含量不等的砂屑灰岩、钙质砂岩、生物砂屑灰岩，它们在空间上与复成分内碎屑角砾岩和少量钙质泥岩夹层有关。剖面中划分出多个互层段（可达6m厚），为泥质灰岩和钙质薄层泥岩互层构成，具有变形（角砾岩化）或未变形层理，在Churbiga组和Pudzhelga组中见到该岩石类型。

该组沉积具有丘状交错层理和递变层理，伴有碎裂角砾岩，风暴为主沉积的标志。鲕粒物质是浊流从浅水地带搬运来的。硅质碎屑岩含铁镁质和酸性的火成碎屑、火山碎屑、拉长石碎屑。海绿石见于副矿物中。

该组的底界和顶界一般为整合的，VSP和测井曲线上是明显的。该组地层厚度405m。该组下部见上寒武统Nganasanian层的三叶虫组合。构成Pedinocephalina - Toxotis带：*Bolaspidina insignis*、*Parakoldinia* sp.、*Kuraspis similes*。在该组的上部鉴别出下列三叶虫：*Kuraspis obscura*、*K. similes*、*K. spinata*、*K. similes* ex gr. *Vera*、*K. similes* ex gr. *deflexa*、*Letniites* sp.，腕足类*Lingulella* sp.和有铰腕足类。该组合相当于西伯利亚地台西北部的Tavgian层（上寒武统）（Resolutions，1989）。因此，Kondes组时代为晚寒武世（Nganasanian - Tavgian阶）。

6. Shedelga组（Sd）

井深3600～3210m，据鄂毕河右支Shedelga溪命名。该组主要由石灰质沉积构成，顶界和底界一般为整合接触。该组特征为：中等偏移伽马数值3～5μR/h，偶达8μR/h，中子曲线有很强偏移，数值在4～12a.u.之间。同时，在下部100m剖面中，两条测井曲线都是弱偏移。在下部100m剖面上视电阻率（A2.0M0.5N）值较低（60～360Ω·m），而上部明显变化（36～480Ω·m）。声波曲线（ΔT）弱偏移，数值在150～230μs/m之间。该组厚度390m。根据岩性、VSP、测井曲线和动物化石划分为两个亚段。

（1）下Shedelga亚组（3600～3438m，厚度162m）。主要为互层状的浅樱桃红色、灰色、绿灰色鲕粒灰岩（占主导），通常分选很好，含胶结物为多孔方解石晶体、砂屑灰岩含硅质碎屑混合物（钙质硅质碎屑砂岩）、钙质粉砂岩，偶见薄纹层状硬石膏—粉砂—钙质—白云岩—泥质岩和内碎屑灰岩角砾岩。鲕粒灰岩具有明显的薄—厚的低角度丘状交错层理或偶见平行纹理。它们沉积于鲕粒滩上极浅水的背景中。钙屑灰岩中的硅质碎屑和偶见的砂岩层由石英、长石到含铁火山岩、拉长石、玄武岩、酸性喷发岩和含铁矿物变化。海绿石混合物局部可达1%。

该亚组岩石中鉴别出的化石有三叶虫 *Idahoia* cf. *composita*、*Raashellina paula*、*Bolaspidina* sp.、*Pesaiella* sp.、*Saonella* cf. *saonica*、*Ammagnostus simpleximformis*、*Bolaspidina* cf. *insignis*、*Schoriecare* sp.、*Parakoldinia* sp.、*Komaspidella rara*、*Nordia* aff. *lepida*、*Verkholenoides* sp.、*Parakoldinia striata* 和腕足类 *Eoorthis* sp.、*Billingsella* sp.、*Billingsella* ex gr. *kulumbensis*。上述西伯利亚地台西北部 Maduiya 层(上寒武统)(Maspakites - Idahoia - Raashellina 带)组合标志(Resolutions,1989)说明时代为晚寒武世(Maduiyan 阶)。

(2)上 Shedelga 亚组(3438～3210m,厚度228m)。由泥质灰岩和碳酸盐岩—泥质岩交互构成,具有完整和不完整的层理。它们出现单成分灰岩角砾岩,也常见于 Churbiga 组和其他地层中。不太丰富的是鲕粒灰岩和含硅质碎屑的钙屑灰岩。在该亚组的下部,钙屑灰岩含有火山喷发碎屑,由棱角状铁镁质斜长石、玄武岩和含铁泥质火山玻璃碎屑构成,缺乏石英和酸性火山碎屑。具完整层理的岩石具有平行层理、递变层理和小透镜体和低角度纹层以及小型碎屑岩脉,偶见虫迹。

该亚组岩石中鉴别出的化石为三叶虫 *Parakoldinia salairica*、*Pseudagnostus* sp.、*Parakoldinia striata*、*Koldinia pusilla*、*Komaspidella rara*、*Hadragnostus* sp.、*Homagnostus* sp.、*Bolaspidellus* sp.、*Parakoldinia kureiskaya*、*Plethopeltoides lepidus*、*Amorphella* sp.、*Pesaiella* sp. 和腕足类 *Billingsella* sp.、*Eoorthis* sp.、*Lingulella* sp.。上述组合中含有很多与伊加尔卡地区(西伯利亚地台)三叶虫组合中共同的分子,是典型的上寒武统 Faciura - Gabriella 带(Entsy 层)(Resolutions,1989)。因此,上 Shedelga 亚组时代定为晚寒武世(Entsy 阶)。

7. Pyzhina 组(Pn)

井深3210～2766m,据鄂毕河右支 Pyzhina 溪命名。与上覆地层不同的是,该组特征为:伽马曲线较高的中等偏移(大多约 $8\mu R/h$)和中子曲线较弱的偏移(约 4a.u.)。视电阻率曲线(A2.0M0.5N 电极距)在该组下部(210m)强烈偏移,高数值 24～60Ω·m 之间,而上部主要为低值(12～24Ω·m),偶有很高的响应(30～60Ω·m)。声波(ΔT)在 170～240$\mu s/m$ 之间,偶见升高或降低变化到 150$\mu s/m$ 或 350$\mu s/m$。剖面向上,声波曲线(ΔT)较强偏移增加,到该组顶部(最上部30m),数值激变为 140～550$\mu s/m$。剖面向下(约260m),时间井孔直径与井径仪一致(9cm),除某些井段井径偏差,在 11～17cm 外。剖面向上,井径扩孔明显,在 10～12cm 之间,偶达14cm。在中生代界面上(近顶部30m 带),井径偏移较强,较大值在 12～20cm 之间。SP 曲线无偏移,低值(约6mV)。该组由砂—粉砂—石灰岩构成,粉砂和砂级的灰质碎屑略占优势。该组的明显特征是显著不同的樱桃红、绿和灰色杂色组合。绿色为横条带,是局部后沉积的三价铁还原为二价铁形成的。和下伏剖面不同的是,该组含有大量粉砂级的黏土物质。同时,偶见鲕粒灰岩、内碎屑泥质角砾岩和硬石膏薄夹层。在该组沉积期间风暴沉积占主导,据典型的风暴为主的具有风暴内碎屑角砾岩夹层的浊积岩推断。泥质硬石膏物质是来自盆地东部的细粒悬浮物供应的,那里发生蒸发岩的沉积作用。

像测井曲线和 VSP 资料看到的一样,该组具有明显的顶底界面,反映沉积间断。该组地层厚度444m。该组地层中出现的化石有三叶虫、腕足类、藻、原始有孔虫类等。Timokhin、Shabanov 和 Korovnikov 在该组的最上部(2772～2779m)发现三叶虫 *Monosulcatina leave* Rozova。这些发现对应于西伯利亚地台西北部的 Ketyia 层(上寒武统)。Pyzhina 组被 Urman 组(早侏罗世)覆盖。

3 结论

沃斯托克-1井地层探井揭示剖面具有几乎完整的地层序列,含有古生物代表性化石。因此,它可以作为西西伯利亚板块东南部寒武系重点不含盐剖面的代表。

其中最重要的是在钻井剖面的下部见到 Paidugina 组高碳质的硅质泥质碳酸盐岩。值得一提的是,其在古地理剖面上的位置与西西伯利亚板块北部和东部下-中寒武统 Kuonamka 组相同(Kontorovich 和 Savitskii,1970;Kontorovich 等,1981)。

在 20 世纪 70～80 年代,Kontorovich 和他的合作者(Kontorovich 和 Savitskii,1970;Kontorovich 等,1981)就指出西伯利亚地台上寒武纪发育一个障壁生物礁体系,把含盐盆地与开阔海隔离开来。格架和菌类有机质中富含泥质—碳酸盐岩—硅质软泥堆积于西伯利亚东、北和西边(现今坐标)开阔海陆架和陆坡上。该模式已经得到西伯利亚地台东部阿纳巴尔台背斜斜坡和伊加尔卡地区 Kureika 台向斜西北单斜斜坡上勘探成果的证实。Lemok-1井、Averinskaya-150 井的钻探资料、地震资料说明巨大的寒武纪含盐盆地也分布到现今叶涅塞河左岸地区的某些部位。沃斯托克-1井很好地证实,和我们早期研究假定的一样,高碳质的泥质碳酸盐岩—硅质软泥也可以发育在该含盐盆地的西翼。

这些成果使得我们有一个很好的理由相信,泥质—碳酸盐岩—硅质页岩构成的带大多深埋藏于(西西伯利亚板块东部维柳伊台向斜西部、Kureika 台向斜北部)地下,与 Domanik(俄罗斯地台)和巴热诺夫(西西伯利亚板块)组一样,可能已经生成大量的油气。在这些地区黑色页岩组合作为烃源岩,生物礁岩石作为储层,足以形成一个独特的油气生成和聚集系统。该事实将巨大提升上述地区的油气潜力。

在西伯利亚地台西北部 Kotui-Igarka 地区已见到和沃斯托克-1井钻遇寒武系剖面最为相似的情况。早寒武世沉积作用发生在开阔海占主导的环境中(图 4)。沃斯托克-1和沃斯托克-3井(Paidugina 组),在相对深水中通过延缓生物成因的沉积作用形成碳沉积,更向东一些变为 Lemok-1井已钻遇到的 Averina 组、Antsiferov 组、Elogui 组和 Averinskaya 150 井的 Kliminskaya 组、Agalevskaya 组硬石膏—灰质白云岩(Yolkin 等,2001;Saraev 等,2004)。这两口井都处在盐盆地中。Paidugina 组沉积层序沉积在开阔海环境中,通过生物礁体系形成的障壁砂坝与盐盆地隔离开(Kontorovich 和 Savitskii,1970;Kontorovich 等,1981)。该障壁砂坝最西端和最老的部位已经在沃斯托克-3井剖面中首次钻遇到(文德纪 Poigino 组)。

中寒武世和晚寒武世转变时期发生的古地理的重大变化也反映在三叶虫动物化石上。因而,Nganasanian 河 Tavgian 层三叶虫主要出现 *Kuraspis* 属的种类,是内陆泻湖环境的标志(西伯利亚地台上寒武统土鲁罕斯克-伊尔库茨克相区)。该组合在西伯利亚地台南部安加拉-勒纳阶地和涅帕-鲍图奥宾盆地同时期的沉积中广泛分布(Ogienko 和 Garina,2001)。该层段对应于由碎屑岩—碳酸盐岩构成的 405m 厚的 Kondes 组(上寒武统 Nganasanian 和 Tavgian 层)。在西伯利亚地台的西北部,该层段与 Orakta 组(450m 厚)可以对比。

根据三叶虫组合成分,在沃斯托克-1井附近,上寒武统剖面(自 Entsy 层)剩余部分的沉积物沉积于似乎很接近现存西伯利亚地台西北部(伊加尔卡地区)这样的碳酸盐岩台地的外陆

加拿大地质调查所（GSC）				西伯利亚板块 Kotui-Igarka相地区		沃斯托克-1井
统	阶	段	层	局部生物地层带	组	厚度（m）
上寒武统	Aksayan阶	Ketyan		*Kujandaspis*	Kulyumbe,700	Pyzh,444
		Yurakhian	Cedarellus felix	*Amorphella-Yurakia*		Shedelga,390
	Sakian阶		Irvingella			
		Entsian	Gl.reticulatus-Olen.evansi	*Faciura-Gabriella*		
		Mad-uan		*Maspakites-Idahoia-Raashellina*	Orakta,450	Kondes,405
	Ayusokkanian阶	Tavgian	Gl.stolidotus	*Pednocephalina Toxotis*		
		Nganasanian	Agn.pisiformis-Homag.fecundus			
中寒武统	Mayan阶				Labaz,630	Podelga,245
					Ust-Brus,456	Pudzhelga,575
	Amgan阶				Shumnaya,200	Paiduga,120
下寒武统	Botomian-Toyaonian					
	Tommotian-Atdabanian				Krasnyi Porog,150	Churbiga,>65

图 4 沃斯托克-1井和西伯利亚地台西北部地层划分对比

架沉积环境中(西伯利亚地台上寒武统 Kotui-Igarka 相区)。鉴别出来的三叶虫组合与西伯利亚地台西北部 Kulyumba 组中发现有很多共同的分子。这些共同的种属是：*Parakoldinia salairica*、*Bolaspidellus* sp.、*Parakoldinia striata*、*Plethopeltoides lepidus* 为 Entsy 层位，*Raashellina paula*、*Pesaiella* sp.、*Saonella* cf. *saonica*、*Komaspidella rara* 为 Maduiya 层位。

参考文献(略)

译自 Kontorovich A E, Varlamov A I, Emeshev V G, et al. New type of Cambrian section in eastern part of West Siberian Plate(based on Vostok-1 stratigraphic well data)[J]. Russian Geology and Geophysics, 2008, 49(11): 843-850.

中挪威沿岸浅层侏罗纪盆地的几何形态和地质特征

冯晓宏　郝莎　译，辛仁臣　杨波　校

摘要：中挪威沿岸四个近岸地区的新地震资料解释给予了关于侏罗纪断陷沉积岩几何形态和地层的重要信息，识别出三个地震单元。这些地震单元被解释为中-晚侏罗世地层（Fangst 群和 Melke 组）。与正断层活动有关的半地堑在这些地区是常见的，虽然 Beitstadfjorden 盆地和 Griptarane 地区也可能存在走滑运动的记录。四个地区的构造发育与沿 Møre-Trøndelag 复合断层的构造运动有关。中挪威沿岸侏罗纪盆地在规模和几何形态上与 Vøring 盆地内先前图中未显示的深部盆地十分相似。我们提出内滨、近滨和远滨盆地形成于晚侏罗世—早白垩世相同拉张事件发生时，且该盆地形成事件在区域上是很广泛的。

关键词：侏罗纪盆地　地震测线　内滨—远滨　中挪威（被动陆缘）

1 前言

　　本文主要根据地震解释提出中挪威沿岸四个地区的断陷侏罗纪岩层构造和地层的新成果：Beitstadfjorden 盆地、Edøyfjorden 盆地、Frohavet 盆地和 Griptarane 地区（图 1）。前人研究表明存在断陷盆地（Bøe，1991；Bøe 和 Bjerkli，1989；Bøe 和 Skilbrei，1998；Oftedahl，1972；Oftedahl，1975），但 NPD（挪威石油董事会）1997 年采集的新地震剖面的解释增进了对盆地几何形态及其内部地震单元分布的认识。这些新的研究可使得进一步开展与位于 Vøring 盆地南部远滨的深部侏罗系盆地（图 1、图 2）的对比研究，该盆地的几何形态令人费解。浅层盆地的研究是认识研究区陆上到海上地质转变和北大西洋被动陆缘发育的关键。本文的结论是内滨和外滨盆地的发育都与相同的区域地质过程有关。

2 构造背景

　　中挪威陆架受到多次裂陷事件的影响，导致北大西洋被动陆缘的发育。上古生界—中生界沉积序列沉积于拉张环境，在北大西洋张开时达到顶峰（Brekke，2000；Doré、Lundin、Birkeland, et al. 1999；Gabrielsen、Odinsen 和 Grunnaleite，1999；Vågnes、Gabrielsen 和 Haremo，

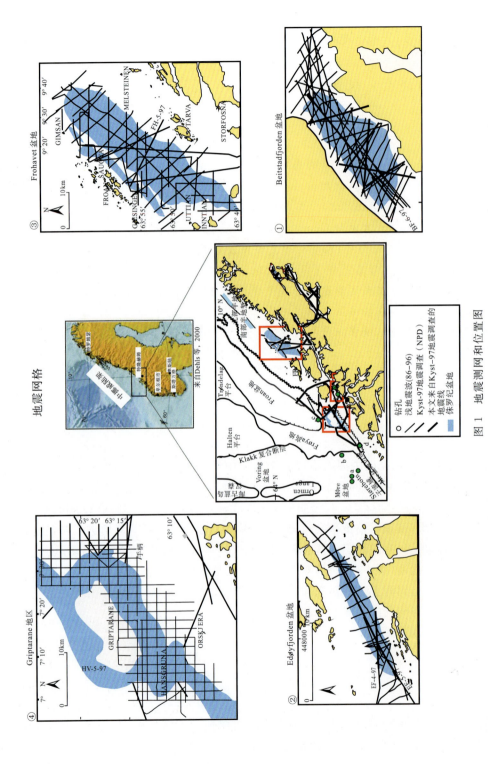

图 1 地震测网和位置图

挪威地势图据 Dehls 等(2000)修改。MTFC. More-Trondelag 复合断层；NHG. 北部半地堑；SHG. 南部半地堑(Thorsnes,1995)。钻孔：a. Slorebotn 次盆地；6305/12-1,6305/12-2,6205/3-1R 井，据 Jongepier 等(1996)；b. More 盆地-Froya 突起；6306/10-1 井，挪威壳牌公司(Norske Shell)1990 年钻探，未公布；c. Griptarane 北；6307-7-U 井，IKU 钻探的，未公布；d. More 盆地边缘；6206-02-U 井，IKU 钻探的，据 Smelror(1994)；e. Edøyfjorden；6307/12-U-1 井，IKU 钻探的，未公布；f. Edøyfjorden；6308/7-U-1 井，IKU 钻探的，未公布。详图中的蓝色区域表示侏罗纪断陷的位置

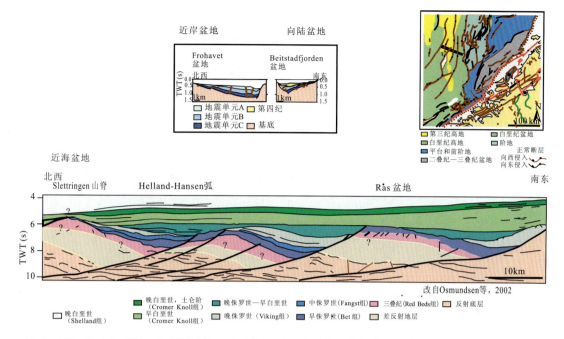

图 2 近滨/陆上侏罗纪盆地(详见图 4、图 5)和 Vøring 盆地海上深部侏罗纪盆地(Osmundsen 等,2001;Osmundsen 等,2002)对比图。规模和几何形态十分相似。位置图据 Blystad 等(1995)和 Mosar(2000)

1998)。中挪威内滨/近滨/远滨以发育在前寒武纪—早古生代结晶基岩(图 3)及泥盆系和可能为二叠系—三叠系沉积岩之上的盆地为特征,这些盆地主要为侏罗纪盆地。

主要构造域(位置见图 3)是前寒武纪—下古生界(加上泥盆纪?)基底,Froan 盆地(Trøndelag 台地之下的二叠纪—三叠纪盆地),Trøndelag 台地(三叠纪、侏罗纪和白垩纪浅层地体和台地)和 Møre 盆地及 Vøring 盆地(主要为白垩纪盆地,局部为第三纪反转穹丘构造,如 Helland-Hansen 隆起)(Blystad 等,1995)。两条主要复合断层为东北东—西南西向 Møre Trøndelag 复合断层(MTFC)和北南向 Klakk 复合断层(KFC)。

MTFC 可以从 Møre 盆地边缘南部追踪到 Trondheimsfjorden 内部(Brekke 和 Riis,1987;Gabrielsen 等,1999;Grønlie 和 Roberts,1989;Grønlie、Nilsen 和 Roberts,1991;Roberts,1998)。MTFC 两条主要的陆上断层系为北西向陡倾的 Hitra-Snåsa 断层和 Verran 断层(图 3)。MTFC 具有长期、多期史,其活动年代至少可追溯到泥盆纪(Bøe、Atakan 和 Sturt,1989;Grønlie 和 Roberts,1989;Torsvik 等,1989),通过石炭纪—二叠纪(Grønlie 和 Torsvik,1989;Sturt 和 Torsvik,1987;Torsvik、Sturt、Ramsay、Bering 和 Fluge,1988),并进入侏罗纪、白垩纪和第三纪(Bøe 和 Bjerkli,1989;Gabrielsen 和 Ramberg,1979;Grønlie 等,1994;Sturt、Torsvik 和 Grønlie,1987;Ziegler,1978)。随着时间的推移,构造活动状态反复变化(Gabrielsen 等,1999),正断、逆断、左旋和右旋运动连续不断。右旋走滑与侏罗纪末—白垩纪初的角砾岩化作用有关(Grønlie 和 Torsvik,1989)。MTFC 一直存在构造活动,尽管规模不大,表现为伴有走滑和收缩运动的地震震源机制(Lindholm、Bungum、Hicks 和 Villagran,2000)。

KFC 在深部地震测线上被认为是一条大规模、低—中等角度滑脱断层(Osmundsen、Som-

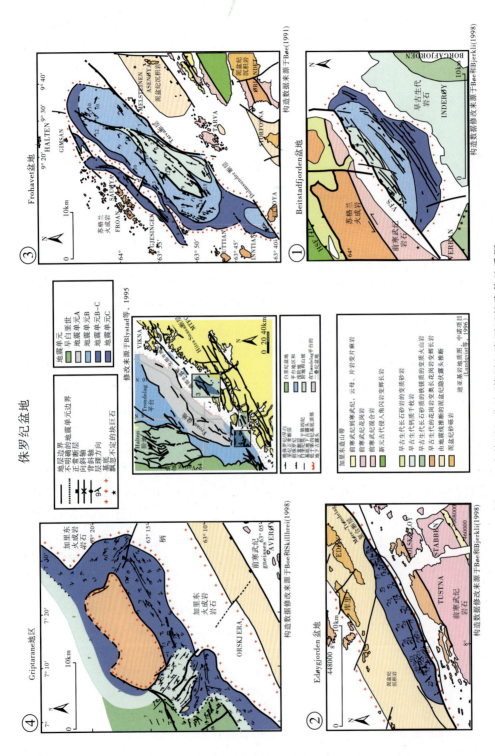

图 3 四个侏罗纪盆地/侏罗纪岩石区的隐伏地质图

MTFC. More-Trondelag 复合断层;NHG. 北部半地垒;SHG. 南部半地垒。据 Thorsnes(1995);HSF. Hitra-Snåsa 断层;VFS. Verran 断层系。基岩图时代据 Lundqvist 等(1996)修改。中挪威位置图据 Blystad 等(1995)修改

maruga 和 Mosar,2001;Sommaruga、Osmundsen 和 Mosar,2001)。KFC 在控制深部盆地几何形态上显然十分重要(图2),但对其活动的最老阶段认识不多。

Beitstadfjorden 和 Edøyfjorden 盆地沿 MTFC 分布,MTFC 控制了这些盆地的发育。Frohavet 盆地位于 MTFC 北部,处于 MTFC 和 Froan 盆地之间的 Trøndelag 台地东南缘(图3)。Griptarane 地区位于 KFC 东部,在 MTFC、Møre 盆地、Trøndelag 台地(包括 Frøya 突起和 Froan 盆地)西南端和前寒武纪—加里东陆上区域的接合部。研究区的位置表明 MTFC 是控制其构造发育的重要因素。

3 基础资料和研究方法

1997 年,挪威石油董事会(NPD)在 Kyst-97 地质调查期间采集了 850km 的反射地震测线。地震测线采集于 Trøndelag 台地西南部(Frøya 突起,Froan 盆地,Griptarane 地区)、Frohavet 盆地、Trondheimsleia(Smøla 南部和 Ørlandet,包括 Edøyfjorden 盆地)、Frohavet 和 Trondheimsfjorden(包括 Beitstadfjorden 盆地)(图1)。地震剖面表现为以倾向方向为主的稀疏测网,北西-南东向或北北西-南南东向,一些剖面近平行于北东-南西向构造。Kyst-97 地质调查完成了挪威地质调查局(NGU)1986—1996 年间采集的浅层地震调查。当时,为了绘制侏罗纪岩层的分布,以密测网采集了单道模拟和数字地震剖面(图1):Beitstadfjorden 盆地的地震剖面长 290km、Edøyfjorden 盆地的地震剖面长 130km、Frohavet 盆地的地震剖面长 750km、Griptarane 地区的地震剖面长 730km。Kyst-97 资料穿透达 3s TWT(双程旅行时间),深度远大于单道调查(0.350s TWT)达到的深度。

除了上面提到的调查以外,挪威地质调查局通过 BAT 研究项目(中挪威陆架盆地分析和应用热年代学)批准了中挪威海上深部区域机密的商业调查(Osmundsen 等,2001;Osmundsen、Sommaruga、Skilbrei 和 Olesen,2002;Sommaruga 等,2001)。Blystad 等(1995)和 Brekke(2000)最近发表了与这些测线解释相关的资料。可用已发表的 Trøndelag、Trondheim 北部和西部零散的可控震源反射剖面(Hurich 和 Roberts,1997)将近滨和远滨与中挪威陆上地区连接起来。

本研究提供的隐伏露头地质图(图3)是在解释 Kyst-97 资料后通过更新先前的地质图精心制成的,在整个盆地内追踪了地震单元。假定深度转换纵波速度为 3500m/s,在地震测线交汇处计算了岩层倾向(Bøe,1991;Bøe 和 Bjerkli,1989;Bøe 和 Skilbrei,1998)。

4 地震单元和地层对比

4.1 地震单元描述

本研究中识别出的地震单元以主要波阻抗(岩性)差为界面,即页岩、砂岩、碳酸盐岩和砾岩(图4)。地震资料没有足够的分辨率进行层序地层解释,在整个地震测网上识别和对比地震地层单元。虽然在一个盆地内地震对比可能是简单明了的,但由于厚度和岩性的变化,盆地间的对比不那么简单。

四个盆地内地震测线上识别出的最上部地震单元:反射轴以近水平为主,与下伏单元(归为侏罗系,见后面讨论)呈较大的角度不整合接触。在下伏单元上该顶部地震单元遭受剥蚀,顶部地震单元为由软海相和冰海相黏土及冰碛层(部分过固结)组成的第四系沉积物。假定纵波速度分别为 1700m/s 和 2000m/s,第四系沉积序列的厚度由几米(Frohavet 盆地局部区域和 Griptarane 地区,图 5)变化到 Beitstadfjorden 盆地的最大 170m(图 4)。

在 Beitstadfjorden 盆地的地震测线上(图 4),在第四系地震单元之下识别出三个层状地震单元:自上而下命名为单元 A~C。地震单元 A 成层性好,为连续的平行反射。地震单元 B 以弱反射为主,但中部为两个强的连续反射。下伏单元 C 为不连续的斜反射。这三个单元在位于向西相同维度的 Frohavet 盆地(图 5)内也能很好地识别。Edøyfjorden 地震剖面(图 6)表现为单个的单调地震单元,以弱的近平行反射为特征,无可识别的较大变化。该剖面可归属于 Frohavet 和 Beitstadfjorden 中的单元 B 和 C。Griptarane 地区发育两个地震单元。上部单元具有弱反射特征,而下部单元由一系列强反射构成。与其他盆地相比,该单元较薄。上部单元可能属于单元 A,下部单元可能属于单元 B 和 C。

4.2 相、地层对比和时代

从相上来看,最下部地震单元 C 可能主要为砂岩和砾岩,代表陆相沉积,不排除海侵沉积。空白反射单元 B 可能代表块状页岩或泥岩,而单元 A 可能由砂岩、页岩和碳酸盐岩构成。每个单元被一个或两个可在整个盆地追踪的强反射分隔。Bøe(1991)指出单元 C 到单元 A 的序列可能反映由陆相向上逐渐变为浅海相沉积。

最可靠的地层年代信息来自附近的钻孔资料(图 1 和图 7)以及盆地向海一侧岛和岩礁上冰川留下的含化石漂砾(漂砾分布见图 3)。钻孔资料来自 Slørebotn 次盆地(Jongepier、Rui 和 Grue,1996)、Møre 盆地-Frøya 凸起和 Møre 盆地边缘(Smelror 等,1994)。为了获得区域性概貌,将来自研究盆地和附近钻孔的信息与 Dalland、Worsley 和 Ofstad(1988)对远滨地区岩石地层的研究联系起来。

Bugge、Knarud 和 Mørk(1984)、Bøe(1991)、Bøe 和 Bjerkli(1989)以及 Bøe 和 Skilbrei(1998)详细讨论了研究盆地及其沉积物充填的时代,但下述重新评述地震单元 A~C 的时代归属(图 7)。对 Beitstadfjorden 盆地来讲,发现于陆上的含化石漂砾(Manum,1964;Vigran,1970)(图 3)将最顶部单元 A 限定为卡洛维期(相当于 Melke 组)。下伏单元 B 和 C 被认为相当于远滨相 Fangst 群。Frohavet 盆地内地震单元也归属于 Melke 和 Fangst 群。根据含化石漂砾推测单元 A 的时代为巴通期—卡洛维期(Melke 组)(Johansen、Poulsen、Skjæran、Straume 和 Thorsplass,1988;Nordhagen,1921;Oftedahl,1975)。Edøyfjorden 盆地内,IKU(现今 Sintef 石油研究院)获得的约 1m 长岩芯由可能为早-中侏罗世的粗粒沉积物组成(Morten Smelror,2002)。但时代不确定;地震响应与其他盆地不同,可能说明沉积物是白垩纪或三叠纪的。在 Griptarane 地区,时代归属与 Bøe 和 Skilbrei(1998)详细讨论的一致(图 7)。

总之,推断所解释的地震单元 A~C 的时代主要为中侏罗世(相当于 Fangst 群)和晚侏罗世早期(相当于 Viking 群的 Melke 组和 Spekk 组)(图 7)。

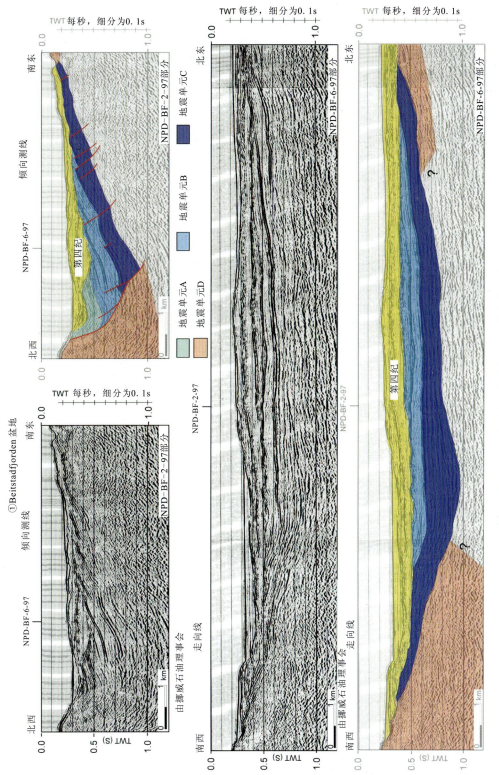

图 4 Beitstadfjorden 盆地地震剖面（剖面位置见图 1）

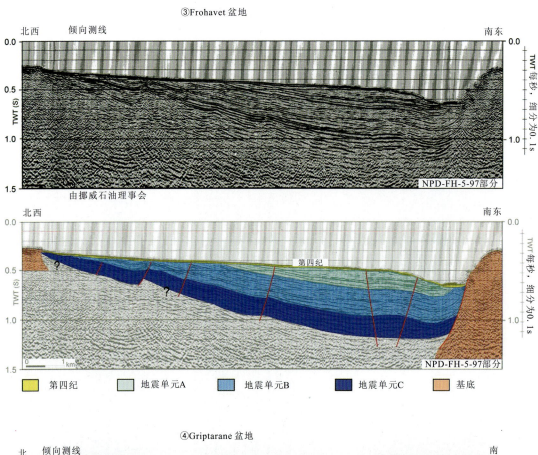
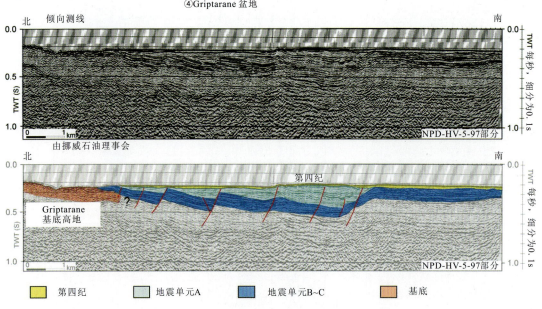

图 5 Frohavet 盆地和 Griptarane 地区地震剖面图(剖面位置见图 1)

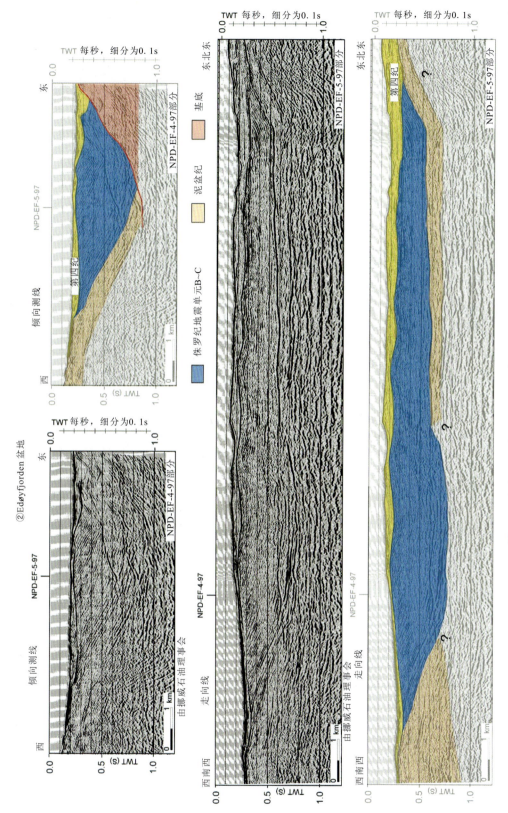

图 6 Edøyfjorden 盆地地震剖面图（剖面位置见图 1）

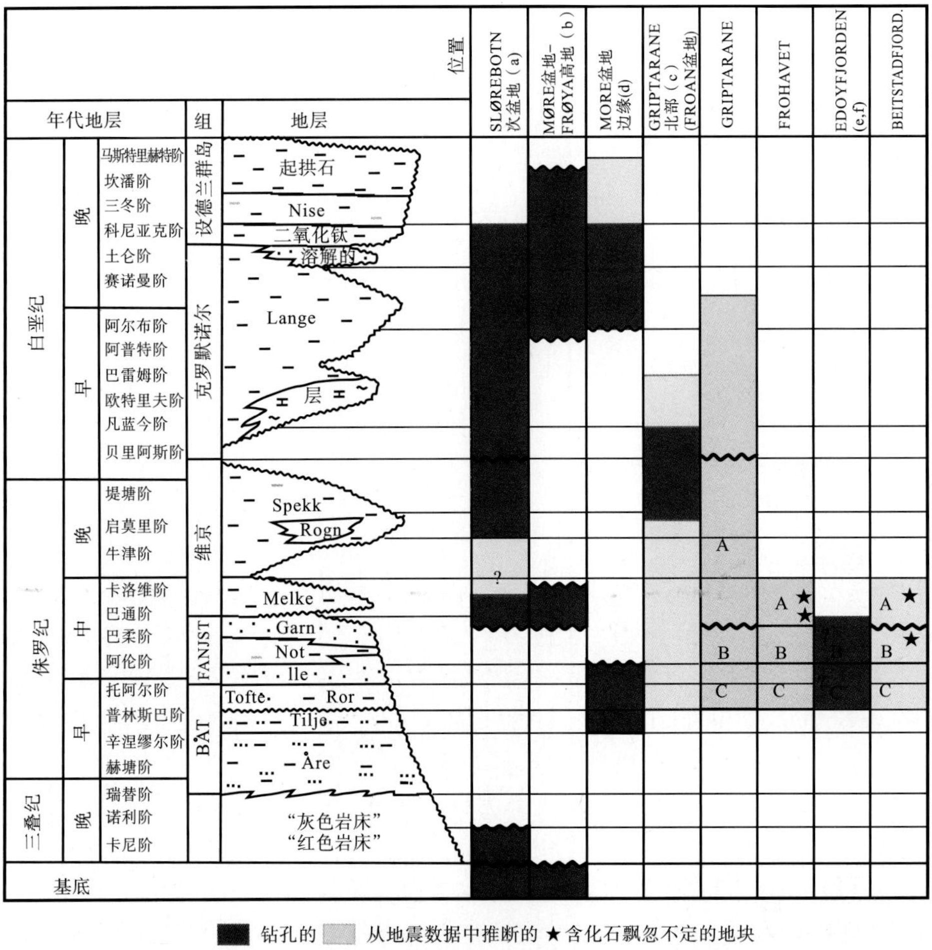

图 7 所研究的盆地及周围地区岩石时代的时间/岩性地层剖面图

岩性地层剖面据 Dalland 等(1988)修改。时代数据参考：a. Jongepier 等(1996)；b. 挪威壳牌公司未发布的资料；c. IKU(Sintef)未发布的资料，参照与 Bøe 和 Skilbrei(1998)的口头交流；d. Smelror 等(1994)；e, f. IKU(Sintef)未发布的资料，参照与 Bøe 和 Skilbrei(1998)的口头交流；Griptarane：Bøe 和 Skilbrei(1998)；Frohavet 和 Beitstadfjorden：Bøe(1991)和 Bøe、Skilbrei(1998)。暗灰色花纹：时代根据钻孔岩芯；浅灰色花纹：时代根据地震资料推断。A～C：本文所采用的地震单元。钻孔位置见图 1

沿研究盆地滨岸没有发现白垩纪漂砾，这可能反映缺乏白垩纪岩层，或白垩纪岩石碎屑(可能为页岩)被冰川侵蚀破坏。

二叠纪—三叠纪岩层可出现在侏罗纪序列之下，如在 Frohavet 盆地和 Griptarane 地区。在 Nordland 沿岸已钻遇到该时代岩石(Bugge 等，2002)，并且也可能分布在 Frohavet 盆地东北部孤立盆地内(Thorsnes，1995)。二叠纪—三叠纪岩石还分布于 Slørebotn 次盆地(Jongepier 等，1996)和 Froan 盆地内(Blystad 等，1995)。

在 Edøyfjorden 地区泥盆纪岩层产出于中生代序列之下(Bøe 和 Bjerkli，1989；Bøe 和 Skilbrei，1998)(图 6)，在 Frohavet 盆地(Bøe，1991)和 Griptarane 地区(Bøe 和 Skilbrei，1998)泥盆纪岩层可能产出于侏罗纪岩层之下。

5 几何形态和隐伏露头地质图

根据老地震资料和新地震资料的解释结果,绘制了揭示盆地结构和几何形态的隐伏露头构造及地质图(图3)。

5.1 Beitstadfjorden 盆地

Beitstadfjorden 盆地(长14km,宽6km)位于特隆赫姆(Trondheimfjorden)东北端。被北部前寒武纪混合岩和南部下古生界沉积变质岩(钙质千枚岩)包围(Lundqvist 等,1996;Wolff,1976)。自1845年,由于沿峡湾西北沿岸发现了中侏罗世煤屑(Carstens,1929;Horn,1931;Manum,1964;Vigran,1970),就有学者讨论了盆地的存在(Kjerulf,1870)。在20世纪70年代早期,首次获得反射和折射地震剖面(Oftedahl,1975),其后十年内开展过一次大规模的调查(Bøe 和 Bjerkli,1989)。

两条地震测线揭示了 Beitstadfjorden 现今半地堑的几何形态(图4)。该地堑与 SSE 倾向正断层有关,该正断层在此被解释为通常呈西北西倾向 Verran 断层系的一个分支(例如 Grønlie 等,1991)。Verran 断层系是 MTFC 内主要特征之一,并可在深部可控震源地震资料上观察到(Hurich 和 Roberts,1997)。大型西北西倾向断层沿盆地西北边发育在较老的岩层中(图3)。盆地内很多次级断层与 Verran 断层系的主干断层近平行。另一组北北东-南南西向断层主要分布在盆地北部和西部,似乎切割东北东—西南东向断层系,因此被认为是较新的断层(Bøe 和 Bjerkli,1989;Gabrielsen 和 Ramberg,1979)。

在盆地东南部,由下古生界沉积变质岩组成的地层以不整合关系覆盖于基岩之上。地层单元倾向可达北北西15°,即朝向盆地最深处(图4),但倾向沿断层和盆地走向变化。单元 A 内,地层朝向断层旋转,这可能与正断层活动有关,而单元 B 和 C 的倾向及厚度稳定(NPD-BF-2-97 测线),单元 C 的厚度沿走向变化。剖面走向上盆地的勺形构造特征明显。Beitstadfjorden 盆地内侏罗纪沉积序列厚度约1000m。

5.2 Edøyfjorden 盆地

Edøyfjorden 盆地位于 Kristiansund 市北部,从地震资料解释以及 Edøy 和 Kuli 岛露头来看,盆地位于泥盆系沉积岩之上(图3)(Bøe 等,1989;Lundqvist 等,1996)。向盆地南部,早古生代侵入岩(花岗岩、奥长花岗岩、辉长岩)被东北东—西南西向正断层从中生代岩层分离出来。该断层可能是 MTFC 的主要构造 Hitra-Snåsa 断层的西南延长部分。该断层南边数百米,发育另一条断层,可能为 Verran 主干断层的西南延长部分。估计中生代沉积序列的厚度在900~1000m 之间。Edøyfjorden 盆地是一个延长的半地堑(长18km,宽3km),具有勺形几何形态,如在构造资料和平行走向的地震测线上所见的一样(图6)。倾角一般15°~25°,倾向南南东,但在盆地的东北边缘转向东西走向。地层没有向主要边界断层方向变厚,也没有同沉积构造楔形体。据 Bøe 和 Bjerkli(1989),倾向断距为数百米到1km。

5.3 Frohavet 盆地

Frohavet 盆地位于中挪威陆架最内部,夹持于 Froan 岛和海岸之间,位于 Hitra 和 Frøya 岛北东方向(图 3)。Oftedahl(1975)在该盆地实施了首次地震调查,Bøe(1991)开展了进一步更详细的工作。向盆地西北部和西部,Froan 岛和 Frøya 凸起由下古生界侵入岩(花岗岩和闪长岩)构成(Nordgulen、Solli、Bøe 和 Sundvoll,1990)。东南方向,Tarva 和 Melsteinen 岛由前寒武纪混合岩构成,而泥盆系沉积岩分布于 Asenøya 地区(Bøe,1991)、Fosen(Lundqvist 等,1996)和 Tarva 南部一个小地区(在此首次报道)。不清楚 Frohavet 盆地侏罗纪岩层之下是否存在泥盆系—三叠系岩层,但边缘断层可能在泥盆纪—三叠纪活动。最大的 Frohavet 盆地(长约 60km,宽约 15km)受控于两条向北西方向下落的大型正断层。Tarva 断层(主要为北东-南西向,在西南部转为北北东-南南西向)和 Dolmsundet 断层(北东-南西向)都沿盆地东南边缘发育。很多小型同向和反向断层沿主要断层发育。第三个断层走向为北西-南东向,仅代表一些构造,但这些偏移北东-南西向的断层被认为是较新的。盆地内平缓的向斜主要为北东-南西向,与 Tarva 和 Dolmsundet 断层近平行。

在最近的地震测线上识别出三个地震单元 A~C(图 5)。这些地震单元向 Tarva 断层略微变厚,在南部地区岩层褶皱可能与该边界断层上的滑动有关。盆地中部侏罗系厚度最大,达 1200m。沉积单元沿盆地西部和西北部边缘超覆在基底之上。一个狭窄的基底海岭将主盆地从靠近 Froan 岛的较小的延长盆地分离开。

5.4 Griptarane 地区

Griptarane 是位于 Kristiansund 西北方向,夹持于 Frøya 凸起和 Smøla 岛之间的基底凸起(图 3)。从区域范围来看,一些构造要素和方向说明了该地区的复杂性:北南向 KFC 将 Møre 盆地与 Trøndelag 台地(Halten 阶地、Frøya 凸起、Froan 盆地)分隔开来,与东北东-西南西向 MTFC 交汇。Griptarane 基底凸起被侏罗纪单元包围,侏罗纪单元向西被更厚的白垩纪单元覆盖。Bugge(1980)首次收集了 Griptarane 东南海床的岩石样品。这些岩石样品由推测为中侏罗世的灰色砂岩、煤和黏土岩构成。在该地区,中生代地层与下伏深成岩呈不整合接触。泥盆系沉积岩分布在 Inngripan 和 Orskjæra 岛上,代表了泥盆系岩石带西南端露头,向着 Ørlandet 不同方向可追踪 170km(Bøe 等,1989;Lundqvist 等,1996)(图 3,隐伏露头图 4 和图 7)。侏罗纪地层单元保存在向斜挠曲中,在 Griptarane 凸起东南部呈北东-南西向延伸,在凸起东北部和西南部呈北西-南东向延伸(图 5)。隐伏露头图上倾向和断层作为(图 3)挠曲具有明显的相同方向,分别为北东-南西向和北西-南东向。倾角相当平缓,为 3°~10°。一些大型正断层呈西北西-东南东走向,向北东方向下落。这些断层中的两条断层错断侏罗纪基底边界。也有一些大型北东-南西向断层。这些断层大多为北西倾向,Griptarane 西北边缘的一条断层作为主要断层向 Slørebotn 次盆地/Møre 盆地边缘延伸。在挠曲中,一些较小的正断层与两组主断层系近平行。在 Hansgrunna,海床上出露 1km 宽的基底(可能为泥盆系)露头。在 Hansgrunna 东北边,侏罗纪地层下落。解释的单元 A 分布在 Hansgrunna 和 Griptarane 之间的挠曲。单元 A 之下,无法区分单元 B 和单元 C。在 Hansgrunna 和 Griptarane 之间,侏罗纪序列厚度约 600m。

6 讨论

本文提出现今挪威被动陆缘近滨和陆上地区基底（包括泥盆系低级沉积变质岩的变形前寒武纪和/或加里东期岩石）之上侏罗纪沉积盆地的构造和地层特征。这些盆地的发育与中/晚侏罗世—早白垩世构造活动有关。挪威陆架受地壳减薄的影响，该影响始于二叠纪和三叠纪，并持续到侏罗纪。重要断裂和破裂作用发生在巴柔期—巴通期（Gabrielsen 等，1999），但最强烈的伸展作用可能直到中侏罗世晚期（巴柔阶—牛津阶—启莫里期）才开始（Graue，1992）。虽然侏罗系南北向构造（如 KFC 和 Halten 阶地）是重要的，但中挪威陆架很大程度上主要为指示北西-南东向伸展作用的北东-南西向构造（Gabrielsen 等，1999）。Møre 盆地内侏罗纪主断层表现为向西北和西伸展的倾向滑动。此外，到早白垩世活动伸展和沉降加剧。Møre 盆地内的活动主要表现为沿先前构造的持续活动。

MTFC 具有多期运动的特点，至少从泥盆纪开始，并持续到第三纪（Grønlie 和 Roberts，1989；Grønlie 等，1994；Roberts，1998）。后中侏罗世的构造组成，数百米级别的正断层运动发生在 Beitstadfjorden 和 Edøyfjorden 盆地的主断层上，沿 Verran 断层系的角砾岩带古地磁测年证实了该年代（Grønlie 等，1991；Sturt 等，1987）。与角砾岩化有关的右旋走滑事件的证据表明年代为晚侏罗世—白垩纪初期（Grønlie 和 Torsvik，1989；Grønlie 等，1994）。该走滑断裂可能与 Trøndelag 台地西部晚侏罗世—早白垩世裂陷阶段有关。

在 Beitstadfjorden 和 Edøyfjorden 盆地中，没有识别出同构造期的沉积楔形体，也没发现具有重要意义的同沉积断层活动（即中侏罗世断层活动）。Beitstadfjorden 内地震单元 A 表现为向斜几何形态（图 4），没有向断层变厚的特征。这两个盆地的构造变形主要发生在沉积作用以后，即后中侏罗世。据 Bøe 和 Bjerkli（1989），该地区受晚侏罗世—早白垩世沿薄弱的较老构造线促进了地垒和地堑（半地堑）构造发育的倾向滑动正断层的影响。随后，右旋走滑断层下落，并使得层序变形，尤其是在 Beitstadfjorden 盆地。

Frohavet 盆地位于 MTFC 北部，在 MTFC 与 Froan 盆地之间的 Trøndelag 台地东南缘（图3）。其发育与 MTFC 的活动有关，但也表现出与 Halten 阶地内断层系的相似性。断层的主要走向为北北东-南南西向和北东-南西向，Halten 阶地夹持于北南向 KFC 和东北东—西南西向 MTFC 之间。Frohavet 盆地内不存在走滑或逆断层的证据，构造变形方式可能仅仅为伸展作用。响应于晚侏罗世—早白垩世裂陷作用，Trøndelag 地区外部可能发育为包括 Frohavet 盆地断层下落的地垒和地堑。该地区被较新的沉积物广泛覆盖（Weisz，1992），但在上新世—更新世期间受到剥蚀，可能剥蚀掉 1000m 的侏罗系和较新的沉积物（Bugge 等，1984；Riis、Eidvin 和 Fjeldskaar，1990），仅中侏罗统和可能更老的沉积物保存在最深的半地堑。

关于 Griptarane 地区，西北西-东南东构造走向与峡湾方向和沿 Møre 及 Trøndelag 海岸的轮廓近平行，并平行于泥盆系盆地内的断层走向（Bøe 等，1989）。根据地球物理异常研究，其他学者（Aanstad、Gabrielsen、Hagevang、Ramberg 和 Torvanger，1981；Doré、Lundin、Fichler 和 Olesen，1997；Skilbrei，1988）也认为这些构造具有共同的成因。断层和构造轮廓可能在二叠纪—三叠纪开始发育，并在侏罗纪再次活动（Bøe 和 Skilbrei，1998）。西北西-东南东向断层在 Griptarane 北部地区似乎不重要；然而，在 Slørebotn 次盆地东北部，该走向的断层在中-晚侏罗世是活动的(Blystad等,1995;Jongepier等,1996;Smelror等,1994)。与MTFC近平行的东北东-西南西向构造也分布在Griptarane地区。中生代岩层东南部,泥盆系岩层沿Hitra-Snåsa断层下落。该断层可能在泥盆纪活动(Bøe等,1989;Grønlie和Roberts,1989;Torsvik等,1989),在晚侏罗世—早白垩世再次活动。Griptarane地区可能受多个应力系统影响,但以沿MTFC的应力为主。该地区受中侏罗世断层强烈影响,且如Bøe和Skilbrei(1998)所认为的,单元A~C之间的不整合面可能是在此时形成(图7)。构造运动可能发生于巴通期,与沿MTFC滨外延伸部分的断裂同时发育,并可与Slørebotn次盆地的不整合面对比(Jongepier等,1996)。中-晚巴通期作为伸展活动时期被记录下来,此伸展活动与中大西洋海底扩张开始(Buckovics、Cartier、Shaw和Ziegler,1984;Gabrielsen和Robinson,1984)、Møre盆地沉降(Brekke和Riis,1987;Jongepier等,1996)、以及伴有沿Frøya凸起西缘断裂发育的Halten阶地开始形成有关(Brekke,2000)。

四个地区的近滨侏罗系岩层为认识难以地震成像和钻探进行解释的Møre和Vøring盆地南部深层侏罗纪盆地(Osmundsen等,2002)的发育提供了相关信息(图2)。这两个地区的盆地规模和几何形态可直接对比(图2)。Frohavet盆地与Rås盆地内的侏罗系盆地特别类似,尽管Vøring盆地内控制半地堑的正断层具有更平缓的倾角和更大的断距。Vøring盆地内三叠纪—白垩纪序列的年代是根据邻近工业钻井推断的。侏罗系序列由早、中和晚侏罗世岩层构成。早侏罗世单元不存在同构造期楔形体,而中晚侏罗世序列存在同构造期楔形体。断层似乎自中侏罗世以来就一直活动。深层盆地断层活动似乎比浅层开始得早。

根据几何形态的这些相似性、推测的时代和沉积类型,本文认为近滨/陆上和远滨盆地发育于相同的系列裂陷事件期间,并且其形成与相同的过程有关,但时间上略有偏差。可能该类型的盆地在格陵兰和挪威之间的伸展陆壳上是很普遍的,并且也可能发育在挪威陆上。类似的侏罗系盆地发育在西挪威海岸(Fossen,1998;Fossen、Mangerud、Hesthammer、Bugge和Gabrielsen,1997)、Frohavet东北部(Thorsnes,1995)和Nordland(Vesterålen)(Davidsen、Smelror和Ottesen,2001)。

沿中挪威海岸发育的盆地,其侏罗纪沉积物沉积在陆壳之上,埋藏后遭受抬升剥蚀。来自Beitstadfjorden的漂砾,其内的有机质成熟度表明埋藏深度为1.8~2.3km(Weisz,1992),同样地,也遭受到隆升和剥蚀。在Vesterålen,侏罗纪盆地也存在相似的埋藏深度(Davidsen等,2001)。在考虑挪威被动陆缘沉降和隆升/剥露史时,这类信息是相关的。此外,出现在陆上的侏罗纪沉积盆地清楚地说明被动陆缘必定延伸到陆上区域(Mosar,2000)。

7 结论

对沿中挪威海岸四个侏罗纪岩层发育区(Beitstadfjorden盆地、Frohavet盆地、Edøyfjorden盆地、Griptarane地区)构造和地层的详细研究,提供了关于其几何形态、形成年代和陆上—海上构造关系的新信息。研究区的地层序列(地震单元A~C)与中挪威海上中侏罗世Fangst群和晚侏罗世Melke组最有对比性,尽管最底部的单元C可延伸至下侏罗统。盆地现今的半地堑形态主要与后沉积阶段晚侏罗世正断层活动有关。与Vøring盆地推测为侏罗纪的深层盆地的对比表明,在形态和构造特征方面十分相似,并且两个地区的盆地可能形成于相同的伸展/裂陷期,即便断层活动在深层盆地,可能开始得更早。

参考文献(略)

译自 Sommaruga A, Bøe R. Geometry and subcrop maps of shallow Jurassic basins along the Mid – Norway coast[J]. Marine and Petroleum Geology, 2002, 19(8): 1029 – 1042.

北冰洋罗蒙诺索夫海岭、马文山嘴及相邻盆地之间的对比
——基于地震资料

冯晓宏　李薇　译，辛仁臣　杨波　校

摘要：NP28 浮冰站在北极附近采集了横跨罗蒙诺索夫海岭(Lomonosov Ridge)、马文山嘴(Marvin Spur)及相邻盆地的地震剖面，提供了海岭上部的反射图像，能够与阿尔弗雷德魏格纳研究院(Alfred Wegner Institute)在距离西伯利亚边缘很近的地方采集的地震剖面进行很好的对比。海岭的大部分地带在海床之下数百米的位置可以看到明显的平卧复合反射体，其下反射强度和倾角变化很大。该反射体的底面通常伴有 P 波速度明显增加，为一个大的角度不整合面，称为罗蒙诺索夫不整合面。2004 年，北极钻探考察队(ACEX)在北极附近罗蒙诺索夫海岭首次取到 430m 岩芯剖面，确定古近纪沉积物属于较浅水沉积，而新近纪则为较深水沉积。这些钻孔井底钻穿复合反射，确定沉积物(我们的单元Ⅲ)属于古新世晚期和始新世早期。认为井孔较底部的坎帕阶地层代表了罗蒙诺索夫不整合面之下的地层单元，但 P 波速度资料表明这是不太可能的。沿罗蒙诺索夫海岭顶面和马文山嘴岩性对比表明，马文山嘴是陆壳的很小的一部分，与海岭具有密切的关系，是从海岭漂移出来的。这条狭窄的(50km 宽)线状基底凸起可能随后进入并穿过马卡洛夫盆地(Makarov Basin)，证实了马卡洛夫盆地部分根植于变薄的陆壳上的认识。在马卡洛夫盆地中，古近纪地层序列比海岭上厚很多。因此，在始新世至中新世盆地快速沉降期间海岭上沉积了浅水地层序列(具间断)。在与罗蒙诺索夫海岭相邻的阿蒙森盆地(Amundsen Basin)中，沉积序列向加拿大边缘变厚，海岭上的反射不容易区分。沉积单元的大致时代根据其与盆地中线性磁异常的关系来进行推断。罗蒙诺索夫地震基底缓倾进入盆地中，距离约 100km 以上，线性负异常，以前认为是 25 等时层(chron 25)，可能跟裂谷有关的铁镁质侵入岩复合体有关。

关键词：北冰洋　罗蒙诺索夫海岭　马文山嘴　马卡洛夫盆地　阿蒙森盆地　反射地震

1 前言

罗蒙诺索夫海岭(图 1)是一条由加拿大延伸到西伯利亚边缘的、穿过北极盆地的窄(50～

150km)长(约1700km)的陆壳带。它分隔巴伦支-喀拉海大陆边缘和由阿蒙森盆地与南森盆地构成的欧亚盆地以及超慢扩张的加科尔脊。海洋测深和线性磁异常提供了新生代早期从欧亚大陆裂陷和漂移出去的证据(Taylor等,1981;Brozena等,2003;Glebovsky等,2006)。欧亚大陆北部边缘地质特征主要为向北走向的加里东褶皱带(Gee,2005)和罗蒙诺索夫海岭(新生代之前欧亚大陆的其中一部分岩层)之下的很大一部分地壳可能主要为与该造山带有关的基岩及上覆较新的古生代和中生代地层序列(Dibner,1998;Grantz等,2001),像巴伦支-喀拉海陆架北部群岛上出露的那样(Gee等,2006)。

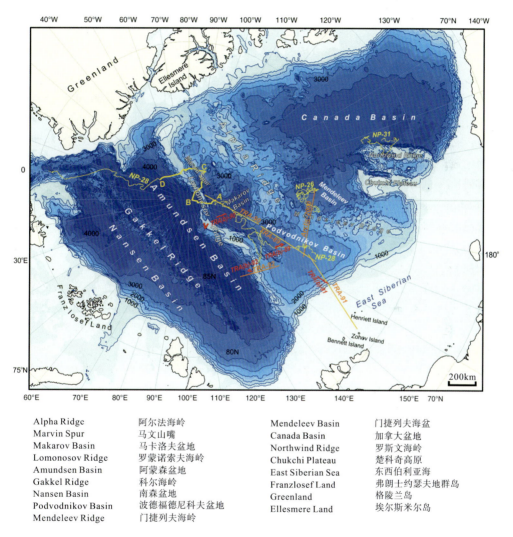

Alpha Ridge	阿尔法海岭	Mendeleev Basin	门捷列夫海盆
Marvin Spur	马文山嘴	Canada Basin	加拿大盆地
Makarov Basin	马卡洛夫盆地	Northwind Ridge	罗斯文海岭
Lomonosov Ridge	罗蒙诺索夫海岭	Chukchi Plateau	楚科奇高原
Amundsen Basin	阿蒙森盆地	East Siberian Sea	东西伯利亚海
Gakkel Ridge	科尔海岭	Franzlosef Land	弗朗士约瑟夫地群岛
Nansen Basin	南森盆地	Greenland	格陵兰岛
Podvodnikov Basin	波德福德尼科夫盆地	Ellesmere Land	埃尔斯米尔岛
Mendeleev Ridge	门捷列夫海岭		

图1 北冰洋中NP-28轨迹和其他相关的俄罗斯地震剖面的位置图

黄线为NP-28的轨迹,该剖面在本文中处理过的部分为粗黄线。TRA-89—TRA-92和"Arctic-2000"为综合研究剖面,包括宽角地震、反射地震和位场资料采集。TRA(b)-89—TRA(b)-92是确定沉积盖层速度结构的反射地震剖面(Langinen等,2006)。V为ACEX的钻孔位置

马文山嘴是显著的线性山脊,宽25~50km,它与其美亚一侧的罗蒙诺索夫海岭之间隔着

一条相似宽度的海槽。后者朝加拿大边缘方向变窄,在约北纬87°附近,该山嘴收敛并且似乎与罗蒙诺索夫海岭合并在一起。向西伯利亚边缘,该海槽把山嘴和罗蒙诺索夫海岭分隔得很宽,成为马卡洛夫盆地。马文山嘴的脊部向马卡洛夫盆地方向缓倾伏并没入盆地中,Cochran 等(2006)已经表明了这点,在海洋测深和重力资料上,如果没有这么深(约海平面以下4000m)的盆地,将延续到绝大部分地方。

穿过罗蒙诺索夫海岭、欧亚盆地和阿蒙森盆地相邻部位的地震反射剖面(Jokat 等,1992; Kim 等,1998;Kristoffersen,2001;Jokat,2005;Coakley 等,2005;Langinen 等,2006)提供了有关该北极盆地中主要突起地貌浅部构造的证据。宽角折射地震结合位场资料约束深部构造,地壳厚度约27km,具有大陆边缘速度结构特点(Mair 和 Forsyth,1982;Ivanova 等,2002)。反射剖面显示存在新的沉积序列,厚度数百米至上千米,时代可能为新生代,不整合覆盖在较老的地层序列之上(Jokat 等,1992)。其他一些穿过海岭的地震剖面上已经识别出类似的不整合关系(如 Langinen 等,2006),我们称该区域性角度不整合面为罗蒙诺索夫不整合面。

2004年综合大洋钻探计划(Integrated Ocean Drilling Program:IODP)北极钻探考察队(ACEX)在北极附近罗蒙诺索夫海岭上近来的钻探(Backman 等,2005、2006;Moran 等,2006;Jakobsson 等,2007)已经证实海岭顶部上的沉积单元时代为新生代。根据 ACEX 沿着海岭的钻探与西伯利亚和加拿大边缘的对比,现在似乎可以解释很多较新的构造活动史。

本文研究了前苏联北极-28冰站(N-28)1987—1989年获得的地震证据(Langinen 等,2004;Lebedeva-Ivanova 等,2006)。该冰站在约北纬81°波德福德尼科夫(Podvodnikov)盆地上开始穿越北冰洋。穿过北极附近,最后到达斯瓦尔巴特群岛北面叶马克海台(Yermak Plateau)上(约北纬81°)结束。NP-28三次穿越罗蒙诺索夫海岭(图2),第二次和第三次还横穿过马文山嘴。

这里除了处理 NP-28三次获得的剖面外,阿尔弗雷德魏格纳研究院(AWI)在 ACEX 钻孔的测线和另外两条地震测线对解释马文山嘴与马卡洛夫盆地之间的关系是很重要的。一条是 Langinen 等(2006)拿出来讨论的、1990年穿过马卡洛夫盆地的反射剖面[TRA(b)-90,图2];另一条横穿北极的北端(TRA-90,图1和图2)。

2 实验方法

NP-28上地震反射数据采集由极地海洋地质研究远征队(PMGRE)完成,我们中的一个人(Y.Z.)参加了该项工作。NP-28地震剖面总长度约4000km(图1)。反射试验是在浮冰上进行的,浮冰漂移速度一般在5~10km/d,方向多变、难以预测。

地震检波器组合沿两条线布置,满足正交,以压制面波干扰,组合跨距长度545m。检波器组内距50m。发炮由水中深度8m的震源组合顶端安放3~5个雷管(电火冒)提供。2~4h放一次炮,取决于冰站漂浮的速率。该发炮速率采集到约0.5km段的数据。震源组合的位置采用 Transit SNS 系统 MX-502接收器和 GPS 系统 MX-4400接收器确定。平均坐标误差不超过300m。

地震记录设备采用 SMOV-0-24地震站,由"Geofizpribor"(莫斯科)在俄罗斯设计和制造。数据记录在12s模拟磁带上。

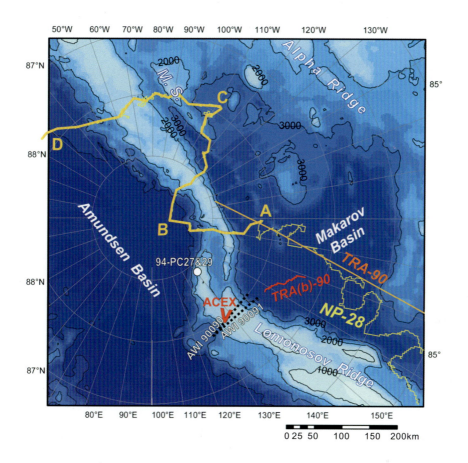

图 2　穿过罗蒙诺索夫海岭的 NP-28 剖面位置图(区域位置见图 1)

粗线是本文处理过的 NP-28 轨迹,标示为地震剖面 BA、BC、DC。TRA-90.多参数剖面,包括宽角地震、反射地震和位场资料采集。TRA(b)-90.用来确定沉积盖层速度结构的反射地震剖面(Langinen 等,2006)。V. ACEX 的钻孔位置。AWI-91091、AWI-91090.MCS 和声纳测深剖面(Jokat 等,1992)。白点是两活塞取芯井 94-PC27 和 29 的位置(Grantz 等,2001)。M.S. 马文山嘴

3　资料处理

原始模拟地震记录数字化,采用 2ms 采样间隔,由我们中的两个人(A.L. 和 Y.Z.)在 PMGRE 上完成,并重定格式为 SEG-Y 文件。漂移站的轨迹是一条弯曲测线;用相邻炮点间的直线距离转化为 2D 剖面,剔除打结和重叠的轨迹。数据采用 ProMax 系统进行处理,处理参数见表 1。

CDP 道集由于组长短没处理。在叠加增强反射之前需要在 NP-28 道集上进行速度分析。但是,获得的叠加速度并不能看成准确到足以用来作为层速度计算。因此,层速度取自相邻的剖面。

表 1　地震资料处理

处理步骤	
1	由弯曲线产生直线形态
2	共炮点道集排序
3	确定 0s 时的位置
4	跟踪编辑和静校正
5	AGC 窗口 1s
6	共炮点道集深度发现和动校正
7	共炮点道集叠加
8	最小相位预测反褶积
	——预测距离(8ms)
	——算子长度(200ms)
	——白噪声(0.1%)
	——反褶积窗(宽)
9	带通滤波 15～18～45～55Hz

4　结果

这里解释了 NP-28 剖面的三段(图7),不仅提供了罗蒙诺索夫海岭和马文山嘴的图像,而且提供了与相邻的马卡洛夫和阿蒙森盆地关系的图像。应该注意的是,三段剖面并非以恒定角度直线相交。处理(见上)说明,由于不规则,图7中剖面比端点之间的直线长一些。

沿着剖面的距离以千米数标注,记述地貌标注在相应地貌的下面。图4和图6放大局部剖面,以便更好地显示反射特征。

根据这种沿 NP-28 剖面的部分段落收集的地震反射剖面,识别和对比了最显著的反射和沉积单元(图5)并按下列代号标注:

d——海底;

单元Ⅰ——上部沉积单元;

d_1——第一个显著的反射层;

单元Ⅱ——中部沉积单元;

A——合反射体的顶;

单元Ⅲ——显著的、强反射单元,被 A 覆盖;

LU——罗蒙诺索夫不整合面,单元Ⅲ的底面;

单元Ⅳ——下伏罗蒙诺索夫不整合面下的、内部规则反射的单元;

单元Ⅳ′——下伏罗蒙诺索夫不整合面下的、一般没有规则反射的单元;

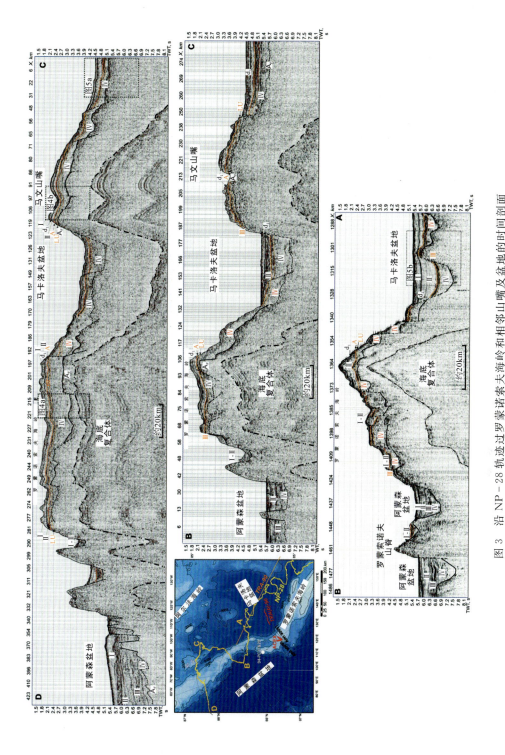

图 3 沿 NP-28 轨迹过罗蒙索诺夫海岭和相邻山嘴及盆地的时间剖面

插图表示剖面位置。由图 2 缩小而成。主要的反射是明显的,如断线所示。短虚线表示相关的反射;长虚线表示断层;字母 d_1 和 A_F(地震波基底)指沉积盖层中推断主要反射界面。"A"为复合反射体的顶;底为罗蒙索诺夫不整合面(LU),表示为点线。罗马数字指主要地层单元。方框表示放大时间段,如图 4 和图 5 所示

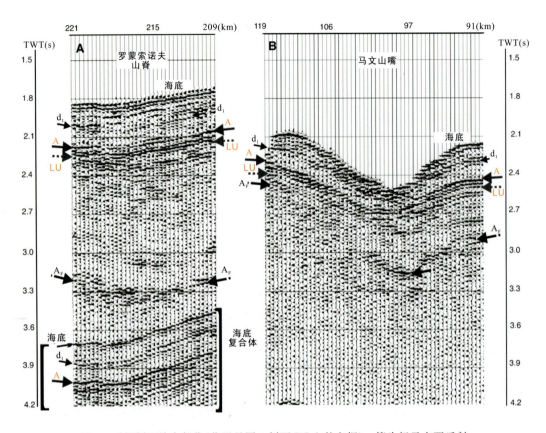

图 4 时间剖面放大部位(位置见图 3 剖面 DC 上的方框)。箭头标示主要反射

A_F——地震波基底的顶面。

注意:在所有剖面上,复合反射体(单元Ⅲ)的顶面(A)是很好认定的,然后是底面,可能由于后者不太规则。在剖面上底面标示为点线(罗蒙诺索夫不整合面),把单元Ⅲ与下伏的单元Ⅳ和单元Ⅳ′分隔开。

单元Ⅰ*～Ⅳ*是阿蒙森盆地中相关的单元,推断它们与罗蒙诺索夫海岭单元Ⅰ～Ⅳ时代相似,时代根据磁异常确定(Brozena 等,2003),不是根据反射特征确定。

4.1 剖面描述

幸运的是,NP-28 冰站穿越罗蒙诺索夫海岭北极附近,接近北极中心"狗腿"(双弯曲)。罗蒙诺索夫海岭轴线弯曲,约 45°,三段 NP-28 剖面都与其几乎直角相交。其中两段剖面还与马文山嘴相交。罗蒙诺索夫海岭剖面区的深度在海面以下 1200～1500m,相邻的阿蒙森盆地和马卡洛夫盆地的深度约为海平面以下 4000m。

在全部三段剖面上,沿着穿过海岭和相邻盆地的剖面线的大部分地段,d_1 反射在海底以下 0.1～0.3km,可以追索,较深的陡崖和一些很小的山嘴除外,这些地段不能识别并且地震基底可能暴露。沿着剖面的大部分地段还存在单元Ⅲ的复合反射体并且清晰可见。单元Ⅲ之下,单元底界在图 3 和图 6 中以点线标示,并规定为 LU,地震基底之上的单元反射变化很大,有些地方与上覆的反射整一,有些地方不整一(图3~图5)。

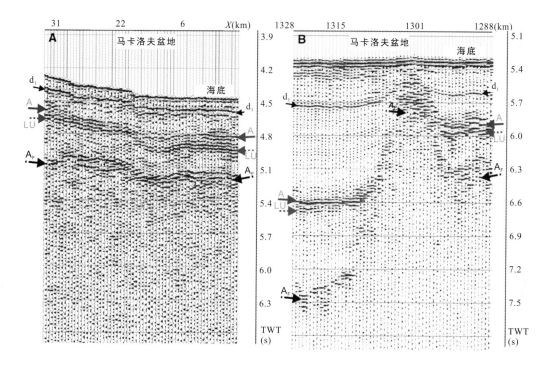

图 5　时间剖面放大部位(位置见图3剖面DC和BA上的方框)。箭头标示主要反射

剖面DC在北纬约86°,剖面长度约430m(图3、图6)。剖面显示了罗蒙诺索夫海岭的最宽部位(约160km)和阿蒙森盆地一侧上的两个山嘴。海槽(马卡洛夫盆地的一个海湾)把海岭与马文山嘴分隔开,宽约50km,海底深度约2800m。穿过马文山嘴的剖面线部分(在123~97km之间的地段)近乎垂直山嘴的轴线,部分(97~48km之间的地段)沿着山嘴的斜坡朝向马卡洛夫盆地主要的、较深的(海平面以下3200m)部位。

在该剖面上,在海岭顶部上可以识别出复合反射体(单元Ⅲ)和上覆的反射d_1。在马文山嘴上,它们与海岭上的相似,并且可以沿着下缓坡(约2°)进入到马卡洛夫盆地中。在阿蒙森盆地中,沉积单元具有另外的反射特征,沉积序列可能受到来自加拿大边缘的水下扇的影响(Kristoffersen等,2004)。

在罗蒙诺索夫不整合面之下,地震样式变化很大。在某些部位,有很明显的反射,大致平行于上覆的单元Ⅲ;但在别的地方,变得很薄或缺失。海岭中部单元Ⅲ之下很确定的反射被断层把它与反射不明显的单元Ⅳ′分隔开。这表明,地震基底之上、罗蒙诺索夫不整合面之下的单元变化是很大的。

在该特别剖面上与罗蒙诺索夫海岭相邻的阿蒙森盆地中d_1、A和下伏反射识别的不确定性下面进一步讨论。

剖面BC几乎垂直DC,并且大致沿着约西经120°(图3、图6)。总长度280km,它穿过海岭较窄的部位(约80km)。在阿蒙森盆地一侧,在剖面上45km处有一宽10km的山嘴。它的深度在海平面以下2800m,被一小海槽(约10km宽,深度在海平面以下3200m)把它与海岭分隔开。该地貌与 DC 剖面(前已述及)上 300km 处的山嘴相似。

马卡洛夫盆地的海湾在海平面以下约 3800m,分隔海岭与马文山嘴,宽度与 DC 剖面上类似。马文山嘴本身部分与轴线直角相交(在 215～250km 之间)、部分近平行轴线(在 185～215km 处)。该剖面近端部,它交回到马卡洛夫盆地的主要部位,深度 3200m。

在该剖面上,罗蒙诺索夫海岭的顶部和马文山嘴上还有相邻盆地中都存在 d_1 及单元Ⅲ反射。由海岭下坡方向(约 6°)进入马卡洛夫盆地中,这些近表面反射显然缺失或发育得很差。

在该剖面上,单元Ⅲ复合反射体之下,层状的单元Ⅳ较剖面 DC 上的薄,并且发育得不太好,在马文山嘴上可能缺失。在两相邻的盆地中,单元Ⅲ之下的单元比海岭上的(Ⅳ)厚,反射变化很大(标为 Ⅳ′)。

剖面 BA 也以高角度穿过罗蒙诺索夫海岭;它是南北向的,沿着经度 180°(图 3 和图 6),长度 210km。在该剖面上,罗蒙诺索夫海岭是圆锥形的并且不对称,宽度约 80km,最高端深度约 1200m,平均深度约海平面以下 2200m。

在该线和 ACEX 钻孔之间海岭中发育一个大的岭内盆地(图 2)。在剖面的 1385km 处见到该盆地的西北端。岭内盆地的深度一般约 2600m,剖面上在海平面以下 2300m;盆地边缘深度 1424～1380m 和 1370～1340m。在剖面上 1465～1445km 处,有一基底突起;该地貌看起来像其他剖面上的山嘴一样,但它是浮冰岛的轨迹蜿蜒曲折形成的,实际上是罗蒙诺索夫海岭的一部分。

在该剖面上,马卡洛夫盆地的海底深度约 3800m,是很平坦的,向罗蒙诺索夫海岭一侧的斜坡(约 6°)与剖面 BC 类似。海岭上存在反射 d_1 和 A,但被断层切割。在罗蒙诺索夫不整合面下面的单元,在海岭、海槽、阿蒙森盆地、马卡洛夫盆地中一般都具有反射特征。

4.2 沉积单元描述及其对比

不同单元的 P 波速度是根据相邻剖面的资料推断的(Langinen 等,2006;Jokat 等,1992、1995;Jokat,2005)。穿过马卡洛夫盆地的深度反射剖面(图 7A)和引自 Langinen 等(2006)的过罗蒙诺索夫海岭(图 7B)和马卡洛夫盆地(图 7C)的时间剖面,给出研究区有关 P 波速度的综述。不同单元的特点和时代主要基于 AWI-91090 剖面(图 8)和 ACEX2004 钻孔的岩性对比(Moran 等,2006,Backman 等,2006)。在这里将 Moran 等(2006)该岩芯中的单元Ⅰ～Ⅳ与 Langinen 等(2004、2006)的单元Ⅰ～Ⅳ进行对比。

在阿蒙森盆地中,沉积序列较厚,特别是朝加拿大边缘方向,并且反射图像更复杂(图 9)。单元的大致时代可以由其与线性磁性异常的时代关系进行推断(Jokat 等,1995,Sorokin 等,1998)。

4.2.1 单元Ⅰ

单元Ⅰ,包含由海底到 d_1 反射界面的沉积体,在海岭和山嘴上厚度一般为 100～200m,在阿蒙森盆地和马卡洛夫盆地中稍微较厚(250m)。与 Moran 等(2006)的 ACEX 单元Ⅰ对比,暗示其跨越的时间段是中新世中期(约 16Ma)—现今,主要为深海相硅质碎屑沉积物。单元Ⅰ的 P 波层速度在罗蒙诺索夫海岭上为 1.8km/s[Jokat 等,1995;Langinen 等,2006,据 TRA(b)-92 剖面,图 7B]在马卡洛夫盆地中为 1.9km/s[Langinen 等,2006 据 TRA(b)-90 剖面,图 7C]。

4.2.2 单元Ⅱ

在 ACEX2004 岩芯中,中新世中期(约 16Ma)—始新世中期(约 44Ma)层段特点是很慢的沉积作用和/或侵蚀,并且可能有多次间断。d_1 反射处于该层位,下伏近 100m 的中始新世早期(45~50Ma)浅海相粉砂、黏土和软泥构成单元Ⅱ,底面为显著的 A 反射的顶。该单元 P 波层速度在罗蒙诺索夫海岭上为 2.0~2.2km/s(Jokat 等,1995)或 2.4km/s[Langinen 等,2006,TRA(b)-92]。

在阿蒙森盆地中,在北极附近,单元Ⅱ推断具有类似海岭上其相当单元的厚度。Jokat 等(1995)和 Jokat(2005)已经报道该单元在加拿大边缘(如 DC 剖面),不太容易确定并且可能变厚,P 波速度为 2.2km/s。和马卡洛夫盆地较深部一样(如 BA 剖面上),单元Ⅲ复合反射体之上的沉积序列较厚,并含多个反射层。在这些地区,单元Ⅱ可能包括前面推断的显著 d_1 间断的至少部分时段沉积的沉积物。该单元 P 波层速度在马卡洛夫盆地中为 2.4~3.0km/s[Langinen 等,2006,TRA(b)-90]。

4.2.3 单元Ⅲ

沉积单元对应于 NP-28 剖面上复合反射体,在 AWI-91090 剖面上很好确定(图8)。在 ACEX 钻孔和沿着海岭别的地方,它的厚度在 100m 级别。单元Ⅲ的底面与顶面相比不太好确定,标为 LU 并用点线表示,见图 3 和图 6。单元Ⅲ大致相当于 Moran 等(2006)的单元Ⅲ,Backman 等(2006)将其描述为由古新世晚期—始新世早期的各种浅海相黏土岩构成。

但是,岩芯中该层段取芯收获率不到 50%,必须有大的波阻抗差异才能形成单元Ⅲ的显著反射,因此,我们认为该层段没有采到较硬岩层所代表的具有很不同的物理参数的样品,可能是灰岩或砂岩。Moran 等(2006)报道古新世地层不整合下伏有坎帕阶(约 70Ma)砂和泥岩,其中可能存在间断,但有学者认为钻孔没钻穿罗蒙诺索夫不整合面。

在罗蒙诺索夫海岭上单元Ⅲ的 P 波速度为 2.2km/s。在马卡洛夫盆地,单元Ⅲ是显著的,很好确定。与阿蒙森盆地形成鲜明对比,阿蒙森盆地中时代相当于单元Ⅲ的较厚并且反射特征变化很大。

4.2.4 单元Ⅳ和Ⅳ′

在罗蒙诺索夫不整合面和地震基底(图 3~图 6 中标示为 A_F)之间,有系列单元:单元Ⅳ强反射(与单元Ⅲ之间反射整一或不整一);单元Ⅳ′偶有反射性,通常或多或少透明。单元厚度变化很大(可达 1.5km),一般取决于地震基底的深度;局部可能缺失。它们似乎有一些共同的特征:①由加拿大边缘(剖面 DC)朝向北极(剖面 BC)在罗蒙诺索夫海岭和马文山嘴,单元Ⅳ厚度变薄,与此同时,在海岭和山嘴之间的海槽中单元Ⅳ的厚度增加;②在北极附近(剖面 BA)加拿大边缘方向上(剖面 DC),单元Ⅳ被单元Ⅳ′取代,方位不整一,在海岭和相邻盆地中一样具有零星反射或透明。

单元Ⅳ和单元Ⅳ′的 P 波层速度变化大,在马卡洛夫盆地其值在 2.8~4.1km/s(图 7C)之间,在罗蒙诺索夫海岭上(图 7B),据 Langinen 等(2006)层速度由 2.8km/s 变化到 3.8km/s;但根据 Jokat(2005),层速度由 2.8km/s 变化到约 4.8km/s。在 AWI91090 剖面上,ACEX 井

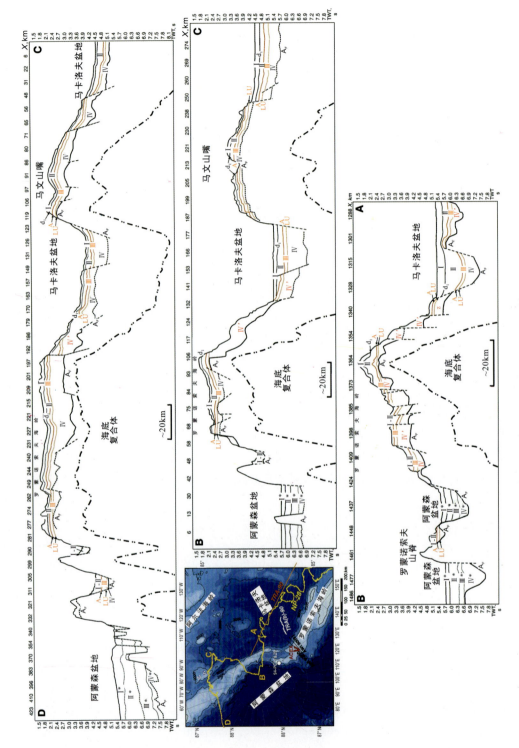

图 6 罗蒙诺索夫海岭及其相邻地区地层单元的构造变化地震剖面线条图（插图为剖面位置，由图 2 缩小而成）

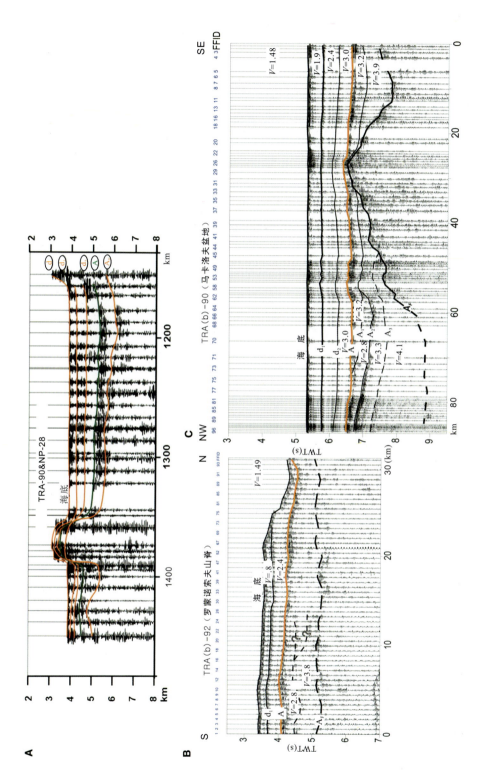

图 7 马卡洛夫盆地地区地震剖面

剖面位置如图 1 和图 2 所示。A 沿 TRA-90 的沉积盖层深度剖面，根据反射资料，字母指沉积盖层中推断的主要反射界面；B 和 C 沿 TRA(b)-92 和 TRA(b)-90 剖面的时间剖面（据 Langinen 等，2006），字母指沉积盖层中推断的主要反射界面；V 为 P 波层速度数值

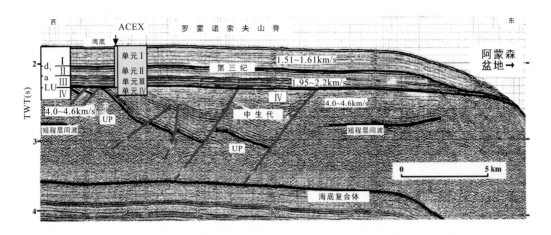

图 8 AWI91090 时间剖面（据 Grantz 等，2001）
标注了 ACEX 井的位置和地层单元名称以及本文和 Moran 等(2006)用到的反射层位

下，获得的 P 波速度是 4.0～4.3km/s。单元Ⅳ和Ⅳ′速度变化大表明单元组成非均质性强；伴随单元Ⅲ覆盖在地震基底之上，这些单元局部还有缺失。Jokat 等(1992)指出单元Ⅲ之下的这些单元可能大部分是沉积成因的，并且时代为中生代。但是，正如 Grantz 等(2001)指出的那样，根据与弗朗士约瑟夫地 Nagurskaya 钻井(Dibner,1998)的对比结果，AWI91090 剖面上罗蒙诺索夫不整合面之下的倾斜地层序列很可能是古生代晚期甚至新元古代的。

5 海岭和盆地之间的关系

5.1 罗蒙诺索夫海岭-阿蒙森盆地的关系

在这里描述过的 BA 和 BC 两条剖面上，沿着与罗蒙诺索夫海岭邻接的阿蒙森盆地的边缘反射图像是确定的，显示出与海岭上的某些相似性，但对比是不可靠的。在别的地震研究中，却能够对比这些反射(Jokat 等,1995;Jokat 和 Micksch,2004)并根据其与盆地中的线性磁异常的关系估计沉积单元的时代。剖面上单元标注的Ⅰ*、Ⅱ*、Ⅲ*和Ⅳ*（图9）表示其与罗蒙诺索夫海岭上的单元对比的大致时代。根据以前的这些地震研究(Jokat 等,1995;Jokat 和 Micksch,2004)，能够向外朝加科尔海岭(Gakkel Ridge)分析追索单元Ⅰ*的底界 12 等时层(约 32Ma)。这些作者指出，下伏的单元Ⅱ*达约 18 等时层(约 39Ma)可能包括前面推断的始新世—中新世间断期间没沉积或罗蒙诺索夫海岭上剥蚀掉的沉积物。单元Ⅲ*可能延续时代和 23～24 等时层(54～52Ma)一样久远。下伏薄的单元Ⅳ*可能仅出现于罗蒙诺索夫海岭附近。

通过研究 NP-28 剖面延续部分（图1和图9），从 DC 剖面末端向南穿过阿蒙森盆地到加科尔海岭(Sorokin 等,1998)可以得出，在剖面 DC 上，朝加拿大大陆边缘，沉积序列较厚，反射图像很复杂，单元时代认识较好，在罗蒙诺索夫海岭附近厚度接近 3km。剖面通过剔除掉两

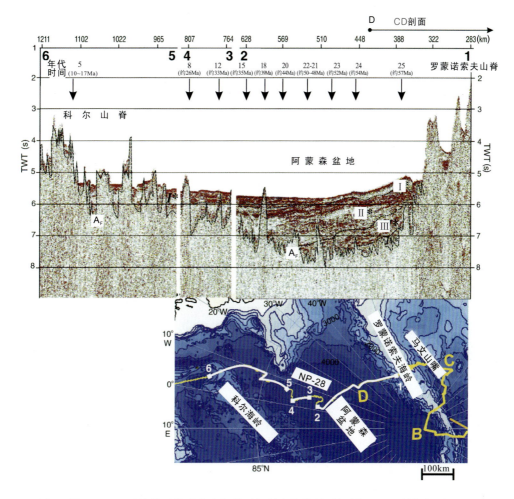

图 9　沿 NP-28 测线从罗蒙诺索夫海岭到加科尔海岭的时间剖面(见区域框架图 1)
罗马数字指推断大致与穿过罗蒙诺索夫海岭上的单元时代相同的主要单元。在剖面上,Brozena 等(2003)标注了磁性年代和时代

段冰岛的显著不规则轨迹弯曲带(图 9 标志 2-3 和 4-5)后得以简化。如果把该剖面标绘到欧亚盆地(Brozen 等,2003)的磁性图上,就可以根据与磁异常时代的关系确定沉积单元的时代。在 NP-28 剖面(图 9)上单元Ⅰ*的底面推测延伸到阿蒙森盆地中 8 等时层(26Ma)具有相当均匀的厚度。在阿蒙森盆地该部位单元Ⅱ*的时代确定为 Brozena 等(2003)识别的 23 等时层(52Ma)。单元Ⅲ*的尝试性解释如图 9 所示。单元Ⅱ厚度接近 1.5km,单元Ⅲ具有类似于海岭上的相当层位的厚度,下伏的中生代序列厚度薄。

在罗蒙诺索夫海岭的阿蒙森盆地斜坡上,有一些窄而尖的山嘴。剖面 DC(295km 处)和 BC(45km 处)上的宽度均在 10km 左右,被窄槽(宽度 10km)把它们与海岭分开,可能都是在大约 50Ma 时或其后从海岭滑脱出来的相同碎块。根据地震反射剖面,槽中复合反射体(单元Ⅲ)不能追索,海岭和山嘴上单元Ⅰ和单元Ⅱ的厚度大致相同。DC 剖面上另外的山嘴(在 340~315km 处),可能是 50Ma 前从海岭上分离出去的,因为在 315~305km 处的槽含有单元Ⅲ。

因此,这些山嘴似乎都是在罗蒙诺索夫海岭从巴伦支海边缘裂陷期间形成的。

5.2 罗蒙诺索夫海岭-马文山嘴关系

马卡洛夫盆地的海湾把马文山嘴与罗蒙诺索夫海岭分隔开,朝向加拿大边缘变窄变浅。在剖面 BC 上,地震基底之上的单元是很好分层的,单元Ⅳ厚度约 500m。界面朝向马文山嘴变陡并且断开。朝向罗蒙诺索夫海岭,斜坡平缓,但地震基底之上的单元具有不规则反射,可能是海岭一侧滑塌下来形成的(Jokat,2005)。

在剖面 DC 上,越靠近加拿大大陆边缘,单元Ⅰ、Ⅱ、Ⅲ和Ⅳ(Ⅳ′)从海岭平缓进入到海槽中,直到断层把后者与山嘴分隔开。在山嘴上,四个单元全都可以识别出来,向南缓倾斜进入到马卡洛夫盆地的主体部位。

虽然在现有资料上不可能认为朝向加拿大大陆边缘马文山嘴与罗蒙诺索夫海岭合并,但是海槽在某种程度上是变浅了。山嘴可能下伏变薄的大陆基底(Langinen 等,2004、2006;Cochran 等,2006),和在罗蒙诺索夫海岭上一样。Jokat(2005)称之为马文山嘴的"块状构造"并认为存在大陆基底的可能性很大。但是,要落实这个问题必须有很多资料。这些地貌及其间的海槽似乎都具有相同的中生代晚期和新生代历史,在该凹陷中,沉积序列较厚并且可能很完整。

5.3 马卡洛夫盆地与罗蒙诺索夫海岭和马文山嘴的关系

单元Ⅰ、Ⅱ、Ⅲ和Ⅳ(Ⅳ′)可以沿马文山嘴顶部向下进入深度约 4000m 的马卡洛夫盆地中,这一证据证实以前发表的资料(Langinen 等,2006;这里表示为图 7A、B),在该盆地之下深部存在这三个单元。根据重力和测深资料,Cochran 等(2006)可以追索马文山嘴向东延续穿过马卡洛夫盆地。

为了更好地认识马卡洛夫盆地之下的构造,BA 剖面(图 1)向南延续部分如图 10 所示。这条弯曲测线剖面通过剔除掉冰岛显著弯曲的两段轨迹(图 10 中标示为 A-1 和 2-3)以后得以简化。和图 7C 所示 TRA(b)-90 上一样,在该测线上,d_1 反射和单元Ⅲ反射体容易确定。但是单元Ⅰ比罗蒙诺索夫海岭上大约要厚 3 倍,单元Ⅱ含有多个反射,比海岭和马文山嘴上厚大约 10 倍。地震基底不规则并且出现一些纬向的突起和槽,有的地方覆盖在单元Ⅲ下,有的地方向上延伸直接覆盖在单元Ⅰ之下。在 NP-28 时间剖面上(图 10),基底凸起的斜坡出现在 920km 和 1220km 处。基底凸起的横剖面在 980～1010km、1120km 和 1300km 处,如图 10 箭头所示。这些基底凸起具有类似马文山嘴的陡的形态,可能北边与沉积单元断裂接触,南边斜坡平缓倾斜。

6 讨论

前面提出的地震证据为罗蒙诺索夫海岭与马文山嘴,还有相邻的马卡洛夫和阿蒙森盆地中的地层单元对比提供了基础。一些矛盾的地方讨论如下。

沿着海岭从 NP-28 剖面到 AWI91090(图 8)剖面对比表明,d_1 反射与 ACEX 岩芯中的

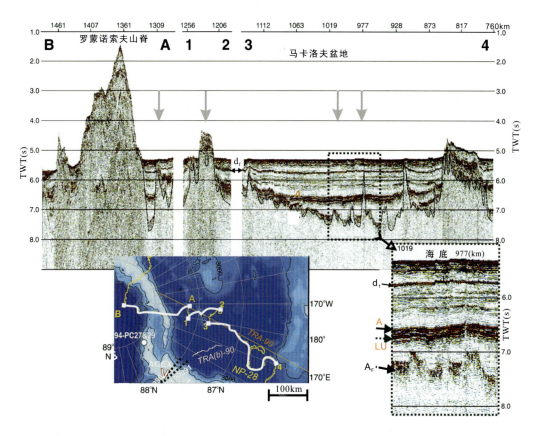

图 10 沿 NP-28 测线从罗蒙诺索夫海岭到马卡洛夫盆地的时间剖面(见区域框架图 1)
字母指推断大致与穿过罗蒙诺索夫海岭上的界面时代相同的主要反射界面。数字指 NP-28 测线上剔除掉主要弯曲轨迹的位置。在时间剖面上,箭头表示 NP-28 穿过的基底突起,方框表示时间剖面放大部位;箭头表示主要反射

中新世早期—始新世中期层段(有间断)的顶恰好吻合,A 反射为中始新世早期界面。但是,单元Ⅲ(通过复合反射体的底界确定)的底界时代仍有疑问。Backman 等(2005)和 Moran 等(2006)报道 AWI91090 反射剖面中见到的主要不整合面,在 ACEX 钻孔中约 425m 处钻穿的坎帕阶"砂、砂岩和泥岩"是不整合面之下剖面的组成部分。这些岩性 P 波速度还不到 3km/s。正如 Grantz 等(2001)指出,ACEX 井孔附近强反射不整合面之下倾斜地层序列可能是早白垩世的地层(可能为早石炭世);有报道称该剖面 P 波速度 4.0~4.6km/s。Grantz 等(2001)根据该对比意见,对比了被 Dibner(1998)描述为受到粗玄岩岩基侵入影响的蚀变砂岩和泥岩的弗朗士约瑟夫地(Franz Josef Land)Nagurskaya 井孔剖面。根据该证据,我们认为,单元Ⅲ之下的罗蒙诺索夫不整合面并未被 ACEX 钻孔钻穿,但井底之下很近处可能为坎帕阶。当然这并不否认中新生代界面处存在一定的间断的可能性。

单元Ⅲ之下,单元Ⅳ和Ⅳ'的岩石特征变化巨大。那些成层性好并与单元Ⅲ整一或不整一的地层可能属于中生代,也许是晚古生代(如前所述),而那些无反射和空白反射的单元,速度约 4km/s 或更大,可能正好是与加里东基底有关的更老的(如元古代)复合体(Gee,2005)。

罗蒙诺索夫海岭斜坡上（位置见图2）活塞取芯（Grantz等，2001）取样来自基岩的中生代角砾岩样品，通过碎屑锆石分析，提供了一些可能的线索。最年轻的锆石（约250Ma）可能来源于东南部（如泰梅尔，甚至可能来自新地岛Chernaya的花岗岩）。但是，还出现了加里东和新-中元古代的锆石，表明均来自很局部的出露在罗蒙诺索夫海岭上的岩石单元。根据斯瓦尔巴特群岛和弗朗士约瑟夫地的证据，沿巴伦支海陆架北部边缘前石炭纪基岩的特征表明沿罗蒙诺索夫海岭较老的单元物理参数变化很大。NP-28剖面缺乏P波速度资料，使得进一步讨论不成熟，但从AWI91090/91和NP-28的BA/BC部分附近很反射的"基底"到沿DC、朝向加拿大边缘反射不太好的明显变化表明，今后沿罗蒙诺索夫海岭和巴伦支海陆架北部边缘进行地震采集的时候应该把更多的着眼点放在解决该问题上。

就罗蒙诺索夫海岭-阿蒙森盆地关系而论，围绕大陆-海洋过渡带的确定存在大量的矛盾。Sorokin等（1998）指出进入到盆地中变薄的大陆地壳至少有200km。Brozena等（2003）基于25等时层的识别，认为该大洋-大陆边界靠近海岭（图9）。鉴于罗蒙诺索夫基底大约从24等时层逐渐上升和沿盆地边缘存在单元Ⅲ，标记为25等时层的强线性负异常是由于铁镁质侵入体（如席状的岩墙复合体）侵入到陆壳中是可能的，正如沿着某些火山边缘看到的一样（如东格陵兰）。

就罗蒙诺索夫海岭的阿蒙森盆地一侧而言，这里给出的证据表明马文山嘴和可能还有别的类似线状地貌都是从欧亚边缘分离之前及部分在分离期间漂移出去的，与在马卡洛夫和波德福德尼科夫（Podvodnikov）盆地中及海岭相邻的山嘴一样。它们的几何形态似乎不太可能受到平行于海岭的大型转换断层系的控制。NP-28的证据说明这些深盆地中存在变薄的大陆壳碎片。

7 结论

对1987—1989年在北极附近采集的由马卡洛夫盆地到阿蒙森盆地穿过罗蒙诺索夫海岭的NP-28反射地震剖面的三段剖面进行解释，结合AWI91090/91剖面和2004年钻探的ACEX井，得出下列结论：

（1）罗蒙诺索夫海岭上部沉积地层的特征反射在三段剖面及距离西伯利亚边缘很近的剖面上都是相似的，提供了沿海岭对比沉积单元的基础。特别是约100m厚的强反射体在所有剖面上都是显著的，其底界为一个不连续的下伏单元，这里称为罗蒙诺索夫不整合面。

（2）NP-28剖面上罗蒙诺索夫海岭地层单元，在这里根据其反射特征和与ACEX地层对比，可以划分为以下几个单元。

最上部单元Ⅰ：厚度约200m，为中新世中期（约14Ma）和更新时代的深海相泥及远端浊积岩，下伏。

单元Ⅱ：跨越中新世早期—始新世晚期（具薄的凝缩段的最上部），由河口湾-淡水沉积物构成，厚度约100m，下伏。

单元Ⅲ（以强反射体为特征）：厚度也是大约100m，时代为始新世早期和古新世晚期，明显主要为浅海相硅质碎屑地层。但是，注意该单元的成分在ACEX岩芯上不好确定。单元Ⅲ不整合，下伏。

单元Ⅳ和Ⅳ′：变化大，时代可能主要为中生代，但也可能为古生代和更老的时代，下伏较高声波速度的基底。

虽然有报道 ACEX 孔钻穿罗蒙诺索夫不整合面并取到下伏单元的样品，但是井底报道的可能是坎帕阶砂和泥岩实际上是单元Ⅲ的一部分。这里说明，钻孔之下，AWI91090 剖面中看到的、具相当高 P 波速度的不整一单元并没有钻遇到。

(3)马文山嘴与罗蒙诺索夫海岭隔着一条 50km 宽的海槽（马卡洛夫盆地的一个海湾，向加拿大边缘方向变窄和变浅），在其顶部具有和海岭上看到的一样的相同反射特征（d_1、A 和相关的复合反射体），因此推断相同的地层盖在山嘴上。

下伏单元似乎也是相似的（但是注意速度资料缺乏），这里偏向于认为马文山嘴是罗蒙诺索夫海岭漂离出去的一个变薄的大陆壳碎片。

(4)马文山嘴顶部的反射特征可以沿着平缓的斜坡进入到马卡洛夫盆地的主体部位中。以前报道的马卡洛夫盆地中和下面可以看到山嘴和基底凸起在此也得到证实。马卡洛夫盆地中识别出单元Ⅰ、Ⅱ、Ⅲ和Ⅳ（Ⅳ′），最大厚度分别为大约 200m、1500m、400m 和 1500m。因此，马卡洛夫盆地可能部分下伏有变薄的大陆壳。

(5)如果承认马卡洛夫盆地中单元Ⅲ具有与罗蒙诺索夫海岭（ACEX 钻孔）上相当单元类似的沉积组成并沉积在类似的环境中的话，那么这可能暗示该盆地具有中生代（也许更早）裂陷和地堑史，接着隆起和剥蚀，然后在快速沉降到现今深度之前，沉积了古新世—早始新世浅海相沉积序列。海岭上单元Ⅱ跨越约 30Ma(14~45Ma) 的时间段，它是高度凝缩段的一部分并且包括有间断。在马卡洛夫盆地中厚度很大说明正是在该时间段盆地下沉到海平面以下 3000~4000m，在斜坡上和盆地中沉积深水沉积物。

(6)马文山嘴和波德福德尼科夫盆地中，另外一些类似于从罗蒙诺索夫海岭分离出来的地貌单元之间地貌上的相似性表明，美亚盆地的该部位并非受到大型转换断层的控制，像近年来被广泛接受的那样。虽然如此，与阿尔法海岭和门捷列夫海岭的关系仍然不清楚。

(7)阿蒙森盆地中可以识别出与罗蒙诺索夫海岭上时代相似的沉积单元，但具有不同的反射特征，根据它们与线性磁异常的关系，时代范围为 6~24 等时层。沿该盆地边缘可能存在 100km 宽的大陆壳变薄带。

参考文献(略)

译自 Langinen A E, Lebedeva‐Ivanova N N, Gee D G, et al. Correlations between the Lomonosov Ridge, Marvin Spur and adjacent basins of the Arctic Ocean based on seismic data [J]. Tectonophysics, 2009, 472(1‐4): 309‐322.

附录　英汉生僻名词对照

A

Abdulino　阿卜杜利诺
Alatau　阿勒泰
Al'met'yev　阿里曼特耶夫

B

Bashkir　巴什基尔
Belebey　贝勒贝耶
Birsk　比尔斯克
Buzuluk　布祖卢克

D

Dnieper　第聂伯
Domanik　多马尼克
Donets　顿涅茨

K

Kama　卡马
Kamsko　卡姆斯克
Kinel　基涅利
Kirov　基洛夫
Klimkov　克利莫夫
Komi-Perm　科米-彼尔姆
Kotel'nich　柯特尼茨
Kukmor　库克莫尔

M

Melekess　梅列克斯
Mezen　梅津

N

Nemsk　纳姆斯柯

O

Onega　奥尼格
Orenburg　奥伦堡

P

Pechora　伯朝拉
Peri-Caspian　滨里海
Perm　彼尔姆
Pugachev　普加乔夫

R

Riazan　瑞阿赞

S

Saratov　萨拉托夫
Scandinavia　斯堪的纳维亚
Sernovodsko　瑟瑞姆夫斯克
Soligalich　索里格里奇
Sysola　赛索拉

T

Tatar　鞑靼
Timan　蒂曼
Tokmovo　托克姆夫

U

Ul'yanovsko　乌亚诺夫斯科

V

Veslyan　韦斯莱
Voronezh　沃罗涅什

Z

Zhigulev　兹古勒夫